AF464906

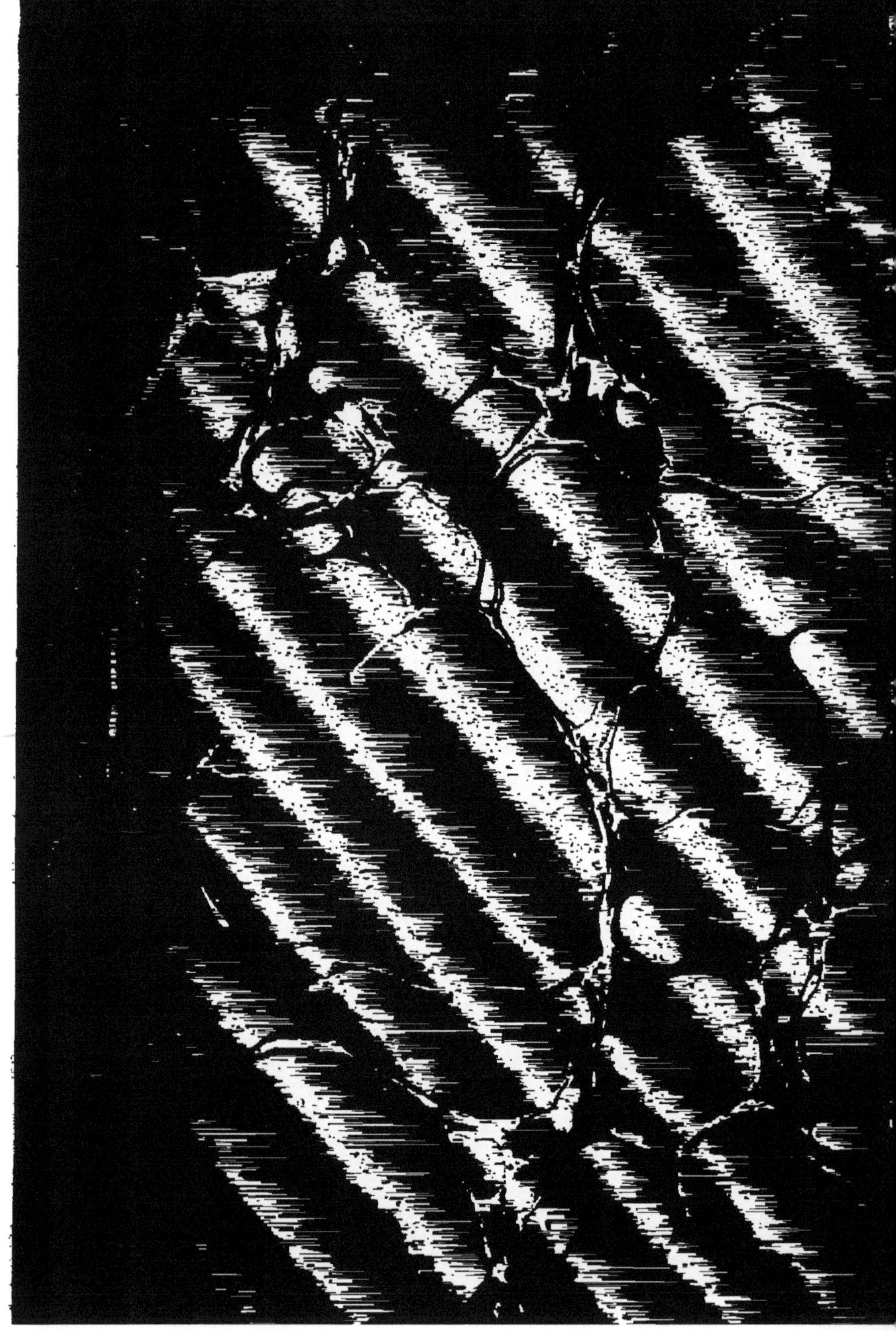

Les Races de Chevaux de selle en France

Cte DE COMMINGES

LES RACES
DE
CHEVAUX DE SELLE
EN FRANCE

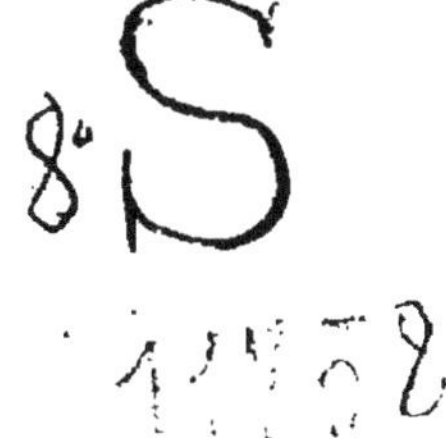

DU MÊME AUTEUR, A LA MÊME LIBRAIRIE

Dressage et menage. — Dessins de CRAFTY. 2e édition. Un vol. in-8° . . . . 6 fr. »

Le Cheval. — *Soins pratiques.* 4e édition. Un vol. in-18 illustré . . . . 3 fr. 50

L'Équitation des gens pressés. — Dessins de THÉLEM. Un vol. in-8° . . . . 6 fr. »

PARIS, TYP. PLON-NOURRIT ET Cie, 8, RUE GARANCIÈRE. — 4612.

LES RACES DE CHEVAUX DE SELLE EN FRANCE

COMMENT ET OÙ ON ACHÈTE
UN CHEVAL DE SELLE

PAR

Le Cte de COMMINGES

PARIS
LIBRAIRIE PLON
PLON-NOURRIT ET Cie, IMPRIMEURS-ÉDITEURS
8, RUE GARANCIÈRE — 6^e

1904

AVANT-PROPOS

Si j'ai changé le titre sous lequel est connue la première édition de ce livre paru il y a déjà quelques années, c'est que rien n'en subsiste, à part un ou deux chapitres. J'ai eu l'occasion depuis d'étudier de plus près nos différentes races de chevaux de selle en France. Cependant, mes conclusions sont restés les mêmes, au point de vue spécial du cavalier.

PRÉFACE

Cette étude a pour but d'essayer d'établir qu'en France, si notre élevage recevait une autre orientation, il serait facile de faire des chevaux ayant le type dit HUNTER, c'est-à-dire du *demi-sang galopeur sous du poids*.

Elle a aussi pour but de prouver que, si ce cheval est rare, il existe cependant : *il est à l'état latent*, a écrit M. de Loncey ; elle en décrit quelques centres de production.

Enfin, cette étude affirme que le cheval de selle pour poids moyen se trouve en France, qu'on en rencontre de très bon modèle et d'excellente qualité surtout dans le Midi de la France et aussi parmi les dérivés des anglo-normands à condition toutefois qu'on ne demande pas à la plupart de ces derniers une aptitude *absolue* au service de la selle, s'ils ne sont pas fils de père ou de mère de pur sang. Réservons, n'est-ce pas, les cas exceptionnels.

Je fais, d'autre part, mon possible pour indiquer les régions où l'on pourra trouver un cheval — un poulain — du modèle de selle pour gros poids et où on le paiera, au surplus, ridiculement cher.

D'après les renseignements les plus certains un tel cheval doit être vendu plus de 3,000 francs (quatre ans) pour que son éleveur joigne les deux bouts, en couvrant ses frais. Les gens qui élèvent pour l'honneur sont rares.

Il faut être persuadé qu'à l'heure actuelle le cheval ayant l'*ossature d'un Madeleine-Bastille, et la distinction, l'adresse, la vitesse d'un pur-sang*, ne se trouve couramment qu'en Irlande ou en Angleterre.

Évidemment, nous ne manquons pas de gros chevaux en France, qui au pas ou en station, voire au trot, porteraient l'Obélisque; mais nous n'avons pas couramment le cheval qui galope vite sous gros poids; beaucoup trop de chevaux de poids n'ont ni l'épaule, ni le bras, ni l'ouverture et la direction des jarrets, ni la poitrine nécessaires à cette allure, que possèdent bien les hunters anglais, les pur-sang et quelques anglo-arabes. On trouvera dans le corps de cette étude les causes de ce si grave défaut de conformation.

Qu'on veuille bien ne pas me faire dire ce que je ne pense pas : c'est que *tous* nos gros chevaux de selle soient massifs, communs et impropres au galop. Il y a des exceptions, et on en trouve jusque dans nos régiments de cuirassiers et dans des écuries d'entraînement au trot.

Si l'on excepte, écrit M. Nicard dans *le Pur-sang anglais et le Trotteur français*; si l'on excepte les chevaux orientaux et, en France, les chevaux du Midi sélectionnés à une époque où dans ces contrées il n'y avait pas de routes, il n'existe pas dans notre pays de cheval de selle autre que le pur-sang anglais. Le cheval d'armes ou de selle renferme, du reste, beaucoup de types divers; mais il est impossible de prédire à l'avance que l'alliance entre un étalon déterminé et une jument donnera le cheval de selle. Chercher à faire le cheval d'armes proprement dit est un problème insoluble, parce qu'aucune sélection n'a précédé préalablement la solution d'une semblable proposition. A chaque instants des retours viennent troubler les calculs de l'éleveur.

Au contraire, on peut affirmer avec la plus absolue certitude que le trotteur anglo-normand sélectionné par les courses *montées* s'achemine assurément vers la création inévitable d'une espèce de selle, surtout par l'éloignement à chaque génération du type norfolk et par l'infusion *de plus en plus grande du sang pur qui donne la vitesse sous la selle*.

Ceci est une opinion qui n'engage que M. Nicard; mais je tiens à la citer au seuil de cet ouvrage, parce qu'elle est, jusqu'à un certain point, de bon augure pour l'élevage du cheval de selle, fort menacé par la spécialisation au trot de l'étalon de demi-sang anglo-normand, ainsi que j'essayerai de l'expliquer dans les chapitres qui vont suivre.

Je ne m'occupe qu'incidemment du pur sang; je l'envisage surtout au point de vue de l'amélioration des races. Il est hors de doute que pour un vrai cavalier il soit le *seul* cheval ; si quelqu'un en doutait jusqu'ici, le raid Bruxelles-Ostende l'a indiscutablement prouvé.

Si nous descendons l'échelle des poids à porter, notre élevage peut soutenir la comparaison plus facilement avec beaucoup de pays. Dans le Limousin et le Midi, le hunter léger existe ; on peut le trouver sans beaucoup de peine.

Mais là aussi on se heurtera à des modèles déformés par des croisements malheureux contre lesquels la plupart des éleveurs, et les haras eux-mêmes, commencent à réagir.

En constatant la rareté du cheval de selle en France, je n'accuse pas les éleveurs, mais les acheteurs.

En France on n'achète pas de chevaux de selle. Il est donc tout naturel qu'on n'en produise pas.

En effet tout sportsman français demande *avant tout* à son cheval de s'atteler et sagement encore... J'accorde qu'il est très bon d'atteler les chevaux de selle, à tous points de vue ; mais, dans ce cas, l'attelage doit être un supplément et non la chose principale. Or, en général, les acheteurs demandent plus de service à leurs chevaux au harnais qu'à la selle.

En outre, le sportsman français n'hésite jamais, entre deux chevaux dont le pire coûte 300 francs de moins que l'autre qui est bon, à acheter le meilleur marché. Tout rare qu'il est, le cheval de selle existe pourtant en France, je le répète. La grande majorité des chevaux aptes à la selle est achetée par la remonte. Si ceux qu'elle abandonne pour une cause ou pour une autre atteignent chez leur éleveur un certain âge; s'ils sont convenablement nourris et s'ils sont soumis à une bonne gymnastique fonctionnelle ; s'ils sont d'un bon modèle de selle, ils coûteront très cher et l'éleveur n'y gagnera pas grand'chose. Mais ces chevaux sont l'exception.

Une des causes principales du manque de bons chevaux de selle est que dans beaucoup de régions les poulinières sont mauvaises en supposant que tous les étalons fussent bons. Les éleveurs ne gardent, pour en faire des mères, que les pouliches qu'ils n'ont pu écouler.

Pour fournir les 9,000 chevaux achetés annuellement par les remontes, et assurer la réserve utile en cas de mobilisation, le commandant Stiegelman a calculé qu'il faudrait 90,000 poulinières. « De ces juments, ajoute-t-il, nous n'avons même pas le tiers. » Il assure aussi que sur les 10,000 juments primées ou primables dans les concours de poulinières (5,500 seulement sont primées) la moitié est sûrement impropre à produire le cheval de selle, tel que le désire la cavalerie.

Que ne faisons-nous comme les Anglais ? La base de leur élevage est une sélection rigoureuse, facilitée par la compréhension hippique naturelle au dernier des « cockney ».

Chez nous, on compte sur la constitution du sol, sur les milieux climatériques, sur le hasard pour créer des chevaux. Le rôle de ces deux premiers facteurs est énorme, je n'en disconviens pas ; mais, même avec l'appoint du troisième, ils ne suffisent pas.

En Angleterre on fait dans chaque région les animaux qu'on veut, hunters, roadsters, hackney, pur-sang ou chevaux de labour. Mais là où le sol est plus favorable à telle race, la voit-on s'épanouir dans cette région dans une qualité et une quantité suffisantes au delà même des besoins?

Il faut cependant tenir compte que depuis un temps très long les Anglais possèdent le pur-sang. Nous, nous ne l'avons que depuis une période relativement courte. Mais il ne semble pas que nous sachions nous en servir comme l'ont fait nos voisins d'outre-Manche. Nous n'avons ni l'amour, ni le sentiment du cheval.

Presque tout le monde est d'accord sur cette proposition. Gaume écrivait : « Le producteur de chevaux en France n'aime pas le cheval. » Et Sourdeval : « Partout, le cheval est l'expression de l'homme qui le fait naître ; chez nous, trop souvent, le cheval n'est élevé ni par un sportsman, ni par un cavalier, ni par un charretier. Il l'est tout simplement par un bouvier ou par un industriel. »

En faisant une exception pour le Midi, les autres régions, sans les courses au trot et sans les courses au galop, n'eussent jamais cherché et ne fussent jamais parvenues à produire de demi-sang. Nous eussions sans doute eu les plus beaux chevaux de trait du monde ; mais de chevaux à peu près selle, point. L'appât du gain par les courses a pu réveiller l'apathie d'une partie de nos éleveurs ; et la sélection automatique des étalons par les courses a pu remplacer l'amour du cheval, la science de l'élevage et même heureusement l'expérience empirique dont d'aucuns font encore trop grand cas.

En Angleterre, l'initiative privée est très développée ; elle y est le moteur principal, la cause essentielle de toutes les évolutions qui se font dans la vie économique et morale du peuple. Les Français, au contraire, sont centralistes par excellence.

En Angleterre, toutes les classes de la société s'intéressent plus ou moins aux chevaux ; les connaissances pratiques de zootechnie y sont plus répandues; on y trouve beaucoup d'amateurs et, parmi eux, pas mal de vrais connaisseurs de chevaux. En France, on est généralement assez froid sur ce sujet, et en dehors des spécialistes de profession il existe très peu de personnes qui aient des notions suffisantes en hippologie. (Les connaissances pratiques du cheval sont plus répandues parmi les militaires. Nous avons vu des officiers qui étaient des hippologues distingués.)

Aussi comprend-on facilement pourquoi la production et l'élève des chevaux en Angleterre sont entièrement entre les mains de l'industrie privée, tandis qu'en France elles sont et ont toujours été inspirées par le Gouvernement.

... Arriver à produire de bons chevaux de remonte

pour son armée, voilà le but fondamental du Gouvernement français. (Simonoff et Mœrder. *Les Races chevalines.*)

Ces auteurs sont complètement dans le vrai et on peut conclure que, si jamais la tactique moderne condamnait à disparaître l'arme de la cavalerie, la France ne créerait plus de chevaux de selle pour gros poids, ni poids moyens. C'est à peine si, sauf dans le Midi, la production actuelle s'occupe des remontes militaires; que serait-ce si elle était amenée à ne plus s'en occuper du tout?

Le veneur français est rare, et j'ajouterai tout bas qu'il n'est souvent pas difficile dans le choix de sa monture.

De tous temps on s'est plaint en France, dans les livres, les brochures et dans la presse, qu' « on » était en train d'y abîmer les vieilles races de chevaux de selle. Il en est de même de nos jours. Améliore-t-on avec du pur-sang, immédiatement on crie à la « claquette », au cheval décousu. Les haras paraissent-ils vouloir perfectionner au moyen du trotteur, on trépigne de colère en criant irrévérencieusement au « wagon ».

Cela prouve tout simplement qu'en France on ne se sert pas du cheval de selle, et qu'en cherchant plus ou moins officiellement à en favoriser l'élevage on mécontente la majorité des éleveurs, sans satisfaire complètement la minorité des cavaliers... Nous ne sommes pas un peuple « cavalier ».

Cette phrase reviendra, hélas! souvent dans mon livre, comme le leit-motiv d'une des causes de la rareté du cheval de selle dans notre pays.

Trop d'éleveurs, de zootechniciens et de publicistes, et ce sont les plus bruyants, ignorent ce que c'est qu'un cheval de selle et donnent volontiers ce nom à tout animal qui consent à porter un cavalier sur une route. Ils soutiennent que l'allure de la cavalerie est celle du trot, et que le galop n'est employé qu'exceptionnellement. Ils sont maintenus dans cette erreur par les affirmations de plusieurs professeurs vétérinaires réputés. L'un recommande, par exemple, le *petit carrossier* comme cheval de cavalerie; un autre préconise pour cette arme un *bon cheval de voyage* (textuel).

Bien que complètement étrangers à l'emploi du cheval de selle, ils créent l'opinion, car ils *impriment* les leurs, exposées en termes savants.

Tout ceci explique pourquoi il n'y a chez nous, sauf dans le Midi, à proprement parler, pas de *race* de chevaux de selle. (Le mot race est-il « propre » au point de vue zootechnique?) Nos beaux chevaux de selle sont des « accidents répudiés avec mépris par le harnais » comme inutiles et non de vente courante.

Je fais une exception pour la race anglo-arabe pur-sang et demi-sang, dont les haras s'occupent avec zèle et qu'on arrivera certainement à fixer. En dehors d'elle, on ne fait que des sujets d'exception et non de la production suivie et homogène, au point de vue selle, bien entendu.

J'ai été plusieurs fois, en effet, obligé d'effleurer la question du trotteur, car je l'ai rencontré partout.

Je n'ai pas tenu compte, en le jugeant, des bénéfices industriels qu'il rapporte à ses fabricants; mais je n'ai envisagé cet animal qu'au point de vue de son aptitude à la selle, c'est-à-dire du galop.

Un cheval dont tous les appareils sont, par sélection, agencés de telle sorte qu'ils concourent au maximum de vitesse du trot, galopera-t-il facilement, quel que soit son degré de sang? Il est évident qu'on discutera longtemps théoriquement sur cette question. Les deux camps *ont des intérêts différents*, partent d'un point de vue différent, pour arriver à un but différent. Ils ne s'entendront jamais.

D'un côté, sont les hommes qui se servent du cheval *pour monter dessus* et marcher vite, à la chasse ou à la guerre; de l'autre, ceux qui se rendent à pied, à bicyclette, en automobile, en chemin de fer ou en voiture aux courses au trot et au galop, ou chez un banquier toucher le fort chèque produit de l'élevage de leur trotteur carrossier.

Ces derniers veulent naturellement imposer leur trotteur : « Prenez mon ours, disent-ils, il est bon pour tout : comme cheval de selle, de voiture, de chasse, d'armes, de concours hippique. Il est bon comme reproducteur et comme étalon de croisement. »

Les hommes qui montent à cheval par goût et par devoir, beaucoup plus modérés, répondent :

— Gardez-le encore quelque temps, votre ours! Quand il sera bon pour le service de selle — et il faut faire peu de chose pour cela — vous le savez bien! nous serons trop heureux de le prendre, car il a de la qualité. En attendant, faites-le courir, gagnez dessus, attelez-le puisque vous ne savez ni n'aimez monter à cheval... Mais n'exigez de nous ni de monter dessus, ni d'applaudir quand on s'en sert comme reproducteur pour fabriquer des *monstres à courir le trot* (*Sydney*) comme lui... Et la preuve que vous pouvez en faire et de beaux, c'est que vous en avez fait, et que vous en faites. Vous ne les avez peut-être pas fabriqués exprès, mais il y en a. Ceux-là, nous les admirons, nous nous en servons, mais nous voulons qu'ils soient *tous* aussi bons! Vous pourriez faire très bon et vous faites médiocre...

— Halte-là, interrompent les trottingmen, nous avons fait médiocre, c'est vrai ; nous faisons mieux aujourd'hui, c'est indéniable. Nous ferons mieux encore demain.

— Cela, ce n'est pas sûr, répondent les hommes de cheval, car ce n'est pas *notre* cheval que vous cherchez à produire.

— N'importe... et, d'ailleurs, ce cheval des rêves,

avez-vous de quoi nous le payer? demandent les trottingmen méfiants.

— Voilà le hic? Adressez-vous à l'État, c'est lui qui devrait vous les commander et vous les payer, puisque c'est lui le gros consommateur!

Et c'est toujours à la question d'argent qu'est arrêtée cette discussion; mais parce qu'une forme de cheval rapporte à son éleveur, il ne faut pas en conclure que cette forme soit celle du cheval de chasse ou d'armes; il ne faut pas non plus, du haut d'un pur-sang, décider, parce qu'il y a de vilains et de mauvais trotteurs, que ces chevaux ne valent et, surtout, ne vaudront jamais rien; on se tromperait grossièrement si on était de bonne foi.

Le lecteur voit à quel point de vue je me place; il ne sera donc pas étonné en lisant, dans le chapitre relatif au cheval normand, que, en Normandie, où on croit pouvoir faire naître le premier cheval de selle du monde... il n'existe qu'à l'état d'exception, et même certains de ses propriétaires en sont honteux comme une poule qui aurait couvé des canards, car ce cheval est rarement apte au but spécial qu'on s'était proposé d'atteindre en le créant.

En traitant les différents sujets de cette étude, j'ai été entraîné à parler de bien des choses sportives qui ne s'y rapportent qu'indirectement. Je prie encore le lecteur de m'excuser du manque de clarté dans l'exposé d'une matière si touffue.

Quant aux pays d'élevage, la description que

j'en fais est d'après mon impression première et personnelle. J'ai dû, par conséquent, commettre quelques erreurs. Je me suis pourtant adressé pour éclairer mon opinion aux renseignements complémentaires qu'ont bien voulu m'envoyer feu M. le vicomte H. de Chezelles; M. Blondin, directeur de l'école de dressage de Caen, pour la Normandie; M. Ouizille, M. le vicomte de Kertanguy, M. du Breuil de Marzan, M. le comte H. de Robien, M. L. Monjaret, etc., pour la Bretagne; M. P. Guillerot, éleveur très éclairé de Vendée; M. le baron de Cugnac, directeur de l'école de dressage de Rochefort; M. Hamon, directeur du *Petit Éleveur de l'Ouest;* M. Boyron, directeur de l'école de dressage de Limoges; M le vicomte de Saint-Genys, M. de Bricourt et M. Nicard, pour la Nièvre et le Charollais; M. Allory (Ribérac); M. Barailhé, directeur de l'école de dressage de Bordeaux; M. le marquis d'Ayguesvives et M. le marquis de Mauléon; M. Fourcade-Peyraube, directeur du *Bulletin hippique du Midi;* M. de la Farque Thauzia, M. de Juge, M. Burguès, directeur de l'école de dressage de Tarbes, et M. Fauré, marchand de chevaux à Castelnaudary, pour le Midi, et bien d'autres, occupant des situations officielles dans l'élevage, et qui m'ont demandé de ne pas les nommer.

Quelques-uns de ces Messieurs voudront bien m'excuser si je ne suis pas complètement de leur avis sur ce que certains d'entre eux nomment « des chevaux de selle », et sur la préexcellence à les produire de la région qu'ils habitent. A les lire, il n'y a de beaux chevaux que chez eux, et ceux du voisin sont très médiocres.

J'ai surtout insisté sur les pays dont je connaissais personnellement l'élevage et dont j'ai souvent acheté et monté les chevaux. Je veux parler de la Normandie, du Limousin, de la Nièvre et de tout le Midi.

Je me suis adressé pour avoir des renseignements certains sur les autres régions que je connaissais moins, bien qu'en ayant fréquenté les produits — à des sportsmen et à des éleveurs d'une autorité hippique indiscutable.

Quant aux régions dont je ne connaissais en aucune façon l'élevage, je les ai absolument passées sous silence.

Si çà et là je donne mon avis sur l'élevage proprement dit et ses procédés, je m'en excuse à l'avance.

Je suis trop peu expérimenté pour être un donneur de conseils.

Cette étude n'est écrite ni pour les savants zootechniciens, ni pour les éleveurs de carrière, ni pour les hommes de cheval ayant quelque expérience...

Je la dédie à ceux-là seuls qui, ne sachant rien de notre élevage national, veulent cependant acheter un cheval de selle français.

COMMINGES.

LES RACES FRANÇAISES

DE

CHEVAUX DE SELLE

CHAPITRE PREMIER

LE CHEVAL DE SELLE

Quel cheval voulez-vous? — Formes utiles du bon cheval. — La beauté synonyme de bonté. — La pratique et la théorie. — Systèmes de proportions. — Le colonel Duhousset. — La beauté type. — Indifférence hippique du cavalier français. — Type de beauté La Guérinière, — Type de beauté de la Commission d'hygiène hippique. — Système des compensations. — Le sang et la trempe. — Beautés du cheval oriental, du cheval anglais. — Monographie du hunter. — Le cheval de selle russe, austro-hongrois, allemand. — Modifications apportées au modèle par la sélection des courses.

Quel cheval voulez-vous? — Avant de vous déplacer et d'aller, soit dans les centres d'élevage, soit chez un marchand de Paris ou d'une grande ville, il faut savoir exactement *quel cheval vous voulez*, juger modestement quel degré de sang et quel caractère peut avoir cet animal pour que vous fassiez bon ménage avec lui, et enfin à quel genre de service vous voulez l'employer.

Ces différents renseignements sont fort difficiles à obtenir de soi-même; on sait à peu près quel cheval on est capable de monter, on préjuge facilement le service auquel il est destiné. Mais avoir « dans l'œil » le cheval qu'on veut, le cheval type, cela, c'est difficile, et je connais très peu de gens, même réputés parmi les malins, qui soient capables d'avoir cette exacte notion. Elle ne s'acquiert que par une longue habitude, et il faut bien se mettre dans la tête que l'étude approfondie de toutes les Hippologies ne la donne pas au « bon élève ». Le bon élève est du reste la plaie de toutes les carrières. D'aucuns ont ce don de naissance, et ces bonnes dispositions se développent sous l'influence de milieux propices.

On s'imagine aussi à tort que l'appréciation du bon modèle d'un cheval peut être livrée au goût personnel de chacun. J'ose affirmer qu'il n'existe qu'un type : *le bon*. Toutefois, ce modèle du cheval peut et doit varier dans ses particularités selon l'emploi auquel il est destiné.

Il faut donc dire : « J'aime à monter un cheval d'omnibus, ou je préfère la ficelle du cosaque. J'aime un hunter pouvant galoper vite sous mon poids lourd, ou un pur-sang capable de me gagner quelques militarys. Je ne veux qu'un cheval qui marche très vite le trot sans secouer ma bedaine, ou bien un superbe carrossier pour parader dessus, dans ma grande tenue de général. »

A chacune de ces variétés correspond un type spécial et je dirai presque unique, et c'est de la beauté absolue de ce type particulier que doit se rapprocher l'animal choisi. C'est-à-dire que si quelqu'un aime monter un gros cheval, il ne doit pas pour cela acquérir une réforme de la Compagnie des gros transports.

Formes utiles du bon cheval. — Mais sur quelles bases

peut-on établir l'appréciation de la beauté chez le cheval? Sur une seule base, mais large et solide : l'*utilité*.

La beauté n'a pas été créée pour seulement charmer les yeux de l'homme, et Darwin dit avec raison « que tout détail de conformation chez les êtres vivants est encore aujourd'hui, ou a été autrefois, directement ou indirectement utile à son possesseur ».

Et lorsqu'un éleveur veut, par sélection, perfectionner son élevage, il ne va pas, entre deux étalons dont l'un est élégant à son avis, mais s'est montré impropre au service auquel on destine son produit, et l'autre jugé moins beau, mais plus apte, il ne va pas, dis-je, choisir le premier; ou plutôt, il ne devrait pas le choisir; et, le faisant, il va à l'encontre de la loi de la sélection naturelle qui transforme une espèce, en sacrifiant le plus faible au plus fort, le moins apte au plus apte. Puisque cet éleveur se substitue à la nature, il a le devoir de préférer l'*utile* à l'*inutile* et c'est l'*utilité* seule du plus ou moins de longueur, de largeur, ou de grosseur, de certains appareils qui constitue la *beauté* de l'ensemble.

Si une encolure courte et rouée aidait à la locomotion, si un dos plongé était prouvé celui qui porte le mieux une lourde charge, l'encolure courte et le dos creux seraient devenus des signes de beauté. De même un front large est plus beau qu'un front étroit parce qu'il contient plus de cervelle, et une poitrine profonde est préférable à une poitrine étroite parce que les organes de la respiration qu'elle renferme sont plus développés, etc.

La beauté chez le cheval. — En détaillant le cheval d'un bout à l'autre, il me serait facile de prouver que chacune des parties de l'extérieur doit être réputée d'autant plus *belle* qu'elle est mieux disposée pour le but d'*utilité* auquel on destine son possesseur. Ce sont la réunion de toutes ces lignes d'utilité, leur harmonie, leur ensemble qui font qu'un cheval est parfait. Une (ou plusieurs) de ces lignes vient-elle à défaillir dans le sens d'une utilité moins grande, le cheval est laid dans un ou plusieurs points de son extérieur.

Toutes ces lignes font-elles défaut, votre cheval d'omnibus eût-il le poids d'un bel éléphant, votre claquette eût-elle la grâce d'une « gentille gazelle », tous les deux seront *laids* parce qu'*inutiles*.

Un écrivain déjà ancien qu'on devrait relire souvent, M. Gayot, inspecteur général des Haras, nous dit qu'en zootechnie beauté et bonté sont synonymes. Et il a raison. « La beauté n'est pas une abstraction. »

L'idée de beauté s'appliquant aux êtres humains, léguée par l'antiquité grecque, n'est basée que sur les proportions des différents rayons et les formes utiles aux fonctions organiques, aux points de force qui assurent la suprématie dans la lutte pour la vie. Il en est de même pour les animaux : la vache à lait (exemple cité par Gayot) n'est belle que lorsqu'elle possède des points qui assurent qu'elle doit être une bonne vache à lait.

Il ne faut donc pas se faire « un type idéal basé sur des conceptions abstraites ». La beauté et l'utilité à telle fonction sont une seule et même chose; et c'est l'expérience du passé, celle de tous les jours, quand les habitudes changent, modifiant ainsi la beauté utile dans la réunion des formes et l'ensemble des proportions. « Imaginer des animaux qui n'ont jamais été dans les vues de la nature », cette œuvre d'imagination dont le point de départ n'a rien d'expérimental, ne peut être que faux. Les Anglais n'ont toujours voulu, avant tout, que la qualité. Quand tous les facteurs de cette qualité furent réunis, ils eurent les plus beaux chevaux de vitesse et de chasse.

On ne doit donc pas dire : ce cheval est défectueux par ce qu'il n'est pas beau ; mais bien : ce cheval est défectueux parce qu'il n'a pas des formes et des proportions utiles à son emploi. Ce qui plaît à l'œil de la masse, du gros public, des gens ininformés, moutons du snobisme, peut rarement être accepté par le véritable connaisseur qui raisonne ses impressions, ou par l'homme de métier auquel l'expérience a donné un sens exact du bon cheval. Ce sens exact s'impose à tous ceux qui se servent du cheval. Pour cela, il ne suffit pas de tourner autour, geste insuffisant pour se rendre compte de l'utilité ou de la nocuité des détails et de l'ensemble du modèle, ou encore de fréquenter les courses au trot et au galop... Combien peu savent l'utilité du garrot, « petite région, dit Gayot, dont on ne s'occupe pas assez »? D'aucuns redoutent même un fort garrot, siège probable de blessures. Il est pourtant d'une importance extrême pour la selle. Sa hauteur et sa longueur assurent des points d'insertion à des muscles disposés pour la locomotion. De plus, « la belle conformation du garrot n'est presque jamais isolée ». Le reste suit. Et ce petit point du squelette est le lieu de départ des autres grandes lignes de la charpente osseuse. C'est un signe d'utilité par excellence et de beauté.

Il en est de même pour toute la conformation du cheval : « La poitrine descendue et profonde, disait déjà Xénophon, sert plus à la course que les jambes; les organes internes doivent être spacieusement logés pour se développer. »

Les croupes trop horizontales ou trop abattues ont cessé d'avoir des partisans dès que les données scientifiques ont indiqué l'inclinaison utile à la propulsion en même temps que l'équitation devenait « plus gaillarde ».

La ligne dorsale n'est belle et utile que si elle est rigide et apte à transmettre cette propulsion à l'avant-main. L'épaule doit être longue et inclinée pour pouvoir développer *en avant* cette même force de propulsion (bien que certains s'attachent à prouver que l'épaule droite est la meilleure). Elle est, ainsi, belle parce qu'elle produit un travail utile à la vitesse au galop et non parce qu'elle dessine un signe plus ou moins esthétique.

Il en est ainsi pour tout l'extérieur du cheval où les points de beauté ne sont, je le répète, que des points d'utilité, même la finesse des tissus qui indique l'absence du lymphatisme, etc., etc.

Mais, écrit encore judicieusement Gayot, la beauté n'a rien d'absolu; elle n'est pas toujours la bonté. La machine, en effet, peut être bellement construite; pour qu'elle soit bonne, il faut encore un principe d'action pour l'animer; chez les chevaux, ce principe est le *sang*, c'est-à-dire l'influx nerveux. « Cette énergie vitale fait que, si elle manque, le cheval le plus beau peut être mauvais, tandis que la conformation la plus vicieuse est souvent compensée par l'énergie de la force qui en anime les ressorts. »

Il ne suffit pas pour un animal commun d'avoir un ancêtre de pur sang — il y a des princes à huit quartiers paternels qui sont aussi communs et aussi mous que quiconque — il faut encore que cette parcelle d'énergie ne soit pas noyée dans un plasma où prédomine la lymphe habituelle aux tissus grossiers. Dire que le cheval est petit-fils de *The heir of Linne* ne signifie rien; il faut pouvoir dire : tel cheval a hérité l'énergie, le système nerveux, le sang de son ancêtre *The heir of Linne*... Mais il faut encore que « la machine ait une force de résistance égale à l'énergie du moteur, sans cela la machine affolée se brise ».

Un cheval qui a du sang et qui a l'architecture utile à la selle doit être l'idéal vers quoi il faut tendre à se rapprocher. Il ne paraît pas que cette vérité se dégage des concours hippiques, par exemple section élevage. Imaginez un monsieur qui se décide, un beau jour, à élever du cheval de selle. Le voilà parti au concours « pour se faire l'œil ». Croyez-vous, en conscience, que la distribution des prix de selle donnés de préférence aux enfonceurs de pavés à la mode lui fournisse une idée exacte de ce que doit être ce mythe (en France du moins, sauf dans le Midi et en Bretagne), « ce mythe, dis-je, du demi-sang galopeur »?

C'est surtout dans les concours de province et, parmi ceux-là, notamment à Bordeaux que sont commis les plus grands dénis de justice contre le modèle de selle. On prime dans la catégorie « selle » les chevaux déjà primés dans la catégorie « attelage », et ces derniers le sont au poids et à l'action relevée du genou! Et quand, à la fin du concours, la remonte est appelée à exercer son choix, elle écarte presque toujours les chevaux primés, comme inaptes à la selle, et paye souvent cher des chevaux que le jury avait jugés indignes de la moindre récompense. Que peut penser l'éleveur de tout cela?

Il est donc nécessaire de savoir quelles sont les formes et les proportions utiles chez le cheval; il n'y a pas de gabarit tout fait pour remplacer l'expérience.

La pratique et la théorie. — Les formes utiles s'apprécient à la longue. On peut être aidé dans l'étude de cette science par les écrits des hommes de cheval et des hippologues, par les leçons reçues dans les écoles, et par l'usage constant du cheval ou, pour mieux dire, des chevaux; car il faut en changer souvent pour bien les connaître. Dans les écoles de cavalerie, on fait de l'histoire, de la géographie, de l'artillerie, etc.; on apprend à conduire une machine à vapeur, on monte (pas assez) à cheval; quant à l'hippologie, elle est peu professée et d'une façon si peu pratique que les officiers rentrent dans les régiments ne sachant absolument rien que quelques vagues nomenclatures.

Les proportions. — Le sentiment des proportions est très difficile à acquérir. Là le livre, la théorie sont absolument inutiles. Les règles qui établissent les rapports des différentes parties du corps entre elles ont été décrites par des savants de bonne volonté. Après de patientes recherches, certains ont, par exemple, décidé que chez le cheval deux fois et demie la longueur de la tête doivent donner la hauteur du corps prise du garrot;... mais leurs confrères ont donné d'autres mesures, ont préconisé d'autres systèmes servant à contrôler ces proportions. Ils divergent donc souvent entre eux. De plus, les quelques hommes de sport qui choisissent un cheval au moyen de déductions arithmétiques construisent, je l'espère, dans leur tête un cheval parfait, mais en choisissent ou en achètent d'affreux!

Par conséquent, outre qu'il faudrait toujours transporter sur soi « un vade-mecum de proportions », il n'est point utile, il est même dangereux d'étayer son goût et de baser son choix sur un système de proportions, dont le meilleur a le tort de mouler tous les chevaux dans la même forme géométrique et de vouloir donner au cheval de course les mêmes rayons qu'au double ou triple poney d'un gros entraîneur.

Je le repète encore, si on pouvait, avec les mesures données par Bourgelat, le général Morris, etc., créer un cheval en chair et en os, on n'aurait à admirer dans son œuvre qu'un cheval « de dragon », lourd, trapu et commun.

De tous ces systèmes le plus rationnel est celui du colonel Duhousset, parce que, pour l'établir, il s'est servi de la méthode expérimentale, mesurant avec soin une immense quantité de chevaux. Il a pu fixer la relation constante de certains rayons osseux, et trouver une réelle unité de mesure. Son beau livre *le Cheval dans l'art et la nature* devrait être dans les mains de tous hommes de cheval soucieux de s'instruire.

On y verrait que le bon cheval de pur sang est aussi haut que long, ce qui étonnera bien des gens; et que, la tête étant prise comme unité de mesure, la longueur de la tête chez un cheval bien conformé égalera la longueur du garrot à la pointe de l'épaule. Une tête = du ventre au dos = de l'extrémité de l'angle dorsal de l'épaule à la pointe de la hanche = du sol à la pointe du jarret = de la pointe du jarret au grasset = du sternum (pris en dessous du coude) à un point au-dessous du boulet pour les grands chevaux, point qui peut descendre jusqu'au paturon pour les chevaux près de terre du type roulier.

La croupe est presque toujours de quelques centimètres plus courte qu'une tête. Remarque très exacte, très intéressante qui fait toucher du doigt l'exagération de certains dessinateurs, surtout de ceux des gravures anglaises.

La pointe de la croupe, celle de la fesse et la pointe inférieure du grasset forment un triangle à côtés égaux, chez les chevaux bien conformés.

Le radius est égal au tibia.

La longueur et la hauteur totales (sur *Fitz-Gladiator* par exemple) dépassent très peu deux têtes et demie; le radius y est contenu quatre fois, etc.

Ces différentes mesures ont permis au colonel Duhousset d'établir un impeccable *canon hippique*.

Mais dans la nature il n'y a rien d'absolu, le mot *proportion* ne doit être pris que dans une application relative, quoiqu'il soit admis par les vétérinaires. Le résultat de ces éléments se trouvant symétriquement sur tous les chevaux peut ne pas ressembler à un modèle constant; mais il s'approchera de celui qui en réunirait les perfections, puisqu'il répond à la mensuration d'un grand nombre de beaux chevaux connus et indiscutés.

On le voit, toutes les leçons de ces savants ne sont pas à rejeter; leurs systèmes peuvent donner quelques bonnes indications, surtout théoriques. Quant à la pratique, on ne l'apprend qu'à ses dépens.

La beauté type du cheval de selle (je ne m'occupe que de celui-là) a beaucoup changé depuis l'antiquité jusqu'à nos jours, et ce type a varié, non point à cause d'une évolution dans le goût esthétique des générations successives, mais parce que, à mesure qu'on utilisait le cheval d'une façon différente, suivant les milieux historiques ou climatériques, sa charpente, sa constitution, son degré de sang se sont modifiés, et qu'on a trouvé *beau* le cheval le *meilleur*, c'est-à-dire celui dont les aptitudes utiles répondaient aux besoins de son époque.

Dans nos temps modernes, un cheval d'armes doit avoir les qualités suivantes : porter du poids, marcher vite et longtemps... et recommencer le lendemain.

Le cheval qui réunit ces conditions est assurément le pur-sang. Mais outre qu'un bon cheval de pur sang coûte beaucoup trop cher pour la bourse de la grosse majorité des officiers et gentlemen, en supposant même que ces cavaliers fussent tous milliardaires, il n'existerait pas assez de pur-sang en France pour les remonter.

Il faut donc se rabattre sur le cheval de demi-sang, ou ayant des traces suffisantes de sang, en un mot sur ce que les Anglais appellent le « charger ».

Ce cheval est difficile à se procurer en France. L'éleveur ne travaille pas dans cette spécialité-là; cette assertion est facile à contrôler en regardant les chevaux de tête achetés par les remontes. Il est rare qu'un officier veuille les prendre. Ils sont d'abord souvent laids. Si par hasard l'un deux paraît avoir à première vue plus de type que ses camarades, détaillez-le; il est défectueux dans une de ses parties, souvent très importante au point de vue de son utilité, et ses petites oreilles surmontant une tête qui « boirait dans un verre » ne suffisent pas à compenser sa croupe mince et courte, ou ses jarrets faibles et qu'il traîne derrière lui. De plus, il galope mal. Les plaintes des officiers contre les chevaux de tête anglo-normands des remontes sont précises et unanimes. Bien entendu, il y a des exceptions.

Les Haras se préoccupent peu de la création du cheval d'armes. Il n'est donc pas étonnant que ce cheval soit rare. Il existe cependant, mais il faut se donner du mal pour le trouver. Si, dans le pays des fées, les alouettes tombent toutes rôties dans les bouches ouvertes, je n'ai jamais entendu dire que, même dans ces pays-là, les bons chevaux fussent amenés dans les écuries par une invisible et généreuse main. En France, la tâche de créer en nombre le demi-sang galopeur pour l'armée est très ardue, sinon impossible. Quel procédé de sélection emploierait-on? Il faudrait pour cela que l'État lui-même fût son propre éleveur.... En Angleterre, c'est un *besoin*, celui de la chasse, qui crée et maintient les demi-sang galopeurs... En France où l'armée seule monte à cheval, ce sont les courses au trot qui prétendent créer le demi-sang galopeur. Le Midi seul travaille pour la remonte... en tant que producteur naturel de galopeurs.

Beaucoup d'amateurs font un voyage à Paris, vont chez deux ou trois marchands à la mode. Ils n'y voient la plupart du temps que des chevaux « viandards » et lourds, superbement pansés et admirablement présentés en main. Presque tous les acheteurs se contentent du cheval laid. Ils veulent des Irlandais pour chasser.... Le premier cheval de sulky ou de cab ou le premier Hanovrien venu dont on leur demande très cher (plus de 3,000 francs) fait admirablement leur affaire. Laissons-le-leur. Hélas! beaucoup de jeunes officiers ont déjà le goût faussé par l'influence des snobs du sport, et c'est grand dommage de les voir dépenser argent et temps à acheter et à monter des tonneaux à quatre pattes.

Indifférence hippique du cavalier français. — Quant à l'esprit sportif de la moyenne des Français qui se servent des chevaux, je ne peux que citer ces lignes extraites des *Chevaux français en 1840*, par Pearson :

Chez vous, maintenant, combien comptez-vous d'amateurs qui aient un cheval pour l'amour du cheval? Combien de ces consommateurs de transition dont nous venons de parler? Plusieurs gens, en effet, ont des chevaux à leur service; mais Dieu sait quel service! Ne voyant en eux qu'un moyen de transport, insensibles à des qualités dont ils n'ont pas conscience, aveugles sur des défauts qui feraient mourir à coups d'épingles un cavalier, ils n'ont qu'un but, c'est d'être portés et traînés; que, du reste, l'animal forge ou ne forge pas, qu'il tousse ou qu'il ne tousse pas, qu'il ait le nez par-dessus les oreilles ou sur les sabots, qu'il lui faille des coups de fouet ou des coups de bâton, peu importe : ils sont arrivés tout de même, leur ambition est satisfaite.

Il n'y aurait qu'à changer la date ! !

Mais quels sont les signes de beauté chez le cheval ? Type ancien. — La Guérinière, tout en sacrifiant aux goûts de son époque, par exemple en ce qui concerne la tête et la croupe, est bien près de nous décrire le cheval utile, nécessaire aux temps modernes :

La tête, dit-il, doit être petite, sèche et bien placée; le front uni; l'œil clair, vif et effronté. La ganache point carrée. Les naseaux bien fendus; — l'encolure relevée et tranchante près de la crinière. Le garrot long et peu charnu. — Les épaules « décharnées », libres et mouvantes. — Poitrail pas trop large ; — les jambes pas trop hautes et bien d'aplomb; — le bras large, long et nerveux ; — genou plat, large et décharné ; — canon court ; — « le nerf de la jambe » bien détaché; — les reins assez courts; — l'épine du dos large, ferme et unie; — le ventre pas trop efflanqué; — croupe large et « double »; — cuisses rondes et charnues; — jarrets grands, larges, nerveux et décharnés, points crochus ni ouverts.

Il condamne par contre les chevaux trop hanchus (?) et termine sa nomenclature fort judicieusement :

Un cheval qui aurait toutes les qualités que l'on vient de décrire, sans en avoir les défauts, serait sans contredit un animal parfait; ce qui est rare à trouver. Mais comme il est essentiel à un connaisseur de tout savoir, j'ai jugé à propos de mettre cette récapitulation à la fin de ce chapitre.

Pour son époque, le portrait n'est point trop mauvais...

Le type « cavalerie » française. — Il existe un petit livre, inconnu des civils et peu feuilleté par les militaires. Je veux parler du *Cours abrégé d'hippologie rédigé par les soins de la Commission d'hygiène hippique (1896).* Cet ouvrage est remarquablement bien fait à tous les points de vue.

Sans entrer dans la classification de beautés absolues et de beautés relatives je vais citer comment, d'après lui, doivent être belles, c'est-à-dire construites pour être utiles, les différentes parties de l'extérieur du cheval.

La tête doit être carrée :

Sa face antérieure large et plane; les angles séparant les faces latérales bien prononcés. La tête conique était recherchée du temps de La Guérinière.

La tête doit être tenue haute dans une direction suivant à peu près la diagonale d'un carré long.

L'encolure, bien dégagée du garrot (bien sortie), sera longue, et plutôt droite ou de cerf avec un coup de hache que rouée.

Elle ne doit pas être par trop longue si la tête est grosse et lourde.

L'encolure droite est favorable à la vitesse, ainsi que celle qui possède le coup de hache.

L'attache de la tête ne doit pas être empâtée, mais bien dégagée.

Une bonne disposition de l'encolure est toujours à rechercher pour un cheval de selle.

De sa longueur et de son union avec la tête résulte une sorte de balancier favorable aux divers déplacements du corps.

Le garrot doit être sec, évidé sur les côtés, élevé et prolongé en arrière.

De son élévation dépend la bonne attache des muscles qui facilitent le port de l'encolure. Il doit être prolongé en arrière pour favoriser l'amplitude des mouvements locomoteurs de l'avant-main et donner une large base aux épaules; il maintiendra également mieux la selle.

Le poitrail sera haut, avec des saillies musculaires très prononcées et une largeur moyenne.

Les chevaux de pur sang ont souvent cette région étroite; les chevaux de trait sont, au contraire, très ouverts du devant.

L'épaule doit être longue, très oblique, bien développée musculairement et bien mobile.

Elle doit être longue, parce qu'elle donne la mesure de l'étendue des muscles qui agissent sous les mouvements de l'avant-bras, et favorise ainsi la vitesse.

Elle doit être très oblique, parce qu'elle facilite ainsi le porter du membre en avant.

Elle doit être bien musclée pour pouvoir supporter l'effort de l'amplitude et de la vitesse du mouvement.

Elle ne doit jamais être froide ou chevillée.

L'avant-bras doit avoir une direction verticale, être long et musculeux.

Sa verticalité est une condition de solidité.

Sa longueur favorise les allures rapides.

Le coude sera long et sa direction parallèle à l'axe du corps.

Sa longueur donne un point d'attache plus large aux extenseurs de l'avant-bras.

Sa direction parallèle à l'axe du corps régularise les aplombs et les mouvements du membre.

Les déviations de la direction du coude entraînent celles des membres.

Le genou, bien dans la ligne d'aplomb, sera développé en tous sens, placé bas et solidement constitué.

Le genou est, en effet, le centre du mouvement de la colonne de soutien; il doit avoir de puissants moyens d'attache pour résister efficacement au poids du corps et à l'effet des réactions.

Le genou placé indique une grand aptitude aux mouvements étendus; sa position est la conséquence forcée d'un avant-bras long, surmonté le plus souvent d'une épaule développée et oblique.

De plus le genou doit être large : « Un carpe étroit, dit M. Sanson avec raison, commande une bride carpienne faible. »

Le canon doit être court, de direction droite, et sa face antérieure arrondie et sèche; vu de profil, il doit se montrer large et son tendon bien détaché.

Je parlerai plus loin des tendons.

Le boulet doit avoir un volume proportionné au poids du corps, les contours nets et les tendons saillants.

Les chevaux communs y ont la peau épaisse et de longs poils touffus en dissimulent les tendons.

L'ergot est d'autant moins prononcé et les poils du fanon sont d'autant plus fins que les chevaux appartiennent à des races plus distinguées.

Un boulet petit annonce peu de force et peu de résistance à un travail prolongé.

Le paturon doit être arrondi, assez gros et suffisamment incliné.

Un paturon court, gros, droit, rend l'appui plus solide et ménage les tendons; un paturon long, mince, incliné, produit un résultat inverse : premier cas, réactions dures; deuxième cas, réactions douces.

La couronne doit offrir, comme beauté, de grandes dimensions en largeur, épaisseur et une parfaite netteté de ses contours.

Le dos doit être horizontal on légèrement incliné d'arrière en avant et suffisamment charnu.

Il est en effet nécessaire que la solidité de la voûte osseuse, chargée de porter le poids, soit bien établie. Sa direction légèrement inclinée d'arrière en avant favorise l'action impulsive qui lui est transmise par le rein. Plus cette voûte est courte, mieux elle supporte une charge. Dans ce cas les réactions sont plus dures.

Le rein doit avoir la même direction et la même largeur que le dos; il doit être court, large, musclé; le flanc sera court et plein.

Sa brièveté, due à l'élévation et au cintre plus prononcé des dernières fausses côtes, coïncide toujours avec une poitrine profonde et un rein court.

Les côtes. De leur degré d'écartement de courbure et de longueur dépend la capacité de la poitrine.

Les côtes moins arquées, mais longues, peuvent favoriser la vitesse. Cependant une côte ronde est un indice d'un entretien facile.

Le ventre ne dépassera pas le cercle des côtes et affectera avec elles et le flanc une forme cylindrique.

Mais de bons chevaux, en plein entraînement, ont assez souvent le ventre levretté.

La croupe doit être longue, suffisamment inclinée, large et bien musclée.

Sa longueur favorise l'action de ses muscles et augmente la puissance transmise au tronc par les efforts impulsifs des postérieurs.

Une croupe trop inclinée nuit à la vitesse, bien qu'elle favorise les mouvements enlevés.

La croupe double et courte ne se rencontre que chez les chevaux de races dégénérées.

La queue doit être bien portée et pourvue de poils soyeux.

Son port élevé indique la puissance des muscles éleveurs. Il est presque toujours l'indice d'un certain degré de sang.

Les hanches doivent être bien écartées, bien sorties.

Il vaut mieux choisir un cheval cornu qu'un cheval à hanches noyées. La pointe de la hanche sert, en effet, de point d'insertion à plusieurs muscles fessiers des plans superficiels et profonds.

La fesse doit avoir les pointes proéminentes et écartées; les muscles doivent être longs, larges et énergiques.

La fesse longue, droite et bien descendue est favorable à la vitesse.

La cuisse sera sèche, épaisse, arrondie, longue et oblique; les muscles doivent être fermes et vigoureux.

Chez les chevaux vigoureux à peau fine, les muscles des fesses sont visiblement séparés par des sillons prononcés.

Les cuisses doivent être longues et obliques pour permettre aux membres d'embrasser plus de terrain.

Le grasset doit être net et dirigé un peu en dehors, afin de faciliter le jeu du membre postérieur en avant.

Cette disposition est à remarquer chez les trotteurs.

La jambe, vue de profil, doit être large, bien musclée, longue et inclinée.

Je la préfère peu inclinée. Cette disposition permet d'embrasser beaucoup plus de terrain et favorise la vitesse.

Chez le cheval de trait la jambe sera courte, très oblique.

Le jarret doit être large du pli à la pointe, épais d'un côté à l'autre, sec, net, bien évidé.

Il doit être placé bas; il est ainsi favorable à la vitesse. Coudé il favorise les mouvements enlevés, surtout avec la croupe longue et oblique.

Les beautés nécessaires aux extrémités inférieures sont les mêmes que pour les membres de l'avant-main.

Nous pourrons donner à la description de ces beautés l'épithète de « tableau classique de la bonne conformation ».

Voici maintenant la conformation recommandée aux acheteurs par un vétérinaire de grand talent, véritablement homme de cheval, mort malheureusement trop jeune, M. Pierre, professeur à Saumur, puis vétérinaire en premier au 29e dragons :

Un cheval de selle doit avoir une tête légère, fine, expressive; une encolure longue et bien greffée, un garrot haut et prolongé en arrière, un dos bien soutenu, un rein court et puissant, une croupe et une épaule longues et obliques, une poitrine profonde et bien descendue, des fesses et des cuisses puissamment musclées, des avant-bras et des jambes longs et bien garnis de muscles, des tendons secs et bien détachés, des paturons de bonne longueur et de bonne direction, des articulations larges, enfin de bons pieds.

D'après M. Pierre, une encolure ne doit pas être chargée de trop de muscles qui, en augmentant la masse, augmenteraient aussi le poids qu'elle doit déplacer.

La saillie des abouts osseux doit être manifeste sous la peau du cheval en bon état.

Le tissu graisseux ou conjonctif doit être absent, aux grands angles formés par le squelette.

Le cheval, en un mot, doit être taillé à coups de hache.

La sécheresse et le heurt des lignes doivent surtout se faire remarquer à plusieurs points principaux : à l'angle de l'épaule qui doit être basse, bien détachée des muscles de la base de l'encolure et *faire saillie* au dehors ; à l'angle de la hanche, à la partie inférieure de la hanche, à la partie inférieure des membres où la peau doit dessiner nettement la forme des os, des tendons ou des ligaments sous-jacents.

Pour terminer [*et je recommande fort ce procédé de mensuration*], nous dirons que deux lignes droites que nous supposerons passer, l'une par la pointe de l'épaule et le sommet du garrot, l'autre par la pointe de la fesse et l'angle de la hanche, doivent se rencontrer à une petite distance au-dessus du dos et un peu en arrière du garrot.

Placé, le point d'intersection de ces deux lignes indiquera une épaule bien renversée, une bonne obliquité de la croupe et des hanches bien placées, c'est-à-dire plutôt basses que hautes; situé très haut il sera la conséquence d'une épaule droite et d'une croupe avalée; placé au-dessous de la ligne du dos, il devra sa position fâcheuse à une épaule oblique, il est vrai, mais surtout à une croupe horizontale toujours accompagnée de jarrets placés en arrière de la ligne d'aplomb.

Enfin, plus le point de rencontre dont nous nous occupons sera en avant, plus la croupe sera horizontale et l'épaule droite; plus il sera placé en arrière, au contraire, plus l'épaule et la croupe seront obliques.

Les points du bon modèle donnés par M. de Gasté dans son livre *le Modèle et les Allures* sont excellemment précisés : « Un cheval de selle doit être osseux — anguleux — surtout ogival — toujours bâti en coin, l'encolure plate et légère — le garrot très développé, élevé, tranchant et prolongé en arrière — l'épaule très oblique, le bras vertical, la croupe longue. En un mot un cheval de selle doit être construit en tout exactement au rebours d'un trotteur normand ou, du moins, de son type classique. »

On remarquera que j'ai laissé de côté la question des aplombs, le plus mauvais Traité d'hippologie donnant de bons renseignements sur ceux-ci : les aplombs doivent être parfaits.

Rien n'est absolu dans ce bas monde, et malheureusement les chevaux sont le plus souvent « disharmoniques ».

C'est alors que l'acheteur peut apprécier le *système des compensations* : une plus grande beauté ou une plus grande force d'une partie corrigera, au point de vue utile, la défectuosité d'une autre partie.

Ainsi, écrit M. Jacolet, « une encolure bien musclée, un peu courte, compense une tête forte; une tête légère, petite, compense une encolure longue, grêle, décharnée ; une cuisse bien descendue et bien culottée, un peu droite, compense une croupe courte, etc. »

Ce qui jamais ne se remplace ni ne se compense, ce sont de bons organes respiratoires et sanguins : un bon coffre.

Mais toutes les qualités de conformation squelettique ne serviront de rien si le cheval n'a pas de *sang* et, partant, la *trempe* que donne le sang ; le modèle est la machine, le sang est le combustible.

Un cheval de sang sera celui auquel des ascendants de race noble auront donné, avec l'aptitude à la vitesse, une certaine excitabilité nerveuse, excitabilité se soutenant même après une période d'efforts et de fatigue. Ce sont ces qualités *transmissibles* que possèdent au plus haut degré le cheval de pur sang anglais et le pur-sang arabe, chacun dans son milieu. Comme la continuité de ces races nobles ne se maintient que par une sévère sélection qui assure la *qualité* et la *trempe* des appareils et des organes de la locomotion et de la respiration, il est tout à fait plausible d'affirmer qu'un cheval qui a une trace de sang noble a les plus grandes chances d'avoir également de la trempe. C'est cette trempe qui chez beaucoup de chevaux de pur sang compense bien des défauts, et c'est elle qui permet d'émettre cette assertion qui, prise au pied de la lettre, peut paraître paradoxale : « Le sang rachète tout. » Comme tous les proverbes, celui-ci a un fonds de vrai.

Donc on doit ajouter à ce chapitre qu'il vaut mieux acheter un cheval laid ayant du sang, qu'un cheval au modèle parfait mais sans influx nerveux. C'est surtout parmi la gent chevaline que les papiers de famille indiquent et prouvent quelque chose.

Points de beauté du cheval oriental. — Abd-el-Kader décrit ainsi le cheval de guerre :

Le cheval de race a les oreilles courtes et mobiles; les os lourds et fins; les joues maigres sans encombrement de chair; les naseaux ouverts; les yeux beaux, noirs, brillants, proéminents; le cou long; la poitrine proéminente; le garrot haut; les reins bien soudés; les hanches fortes; les côtes antérieures longues; les côtes postérieures courtes; le ventre remontant; la croupe arrondie; les bras longs comme une autruche avec des muscles comme un chameau; le sabot noir.

Quatre choses larges : le front, la poitrine, la croupe et les membres.

Quatre choses longues : le cou, les bras, les cuisses, le ventre et les hanches.

Quatre choses courtes : les reins, les paturons, les oreilles, la queue.

Points de beauté recherchés par les Anglais. — Digby Collins dit que le hunter doit avoir les côtes postérieures profondes et étendues, pour le rendre capable d'accomplir un travail sévère pendant plusieurs heures sans manger; il assure ainsi que la plupart des steeple-chasers ont la queue plantée bas.

Un vieux gentleman anglais, cité par Sydney, s'écrie : « *Cicéron!* il est étroit du derrière et large de devant, et ne vaut pas mon chapeau rempli de pommes sauvages. »

Les Anglais insistent sur les qualités nécessaires à l'arrière-main, qui doit avoir une bonne longueur de la hanche au jarret. Ils préfèrent une croupe inclinée à une croupe horizontale, comme donnant un plus grand pouvoir de propulsion.

Le major Wythe Melville, également cité par Sydney, célèbre en vers les beautés du hunter : « Une tête comme un serpent et une peau comme une souris; un œil comme une femme, brillant, doux et brun; un rein et un dos à porter une maison; et des membres pour l'enlever par-dessus une ville. »

Sydney, moins dithyrambique, demande « au moins un bon œil »; de bons poumons, contenus dans une vaste poitrine; le dos en proportion du poids qu'il portera; les quartiers, les jarrets et les jambes avec un pouvoir de propulsion capable de faire passer toute la machine par-dessus les obstacles; des épaules, des jambes et des pieds disposés pour recevoir la machine après l'obstacle, sans la laisser choir par terre, et capables de galoper, sans buter à la moindre taupinière.

Il recommande les animaux nerveux mais compacts, possédant un large quartier de derrière et un flanc dégagé pour pouvoir ramener « les hanches sous eux dans un grand saut », et des épaules parfaites.

Le comte de Lagondie, qui dans son ouvrage n'envisage que le cheval anglais, désire trouver dans un steeple-chaser ou un hunter les qualités suivantes : taille élevée, pas trop de longueur des jambes, *de la force sans lourdeur* et de l'ardeur. Somme toute, il exige le cheval très musclé ou susceptible de le devenir, bien qu'il ne soit pas toujours facile de trouver réunis dans un cheval un air de force et de la vitesse.

Un bon hunter, ajoute-t-il, doit être de pur sang, de demi-sang ordinaire, ou bien un porteur de grands poids.

Il reproche au cheval de pur sang ses petits pieds inutiles pour sortir des terrains marécageux et la difficulté qu'il a de se mettre sur les hanches; en somme, la conformation du hunter, conclut-il, dépend du poids qu'il aura à porter.

En résumé, le cheval apprécié en Angleterre comme hunter ou charger (cheval d'armes), de pur sang ou non, a l'apparence compacte : « il respire l'énergie et la force; il est près de terre; son encolure, son port de tête et de queue relèvent sur l'horizon cette silhouette d'excellent cheval que nous aimons tous et que nous trouvons si difficilement, car il réalise le type du cheval absolument utile. »

Les officiers danois, suédois, belges, allemands, italiens, russes cherchent, quand ils n'ont pas de pur sang, à se remonter avec un hunter.

Le hunter. — Un tel cheval mérite bien une courte monographie. Pearson, dont le nom fait autorité en Angleterre, définit ainsi le hunter :

Un hunter est un cheval exclusivement destiné à la chasse. Sa raison d'être en Angleterre est de posséder un ensemble de qualités parfaites et bien définies. Quand une de ces qualités vient à manquer, il est tout à fait incapable de rendre ses services spéciaux. La nature du *hunt* ne permet pas d'user de n'importe quel cheval. Un bon hunter doit être capable de galoper à travers la campagne et de sauter ou de passer tous les obstacles naturels qu'il peut rencontrer. La chasse anglaise a lieu en plaine; elle est par conséquent vite. Il lui faut donc, s'il n'est pas bien monté, renoncer à suivre les chiens ou courir les plus grands dangers.

Voilà pourquoi une industrie particulière cherche à produire des hunters.

Comme les Anglais, écrit l'auteur italien G. Fogliata, professeur de zootechnie à l'université de Pise, dans *Tipi e razze equine* — fort bien documenté et auquel j'emprunte quelques détails sur cette question — comme les Anglais ont le génie de la création et de la conservation des animaux, ils ont encore très bien réussi dans cette tentative.

Le hunter est devenu une branche importante de l'industrie chevaline anglaise. Comme en France, l'organisation primitive du steeple-chase a eu pour but de développer la création et l'éducation des hunters. Mais en Angleterre comme en France les steeples, grâce à la spéculation, ont dévié de ce but primitif, à tel point que si un steeple-chaser peut devenir avec un dressage approprié un bon hunter, le meilleur de ces derniers, s'il est un vrai hunter de demi-sang, sera toujours battu sur le turf par le plus médiocre des steeple-chasers. La chasse et le steeple se ressemblent si peu que je crois inutile d'insister davantage sur tous les points qui les différencient. La vitesse dans le saut est fort inutile au hunter dont une des qualités est d'assurer la tranquillité et la conservation de son cavalier, lequel cherche un amusement et n'exerce pas un métier. Le mot hunter a donc une signification propre, puisqu'il distingue une catégorie de chevaux parfaitement distincte.

La Société pour l'amélioration des chevaux de chasse s'est fixé une série de buts :

1° Améliorer et encourager l'éducation des chevaux de chasse, l'équitation civile et militaire;

2° Donner des prix aux exhibitions et obtenir pour les fermiers et les éleveurs l'usage d'étalons aptes et à des prix modérés;

3° Publier un stud-book des juments et étalons hunter et engager les sociétés agricoles à créer des prix pour les poulinières suitées, genre hunter;

4° Vulgariser les bons principes d'élevage du hunter et en faire connaître l'utilité au point de vue national.

Un effort sérieux se continue depuis 1885. On peut constater que, jusqu'en 1892, les étalons primés furent de pur sang et les poulinières de demi-sang, type hunter.

En 1892, on voit 11 étalons demi-sang hunter inscrits, puis 31 en 1894, et depuis le nombre en a été constamment en augmentant.

Le gouvernement anglais lui-même s'intéresse à cet élevage; 29 primes royales de 3,750 francs sont distribuées aux *queen's plates*. Les étalons spéciaux, tant de demi-sang que de pur sang, sont également primés, à condition qu'ils soient du modèle apte.

Voici les conditions d'admission aux concours des primes des étalons hunters de demi-sang :

Ils doivent être inscrits dans le volume VI, qui comporte les clauses suivantes : 1° avoir gagné une course reconnue par le *Jockey Club*, ou par le *National-Hunt;* 2° avoir un ascendant ayant gagné une de ces courses; 3° compter dans ses ascendants un père ou une mère dont les produits aient gagné une de ces courses.

Les conditions ci-dessus exposées semblent devoir maintenir l'ensemble de la production hunter dans un degré de sang assez copieux.

On se sert aussi du hackney comme étalon, et le modèle obtenu se rapproche plus volontiers du cob.

Touchtone cite l'inscription de 1,304 saillies au Bulletin officiel de la Société, sans compter celles qui se font en dehors et sans contrôle.

Les étalons et juments préférés sont principalement ceux qui se sont distingués à la chasse. Mais ce procédé ne constitue pas une sélection assez sévère pour fixer *ne varietur* une race de hunters.

On tire aussi quelques hunters de la race *Cleveland*, qui est cependant plutôt carrossière. Mais cependant il faut que les mères soient de pur sang ou même près du sang. Le cheval du *Yorkshire* fait de grands chevaux, mais souvent par trop disharmoniques.

Somme toute, ce qu'on nomme hunter en Angleterre est un cheval de modèle régulier, ayant assez de sang pour avoir l'énergie, le fond nécessaire à la chasse et une grande vitesse naturelle au galop. L'aptitude au saut, si elle trouve des garanties dans un modèle utile, paraît être une faculté héréditaire. M. Baume, de *la France chevaline*, soutient que l'aptitude trotteuse est un effet de mentalité; que cette même mentalité permet aux modernes poulains de s'atteler facilement parce que leurs ascendants s'attellent et sont plus fréquentés par l'homme, alors qu'il y a vingt-cinq ans ils étaient inabordables parce que nés de parents sauvages. L'aptitude au saut spécial aux Irlandais peut avoir la même cause. Le paysan irlandais monte à cheval et saute, et quand son fils grimpe pour la première fois sur un poulain, celui-ci saute naturellement les obstacles jusqu'à son écurie; né de parents sauteurs, ayant hérité d'eux la disposition des rayons utiles, la gymnastique de l'enfance développe encore son aptitude au saut; il n'est donc pas étonnant qu'adulte et dressé il devienne un sauteur de premier ordre. Cependant on peut affirmer que si le dressage n'apprend jamais à un cheval à trotter ou galoper vite lorsqu'il est inapte à l'une de ces deux allures, il n'en est pas de même pour sauter. Un médiocre cheval, trotteur ou galopeur, peut apprendre à très bien sauter. La mentalité n'aurait donc pas pour les jumpers irlandais toute l'importance qu'on serait tenté de lui attribuer.

Chez les chevaux français, rien de pareil ni comme disposition, ni comme dressage, ni comme emploi, du reste; pas d'encouragements spéciaux au cheval spécialisé à la selle. Une semblable marchandise, déjà fort chère en Angleterre, ne trouverait pas d'acheteurs chez nous. Il faut donc tirer parti de ce qu'on y trouve. Pour cela il est nécessaire de s'intéresser à l'élevage, de le bien connaître pour pouvoir exercer son choix autrement qu'à l'aveuglette.

Le cheval de selle russe a une apparence tout autre. Les haras russes ont conservé la race *Orloff-Rostopchine* créée par ces deux grands seigneurs, au moyen d'abord d'étalons arabes purs; ensuite, dès 1792, d'étalons de pur sang anglais.

Ce *Rostopchine* est un cheval très sec et remarquablement élégant dans son extérieur.

On remarquera que les Russes ne se servent point de leurs trotteurs dits *orloffs* pour entretenir et améliorer leurs races de selle.

Le haras de *Stréletzk* élève un cheval se rapprochant tout à fait du type arabe, de forte ossature, d'assez haute taille et très rustique.

Au surplus, le type hunter n'existe pas en Russie; le cheval cosaque mis à part à cause de sa petite taille, le bon cheval d'officier fortuné est plus ou moins un demi-sang anglais.

Les *sportsmen allemands* et les officiers de cavalerie font preuve d'un goût très judicieux. Leur remonte est excellente et le beau type est fort en honneur, parce que dans cet empire on se sert, sportivement et militairement parlant, du cheval d'une façon utile; aussi l'élevage du cheval d'armes, qui est aux mains de l'État, se transforme-t-il rapidement dans ce sens.

La tentative d'amélioration de la race indigène prussienne ne date pas de nos jours. Dès 1619, des haras assez nombreux existaient, à la vérité remplis de Hollandais; en 1670, le Grand Électeur prescrivit aux paysans de faire saillir leurs juments par les étalons domaniaux.

Sous Frédéric Ier, de nombreux haras et jumenteries furent créés. En 1689, on peut y remarquer l'introduction de plusieurs étalons arabes, andalous, napolitains et français. En 1700, des chevaux anglais furent introduits. Enfin, en 1716, Frédéric-Guillaume Ier fonda le haras de *Trakehnen*. Il y fit entrer des napolitains, des anglais, des danois, des turcs, et des juments moldaves. Sous Frédéric-Guillaume Ier, les progrès furent très sensibles.

En 1787, plusieurs autres haras furent fondés. Pour avoir des chevaux plus nobles, on introduisit le pur-sang comme reproducteur. On s'adressa d'abord à la Turquie, puis à l'Angleterre.

Depuis cent ans, c'est l'étalon anglais qui est resté l'améliorateur « et le cheval prussien actuel, si apprécié comme monture pour la cavalerie, n'est autre chose qu'un produit plus ou moins dégradé du pur-sang anglais, et ayant conservé certains caractères similaires : tête fine, encolure longue et bien sortie, garrot très en arrière et ensemble de dessus se rapprochant de l'horizontale ». (*La Remonte dans l'armée allemande*, par le capitaine de la Chapelle, 1885.)

Ces chevaux lithuaniens sont de demi-sang à 50 pour 100 de pur sang anglais, 25 pour 100 de sang arabe et 25 pour 100 de sang indigène. Le sang anglais prédomine. Cependant, malgré tous leurs efforts, les haras ne sont pas arrivés encore à donner aux jarrets de leurs chevaux une bonne direction. Les croupes sont souvent assez communes, les têtes grosses bien que sèches, les dos un peu longs, les jarrets un peu loin.

« Le cheval le plus difficile à trouver est le cheval de cuirassier et de uhlan... La cavalerie française, moins brillante peut-être, est plus sérieuse. » (Rapport de M. Bellamy, directeur du haras, envoyé en mission.)

Les chevaux d'officiers livrés par les remontes sont, sans conteste, meilleurs que les nôtres. On leur donne d'ailleurs, à cet effet, plus de facilités. Les chevaux des officiers généraux y sont fort beaux et sensiblement mieux tenus que chez beaucoup de leurs voisins.

Bien que dans les quatre haras de la Prusse orientale il n'y ait que 36 étalons de pur sang dans les 650 demi-sang qui y sont employés, le capitaine Foache, dont on connaît la compétence, a pu écrire ce qui suit :

« Si le cheval allemand présente pour son adaptation à certains services un degré de sang trop élevé, il est absolument certain que le nôtre en manque totalement. Plus particulièrement pour la remonte de nos officiers, il nous faudrait des animaux ayant plus de pointe, plus de perçant. »

En l'Autriche-Hongrie, où la production chevaline est énorme, le cheval d'armes est très près du sang. Le général L'Hotte pouvait écrire : « En Autriche, les chevaux de harnais ne sont que des chevaux de selle plus ou moins imparfaits. »

Cependant comme chez la plupart des peuples cavaliers, en dehors de l'officier, la majorité des gens qui montent à cheval ne galope et ne saute que rarement à travers pays. Aussi le type arabe, rond, élégant, d'allures douces, de médiocre aptitude au saut, y est-il encore trop en honneur.

L'État et de grands haras particuliers réagissent autant qu'ils le peuvent en infusant du sang anglais et en favorisant l'élevage du demi-sang, plus apte aux besoins de la guerre et du sport moderne.

Il est à remarquer un fait curieux, c'est que les peuples cavaliers, les Arabes, les Cosaques, les Hongrois, les habitants des Pampas, ne se servent du cheval que comme moyen de locomotion. Ils se déplacent d'un point à un autre à travers leurs grandes plaines *toujours au petit galop souvent désuni, ou au pas*, tournant les obstacles en hauteur, descendant dans les fossés... Aussi leurs chevaux, qui présentent les garanties les plus sérieuses de fond et de rusticité, sont-ils restés d'un type petit, aux rayons supérieurs courts, à la croupe courte et avalée. Leurs propriétaires ne sont pas des cavaliers d'extérieur au sens européen et moderne du mot. Eux et leurs chevaux feraient triste figure dans nos campagnes coupées d'obstacles.

Chez nous, écrit le comte Dénes Szechenyi, on peut en toute saison voyager pendant une journée entière sans rencontrer un seul cavalier, et si par hasard on a l'occasion d'en voir un, il y a dix chances contre une qu'on n'y éprouvera aucun plaisir.

Je me suis toujours demandé pourquoi on monte si peu chez nous; cependant bien des gens s'imaginent que le Hongrois est cavalier de naissance, porte volontiers des éperons, personnifie le hussard. Malgré cela, dans les classes élevées, peu de gens montent; beaucoup croient s'abaisser en s'occupant eux-mêmes des chevaux (*ce qui est, du reste, aussi le cas en Allemagne*) ou troubler leur digestion en se livrant à un exercice réchauffant.

« En résumé, écrit le capitaine Foache à la suite d'un voyage d'exploration en Autriche-Hongrie, les chevaux ont plus de sang que les nôtres; ils sont d'une ensemble plus homogène, leur modèle cadre plus avec celui du vrai cheval de selle; ils sont, par suite, plus maniables... le trot est peu employé et le galop est plus généralement en usage.

« Une différence considérable existe entre les chevaux d'artillerie français et autrichiens; au lieu de nos gros chevaux communs et lourds, l'artillerie autrichienne et hongroise ont des chevaux sensiblement analogues à nos chevaux de dragons; ils sont d'un bon modèle, soudés, compacts et près de terre. »

Les étalons sont des arabes, pur-sang anglais et anglo-arabes. Les descendants de la famille *Nonius*, d'ancienne origine anglo-normande, sont chargés de créer des chevaux de selle pour faire poids...

« Il serait à désirer, écrit le capitaine Foache, que la poulinière puisse apporter au produit un peu de sang qui parfois manque aux pères. Les allures en sont ordinaires; ils trottent, disent les Autrichiens, toujours assez. On veut surtout des chevaux qui galopent et, à aucun prix, on ne voudrait, comme en France, sacrifier la construction et le modèle à des allures inutilisables dans le service et faites surtout pour les hippodromes. »

On voit, d'après les exemples cités ci-dessus, que dans tous les pays d'Europe où, soit par goût, comme en Angleterre, soit par nécessité, comme sur le continent, on se sert du cheval, le *beau* cheval est seul *bon* et *utile* et vice versa.

Et ceux qui ne sont pas bâtis dans ce sens-là peuvent aller aux carrosses de gala, aux fiacres, au cirque, au camion ou dans les écuries d'un épicier parvenu. Ce dernier débouché, malheureusement très vaste, permettra du moins à de pauvres bêtes, irresponsables de leur laideur et de leur inaptitude, de passer grassement une inutile existence.

Modifications du modèle par les courses. — L'ensemble de tous les points dont il a été parlé dans ce chapitre constitue, à notre humble avis, le modèle à rechercher pour être bien monté. Mais il ne faut pas conclure, je le répète, que le modèle seul donne la qualité, pas plus qu'un cheval longiligne n'est forcément un cheval ayant de la vitesse : il y a simplement des chances pour qu'il en ait. La sélection méthodique qui s'exerce, par exemple, sur la variété des pur-sang, depuis très longtemps repose sur le principe d'élimination. Tous les sujets qui montrent de l'inaptitude pour les courses sont éliminés comme reproduction. A la publication du premier volume du Stud-Book il y avait plus de 2,000 juments ou étalons importés. Il n'en reste déjà plus que 200 (souches) dans le premier volume, et aujourd'hui il n'y a plus que 3 chevaux ancêtres et 40 juments (dont on trouvera le noms dans *le Pur-Sang anglais et le Trotteur français devant le transformisme*, par Nicard). C'est la sélection qui a fait son œuvre éliminatrice. Or l'éleveur de chevaux de courses (trot ou galop) ne s'occupe pas de la forme de ses élèves. Il conserve tous ceux qui gagnent des courses : que ceux qui restent de cette longue sélection soient plus ou moins longilignes, cela n'a pas été fait exprès. Ceci est le credo de l'éleveur des chevaux de courses, et ceux qui l'oublièrent furent amenés rapidement à s'en repentir.

Bien qu'on voie quelquefois des chevaux à courtes lignes battre des chevaux à grande étendue, il n'en est pas moins patent que la sélection méthodique a maintenu et développé le modèle dans le sens longiligne. Mais il faut se garder de conclure qu'en choisissant les chevaux le plus longilignes on aura les meilleurs racings !

Il en est de même, je parle du procédé de sélection, pour les trotteurs. Leur sélection s'opère en dehors du sentiment de l'homme sur la beauté. Un étalon pour un éleveur doit seulement être de la meilleure classe.

Les aptitudes et le modèle qui sont fonctions l'une de l'autre varient avec le genre de sélection par les courses. Les pur-sang ne sont pas les mêmes qu'il y a cent ans et les trotteurs ont changé du noir au blanc depuis quarante ans. Le pur-sang s'est, dans l'ensemble de sa production, très perfectionné comme taille, modèle et vitesse. Les gagnants des grandes épreuves sont presque toujours de superbes animaux, qui tiennent leur qualité de la sélection par le galop, forme supérieure de la vitesse.

Le demi-sang trotteur s'est admirablement perfectionné en sa spécialité de trotteur. Lentement, sa charpente osseuse s'est déformée, transformée ou améliorée si on veut, de façon à produire une très grande vitesse au trot.

Mais étant donné que le cheval de selle est, avant tout, un cheval qui doit donner un maximum de vitesse avec un minimum de fatigue, c'est-à-dire galoper facilement, il se trouve que les étalons sélectionnés par le trot ne sont plus indiqués pour produire des chevaux de selle, avec des juments de même race.

C'est à leur emploi qu'on peut et qu'on doit imputer la rareté de ces derniers en France, toute question de plus ou moins de sang mise à part.

Cependant, il me paraît hors de discussion que, sans les courses au trot, même avec tous leurs inconvénients, les races de demi-sang françaises considérées dans leur ensemble (en dehors de celles du Midi) seraient excessivement médiocres, non seulement bien entendu pour le service selle, mais encore pour le service voiture. La production régulière, continue, homogène et utile du demi-sang se fût heurtée à d'immenses difficultés, pour ne pas dire à des impossibilités.

CHAPITRE II

LE HUNTER ET LE CHEVAL D'ARMES

Le modèle, le « gabarit ». — Le bon modèle. — Taille du hunter. — Aptitude à porter le poids. — Endurance selon l'âge et la taille. — Précocité relative du hunter anglais. — Le vieux hunter. — Couleur de la robe du hunter.

Le modèle, le gabarit. — Il est beaucoup plus facile — et c'est un moyen à la portée des ignorants, heureusement pour eux — d'acheter un cheval sur des performances soit au galop, soit au trot, soit après une épreuve quelconque et après l'avoir fait visiter par un vétérinaire. Point n'est même besoin de voir et d'essayer le cheval... Mais outre que je ne suis pas encore converti complètement à la religion sectaire des performances en dehors de l'élevage spécial pour les courses et la reproduction, je tiens à pouvoir me passer de papiers (beaucoup de chevaux n'en ont pas, d'autres en ont de faux) et à juger par moi-même, d'après mes goûts et mes aptitudes personnels.

Le modèle, je l'avoue, n'est pas une garantie suffisante — ce serait trop facile, il n'y aurait qu'à passer son cheval au gabarit — mais le modèle extérieur *utile*, chez un cheval, peut servir, en en tenant compte, surtout, quand manquent les autres renseignements, à mettre le plus de chances de son côté. Assurément, quand on vous présente un cheval à acheter, le fait qu'il soit de pur sang ou de demi-sang avec des performances personnelles ou ancestrales est une importante garantie; mais cela, dans beaucoup de cas, et spécialement pour des services autres que ceux du turf, est loin de suffire. On a donc eu raison de dire qu'avant de se décider à acheter un cheval de selle il fallait avoir dans l'œil le bon modèle et qu'il est difficile de l'y faire entrer. On finit cependant, après bien des déboires, bien des écoles, par l'acquérir, à condition qu'on se serve de ses chevaux d'une façon entreprenante et utile, et que le lieu des prouesses s'éloigne un peu de « l'allée des Poteaux », ou même du terrain de manœuvres et des grandes routes macadamisées.

Le bon modèle. — Si, pourtant, avant d'avoir acquis cette sûreté du coup d'œil habituelle au vieux sportsman, vous rencontriez, par hasard, un cheval ainsi bâti :

Court dessus et garrot en arrière;

Long dessous et du corsage;

Près de terre;

Fait en coin, « en brouette », selon l'expression du vicomte H. de Chezelles;

Croupe hanchue, longue, large, point horizontale;

Membres postérieurs plutôt droits;

Épaule longue et oblique, bras vertical;

Membres antérieurs bien d'aplomb;

De fortes articulations, de gros os, la peau fine;

De gros genoux, de canons larges;

Les genoux et les jarrets bas, de beaux pieds;

Une longue encolure jaillissant du thorax;

Une tête au front large et bien proportionné;

L'oreille mobile, l'œil « effronté » et la queue fièrement portée;

Si vous trouvez ce cheval, et qu'il soit net, prenez-le; et, s'il ne vous convient pas, envoyez-le-moi, je vous l'achète.

Un cheval ainsi conformé a des chances pour être un cheval *de galop sous du poids* (je ne considère pas dans cette étude le cheval au point de vue course); un tel cheval est sûrement bon à tout, pour la selle, *a fortiori* pour la voiture et, selon sa taille et sa masse, pour le trait.

Quand on parle du cheval *fait en brouette*, cela ne veut pas dire que ce cheval soit plaqué du devant : « Cette étroitesse de poitrail, écrivait très justement M. Gayot au sujet du cheval irlandais, n'est que relative et saute aux yeux à raison du très grand développement des régions postérieures. »

Les hommes de cheval ont donc tout à fait raison de se servir de cette expression, dont certains peuvent, par ignorance, se scandaliser.

Verticalité de l'humérus, ouverture de l'angle au jarret. — Il est ici nécessaire d'insister sur d'autres points parce que beaucoup semblent les ignorer ou ont trop d'indulgence à leur sujet. Je veux parler de la verticalité du bras, et de celle de la cuisse et de la jambe. Les chevaux de pur sang et les bons Irlandais possèdent ces verticalités, avec, naturellement, des exceptions.

L'humérus (le bras) est plutôt horizontal chez le trotteur et serait d'autant plus horizontal que ce trotteur a plus de vitesse (De Gasté, *le Modèle et les Allures*).

M. Le Hello avait déjà écrit : « Les mesures prises directement prouvent que la verticalité de l'axe huméral est de règle pour les chevaux de galop et que l'horizontalité est plus grande pour le cheval travaillant au pas que pour le trotteur. » Je renvoie le lecteur pour la démonstration scientifique de l'utilité de cette verticalité au *Pur-Sang anglais et ses dérivés* de M. Le Hello.

La cuisse et la jambe doivent, dans leurs axes, se rapprocher de la verticalité, caractéristique du bon pur-sang anglais. Cette verticalité est moindre chez la plupart des trotteurs. Le redressement de la jambe donne plus d'ouverture à l'angle du jarret; elle favorise l'amplitude des foulées et le développement de l'impulsion en étendue de contraction. (Jacoulet.)

Un bon cheval aura donc la jambe longue et ce qu'on est convenu d'appeler en argot hippique les « jarrets droits », non coudés comme ces horribles Hollandais qu'on voit trop souvent harper leur galop au Bois. Les jarrets ne doivent point être « loin derrière », ainsi que ceux de beaucoup de carrossiers et même de trotteurs de diverses nationalités.

Il me reste à parler de la taille, de la corpulence, de l'âge auquel le hunter peut travailler dur et de sa robe.

Taille du hunter. — Pour galoper vite, un cheval ne doit pas être trop petit, surtout s'il doit porter du poids. Pour ne pas être gêné par ce dernier, un poney doit être assez massif; il n'acquiert cette conformation souvent qu'au détriment de son degré de sang et de vitesse.

Mais il est tout à fait inutile de se hucher sur un méhari, sous prétexte d'arriver le premier au rendez-vous.

Lorsqu'on a une taille et un poids moyens, soit 75 kilos, un cheval de 1 m. 55 à 1 m. 60 est tout à fait pratique et honorable; on peut même se payer le luxe d'un hunter léger de pur sang, de demi-sang ou d'un cheval du Midi. Je crois qu'en dehors du turf ce poids de 80 kilos et cette taille de cheval se correspondent très justement.

Aptitude à porter le poids. — Si le poids du cavalier augmente, ce n'est pas la taille du cheval ni son *embonpoint en graisse* qui doivent suivre la même progression, mais c'est la charpente osseuse du hunter qui doit être plus fortement établie, avec des *points de force* plus accentués.

Il est une erreur très répandue, c'est de croire qu'en général les chevaux ne sont pas capables de porter du poids... Pour courir, pour galoper vite, le poids est un facteur énorme; mais dans l'ordinaire de la vie, surtout en France où les cavaliers encore plus vite assagis par notre légendaire indifférence sportive que par l'âge ou par les galons se contentent, même à la chasse, d'une promenade de digestion, on exagère beaucoup l'inaptitude des chevaux à porter du poids.

Si encore ces ballots humains étaient logiques, ils choisiraient un bon cob de 1 m. 55, facile à enfourcher, d'allures douces autant que patient de caractère et capable de porter sur son dos un cacolet avec quatre blessés... Mais non, leur rêve, s'ils peuvent se le payer, est un mastodonte de 1 m. 64 à 1 m. 70, au dos creux, aux hanches noyées, et dont les pattes à jus, grêles et mal conformées, ont peine à supporter leur propre masse de viande.

Perchez là-dessus les 90 à 100 kilos de leur propriétaire, et vous ne vous étonnerez pas du peu de service que peuvent rendre ces *admirables cobs!* car ils appellent ça des cobs (quand c'est une jument : une *cobesse*)!

M. de Gasté, dans son livre *le Modèle et les Allures*, donne cet exemple frappant :

« Un cheval porte environ le cinquième de son poids total, soit 100 kilos pour un animal de 500 kilos. Ce poids doit être ramené au septième pour l'homme qui n'a que deux membres pour porter sa masse, soit donc 10 kilos environ. Eh bien! si vous avez le poids de 10 kilos à faire porter rapidement dans un pays inégal, coupé d'obstacles de toute sorte, qui prendrez-vous? un fort de la halle, un lutteur de chez Marseille, ou bien un homme léger, bien découplé, à formes sèches et élancées? Le second type assurément : agissez de même pour le choix d'un cheval, et n'oubliez pas que tout type de vitesse doit être relativement léger... »

Et autour de nous, si nous avions des yeux pour voir, nous admirerions tous les jours, et aux manœuvres, nos chevaux de troupe et spécialement nos merveilleux chevaux du Midi porter des poids extraordinaires.

En 1903, au *raid* dit *de Vichy*, longue route suivie d'un parcours d'obstacles, les chevaux de légère s'adjugèrent les premiers prix. Certains d'entre eux étonnaient les non initiés par leur gracilité.

J'ai monté, à 76 kilos, une jument tarbe, réforme de légère, mince, légère comme une plume, mais osseuse et parfaitement construite, ne mesurant que 1 m. 50, à des chasses réputées très vites, sans que la moindre fatigue des membres soit venue me prévenir de ce que son sang ne m'aurait jamais dit, qu'elle en avait assez.

En tout cas, si la taille du cheval augmente avec le poids du cavalier, ce que je trouve inutile, ce n'est pas la viande du cheval qui doit s'augmenter aussi, mais la grosseur des os et la puissance de leurs articulations, absolument comme dans un agrandissement photographique tous les points sont augmentés dans des proportions constantes et régulières, et non l'une des parties de l'objet photographié au détriment des autres.

C'est le bon modèle de 1 m. 60 qu'il faudrait trouver

reproduit à 1 m. 70, ce qui est rare, très rare, car le grand cheval est généralement un monstre. Il s'éloigne en effet de plus en plus du type primitif; il devient le cheval artificiel. De plus, dans les grands chevaux que les pays du Nord produisent la lymphe domine presque toujours le sang.

Si vous avez la chance d'être un cavalier léger, c'est-à-dire de marquer à la balance de 50 à 70 kilos, un champ beaucoup plus vaste vous est ouvert. Depuis le pur-sang de petite taille jusqu'à l'excellent cheval du Gers, de Tarbes et des Landes, en passant par le hunter léger, vous avez le choix. Grâce à l'erreur commune dont je parlais ci-dessus, les chevaux légers sont délaissés et vous pouvez les avoir à bon compte. Un cheval de 1 m. 55, pour vous, sera un bon cheval à tous les usages de selle, chasse, concours, service d'armes.

Une monture de 1 m. 48 à 1 m. 55 vous fera presque le même service, sauf dans le cas de train ultra-rapide et de très gros obstacle.

Cependant, il est beaucoup d'exemples que des petits chevaux aient eu de la qualité en course et des succès en concours. Il n'est pourtant pas niable qu'ils ne soient obligés de suppléer à l'étendue des mouvements que donne une plus grande taille, par une dépense d'influx nerveux et d'effort musculaire.

Sydney, dans un livre que je cite volontiers, me semble donner la préférence aux chevaux de taille moyenne : « La taille d'un hunter, dans une grande contrée découverte, est de peu d'importance quand elle dépasse 1 m. 51... Les hunters ne dépassant pas 1 m. 53 furent la passion de feu M. Arkwright, le maître d'équipage des Atherstone-Hounds... La liste des petits chevaux qui se sont distingués dans le Leicestershire demanderait des pages entières. »

Mais, en résumé, Sydney conclut « qu'un cheval proportionné de 1 m. 60 de haut est meilleur qu'un cheval ayant la même forme, le même courage, mais ayant dix centimètres de moins ». « Dans un pays accidenté, ajoute-t-il, un cob de beaucoup de sang, ayant de 1 m. 45 à 1 m. 52, bien conformé, se conduira mieux que le long animal qui vole dans les contrées plates. »

Lagondie donne aussi comme moyenne de taille utile chez le cheval de course la taille quinze mains trois pouces (1 m. 60), appréciation confirmée par la pratique courante.

Fillis, lui, pour le manège, recherche la hauteur de 1 m. 56 à 1 m. 58 : « Disons, écrit-il, pour ne pas être exclusif, 1 m. 55 à 1 m. 60. »

J'avais voulu interviewer les sommités équestres modernes, les fines cravaches et de bons maîtres d'équipage. J'ai pensé que cela était inutile; il n'y a qu'à ouvrir les yeux et regarder : quelques-uns ne dédaignent pas les petits chevaux; mais la plupart se trouvent bien de l'usage du cheval de taille moyenne. En résumé on aurait vraiment tort, si on n'est ni trop grand ni trop lourd, de se priver des services d'excellents petits chevaux s'ils sont bien osseux, musclés, pleins de nerfs et de sang.

Age du hunter. La précocité. — Je citerai tout à l'heure, sur ce sujet, l'opinion d'écrivains et de sportsmen autorisés. Mais je donnerai, auparavant, mon modeste avis.

Pour juger la question, il faut bien se rendre compte de la façon dont, en France, est amené jusqu'à la vente le jeune cheval de selle ou de trait.

Il naît, tette, est lâché dans un pré; il est sevré trop tôt. Dans quelques régions, on lui donne de l'avoine, pas beaucoup et à regret; on dirait que ce soit du grain jeté aux moineaux... Dans d'autres, on ne lui donne rien du tout, pas même jusqu'à trois ans et demi un peu d'exercice, encore moins les soins hygiéniques les plus simples.

Il est évident que ces chevaux-là, à quatre ou cinq ans, ne sont susceptibles d'aucun travail vite, long, utile. Seuls les demi-sang trotteurs, qui ont été élevés pour les courses au trot et entraînés, sont susceptibles de fournir, jeunes, un certain travail et de la vitesse. Et ils sont d'autant plus précoces qu'ils ont plus de sang. Mais ils ne sont pas agréables à manier, et chacun sait que les difficultés d'un redressage sont plus dures à surmonter que celles du dressage proprement dit.

J'ai même quelquefois acheté des chevaux prenant cinq ans qui certainement n'avaient jamais été ni attelés ni montés. Je m'en suis bien aperçu, au cours de mes premières promenades sur leur dos. Je me suis malheureusement rendu compte de leur manque absolu de travail préalable aux petites tares qui survenaient les unes après les autres avec ou sans boiterie, pour disparaître ensuite au bout d'un temps plus ou moins long après traitement et surtout après *repos*, la panacée des jeunes chevaux.

Plus les chevaux étaient grands, si bien construits et près du sang qu'ils fussent (je n'envisage pas le pur-sang), plus ils était sujets à toutes sortes de désagréments dans leurs pattes : molettes, gonflement des synoviales articulaires du boulet; petits suros provenant de la dilacération des ligaments, surtout du côté de la bride carpienne; atteintes, gonflement des vaisseaux sanguins le long des tendons, tous ces petits accidents venaient me prévenir que le temps de galop avait été trop vite, que le trot avait été exigé trop brillant, etc.

L'ennui le plus gros avec ces sortes de chevaux nouvellement achetés est la présence d'un état général maladif, gourmeux... Le cheval n'est jamais *prêt* pour travailler, il est *prêt* pour attraper une grosse maladie.

Mais si le hasard ou les besoins de mon service particulier m'avaient fait acheter un bon poney anglo-arabe, aux pattes sèches, au tempérament nerveux, je n'avais à craindre aucun de ces inconvénients. Je pouvais, après une période d'entraînement de quinze à trente jours, marcher avec, comme si c'eût été un vieux cheval.

Jusqu'à 1 m. 55 ou 1 m. 56 j'ai constaté, chez presque tous les chevaux que j'ai pu voir ou avoir, un tempérament tel qu'ils résistaient plus facilement au mauvais élevage et au manque d'entraînement que ceux d'une taille supérieure.

Le petit cheval a été plus fréquenté, car il est certain qu'un éleveur se servira plus facilement d'un cheval de petite taille au trait léger que d'un grand cheval.

Un petit cheval est d'abord plus maniable ; de plus, l'éleveur qui sait qu'en France le cheval se vend au poids et au mètre cube craindra de tarer un cheval de haute taille. Ce n'est qu'en tremblant que, dans certains pays, on les met à la charrue, ce qui, entre parenthèses, est un excellent mode de travail pour les grands chevaux d'élevage. On hésite moins aussi à castrer un petit cheval. Pour peu qu'il ait une carte d'origine, un grand cheval quelconque représente souvent, pour son propriétaire, un étalon « qui pourrait bien être acheté par les haras ».

Toutes ces raisons font que le cheval petit a quelques chances d'avoir été attelé avant d'être livré au commerce.

Il m'a été facile, sur ces données de l'expérience, d'établir les règles suivantes :

Les chevaux de 1 m. 48 à 1 m. 55, de demi-sang, pourront travailler utilement beaucoup plus tôt que les chevaux de 1 m. 55 et au-dessus.

Les premiers peuvent être attelés à trois ans et montés sérieusement dès quatre ans et demi à cinq ans et les seconds ont besoin d'un entraînement de plus d'un ans qui les conduira, à sept ans, à être des chevaux *faits*.

Je désigne, bien entendu, par les mots *cheval fait* tout cheval susceptible de galoper derrière les chiens ou devant un peloton, sans souffrir dans sa croissance, qui doit être terminée, et sans être particulièrement ménagé.

Si le service de chasse ne consiste qu'à trotter doucement en prenant au court, et celui de l'armée qu'à caracoler devant un abreuvoir, un cheval très jeune, mais sage, n'est-ce pas? suffira amplement, car il y a chasses et chasses, veneurs et veneurs, cavaliers et cavaliers.

Il y a des exceptions à toutes les règles, et ceux qui ne seront pas de mon avis me citeront tel ou tel cheval qui, à trois ans et demi ou quatre ans, a..., etc.., etc...

Je n'en persiste pas moins dans ma conviction, conviction acquise au détriment de mon porte-monnaie; c'est là dedans qu'on puise les meilleures leçons.

Précocité du hunter anglais. — Si nous considérons le *hunter anglais et irlandais,* ces données changent, mais pas autant qu'on pourrait le croire.

Beaucoup de chevaux, en Angleterre, ont chassé entre cinq et six ans, mais sagement et souvent dans un but de dressage. Mais, à six ans et demi, les chevaux de selle qui n'ont pas galopé sont une exception. Ils ont, ne l'oublions pas, une conformation très favorable à cette allure.

Cette race de chevaux offre donc, à six ans, plus de garanties que les nôtres, pour *un service immédiat.* Mais la période d'acclimatement de chevaux anglais importés sera d'autant plus longue et difficile que l'animal sera plus jeune. Si le jeune cheval est importé en automne, il faut qu'un été « passe dessus » pour que son acclimatement soit considérée comme acquis.

On voudra bien remarquer que je ne fais aucun allusion au service de la voiture. Dans les brancard ou au timon, avec une charge modérée et proportionnée à leur poids, *tous* les chevaux pourraient e devraient travailler très jeunes.

« Un hunter, dit Sydney, sera considéré dans sa fleur à six ans... Quelques personnes, qui montent raide dans les contrées coulantes, choisissent souvent un cinq ans encore vert... Un hunter de 1 m. 60, ayant le cachet du Yorkshire et du Leicester, peut être monté, d'*une manière judicieuse*, à quatre ou cinq ans, avec les harriers pour lui apprendre la pratique. »

Un proverbe allemand dit judicieusement : « Six ans, jeune cheval; six ans, bon cheval; six ans, vieux cheval. »

« Dans les races orientales, écrit M. Jacoulet dans son *Traité d'hippologie*, le développement complet du jeune cheval n'a guère lieu avant six ans; il se produit *à sept ans et plus tard* pour les races du Nord. Ce développement tardif, surtout évident chez les chevaux normands, paraît dû au mode d'élevage. »

Dans la cavalerie française, le cheval est versé dans les régiments à cinq ans; à six ans, il est réputé dressé, mais il est généralement très ménagé, et avec raison, jusqu'à sept ans; il n'atteint qu'une durée moyenne de huit ans de service. On a une tendance à le réformer de très bonne heure, et cela dans le but de permettre à l'éleveur de produire plus de chevaux pour l'armée et aux réservistes de se remonter plus facilement avec les chevaux de réquisition.

En Danemark, où l'âge moyen des chevaux varie entre neuf et dix ans (Aurregio, *Conférence sur les chevaux des armées*), leur durée moyenne est de neuf ans. Mais en Angleterre, où la plus grande partie des chevaux du rang ont moins de six ans, cette durée est abaissée à sept ans de service.

J'ai cité ces chiffres pour prouver combien les sportsmen qui veulent se servir d'un cheval qui *n'a pas fini sa croissance*, qui n'est pas fait, auraient tort de s'étonner du peu d'usage que leur fournira cette monture. Ils n'auront qu'à s'en prendre à eux-mêmes si, avant six mois, leur fameux « hunter, charger ou jumper » n'est plus qu'une rosse sans tempérament et irrémédiablement tarée. Ils auront appris, à leurs dépens, qu'on ne peut impunément détourner au profit d'un travail exagéré les éléments organisateurs et nourriciers destinés à la croissance. C'est, en effet, à la fin seulement de la période d'accroissement « que la soudure de toutes les épiphyses des os longs est terminée et que le squelette se trouve complètement achevé ». (Cuyer et Alix.)

Le vieux hunter. — Un bon cheval n'est vraiment vieux que vers seize ans, car la vie moyenne d'un cheval est de dix-huit à vingt ans. Je sais bien qu'on connaît des cas de longévité extraordinaires. On cite des chevaux ayant vécu jusqu'à quarante ans passés et j'ai moi-même eu une ponette des Landes qui est morte de vieillesse à trente-quatre ans. Elle travaillait encore la veille de sa mort.

Cependant, à partir de dix-sept ans, il n'est plus prudent de demander un grand effort à un cheval. Il peut vous tomber mort entre les jambes.

La moyenne des très bons chevaux est entre huit et douze ans, et j'en ai connu beaucoup de très bons à quatorze et même seize ans. Certains d'entre eux avaient encore la verdeur et la gaieté d'un poulain. Ce qui déprécie beaucoup le cheval au-dessus de neuf ans, c'est qu'il est difficile de lire son âge sur ses dents. Et bien qu'on ait des données théoriques assez exactes, beaucoup de malins s'y trompent.

Un cheval, me disait un vieux chasseur, n'a que l'âge qu'il marque dans ses pattes, dans son cœur et dans ses poumons; et il aurait eu cent fois raison s'il avait ajouté : dans ses yeux.

Couleur de la robe du hunter et du cheval d'armes. — Du temps du comte de Lagondie on considérait les alezans brûlés comme très ardents, mais sujets à l'encasture. Le même auteur cite avec conviction le proverbe espagnol : *Caballo Castano, ante muerto vansado*, qui prouverait leur préférence pour cette robe.

Mais nous sommes devenu plus sceptique : le cheval « arzel » (possédant une balzane postérieure droite) ne porte plus la guigne, et le prophète nous ferait rire qui affirmerait : « Si je rassemble au même endroit tous les chevaux et que je les fasse courir ensemble, c'est l'alezan qui les devancera tous. »

Car il est, de tous poils, de bons chevaux.

Un gentleman ou un officier pourra donc choisir un cheval blanc, gris, alezan, bai, rouan, etc. Il lui est même loisible d'acheter un cheval pie s'il tient à avoir un joyeux succès au rendez-vous.

Une seule chose est à éviter : c'est d'en acheter un qui ait les crins lavés aux jambes ou dont le ventre, gris ou jaune sale, lui mérite la dénomination de « ventre de biche ». Cela indique, presque sûrement, un tempérament lymphatique.

Les balzanes, au contraire, n'ont d'autre inconvénient que d'être souvent suivies par un pied à corne blanche : on sait que ce ne sont pas les meilleurs; mais ces sortes de jambes ne sont pas plus que les autres sujettes aux molettes.

On accorde aux chevaux rouans de faire presque toujours preuve de beaucoup de fond; bonne réputation qu'ils partagent avec les chevaux à queue de rat. Je crois que la cause de cette prétendue supériorité (ainsi que de celle des chevaux gris, dans l'armée) est qu'on n'achète d'animaux sous cette robe que s'ils sont d'un modèle parfait, joint à une bonne dose de sang, donnant des garanties sérieuses d'un dur service.

Rien n'est plus commun, du reste, qu'un vilain rouan ou qu'un cheval gris mal conformé; les Arabes tiennent en médiocre estime le cheval rouan. Celui qu'ils préfèrent est le bai.

J'ai remarqué que de très bons chevaux d'outre-Manche et d'un certain modèle avaient le bout du nez, le tour des yeux, etc., revêtus de poils fauves (nez de renard, taches de feu); cette particularité se rencontre le plus souvent sur des chevaux bai brun foncé.

Je connais bien des gens qui, avec raison, se méfient du hunter sous poil noir. Je dis avec raison, car il y a beaucoup de chance pour que ce cheval « de galop » arrive en droite ligne du Hanovre (je m'empresse d'ajouter qu'il y a des exceptions, et nombreuses).

Mais avez-vous remarqué que la plupart des chevaux de selle noirs sont très hauts de taille?

A part ces quelques réserves, on peut, « puisque tous les goûts sont dans la nature », trouver tout simple que chacun ait pour son cheval une couleur préférée.

Un amateur que je connais prisait par-dessus tout de ces robes « rouannes, pêchardes, ou quelconques mélangées, pourvu que le blanc dominât ». Assurément il y a, surtout en Limousin, d'excellents chevaux truités, aubérisés, fleur de pêcher, mouchetés, neigés... C'est même un des signes particuliers de l'ancienne race limousine, si transformée, car la couleur de la robe est souvent un indice de la race; ainsi, les anciens chevaux indigènes du Midi étaient presque tous alezans ou gris.

Mais j'espère que le susdit amateur ne rangeait pas dans ces robes mélangées le gris pommelé... Avec cette robe, le meilleur hunter est bien près d'être mieux avec une grelottière au cou qu'avec une selle de chasse sur le dos.

Pour résumer, on ne peut donc pas diagnostiquer de la couleur seule d'un cheval son degré d'endurance et d'aptitude au service de la selle.

Mais une robe de couleur franche, une peau souple et fine, recouverte par des poils courts, luisants et soyeux, surtout aux jambes, qui ne doivent jamais être sous poil bourru, ni frisé, ni de couleur lavée, sont, avec les crins légers et fins, l'indice de beaucoup de sang sous la peau.

Il eût été cependant curieux — je ne crois pas que la statistique en ait été faite dans le temps où chaque escadron était remonté en chevaux de couleur spéciale à son numéro — de savoir si c'étaient les jaunes, les rouges, les marrons ou les pommelés qui présentaient le plus de cas d'indisponibilité.

CHAPITRE III

LE PUR-SANG CHEVAL DE SELLE. — LE CHEVAL PRÈS DU SANG. — LE CHEVAL DE PUR SANG ÉTALON DE CROISEMENT

Pourquoi le pur-sang est peu recherché en France. — Il est prétendu difficile à monter. — Hostilité de l'enseignement vétérinaire. — L'excellence comme service cavalier et militaire du cheval près du sang. — Avis des Allemands et des autres étrangers. — Desiderata des officiers et sportsmen. — Il y a-t-il un remède? — Cheval de guerre, cheval de chasse. — Cherté du pur-sang. — Les officiers et les courses. — Le marquis de Mauléon et le pur-sang. — Le prétendu manque de rusticité du pur-sang. — L'idée hippique en Angleterre. — Pas de débouché en France pour le cheval de pur sang. — M. Jacoulet, vétérinaire principal à Saumur, et le pur-sang. — La *Revue de cavalerie* et le pur-sang. — Les remontes et le cheval de sang. — Le pur-sang étalon de croisement. — Définition du demi-sang.

Pourquoi le pur-sang est peu prisé en France. — Je n'étonnerai personne en écrivant que le pur-sang est généralement peu recherché en France, exception faite pour les officiers et quelques sportsmen.

Tout le monde a été à même de le constater. Voyez aux rendez-vous de chasse les sportsmen qui ont une fortune suffisante pour se payer un cheval dont le prix varie entre 3,500 et 6,000, et quelquefois plus... Ce n'est pas un pur-sang qui les portera à travers forêt ou dans un débucher; non, ce sera un présumé demi-sang et un demi-sang lourd. Quelques jeunes gens montent volontiers le pur-sang et presque tous les jeunes officiers désireraient en avoir. Mais, voilà, ce sont justement eux qui n'ont pas assez d'argent pour s'en payer... Ils ne peuvent guère acheter que des pur-sang « retapés » dont les jambes ont besoin d'une constante surveillance...

Je le répète, la majorité des cavaliers français n'aime pas le cheval de pur sang.

Il y a plusieurs causes à cette aversion.

La plus sérieuse est que le cheval de pur sang passe pour être plus *difficile à monter*. Et voilà toute une classe de cavaliers qui s'en détournera avec horreur. Mais soyez sûrs qu'ils ne donneront pas la raison ci-dessus à leur aversion...

A la vérité, le cheval de pur sang a besoin, pour n'être pas trop gai au départ, d'un peu plus de travail régulier que les autres chevaux. En condition de travail, il est sage, et, une fois désaccoutumé de l'entraînement qui souvent le rend très nerveux, il n'est pas plus chaud, peut-être moins, que le demi-sang. En tout cas, il n'est sûrement pas plus délicat à monter que nos chevaux du Midi, dont nos cavaliers légers, même avec le service de trois ans, tirent un suffisant parti.

On connaît le fond et l'endurance du pur-sang : « Sans doute à cause de sa nature nerveuse, écrit M. Le Hello, il marche encore quoique taré. Au contraire, pour les demi-sang, les altérations de ce genre ont des effets désastreux. »

L'enseignement classique vétérinaire et le pur-sang. — Une autre cause peu connue à la mésestime où est tenu le pur-sang est que la plupart des vétérinaires, et des plus intelligents, ont la défiance, le mépris, sinon l'ignorance du pur-sang. En général, et autant que j'ai pu me rendre compte par la lecture de leurs travaux, l'enseignement zootechnique des écoles vétérinaires se ressent encore trop de l'esprit classique défavorable au pur-sang. Cet esprit classique doit sans doute prendre ses origines dans le respect des textes anciens, dont quelques-uns des pontifes-auteurs vivent encore, et dans le sentiment, très humain du reste, qui pousse les mieux intentionnés à juger mal et de parti pris les actes, les tendances des individualités ou des groupes s'occupant de la même question, mais dans un sens et avec un but différents. La querelle n'est pas nouvelle; Pearson écrivait dans *les Chevaux français* en 1840 :

A ceux qui parlent du pur-sang, et qui l'attaquent ou le défendent avec le plus d'acharnement, demandez à l'improviste de vous en donner une définition précise. Les uns vous diront que c'est un animal sans jambes et sans corps, qui court comme si le diable l'emportait. Les autres que le pur-sang, c'est, c'est, c'est... le pur-sang; une panacée universelle au moyen de laquelle on rend aux races dégénérées les qualités qu'elles ont perdues et qu'on y en ajoute de nouvelles. Les premiers là-dessus jetteront les hauts cris et diront que cette panacée est un poison; que le pur-sang est la ruine des éleveurs; qu'il ne leur donne que des chevaux décousus, incapables de rendre aucun service et que l'introduction du sang est une calamité. Les seconds leur répondront qu'ils sont des ignorants; qu'à la vérité, le cheval de sang est mince et que ses produits peuvent être décousus dans le principe; mais qu'avec des accouplements raisonnés et après quelques générations elles acquerront du volume et conserveront des qualités que, sans lui, elles n'auraient jamais eues. La discussion continuera, et si de part et d'autre on ne se traite pas d'imbéciles, ce ne sera peut-être pas faute de le penser.

Tout ceci pourrait être daté de 1903. Mais depuis

1840, le progrès a marché d'expériences en expériences. Il est prouvé maintenant que, si une race abâtardie ne supporte pas directement le sang pur anglais, du moins, une fois cette race améliorée et par l'hygiène et par les étalons soit de demi-sang, soit de sang oriental, selon les régions, l'infusion du sang pur anglais lui est nécessaire pour la hausser aux qualités impérieusement demandées au cheval de selle moderne qui sont l'aptitude à partir du poids vite, longtemps au galop en terrain varié, on ne saurait trop le répéter. Toutes les polémiques entre les partisans du trotteur et du galopeur viennent de ce que les unes et les autres ont une compréhension différente de l'emploi et des allures d'un cheval de selle.

Voici ce qu'écrivait jadis sur le pur-sang, à sa sortie de l'école vétérinaire, un de mes amis vétérinaire militaire, très en vue maintenant grâce à ses savants travaux et à son habileté de praticien.

Il me disait dernièrement qu'au point de vue du pur-sang il avait trouvé son chemin de Damas et qu'il voudrait bien effacer ces pages... Je ne le nommerai donc point, puisqu'il fait amende honorable. Après avoir décrit un cheval à tempérament nerveux, il ajoute :

Ce portrait s'applique bien aux produits ratés qu'a conçus l'imagination humaine ; à ces ficelles sans poitrine et sans membres ; à ces chevaux semblables à un feu de paille, vites et brillants d'abord, mais sans fond, sans rusticité, sans valeur, en somme ; à ces métis anglais trop nerveux, trop irritables, que le Jockey-Club avait rêvé d'implanter en Limousin et dans les Pyrénées...

En somme, le pur-sang anglais est un cheval de luxe... Qu'on n'embarrasse pas l'agriculture d'animaux d'une valeur aussi aléatoire..... Quant à l'argumentation : le pur-sang anglais est indispensable pour la production des chevaux propres aux services militaires..., disons, après M. Sanson, qu'elle est fausse en tous points, n'en déplaise aux intéressés.

Et M. Sanson, professeur émérite, est une des lumières de la Vétérinaire.

Ce dernier dit aussi que les pur-sang sont « d'une susceptibilité nerveuse, irritables à l'excès, et dont *la force de résistance* trahit de bonne heure l'énergique volonté »! Pour écrire de pareilles choses, il faut véritablement n'avoir jamais étudié la question, même avec parti pris, ni surtout d'après la méthode expérimentale.

Dans la séance du 26 mars 1891 de la Société centrale de médecine vétérinaire, M. Sanson s'insurgeait encore contre les courses et le cheval de courses. Le rêve de beaucoup de ces messieurs comme étalon et comme cheval de selle est le cheval « asiatique ». Or, les officiers d'infanterie eux-mêmes ne veulent pas du cheval dit « arabe » et se sont remués tant qu'on désigne à leur usage dans les régiments des chevaux français de petite taille.

En somme (au fond d'eux-mêmes), ce que beaucoup de vétérinaires (je ne parle pas des vétérinaires militaires) reprochent le plus au cheval de pur sang, ce sont « ses réactions atroces, sa bouche dure et ses pieds perfides ». (Toussenel.)

L'amélioration des races de selle par le pur-sang! Ils n'y ont jamais pensé, n'en voient pas l'utilité, et s'ils daignent s'abaisser jusqu'à discuter entre eux ce sujet pourtant si intéressant, c'est pour en dire le plus de mal possible. Ils le font avec une telle naïveté que leurs discours prêtent à rire.

Mais le malheur de cet état d'esprit, c'est que ces

professeurs, d'ailleurs excellents vétérinaires, forment les générations successives de vétérinaires militaires et de vétérinaires civils. Les premiers prennent au régiment des leçons de choses, les meilleures, et s'ils tiennent tant soit peu à cheval, chercheront pour se remonter un cheval le plus près du sang possible à défaut de pur sang. Les autres, et ce sont les plus nombreux, se répandent dans les campagnes où ils initient les petits éleveurs au mépris et à la haine du pur-sang et quelquefois même de « l'inutile demi-sang de selle », comme reproducteur!

Dans les écrits de M. Lemichel, vétérinaire en 1860, professeur à Saint-Cyr, on peut déjà constater cette haine aveugle, sans restriction, enfantine, puisqu'elle s'attaque même aux partisans du pur-sang, la haine de cet animal noble comme cheval de selle ou étalon.

M. de Vorempierre imprimait en 1875 : « Cette race, admirable au point de vue de la course, est parfaitement incapable de tout autre genre de service. De plus elle manque généralement de docilité et son intelligence est peu développée. »

« Le cheval de course, une belle futilité », assure M. Barrier. (*Recueil vétérinaire,* 1890.)

Voici ce qu'on peut lire dans une petite brochure éditée en 1890 (*la Production du Cheval de guerre*, Châlons-sur-Marne, Imprimerie républicaine), par M. Magnin, vétérinaire :

Le pur-sang, base de la régénération des races! C'est ce que disent les hommes de cheval; c'est peut-être ce que pensent les grandes cocottes en renom, cela est bien sûr dans les us et coutumes du Jockey-Club (qu'il faut prononcer *cloob* comme au faubourg Saint-Germain, si l'on veut être un parfait homme de cheval); mais c'est en contradiction avec le raisonnement le plus élémentaire et les faits constants de la pratique! Allez donc, amateurs en chambre, zootechniciens fantaisistes, dans les pays d'élevage peuplés de chevaux de trait ou autres, suivez les commissions de classement, et vous les reconnaîtrez entre mille, les fils de votre *régénérateur* par excellence ; vous les reconnaîtrez, ces produits décousus, tarés de bonne heure, impropres au trait et à la selle, *qui ne valent pas ceux dont les pères sont de médiocres chevaux de trait.* On ne sait que trop comment il améliore les races, votre pur-sang ; l'essai n'en est plus à faire.

Lu, d'autre part, dans le *Bulletin de médecine vétérinaire :*

Les chevaux de courses actuels auxquels, je n'ai pas besoin de le dire, je ne m'intéresse que pour le mal qu'ils font à la production...

Et ainsi que beaucoup d'autres, beaucoup trop à mon avis, l'auteur, surtout au point de vue où il s'est placé (l'industrie chevaline du Calvados, etc., au point de vue des remontes militaires), me paraît accorder une importance trop grande à l'hérédité...

Puis le même auteur conseille aux cavaliers de l'armée de revenir de l'erreur suivante :

Préférer le bouquet, la branche, l'harmonie et l'élégance du *cheval près du sang*, à la durée du service qui importe le plus.

Tout petit carrossier, continue-t-il, doué de ces qualités se militarisera sans difficulté par l'entraînement méthodique à son métier, c'est-à-dire qu'il deviendra capable de la mobilité exigée et de ces longues marches aux diverses allures qu'on a le tort, dans le monde militaire actuel, où il y a trop de sportsmen, à mon goût, d'appeler des *raids*.

Après 93, en être resté à Azincourt !

Nous retrouvons, écrit le même auteur, des chevaux nerveux et difficiles parmi nos chevaux de service ; or, bon nombre d'entre eux ont eu parmi leur ancêtres des chevaux de courses desquels ils tiennent leur excitabilité nerveuse.

Cette idée que le carrossier petit ou grand est le cheval utile pour la cavalerie est assez répandue et explique bien des malentendus, bien des discussions qui ne mériteraient pas d'être soutenus si on connaissait l'ignorance, en fait d'emploi du cheval de guerre, de la plupart des personnes qui en parlent.

On a pu lire ces lignes signées du nom d'un publiciste connu sur les champs de courses au trot :

Quand une estafette va porter une lettre en ville, il faut qu'elle trotte. Quand l'escadron s'ébranle pour se porter d'un point à un autre, c'est au trot. Le galop ne sert que bien rarement et, en cas de charge, c'est encore au trot qu'on débute, pour se rapprocher de l'ennemi, car si on part à 3,000 mètres en plein galop on a des chances pour ne pas arriver. Un cheval qui n'est pas spécialement entraîné au galop n'a pas plus de 600 mètres d'emballage sérieux dans le ventre. Qui ne voit l'intérêt pour la cavalerie de jouir d'un trot allongé, rapide, coulant, permettant de fournir sans effort pendant 4,600 mètres une vitesse de 20 à 25 kilomètres à l'heure? (!!!)

Il est presque inutile d'insister sur l'inanité de semblables propositions :

Le trot de manœuvre et de route, 14 kilom. 400 à l'heure, ne doit être dépassé en aucun cas; il est même très fatigant dans les labourés.

Le galop de manœuvre de 20 kilom. 400 à l'heure serait difficilement suivi au trot dans tous les changements de direction; de plus un cheval s'essouffle moins au galop de 340 à la minute qu'à la même vitesse au trot.

Le galop allongé est de 28 kilom. 400 à l'heure. Inutile donc d'en parler comme pouvant être remplacé pour le trot, en terrain varié et en rang.

Nos escadrons, dit le règlement, doivent être habitués et *entraînés* à manœuvrer à cette allure; ils le sont.

Car il ne faut pas oublier que de deux cavaleries égales

en instruction et en courage, quittant leur formation d'attente au même moment, celle qui sera probablement victorieuse sera la première formée en bataille. Et quand une division débouche d'un défilé, on sait combien de temps et combien vite doivent galoper les régiments de queue avant d'être à leur place de combat.

Voit-on nos escadrons de cuirassiers venir se mettre en ligne au grand trot, alors que, par comparaison avec celui des autres armes, leur galop n'est déjà pas aussi coulant qu'il devrait l'être?

Et au reste, il a été expliqué d'autre part qu'à vitesse égale le trot était toujours beaucoup plus fatigant que le galop. Un galopeur médiocre bat toujours un trotteur sur la distance.

Il s'est pourtant trouvé un député, M. Savary de Beauregard (Deux-Sèvres), qui, en janvier 1903, a fait déclaration suivante : « Je ne vous apprendrai rien en vous disant que le cavalier est considéré comme le spécimen d'une génération disparue ; pour beaucoup c'est même un rétrograde. » Et il demande qu'on augmente aux haras la proportion des chevaux de trait.

M. Barrier (*Recueil de médecine vétérinaire* du 15 mars 1898) prétend qu'avec la charge actuelle, écrasante au point de rendre le cheval presque inutilisable au galop, voire dangereux quand il y a un obstacle à franchir, le pas et le trot sont les seules allures qu'on puisse demander dans la pratique à la cavalerie militaire, en campagne... Il n'est pas étonnant qu'avec des aperçus aussi prudents qu'erronés M. Barrier conclue que le demi-sang trotteur soit la meilleure monture pour les officiers et pour la troupe.

M. Magnin, lui, va jusqu'à recommander l'emploi des étalons rouleurs pour fuir la contamination du métis de demi-sang : « Le métissage, ajoute-t-il, tel que nous l'avons vu appliquer jusqu'ici pour les races chevalines, est à condamner comme ne donnant pas de résultats industriels. »

Voilà le mal, disent-ils; savez-vous quel remède ils proposent? d'abord supprimer les haras, et les remplacer par des commissions d'achat, composées d'éleveurs et de vétérinaires naturellement.

Ils pourraient avoir cent fois raison, car tout *vétérinaire homme de cheval* est supérieur en matière hippique à un simple sportsman.

Je trouve même que, systématiquement, on écarte trop le vétérinaire, quel qu'il soit, des différentes commissions. La voix consultative n'est pas suffisante. Eux seuls possèdent les bases essentielles de la science du cheval. Nous avons pu nous rendre compte à quel piétinement était réduite la science des grands écuyers des siècles qui ont précédé la fondation des écoles vétérinaires; et quand nous voulons, nous, hommes de cheval, sortir de l'ornière profonde où l'embourbent nos prédécesseurs, nous nous empressons d'apprendre les rudiments de ces sciences qu'ils mettent, eux, des années à acquérir.

Ceux dont j'ai cité les idées qu'on peut très justement qualifier d'antisportives ont certes la science, mais ont-ils observé les faits par eux-mêmes? Sont-ils « descendus » dans l'élevage; ont-ils mis réellement les pieds dans la rosée des prés ou sur la pelouse des hipppodromes et non pas seulement sur le plancher d'une chaire de professeur, ou le sol d'une infirmerie vétérinaire? Ont-ils fréquenté les gens qui se servent des chevaux? Ont-ils interrogé leurs camarades de l'armée? Je ne me permettrai pas de leur demander si eux-mêmes sont jamais montés sur un « équidé ». Ils ne se rendent pas compte que, sans le pur-sang, la race des trotteurs français n'existerait pas... Il est aussi ridicule de s'insurger contre les courses au galop que contre les courses au trot qui sont les seuls moyens de sélection dont nous puissions disposer, étant donnés le peu de goût des mœurs françaises pour le cheval de selle et l'indifférence des Haras.

Et cependant personne mieux qu'un vétérinaire ne peut devenir officier acheteur parfait, car, à *égalité de connaissances pratiques*, il sera supérieur à un simple officier de cavalerie. Depuis 1903, un vétérinaire militaire peut faire partie des commissions d'achat des remontes militaires.

Il serait donc à désirer que nos jeunes vétérinaires fussent poussés par tous les moyens possibles à allier la science à la pratique du cheval. Ils seraient incontestablement plus écoutés dans la question de l'élevage du cheval d'armes, c'est-à-dire du demi-sang.

Mais c'est seulement quand ils seront hommes de cheval qu'ils seront consultés et écoutés.

« Une grande et magnifique pensée est venue souvent caresser mon imagination dans mes rêves. Je me figurais l'école d'Alfort dirigée par un écuyer vétérinaire... Je rêvais que les directeurs des haras étaient aussi des écuyers! » écrivait plaisamment, en 1843, Lancosme-Brèves dans *la Vérité à cheval*...

Le débat s'est beaucoup envenimé et, personne n'ayant voulu faire un pas vers son adversaire, les deux partis sont restés sur leurs positions.

Les uns, en contact avec les éleveurs qui *récoltent* les chevaux comme on récolte du blé, pour les vendre, abondent naturellement dans le sens de leurs clients; ils disent avec un certain bon sens — car des essais malheureux ont été tentés — que si on avait laissé faire les partisans du sang, nous n'aurions plus ni percherons ni boulonnais, les deux seules races françaises qui nourrissent leurs éleveurs sans aucun secours de l'État.

Un fait très typique s'est passé il y a quelques années : M. Viseur, vétérinaire, a été nommé sénateur du Pas-de-Calais à la presque unanimité des suffrages, à cause de sa lutte contre les haras, en faveur de la conservation de la belle race boulonnaise, envers et contre tous.

On comptait autrefois deux dépôts de remonte en Lorraine : Villers et Sampigny. Maintenant les conseils généraux, les syndicats agricoles, font venir à grands frais des étalons boulonnais et belges et refusent d'avoir recours aux haras nationaux.

Ces populations veulent des animaux aptes à leurs travaux, de vente facile et rémunératrice, et c'est leur intérêt bien entendu qui les guide.

On oublie trop qu'en dehors des grandes crises le patriotisme ne consiste le plus souvent « qu'à pendre à sa fenêtre trois drapeaux et deux lanternes vénitiennes aussitôt qu'on parle d'alliance... »

Et les vétérinaires, épousant les intérêts des populations au milieu desquelles ils exercent, épousent leurs erreurs hippiques, même au point de vue des remontes militaires.

Le jour où l'élevage du cheval d'armes et du cheval de selle trouvera un débouché rémunérateur, il est probable que ces messieurs se rendront à l'évidence, et partout où il pourra servir à faire du cheval de selle, ils préconiseront l'emploi du pur-sang et du demi-sang, dans la mesure ou il peut être utile. Et l'on doit dire que depuis quelques années les jeunes vétérinaires montrent une compréhension plus avertie des besoins de l'élevage.

Quant aux autres, aux hommes de cheval si attaqués et auxquels leurs adversaires attribuent tant d'idées fausses et ridicules, ils ne cherchent pas « à couvrir la France de métis plus ou moins aptes à prospérer sur le sol où ils naîtront », non; ils voudraient simplement que dans les pays où le cheval de selle peut être créé, et il y en a, l'infusion raisonnée du sang transformât les races indigènes en chevaux utiles à la guerre moderne.

Il est prouvé, la chose ne souffre plus discussion, qu'au point de vue remontes le cheval près du sang possède une évidente supériorité. Il me faudrait citer tous les rapports des directeurs des remontes, des chefs de corps, toutes les notes d'inspection pour faire constater l'unanimité de la cavalerie française dans cette question.

Veut-on savoir l'avis des étrangers? — Voici un extrait du *rapport* du commandant du 1er régiment de dragons de la garde prussienne, lieutenant-colonel von Brozowski, *sur l'aptitude des chevaux pendant la campagne 1870-1871 :*

1° Le meilleur cheval de cavalerie est celui qui provient des remontes de la vieille Prusse, entre sept et quatorze ans. Cet animal a répondu pleinement aux exigences du service de cavalerie légère en campagne et s'est montré capable d'endurer les fatigues les plus excessives et d'y résister. *La supériorité des chevaux, sous ce rapport, a toujours été en raison directe de leur degré de sang.*

2° Les chevaux réquisitionnés se sont montrés très inférieurs à ceux provenant de la remonte. *Parmi ces chevaux, le sang a encore affirmé sa supériorité.*

3° Les chevaux pris à la cavalerie française ont, sous le rapport de la solidité et de la résistance, généralement répondu aux qualités d'un bon service; mais ils étaient *lourds d'allure*, mal dressés et moins maniables que le cheval de remonte prussien.

4° Les animaux les moins aptes au service de la cavalerie ont été réquisitionnés en France. La plupart avaient été pris en Normandie.

Il est juste de faire remarquer qu'en 1870 la race normande n'était pas aussi améliorée qu'elle l'est maintenant, et que les chevaux de réquisition ne constitueront jamais le dessus du panier d'un élevage, quel qu'il soit.

L'Histoire de la guerre de 1866, par le grand état-major allemand, met en relief, d'une façon saisissante, l'immense service rendu par le lieutenant-colonel d'état-major, qui, dans la nuit précédant la bataille de Sadowa, a franchi, grâce à son cheval de pur sang, une distance de 15 lieues, à travers les montagnes de la Bohême, et a pu faire parvenir ainsi l'ordre de jonction des deux armées, qui a assuré la victoire.

Je pourrais multiplier les exemples prouvant combien les puissances étrangères approuvent la régénération des races de chevaux par le sang et s'emploient de toutes leurs forces à diriger leur élevage dans ce sens, et dans le but de la guerre.

En 1877, M. de Cormette écrivait : « L'amélioration du cheval prussien est en train de s'effectuer par une infusion de *sang anglais représenté par les meilleurs types*... On n'admet plus, dans les haras d'Allemagne, que des étalons ayant fait leurs preuves sur les hippodromes.

« Le cultivateur allemand *sait très bien employer au travail de ferme les chevaux de demi-sang.* »

On voit par ces citations le cas fait par la remonte allemande du pur-sang comme améliorateur, et du cheval près du sang comme cheval de guerre moderne, en nombre suffisant pour les besoins de la cavalerie.

Nous avons vu l'emploi qu'en font les haras et l'armée austro-hongroise.

En Angleterre, presque tous les régiments de cavalerie sont remontés en chevaux irlandais.

Le comte de Charlemont, le plus grand éleveur de

demi-sang en Irlande, dit : « Nous n'avons pas de classe de chevaux de charrette comme en Angleterre. *J'ai de la culture faite avec des chevaux de pur sang.* »

Desiderata des officiers et des sportsmen. — Que les sociétés de courses françaises aient été et soient encore dans leur tort; que les Haras aient, au début, abusé du pur-sang dans certains cas; que maintenant ils tombent dans l'excès contraire (ils n'ont jamais pu agir dans leur pleine indépendance); que les éleveurs de certaines régions considèrent avant tout leur intérêt, et qui les en blâmerait? c'est possible; mais il ne faut pas se baser sur l'égoïsme des uns et la complaisance des autres pour décider que le pur-sang est un élément nuisible. Une hache en acier n'est pas un mauvais instrument parce qu'un apprenti bûcheron s'en sert mal. Elle ne doit pas être remplacée par un couteau en silex parce qu'elle est mal maniée. C'est l'apprenti qu'il faut changer, ou qui doit prendre de l'expérience.

Il est hors de discussion qu'*une cavalerie bien montée est nécessaire à notre existence comme nation.*

Or un simple mécanicien est souvent plus apte à connaître les défauts d'une machine et à la bien régler que les ingénieurs les plus savants avec leurs calculs sur les plans desquels on a peut-être construit la machine.

Eh bien, c'est nous, les officiers et les sportsmen, « c'est nous qui sont » les mécaniciens; c'est nous qui marcherons à pied quand notre « petit carrossier » boitera; et c'est nous qui crèverons, quand il mourra. Et nous ne voulons ni marcher à pied — il y a des hommes exprès pour cela et qui sont « les fils de la reine des batailles », — ni crever, avant d'avoir fait œuvre utile et glorieuse; c'est pour cela que nous ne voulons plus nous servir de la cavalerie de forteresse, mais avoir des chevaux de sang malgré l'opposition des zootechniciens ou des politiciens, porte-paroles des intérêts d'argent de leurs clients. Après tout : *Il n'est que soi à ses noces!*

Et, entre cent autres exemples probants, le raid de Bruxelles-Ostende a démontré non seulement la supériorité écrasante, pour le fond et la vitesse, des pur-sang et chevaux près du sang, mais encore la supériorité de l'allure du galop pour les courses vites et longues. (Lire *A propos du raid Bruxelles-Ostende*, remarquable étude du commandant Smits, du 1er régiment de Guides belges.)

Le cheval de pur sang, celui près du sang, c'est-à-dire du cheval de selle et l'allure du galop ont donc, en France, de nombreux ennemis, parmi lesquels les savants zootechniciens, les producteurs de trotteurs et de carrossiers, toute la presse trottiste (c'est, du reste, la seule qui prospère en France) et quelques veneurs-éleveurs, toujours enchantés de leur production carrossière ou autre.

Les hommes de cheval et les officiers de cavalerie, eux, se plaignent de la disparition progressive du cheval de selle français, et prétendent que l'emploi exclusif du trotteur ne peut produire le vrai cheval de selle. Et les deux camps ne sont pas prêts de cesser les hostilités...

Il y a-t-il un remède? — Il ne m'appartient pas assurément de donner mon avis sur une question aussi importante. Beaucoup ont essayé de produire le trotteur par des méthodes différentes. Une minorité seule a essayé les différentes façons de faire le *cheval de selle* de *demi-sang*. Quelques-uns ont réussi parmi ces éleveurs. Ceux-là sont presque tous plus ou moins hommes de cheval, et tous certainement assez désintéressés pour tenter une entreprise onéreuse, encouragée seulement par le maigre budget des remontes militaires, alors que leurs voisins, éleveurs de pur-sang galopeurs et de demi-sang trotteurs, sont puissamment soutenus; ces derniers vendent quand même à l'armée les sujets inférieurs refusés par les Haras et le commerce, sujets qu'ils étiquettent de selle parce qu'on leur met au régiment un paquetage sur le dos.

Deux classes de demi-sang. — Il convient de faire deux lots des demi-sang français : ceux du Nord-Centre et ceux du Midi, obtenus, perfectibles par des moyens différents. Les uns ont pour auteurs les *anglo-normands* trotteurs classés, ou trotteurs manqués; les autres sont de race *anglo-arabe.*

Le sort du cheval de selle, type réserve et ligne, de demi-sang, est intimement lié à l'avenir du trotteur normand. Il serait à désirer que tout sportsman, que tout officier passé par Saumur ait des notions sur sa fabrication, son élevage, ses qualités et ses défauts, car il n'aperçoit les premières que diminuées et les secondes qu'augmentées dans le poulain acheté annuellement par la Remonte, puis dressé et mis en service au corps.

Mais, dès maintenant, il constate une chose : est le plus apte au service de la cavalerie moderne et du sport tout cheval de demi-sang ayant la dose nécessaire de sang pour lui donner la conformation et l'énergie utiles au port du cavalier lourd, à un galop relativement vite et de longue durée. Un tel cheval est souvent le fils d'un pur-sang et d'une jument trotteuse.

Il est évident que le pur-sang ne peut, à lui tout seul, maintenir une race de chevaux dans ces conditions et l'intermédiaire du demi-sang, au Nord comme au Sud, est nécessaire, tant que les courses au galop suivront les mêmes errements.

C'est sur les procédés de fabrication des demi-sang que doivent porter la bonne volonté et l'intelligence pratique et scientifique de l'administration des haras. Pour y parvenir avec succès, il faudrait qu'elle fût dégagée de toute influence régionale. Il faudrait que ses officiers fussent tous et toujours des hommes de cheval pratiquants. Il faudrait que ses directeurs s'en tinssent à la lettre de la loi organique des Haras qui leur donne, comme tâche, la création et le maintien d'un type selle. Il faudrait qu'ils s'ingéniassent à rendre pratiques et à imposer des courses de demi-sang au galop, dont les programmes seraient rég ementés, selon les uns, de telle sorte qu'une certaine vitesse au galop puisse être exigée de tout concurrent de demi-sang achetable par l'État après ses courses au trot; que la fraude fût réprimée; la substance et la qualité des futurs étalons-selle maintenues par le poids et la longue distance, etc.

Ces desiderata n'impliquent en rien la disparition des courses au trot proprement dites. Ferait du trotteur qui voudrait, mais les plus gros encouragements de l'État seraient réservés aux étalons demi-sang de selle, c'est-à-dire galopeurs. Mais il faudrait, pour qu'un tel programme eût quelque chance d'être essayé, qu'on rayât de nos lieux communs hippiques cette phrase, qui, hélas! n'étonne plus quiconque : « C'est assez bon pour le soldat! »

Le sport doit aider à la défense nationale et non en vivre.

D'autres préconisent le remaniement du steeple-chasing et l'achat des vainqueurs comme étalons amples et bien conformés. Je pense que toute réforme du code des courses est hérissée de difficultés pour ainsi dire insurmontables. L'action de la Remonte et des Haras doit être assurément plus profitable. Que les uns paient cher les bons sujets et que l'autre continue à primer largement les poulinières de demi-sang suitées par le fait d'étalons de pur sang : « Payez et vous serez bien servis » est l'axiome le plus vrai en élevage.

Un ennemi des haras a écrit judicieusement ceci : « Avec le budget annuel des Haras, la Remonte pourrait acheter tous les ans 20,000 chevaux payés, en moyenne, 400 francs de plus... Croyez-vous que les éleveurs ne continueraient pas à les fournir et à acheter eux-mêmes les bons étalons nécessaires? »

Je me suis, je le crains, trop écarté de ma conversation avec le lecteur, simple acheteur à la recherche d'un bon cheval de selle. Mais, il ne faut pas se tromper, l'homme de cheval moderne se moque de l'élevage, absolument comme les éleveurs se moquent de l'équitation.

Toutes les tentatives désintéressées faites dans ce but ont été et seront, en France, vouées à l'insuccès, faute d'encouragements nécessaires.

Le sportsman a cependant tout à gagner à la création du cheval de guerre. Il trouvera dans celui-ci, s'il est bien fait, un excellent cheval de chasse, le meilleur.

Cherté du pur-sang d'âge. — La troisième raison pour laquelle on voit si peu de cavaliers civils et militaires monter des pur-sang est peut-être la plus sérieuse : *le bon cheval de pur sang d'âge est cher et rare.*

En 1898, 2,108 chevaux de pur sang et 500 yarlings sont passés en vente publique. En 1902, la remonte a acheté 260 pur-sang et tout fait croire que ces achats augmenteront. Cela tient à ce que les officiers acheteurs se recrutent davantage parmi les vrais cavaliers. La remonte paye, selon le sujet, de 900 à 3,000 francs.

Le dernier prix n'est qu'exceptionnellement atteint.

Je n'étonnerai personne en écrivant que les Remontes générales se montrent beaucoup plus intelligentes que les commissions des corps, lesquelles refusent impitoyablement tout cheval un peu « accidenté », de crainte d'engager leur responsabilité. Elles préfèrent acheter une claquette très nette qu'un bon cheval un peu claqué.

Les officiers et les courses. — Beaucoup de chefs de corps, fermés à l'esprit du règlement, n'aiment pas encourager l'achat du pur-sang par les jeunes officiers, de crainte que ceux-ci ne s'en servent plutôt sur les champs de courses que sur le terrain de manœuvre.

Car, chez nous, si, d'un côté, on encourage les cavaliers militaires à monter en courses, de l'autre on s'ingénie à les en empêcher par toutes sortes de tracasseries, sous prétexte que des abus ont lieu. Assurément, la question est délicate, et il faut sévèrement tenir la main à ce que ces abus ne se produisent pas, sans pour cela ralentir l'ardeur de nos jeunes officiers. Cela aura lieu, sans doute, quand tous les colonels de cavalerie seront des hommes de cheval et que les ministres de la guerre seront des gens du métier. Il faut espérer que sera rapportée la circulaire ministérielle de 1903 n'admettant aux courses militaires que les pur-sang âgés de six ans. Cette mesure est antisportive au premier chef et lèse gravement les intérêts des officiers. Ils auront beaucoup de difficulté à trouver des chevaux d'âge. Aussi est-il à craindre que le nombre des officiers montant en courses ne diminue très sensiblement.

Si le pur-sang est difficile à trouver, il existe tout de même; que les commissions de remonte des corps se montrent moins sévères pour quelques traces de feu, etc., et on verra doubler le nombre des officiers qui en seront détenteurs. Je suis obligé de constater que la tendance actuelle n'est pas pour encourager les officiers à présenter aux commissions des chevaux de sang. Exception faite pour certains régiments bien *commandés*.

Quant aux civils, ils ont le temps d'en chercher, de suivre les courses, d'assister aux ventes, de se déplacer pour visiter les écuries d'entraînement et les centres d'élevage, en un mot d'être à l'affût des occasions... S'ils le veulent, ils pourront galoper sur un pur-sang, ce que, pour leur agrément, je leur souhaite de tout mon cœur.

Le marquis de Mauléon et le pur-sang. — « Je place le cheval de pur sang [*m'écrit un véritable homme de cheval au sens le plus large du mot, M. le marquis de Mauléon*] au-dessus de tous les autres; à la condition pourtant d'en proportionner la force au poids qu'il doit porter; et l'on trouve toujours un cheval de pur sang qui portera un fort poids aussi bien, sinon mieux, que n'importe quel cheval de demi-sang et il aura toujours plus de courage. Aucun n'aura une égale souplesse, un égal moelleux, aucun ne sera plus droit. Son pas et son galop sont exceptionnels. Je ne parlerai pas du trot, qui est une allure accidentelle.

« *Le trot est une allure accidentelle;* ce mot va probablement soulever bien des murmures; et j'entends bien des récriminations dans des bouches même autorisées; je n'en reste pas moins ferme dans ma conviction.

« Le pas et le galop sont l'allure des cavaliers et celle des peuples cavaliers. Le trot est l'allure du harnais. Au galop vous pouvez allonger ou ralentir l'allure dans les limites de ce que peut donner le cheval; au trot vous ne pouvez que le ralentir; pour obtenir un train maximum, il faut en changer. Généralement, les chevaux qui ont beaucoup de trot n'ont pas de galop, ou bien ont un galop très désagréable. Plus ils font d'effort pour allonger le galop, plus ils lèvent les pattes et moins ils avancent.

« Il ne s'ensuit pas qu'en temps ordinaire une longue route ne soit aussi bien couverte par un cheval au trot que par un cheval au galop; mais en matière d'usage du cheval de selle proprement dit, soit à la chasse, soit dans un service de reconnaissance, où toutes les vitesses sont successivement employées, le pas et le galop sont les vraies allures.

« Je n'ai pas la prétention d'imposer ma manière de voir, conclut le marquis de Mauléon, et d'ériger cette proposition en principe absolu; je vous la donne comme une préférence tout à fait personnelle.

« Après le cheval de pur sang anglais, me mettant toujours au point de vue de mes goûts, je placerai le cheval de pur sang anglo-arabe avec de la taille et un bon élevage. Ces animaux ont sur beaucoup d'autres le grand avantage de demander beaucoup moins de soins et d'être beaucoup plus vite en condition. Il m'a été donné d'en rencontrer d'extraordinairement agréables, souples, intelligents, gais et adroits, allants sans être chauds, possédant du train et une grande résistance. »

Prétendu manque de rusticité du pur-sang. — Le plus gros reproche qu'on fasse aux chevaux de pur sang, c'est qu'ils manquent de rusticité... En l'état actuel, le reproche est peut-être fondé. Les soins exagérés donnés dans les écuries d'entraînement ne prédisposent pas un cheval à partir en campagne dans le courant de l'année... Ces soins dont on les entoure sont assez naturels : quand il ne reste plus dans votre boîte que quelques allumettes, vous ne vous en servez pas de préférence au milieu d'un courant d'air... Lorsqu'en France, simple hypothèse, le pur-sang ne sera plus un animal presque inconnu dont on raconte ou trop de méfaits ou trop de bienfaits; quand on l'élèvera comme les autres chevaux, il sera aussi rustique que les autres chevaux. Voyez les chevaux arabes, et nos Tarbais avec du sang plein la peau : sont-ce des animaux rustiques ou non? Les pur-sang versés dans le rang et soumis à l'hygiène commune se portent aussi bien que les autres chevaux. Tous ceux que j'ai vus, dans les corps de troupe, n'ont jamais nécessité de soins particuliers. Allez voir à Saumur l'admirable reprise des pur-sang, la « reprise de fer », si elle est traitée autrement que la reprise des Normands ou celle des Tarbais? Si, à Saumur, les chevaux de pur sang ont une différence de traitement, elle consiste souvent à doubler le travail.

Un reproche qu'on entend aussi constamment adresser aux chevaux de pur sang est qu'ils ont les canons grêles et étranglés. C'est une grande erreur. Il résulte, en effet, des constatations de MM. Cornevin et Le Hello que la largeur des canons est sensiblement la même chez les chevaux de courses que chez les autres; cette largeur est sensiblement uniforme chez les chevaux entraînés. A la vérité, les canons ont tendance à s'allonger et « d'une manière générale la largeur des os des chevaux de courses est proportionnée à leur longueur et, conséquence de ce fait, les surfaces articulaires ont toujours été rencontrées avec un grand développement. Il en est de même de toutes les saillies et de tous les points d'implantation des muscles et des ligaments qui sont très accentués ». (Cornevin.)

Il faut pourtant, au point de vue élevage et service,

faire une exception en défaveur du mauvais pur-sang, du raté, élevé par un médiocre éleveur avec une poulinière quelconque et un étalon mal choisi. Ce sont surtout ces pur-sang-là que visent, sans doute, les détracteurs du sang.

Le seul reproche qu'on peut adresser à certains amateurs de pur-sang, c'est que son emploi et son achat les dispensent trop souvent de connaître le cheval. Ils savent seulement que personne n'osera critiquer leur choix quand ils présenteront un cheval *qui a un nom*. A cheval sur un « tesson » de pur-sang claqué de partout, avec des jambes enveloppées et qui marchent sur la flanelle, ils s'imagiment avoir l'air d'une fine cravache.

Combien j'en ai connu de ceux-là qui eussent été incapables d'acheter un cheval pour le coupé de leur maman, ou de trouver chez un marchand le bon cob qui les portera quand ils auront pris du ventre!

L'esprit hippique en Angleterre. — Par contre, la compréhension du cheval de sang est générale en Angleterre, et voici pourquoi : d'après Stonehenge (1871), il existait en Angleterre (Irlande et Écosse non comprises) plus de cent équipages de fox-hound et plus de vingt clubs de chasse entretenant des meutes... Plus de vingt mille chevaux sont mobilisés tous les ans pour suivre ces chasses. Elles sont suivies par toute l'aristocratie, par toute la bourgeoisie habitant les comtés, par beaucoup de fermiers. Le fils du lord galope à côté du clergyman. Ce dernier saute un fossé à côté du vétérinaire et de son fils. Ceux-ci, je vous l'assure, savent alors quelle est la différence, au point de vue selle, chasse, cavalerie, armée, entre le petit carrossier cher à nos zootechniciens et le cheval de sang que nos officiers voudraient voir dans le rang.

Faites disparaître, écrit un Anglais, la chasse de notre pays, une noblesse résidente, et une gentry faisant la mode de monter à cheval, des fermiers qui montent, et remplacez-les par des paysans qui conduisent des charrettes attelées de bœufs et de vaches, et le déclin de la qualité et du nombre de ceux qui montent à cheval et qui conduisent en Angleterre serait certainement rapide.

Et ce qui suivrait la décroissance des sportsmen serait celle, tout aussi rapide, du nombre et de la qualité des chevaux utilisables à la selle.

Pas de débouché en France pour le cheval de sang. — Que tous les esprits sérieux et pratiques constatent avec tristesse que le débouché commercial n'existe pas pour le cheval de selle conformé en hunter; que le goût public préfère le demi-sang trotteur carrossier au demi-sang galopeur; que le percheron et le boulonnais sont d'excellents chevaux de gros trait; que par conséquent il n'est pas étonnant de voir la production s'engager dans cette voie lucrative (ce qui se passe dans la Nièvre, par exemple, et en Bretagne pour le postier) : ils constatent un fait. Mais il ne faut pas en tirer cette conclusion : ne sont vraiment bons, au point de vue zootechnique, que les seuls chevaux n'ayant pas une goutte de sang anglais dans les veines...

Tout a été fait pour le pur-sang; il touche, tous les ans, de fortes allocations; le trotteur est dans les mêmes conditions.

Nos races de gros trait, si célèbres dans le monde entier, se suffisent à elles-mêmes, sans le secours de l'État; elles peuvent se passer de la tutelle des Haras... elles se vendent...

Quant au cheval de guerre, il est prouvé, par les témoignages presque unanimes de ceux qui s'en servent (on ne demande pas à un pépiniériste comment on forge le fer), qu'il doit être près du sang, que les petits carrossiers et la majorité des trotteurs actuels ne remplissent pas les conditions d'aptitude au galop... Que fait-on pour le cheval de guerre?

Sa production est entravée, je ne dis pas seulement par des difficultés économiques, mais par des considérations politiques, et par une absolue incompréhension hippique trop générale chez nous.

Il n'est donc pas étonnant que les sportsmen français et les officiers aient tant de difficulté à se remonter.

M. Jacoulet, vétérinaire principal, et le cheval de sang. — Je ne veux pas quitter ce sujet sans citer presque *in extenso* une communication au *Bulletin vétérinaire* de M. Jacoulet, vétérinaire en premier, professeur à l'école de Saumur, qui me paraît résumer les tendances de tous les hommes de cheval (il en est un), ainsi que celles de la grande majorité des vétérinaires militaires :

Je ne peux me défendre de la crainte qu'il n'existe, chez les personnes qui n'en ont pas une grande expérience, une certaine aversion pour cet excellent cheval (le pur-sang). Dès qu'il s'agit de lui, on voit trop exclusivement le cheval d'hippodrome, et même la spirituelle caricature de Toussenel : un cheval ultra-longilique, effilé, aminci, un peu énervé par un entraînement sévère dès le bas âge et les courses à outrance. On ne se représente peut-être pas suffisamment que ce cheval, lorsqu'on ne l'épuise pas par les courses et qu'on le retire de l'entraînement à cinq ou six ans, prend ensuite beaucoup d'ampleur. Son squelette se développe; son corps s'élargit; son organisme, n'étant plus entretenu dans un état de tension productive aussi élevé, a moins d'exigences; il est moins nerveux. Comme, d'autre part, tous ses appareils ont acquis une puissance fonctionnelle considérable, il devient cheval de service parfait, le cheval d'armes par excellence entre les mains des cavaliers d'élite : rustique autant que les autres, quoi qu'en disent les profanes; résistant aux intempéries, aux fatigues; apte à porter le poids. Je voudrais pouvoir rallier ici à ma voix tous ceux qui ornent les écuries de l'école de cavalerie et vous les présenter dans leurs multiples attributions de chevaux de carrière, de manège de steeple-chases, de sauteurs, de chevaux d'armes. L'ampleur de leurs formes vous surprendrait à ce point que vous auriez peine à reconnaître l'origine de la plupart d'entre eux, surtout des sauteurs; tous, mais particulièrement ces dernier , vous donneraient une preuve bien palpable de ce que peut la gymnastique sur le développement de l'organisme.

Je pourrai vous en citer des quantités qui, leur carrière de courses plates finie et tout en continuant une demi-carrière de courses d'obstacles, ont suffi pendant huit, neuf, dix ans au travail d'armes le plus pénible.

Cependant ces chevaux ne sont guère que des ratés, la plèbe de leur production. C'est que, on ne saurait le nier, la sélection rigoureuse opérée dans cette race depuis deux siècles environ l'a épurée au delà de ce qui a été fait par ailleurs et l'a dotée d'une puissance héréditaire à nulle autre pareille. Pratiquement, on a donc raison de l'appeler race pure dès l'instant que l'on s'entend. Elle est pure par les qualités exceptionnelles fixées et entretenues par elle et qu'elle transmet avec son sang. Je ne crois donc pas contestable la supériorité de ces chevaux *comme chevaux de selle et aussi comme améliorateurs*, lorsque, bien entendu, la loi des appareillements est observée et que toutes les conditions nécessaires à la réussite d'un croisement sont réunies comme en Normandie, par exemple. Mais pour faire des métis et surtout des métis industriels; pour faire du cheval *gros léger*, il n'est pas besoin de performances exceptionnelles de vitesse; on devrait au contraire se contenter, pour qualifier les reproducteurs, des épreuves de deux ou trois ans avec l'origine et la conformation. Ils seraient soustraits à un entraîneur trop sévère et, au lieu de les affiner, on les laisserait prendre du gros; c'est ainsi que les Anglais obtiennent ces pur-sang étoffés, gros à l'égal de nos anglo-normands, qu'ils envoient disputer nos steeple-chases. Tel était entre autres *Royal-Meat* qui gagna le grand steeple international en 1890.

J'adresserais volontiers à notre collectivité, si j'étais sûr de ne froisser personne, le reproche de ne pas être assez sportsmen ; d'être les hommes de science de Gayot qui se *tiennent avec trop de soin en dehors de la pratique du cheval.* Je le dis surtout pour les militaires dont je suis. Sortis de l'école sans expérience, à peu près même sans aperçus pratiques sur l'utilisation du cheval, *nous nous élevons dans des idées toutes de déductions théoriques quand elles ne sont pas préconçues ;* certaines relations de cause à effet nous échappent et *nous nous trouvons en opposition avec les gens ayant l'expérience de la chose,* à la conservation et à l'exaltation des qualités de laquelle nous devons concourir avec eux. Le dualisme est ainsi créé dès le début de notre carrière, et il ne fait que se creuser, l'âge donnant plus de force aux convictions, plus d'obstination aux entêtements et d'autant plus que, de part et d'autre, on est convaincu d'être dans le vrai, de posséder les meilleurs éléments de la cause. Combien notre mission serait plus efficace, plus complète et plus agréable si, avec nos moyens scientifiques, *nous étudiions le cheval en le pratiquant !* Nous posséderions alors tous les éléments de la cause ; nous marcherions côte à côte avec les officiers de troupe au lieu de nous heurter sur le terrain de l'hygiène ; nous aurions une autorité morale qui manque vraiment à un vétérinaire lorsqu'il veut imposer ce qu'il croit convenir au cheval de service sans l'utiliser jamais, ou du moins sans l'utiliser suffisamment.

Ma conclusion est que l'homme de cheval, dans la bonne, la vraie acception du mot, non dans l'acception légère et d'après l'idée qu'on s'en fait en englobant les Gaston et les Gontran des journaux satiriques ; ma conviction, dis-je, est que *l'homme de cheval devrait doubler tout vétérinaire.* On devrait nous commencer une éducation cavalière complète, sérieuse, dans les écoles, parce que l'année de Saumur est insuffisante à la compléter dans l'état actuel et parce que, pour être moins indispensable aux vétérinaires civils, cette éducation leur servirait grandement. Tous ceux qui la possèdent ont sur leurs pairs une supériorité. (Jacoulet, *Bulletin de médecine vétérinaire*, an 1896.)

La « Revue de cavalerie » et le cheval de sang. — On peut aussi lire aussi dans la *Revue de cavalerie* (janvier 1900), qui, si elle n'est pas un organe officiel de l'arme, puise ses inspirations aux sources autorisées des sommités de la cavalerie et de la guerre :

Beaucoup d'officiers seraient enchantés de partir en campagne montés sur des chevaux de pur sang, et emmenant derrière eux un peloton composé uniquement de chevaux de cette espèce.

Il peut porter du poids et a du fond : aux manœuvres, il ne meurt pas d'une pneumonie et, s'il s'agit de faire une randonnée sérieuse, il rentre au cantonnement en faisant encore quelques écarts de gaieté devant les tas de cailloux sur la route, alors que ses camarades d'écurie se traînent péniblement à sa suite, et, abrutis de fatigue, se seraient à peine dérangés pour une locomotive arrivant à toute vitesse.

Rendus par l'officier, remis dans le rang, ils font parfaitement les manœuvres, ni plus ni moins soignés que les camarades, et ce sont eux qu'on envoie aux randonnées les plus dures.

Le cheval de pur sang, en effet, est un merveilleux instrument de combat entre les mains d'un cavalier qui comprend le *service de la cavalerie en campagne, non comme une série d'étapes (9 kilomètres à l'heure, pas et trot savamment alternés) pour lesquels un mulet, voire même un âne seraient suffisants; mais comme une dure période pendant laquelle un cheval doit être prêt à fournir à travers pays, et par-dessus les obstacles rencontrés, un galop ou 4,000 à 7,000 mètres, s'il est nécessaire; à parcourir en vingt-quatre heures 150 kilomètres; à faire pendant plusieurs jours de suite 80 à 100 kilomètres...*

Voilà ce que doit faire un cheval d'armes, un cheval de selle.

Le pur-sang trotte toujours assez vite pour le rang.
Le pur-sang est froid, calme et sage s'il a du travail.

Il y a des chevaux de demi-sang anglo-normand excellents, il n'y a pas à en douter; *mais ils sont trop rares dans nos corps de troupes.* Beaucoup sont mous au départ, mous pendant le parcours, mous à l'arrivée. D'autres paraissent pleins d'énergie; on ne peut les tenir, ils semblent vouloir tout dévorer et, quand on a besoin d'eux, on ne les trouve plus, il n'y a plus rien. C'est un feu de paille. Veut-on galoper? Ils partent comme des fous et s'effondrent au bout de 500 mètres. Veut-on sauter? Ils font des bonds énormes, pour des obstacles insignifiants et, si on arrive sur de gros obstacles, ils s'aplatiront de l'autre côté et n'auront même pas la volonté de se relever; cavaliers, mes lecteurs, Dieu nous préserve, pour faire un dur parcours, du « bon modèle de cheval de troupe. »

A la première édition du *Cheval de selle*, l'auteur a reçu un grand nombre de lettres d'hommes de cheval, d'éleveurs et d'officiers de cavalerie, ces derniers de tous grades, pour le féliciter de l'esprit dans lequel était conçu son livre. Par contre la presse trottiste n'en a pas agi de même, loin de là. Et cela est tout naturel. Mais ces indications ont prouvé à l'auteur qu'il n'avait pas fait fausse route au point de vue *cavalier*.

Il est donc évident que le pur-sang est l'idéal du cheval de selle pour le cavalier, sans que pour cela il soit possible, pour beaucoup de raisons, d'en généraliser l'emploi dans le rang; et le demi-sang qui ressemble le plus à cet idéal devrait en avoir presque toutes les qualités sans aucun de ces défauts. Le demi-sang français, dans l'ensemble de la production, n'en est pas encore là. Cependant quelques échantillons deci de-là prouvent jusqu'à l'évidence qu'avec un peu de bonne volonté nos éleveurs, grâce au sol et au climat très favorables de la France, pourraient faire de bons chevaux de selle pour gros poids, au moins aussi bons que ceux produits pour poids légers dans le Midi. Ce dernier centre d'élevage n'est pas dans son ensemble parfait, loin de là. Mais c'est celui qui nous offre, malgré l'apathie même de ses propres habitants; grâce au climat, à la nature du sol, au fond ancestral de la race indigène; grâce aussi à la direction de tous temps imprimée par les Haras, une production naturelle et continue d'excellents chevaux de selle.

Les remontes et le cheval d'armes. — Si on consulte la statistique du service des remontes recensant les chevaux achetés le plus cher en 1898, il devient évident que c'est le père de pur sang surtout qui donne le modèle exigé par l'armée quand la poulinière est suffisante. Ce point doit être mis hors de conteste et la seule objection qu'on puisse y apporter, c'est que dans les dépôts de Caen, Alençon, Saint-Lo, la *majorité* des chevaux payés le plus cher sont des chevaux par un étalon ou une mère trotteurs sur généralement un autre ascendant direct de pur sang.

Le pur-sang étalon de croisement. — Cela est vrai; mais, ainsi que M. Nicard l'a fort bien exposé dans son livre, le *modèle selle chez les trotteurs* vient des retours fréquents des ancêtres de pur sang qui sont nombreux dans cette espèce; car lorsqu'une union entre un étalon trotteur et une mère, fille d'un autre étalon trotteur, devient féconde, on peut se trouver en présence d'une infinité de résultats en dehors de celui cherché, qui est de produire un trotteur :

1° Le produit est d'une apparence commune et ne trotte pas (retour norfolk ou vieux normand).

2° Le produit a bien les apparences d'un cheval de

selle, mais avec telles ou telles choses communes (tête grosse, queue mal plantée, etc.), et le cheval ne trotte pas. Ce cas représente, pour le modèle, des retours mélangés des ancêtres grossiers et de ceux de pur sang, avec l'aptitude au galop.

3° Le produit est un cheval de selle magnifique, et il ne trotte pas. Ce cas représente, dans la forme et dans l'aptitude, le retour des ancêtres de pur sang.

Il y a une infinité d'autres cas représentant, par l'immense nombre de combinaisons ancestrales, des conformations ou des aptitudes particulières.

Mais il est impossible de dénier que ce qui donne à un cheval le modèle selle demandé par la Remonte dans ces sortes d'alliances, ce sont des retours de caractères purs. Et tantôt ces produits favorisés ont l'aptitude trotteuse, tantôt ils ne l'ont pas.

Mais ce qu'il faut remarquer, ce qui donne à la statistique son sens, et son importance, c'est que les éleveurs des dépôts de Caen, Saint-Lô, Alençon, qui ont produit les beaux chevaux de remonte, n'ont fait aucun effort pour les produire; au contraire, ils cherchaient à faire œuvre pure d'éleveurs en produisant l'étalon et la poulinière trotteurs; et les quelques produits vendus cher à la Remonte ne sont que des trotteurs, moins l'aptitude trotteuse. Ils représentent dans une certaine mesure un minimum dans la réussite, ou même un échec dans la tentative.

Il est évident aussi que si on croise le cheval de pur sang avec la jument trotteuse ample, puissante, fournie, osseuse et néanmoins sortie d'une grande quantité d'ancêtres purs, on pourra voir produire de magnifiques chevaux de selle; ou bien si on faisait l'inverse, c'est-à-dire le croisement de l'étalon trotteur normand puissant (type Cherbourg, par exemple) avec la jument de pur sang, il en sortirait de superbes chevaux de selle, et même ces chevaux feraient de magnifiques reproducteurs trotteurs. C'est aussi l'avis d'éleveurs très informés.

Mais il ne faut pas croire que l'étalon de pur sang soit par lui-même une panacée. Si on prend, par exemple, une jument de pays sans aucune infusion de sang, une jument de trait plébéienne, et qu'on la livre au pur-sang, on obtient un résultat affreux : ou bien le dessous d'un pur-sang avec le corps d'un cheval de trait; quelquefois l'avant-main du père et l'arrière-main de la mère, c'est-à-dire un monstre.

Si, au contraire, on livre cette jument de trait à l'anglo-normand commun, le croisement est moins brutal et le produit moins monstrueux. Au bout de trois ou quatre générations sorties de cette jument de trait, les produits, quoique souvent médiocres, commencent à s'harmoniser. A cet instant, si vous livrez la jument sortie de cette lignée au pur sang, vous obtenez quelquefois des résultats extraordinaires. Vous avez du rein, des lignes, du membre, du sang, avec la robustesse, l'ampleur athlétique de la mère primitive. On a le cheval plaisant, sorti du sang, en même temps que de l'ancien type du pays. Ce cheval a du caractère; il empoigne.

Et, d'autre part, les achats d'étalons de pur sang effectués par les Haras sont-ils vraiment bien compris? Les animaux achetés sont-ils vraiment les meilleurs comme reproducteurs et surtout comme étalons de croisement?

Dans les pages qui vont suivre, je ne m'occuperai pas de l'achat et de la vente du pur-sang.

Il sera seulement parlé du demi-sang de selle qu'on appelle aussi *demi-sang galopeur*, pour le différencier du *demi-sang carrossier ou trotteur*.

Définition du demi-sang. — Je dénomme, d'une façon générale, un demi-sang tout cheval dans les origines duquel on retrouve une trace de sang pur (anglais ou arabe) suffisamment abondante et rapprochée pour que ce cheval puisse avoir les qualités utiles du modèle, de tempérament, de trempe, d'allures, en un mot de sang, que lui auront léguées ses ascendants de race pure.

A strictement parler, un sujet de demi-sang est le produit d'un pur-sang avec un animal de sang moins noble.

Mais il faut donner pratiquement au qualificatif demi-sang une signification bien plus large, telle que celle dont je viens de parler ci-dessus.

Un cheval de demi-sang, écrit le comte Wrangel, peut être d'autant plus près du pur-sang qu'il n'en est séparé que par une théorie conventionnelle. — Je ne prends comme exemple que le célèbre *The Colonel* qui remporta deux fois la victoire dans le grand steeple de Liverpool. — Mais d'un autre côté, le cheval de demi-sang peut aussi être classé assez bas dans l'ordre de la race chevaline.

Les appellations de trois quarts de sang, de sept huitièmes de sang, de quinze seizièmes de sang qu'on se plaît à donner me paraissent tout à fait dénuées de fondement, car qui voudrait assurer que l'hérédité s'effectue dans la progression mathématique servant de classification à cette base?

Le ministre de l'agriculture et le conseil supérieur des Haras ont pris en 1899 la décision suivante :

Sont qualifiés demi-sang :

1° Les produits issus d'étalons nationaux approuvés ou autorisés, dont les certificats d'origine délivrés par l'administration du haras, ou visés par elle, attribuent la qualité de demi-sang à l'un au moins de leurs ascendants;

2° Après examen du service des Haras, les produits issus d'animaux de trait avec des animaux de pur sang.

En dehors de ces conditions, tout cheval, pour être qualifié demi-sang du Midi, doit avoir 25 pour 100 d'arabe au minimum.

CHAPITRE IV

OU ACHÈTE-T-ON UN HUNTER?

1° Chez l'éleveur. — Rareté du cheval de selle en France plus apparente que réelle. — Différents pays d'élevage. — Type carrossier actuellement en honneur. — Utilité du trotteur. — Rareté du cheval d'âge.
2° Chez le marchand. — Le bon et le mauvais marchand. — Le bon et le mauvais client. — Pourquoi un beau et bon cheval vendu un prix raisonnable n'est presque jamais français. — Hunters de diverses provenances : français, irlandais, anglais, belges, américains. — Modèles médiocres, mais satisfaisant la clientèle, des chevaux importés par les marchands. — Idées fausses des cavaliers français sur la valeur des chevaux. — Façons d'acheter un cheval. — Cheval donné à l'essai. — Vices rédhibitoires et vices en matière de vente. — Maquignons et courtiers.
3° Dans les foires.
4° Chez les particuliers. — Essai sérieux nécessaire. — Renseignements presque toujours erronés. — Bonnes occasions fréquentes. — Vente de chevaux après saison de chasse.
5° Ventes publiques. — Le cheval de service. — Le cheval de pur sang.
6° Au concours hippique. — Modèles qu'on y trouve. — Prix qu'on les paye. — Prix internationaux. — Prix d'obstacles. — Bons hunters qu'on y rencontre. — Vente publique de clôture. — Agences spéciales. — Ecoles de dressage. — Concours des chevaux de selle de l'administration du haras. — Prime de majoration.

On achète un hunter chez l'éleveur, dans les foires,

aux concours, chez les marchands, chez des particuliers et aux ventes publiques (1).

Chez l'éleveur. — Dans quelles régions peut-on trouver, tracé ou non, groupé et en âge, le cheval de demi-sang de selle en France? Pour répondre à cette question, je ne me placerai pas au point de vue de la remonte nationale. La réponse serait brève : presque nulle part. Ainsi que le fait judicieusement remarquer M. Imbart de la Tour, dans *Haras et Remonte*, la remonte, n'achetant que le dixième de la production, ne peut surtout avec les tarifs actuels donner la moindre direction à l'élevage. Elle peut influencer des éleveurs, mais non l'élevage

Comme je l'ai dit plus haut, cet article ne se tient pas couramment, sauf dans le Midi dont on n'a pas encore pu transformer les excellents chevaux en carrossiers ou en trotteurs.

Je suppose, au contraire, qu'un officier ou un particulier veuille acheter à l'éleveur un produit de demi-sang apte à faire un cheval d'armes ou de chasse. Je répondrai : « Presque partout, vous trouverez des sujets isolés. » C'est beaucoup plus la mauvaise et inégale répartition des centres de l'élevage des chevaux de selle que le manque absolu de chevaux, qui fait qu'il semble très difficile d'en trouver.

Je connais dans bien des pays où jamais on n'aurait

(1) Une mode qui tend de plus en plus à se généraliser est la location de chevaux pour la saison de chasse. Cela coûte cher, mais les risques sont nuls. De plus, ce système dispense absolument les sportsmen de connaître le cheval et de savoir le soigner. De semblables procédés rendent les gens qui s'en servent complètement ignorants de la chose hippique. Quel plaisir peut-on avoir à monter un cheval qui ne vous appartient pas? Un jeune homme qui régulièrement compose son écurie en chevaux de louage est mûr pour l'automobilisme. Il se promène sur un cheval, il n'est pas homme de cheval.

l'idée d'aller chercher un cheval certains éleveurs, certains petits châtelains, voire des paysans, qui au moyen d'*une bonne poulinière améliorée* française, anglaise, irlandaise, ou d'une bonne jument de réforme de l'armée et surtout bien acclimatée, produisent modestement de bons et beaux demi-sang.

Mais l'acquéreur trouvera, s'il aime se promener en carriole sur les routes, après avoir passé une ou deux nuits en chemin de fer; trouvera, dis-je, son affaire : dans le Merlerault, en Bretagne, en Vendée, dans les Charentes, dans la Nièvre, en Saône-et-Loire, sur le plateau central, spécialement dans le Limousin et la Creuse où l'on fait de merveilleux chevaux, et dans tout le Midi (sauf la vallée du Rhône) où sont d'excellents chevaux, mais en général un peu légers pour les gros poids; je dis en général, car on en trouve de solidement charpentés dans le Gers et le Médoc, et même dans les Landes.

Mais c'est incontestablement la Normandie qui *devrait* fournir le demi-sang galopeur frère du cheval irlandais.

On en trouve par hasard de cette espèce, surtout dans la Manche et le Merlerault. Mais ne vous déplacez qu'à bon escient, et sur l'avis d'un ami qui connaît vraiment le cheval de selle; car, dans cette province, l'élevage du cheval de selle est tellement noyé dans celui du trotteur carrossier, que vous risqueriez fort de vous voir présenter à grand renfort de cris, de fouet, de « bruit de chapeau », etc., le modèle suivant : « Court de partout, à moins qu'il ne soit décousu et par conséquent manqué; le dos mou, quoique court; la ligne scapulo-costale manquant de développement et la poitrine de profondeur; le garrot coupé, souvent bas; l'épaule droite, courte et massive; l'encolure mal sortie... En action ce cheval est lourd, péniblement s'éloigne de terre et majestueusement y revient comme pour accentuer que son triomphe est d'y poser en statue. » (Jacoulet.)

Ce n'était pas pour voir un tel bourdon que vous vous étiez dérangé.

Trotteur et bourdon. — Ne me croyez pas cependant ennemi juré du trotteur ni de ses dérivés. Le trotteur est nécessaire et les courses au trot sont aussi un mal nécessaire, et voici pourquoi : les courses au trot, on ne peut le nier, développent les races qui y sont soumises en France, sinon à galoper facilement, du moins dans le sens de l'aptitude à porter du poids. Elles sont nécessaires pour fixer par sélection cette race de reproducteurs de demi-sang; elles reçoivent de nombreux encouragements et, somme toute, si même, telles qu'elles sont comprises, elles ne donnent pas un modèle parfait, du moins elles maintiennent l'étoffe utile au cheval de guerre; et cela aura lieu jusqu'au moment, peut-être très proche, où les courses importantes ne se courront plus qu'attelées. Cependant l'ensemble de la production anglo-normande est loin d'avoir les aptitudes suffisantes pour composer un ensemble de bons chevaux de selle et même de troupiers. Ce que je veux dire, c'est qu'étant données nos habitudes antisportives, sans le trotteur, cette production du demi-sang anglo-normand ne serait certainement pas parvenue au point où nous la voyons maintenant.

Le bourdon. — Il faut également faire une différence entre le trotteur qualifié et le *bourdon*. Le bourdon est le frère, mais le frère raté, du trotteur; il ne trotte pas et n'a aucune qualité. Il peut ne compter dans sa généalogie que des bourdons carrossiers, ou avoir du trotteur plus ou moins près Un cheval normand est qualifié bourdon dès qu'il ne trotte pas. Le bourdon est malheureusement plus commun en Normandie que le trotteur, et c'est lui qu'on peut rendre responsable d'une partie des méfaits qu'on impute au trotteur. Ce dernier en a suffisamment à son actif pour qu'on ne l'accable pas sous une réprobation définitive et imméritée. Ce sont les bourdons qui forment la majorité de nos chevaux de cuirassiers, si décriés par les officiers de cette arme. Mais il est utile de faire remarquer qu'une différence de quelques secondes comme vitesse sépare seule quelquefois le bourdon du trotteur ordinaire et cependant qualifié.

Le demi-sang galopeur. — Les courses au galop de demi-sang, si elles sont mal comprises, à moins de règlements draconiens qui éloigneraient beaucoup de concurrents, transformeraient ces demi-sang, de compacts qu'ils sont, en chevaux plus ou moins claquettes. En allégeant cette race de demi-sang, on arriverait à un résultat diamétralement opposé au but poursuivi en diminuant le lymphatisme dont sont affectés un certain nombre de demi-sang issus du trotteur, malgré le degré d'influx nerveux que devraient leur donner des origines quelquefois très nobles.

Assurément, si on pouvait trouver une réglementation pour courses de demi-sang au galop excluant toute possibilité de fraude; si on pouvait imposer des parcours très longs sur de très gros obstacles sous du poids; si les allocations étaient suffisantes pour attirer un nombre convenable de concurrents; si les étalons ainsi sélectionnés rencontraient des poulinières convenables; si les produits d'iceux trouvaient de bons éleveurs, puis des preneurs à des prix rémunérateurs, sans doute verrait-on se créer et prospérer un groupe spécial de chevaux assez semblables aux hunters irlandais. Mais il y a là beaucoup de « si » dont aucun n'est négligeable, et on peut, je crois, faire, à l'époque actuelle, son deuil du demi-sang galopeur, en dehors de la région méridionale de la France, car il est en train de disparaître de Bretagne.

Aucun industriel n'essaierait, même avec les encouragements de l'État, de fabriquer un produit qui lui resterait pour compte. Le demi-sang galopeur créé par les courses au galop serait semblable à ce produit... L'essai eût peut-être réussi s'il avait été sérieusement entrepris il y a quelque soixante ans. Mais il y a des courants qu'on ne remonte pas, ni dans l'évolution des peuples, ni dans celle des races animales domestiques. La direction des Haras semble avoir abandonné les courses de demi-sang au galop à leur malheureux sort. Voici, à titre de renseignement, les allocations officielles que reçoivent les demi-sang normands et vendéens, courant au galop :

Courses de Caen : 2,000 francs pour demi-sang galopeurs, de trois ans, nés et élevés dans le premier arrondissement d'inspection; distance, deux mille mètres.

Caen, épreuve au galop : 3,000 francs pour demi-sang, nés et élevés en France; distance, deux mille mètres; temps maximum, quatre minutes.

Courses de Tarbes : 3,000 francs pour demi-sang de trois ans, nés et élevés en France; distance, deux mille mètres.

Courses de la Roche-sur-Yon : 1,000 francs (*offerts par la Société des courses*) pour pouliches, poulains et hongres, de demi-sang de trois ans, nés et élevés dans les circonscriptions de la Roche-sur-Yon et de Saintes. — *Epreuves au galop :* 2,000 francs pour poulains de demi-sang, trois ans, nés et élevés dans le 3e arrondissement d'inspection. — *Prix du Conseil général :* 1,000 francs et un objet d'art pour poulains, pouliches et hongres de trois ans, nés et élevés dans le département de la Vendée.

Soit, en tout, 10,000 francs offerts par l'administration et 2,000 par des particuliers.

On le voit, l'encouragement est dérisoire, en comparaison des 1,492,337 francs de la Société d'encouragement au trot. Dans cette somme est comprise celle de 462,775 francs offerte par l'Etat (1897).

Quelqu'un me proposait ce moyen terme, sans doute inacceptable, comme beaucoup de choses raisonnables : « Laisser aux trotteurs suivre leur carrière de courses au trot; au moment de l'achat par les Haras d'un étalon trotteur destiné à produire le cheval de selle ou de guerre, on le ferait courir au galop avec ses concurrents, ou bien on chronométrerait son temps au galop sur une distance de... »

Il me semble que le principe de cette idée n'est point si sot. Mais il faudrait encore que les éleveurs consentissent à se servir de cet étalon. Ils ne le feront que s'ils sont sûrs d'un prix de vente supérieur à ceux obtenus par le produit du demi-sang trotteur de grande vitesse au trot. S'il n'existait au monde que des trotteurs et si j'étais obligé d'en acheter un dans un lot pour mon service personnel, j'essaierais ce lot au galop, et j'en achèterais le vainqueur.

Il est très probable que ce vainqueur ne serait pas un de ceux ayant à leur actif les plus grandes performances au trot.

Certains sont donc, jusqu'à présent, fondés à dire ceci :

C'est parce que les Haras ont pris comme étalon de demi-sang le seul trotteur que le cheval de selle est si rare en France; mais c'est aussi à cause de ces errements qu'une certaine quantité s'en rapproche, au moins quant à l'aptitude à porter le poids, à des allures moyennes au galop.

La mobilisation exige, sur pied de guerre, cinq cent

mille chevaux. On ne les trouvera certainement pas. Les essais de mobilisation faits à Limoges (centre d'élevage) et à Compiègne (centre de vénerie) n'ont été que des trompe-l'œil auxquels personne ne s'est laissé prendre.

Un ennemi des Haras écrivait dernièrement que puisque ceux-ci n'avaient pas su remplir le devoir à eux imposé par la loi de 1874, de maintenir un nombre suffisant de chevaux militaires en France, il fallait les supprimer et employer leur budget à relever le prix des chevaux de remonte;... que par ce moyen cet élevage, ayant un débouché, suffirait aux demandes militaires. Ce procédé est un peu radical. Il est dangereux de démolir un édifice quand on n'est pas absolument certain des chances de stabilité de ce qu'on voudrait édifier à la place. Si ceci est vrai en politique, il l'est aussi en élevage.

Il est bien certain que tous les départements ne peuvent faire naître et élever le cheval de cavalerie; mais quand on donnera du cheval de ligne troupe à trois ans et demi 1,400 francs, et du réserve troupe à trois ans et demi 1,800..., ce jour-là, le jour où l'on offrira ces prix aux éleveurs, tous ceux qui peuvent faire le cheval de cavalerie, le feront, parce que cela sera rémunérateur. (M. Colin, vétérinaire en premier au dépôt de remonte d'Angers. Extrait des Rapports annuels.)

Dans toutes les conclusions, en élevage, on en revient à la question gros sous.

Le poulain. — Chez l'éleveur non plus ne vous attendez pas à trouver des chevaux d'âge; leur propriétaire serait vite ruiné s'il les gardait jusqu'à six ans. Vous n'y rencontrerez que des chevaux de trois ans, à tous crins, et j'espère pour vous que vous serez assez malin pour trouver sous cette rustique enveloppe les points de beauté nécessaires au bon cheval que vous cherchez.

Rien n'est plus difficile que de juger un poulain. — Avant que sa croissance soit complète, il changera souvent; il grandira du derrière, puis du devant, jusqu'à ce que l'équilibre s'établisse ou ne s'établisse pas entre ces deux parties; son encolure pourra rester courte et massive... Mais ce qui ne changera pas, ce sont ses os, les angles articulaires et la direction des rayons. Sur ces points seuls vous pourrez baser votre jugement ainsi que sur l'ampleur de la boîte thoracique.

Mais si on achète un poulain, il faut pouvoir l'attendre, et fort longtemps; on ne peut en effet s'en servir de suite et, tant qu'il sera jeune cheval, vous serez obligé d'en avoir d'autres pour votre service.

Un poulain est, de plus, dans une écurie bourgeoise une cause de beaucoup d'ennuis. Si on ne sait pas se servir du cheval en France, on sait encore moins le soigner, surtout lorsqu'il est encore très jeune, et c'est du reste beaucoup plus difficile qu'on ne le croit; très peu de personnes savent le service du jeune cheval qui n'a jamais porté que des mouches; aussi le laisse-t-on à son homme d'écurie. Celui-ci le bourre d'avoine et le promène en main. Au bout de cinq à six semaines le cheval devient rétif et insupportable, à moins que quelque grave maladie ne le mette sur le flanc pour de longs mois.

Le seul avantage qu'on retire généralement des déplacements aux élevages est qu'on parcourt du pays; on entend causer les gens, on visite des écuries particulières et on finit par connaître les chevaux d'âge qui « pourraient peut-être bien être à vendre » dans le canton.

J'ajoute qu'il est très difficile à un particulier

d'acheter dans plusieurs centres et en particulier en Normandie. L'éleveur n'est, en général, pas homme de cheval. Il fait du cheval comme il fait du bœuf, avec cette différence qu'il sait juger les bestiaux. Quand il a réussi un poulain qui a quatre pattes, qu'il soit de demi-sang ou de pur sang, il s'imagine avoir dans son écurie un *Fuchsia* ou un *Flying-Fox*. Il vous demandera des prix ridicules d'un carrossier commun ou d'une ficelle décousue. Vous vous en irez, et cet excellent éleveur finira par vendre son élève pour presque rien à un courtier quelconque. Car l'éleveur est la proie des intermédiaires et des petits et grands courtiers.

Les torts ne sont pas toujours du côté de l'éleveur : il y en a qui connaissent leur métier. L'acheteur arrive; on lui montre un excellent poulain à tous crins, au ventre ballonné, mal pansé, bref non toiletté. L'acheteur pousse des cris d'orfraie, demande si on se moque de lui, et fuit sans vouloir écouter le prix raisonnable qu'on lui en demande, mettons 1,500 francs; à six mois de là, chez un marchand de Paris, il paiera — sans le reconnaître bien entendu — le même cheval, bien pansé et en condition, non pas de travail, mais d'écurie, 2,500, 2,800 ou 3,000 francs. On peut assurer que si beaucoup d'éleveurs français ignorent absolument le cheval, un nombre presque aussi grand d'acheteurs, et des plus huppés l'ignorent peut-être davantage, puisqu'ils ne seraient, certes, pas capables ni de le faire naître, ni de l'élever.

Chez le marchand de chevaux. — Il y a marchands et marchands.

Les uns sont des marchands sérieux qui, en trompant, ont tout à perdre et rien à gagner. Autant que possible, ils n'iront pas vous vendre une rosse s'ils peuvent faire autrement.

Il faut bien se rendre compte des aléas de leur métier

et de leur manière de procéder pour acheter. Obligés d'engager chaque fois un assez fort capital pour ramener de Belgique, d'Angleterre, d'Irlande ou d'Amérique, leur lot de chevaux, ils ne peuvent céder à vil prix le mauvais cheval qu'ils ont ramené avec les autres. Ils perdraient trop. Pensez qu'ils ont déboursé leur voyage, la rémunération du courtier qui a rassemblé les chevaux en un point donné, le prix d'achat desdits chevaux et celui de leur transport, les droits de douane, la « commission » pour le cocher et quelquefois pour le vétérinaire de l'acheteur. Puis presque tous ces chevaux tombent en gourme ou en maladie, il en meurt : frais de nourriture, médicaments, vétérinaire...

Leur loyer est souvent très élevé; les piqueurs et les garçons d'écurie ne travaillent pas pour rien. Vous voyez de combien est majoré, avant que le marchand y trouve son bénéfice, le prix d'achat d'un cheval. Au bout du compte, pour s'y retrouver, les mauvais chevaux doivent être vendus avec les bons. Si le cheval est boiteux ou abîmé, c'est au Tattersall qu'il ira, d'où perte sèche.

Une des causes de déficit pour un marchand et qui est très importante, paraît-il, c'est que beaucoup de gentlemen paient mal. Les uns se font longtemps tirer l'oreille et finissent par payer; quant aux autres, on leur arracherait les deux oreilles qu'ils ne paieraient pas davantage.

Le mauvais marchand, lui, s'il va à l'étranger, avec fort peu d'argent généralement, achète ce que le bon marchand n'a pas voulu prendre. Ses animaux ont souvent du modèle, et comme le mauvais marchand doit vendre à toute force et vite, on peut avoir chez lui un mauvais cheval pour pas cher. Il peut se faire aussi que ce cheval bien soigné, bien entraîné, devienne bon; j'ai vu quelquefois cette heureuse transformation.

Le petit marchand reçoit souvent chez lui un médiocre cheval que le gros marchand ne veut pas vendre à sa clientèle. Il finit par le placer chez un collègue et les bénéfices sont partagés suivant les conventions.

Quand vous faites la tournée des marchands à Paris, vous êtes souvent étonné de revoir chez Z... le cheval que vous aviez remarqué chez X... Ils sont comme ça assez nombreux les petits et même les gros marchands qui se rendent service entre eux. « Je ne parviens pas à vendre ce cheval, prends-le, tu seras peut-être plus heureux que moi. »

Ou bien c'est encore un cheval emprunté pour un appareillement. Quelles que soient les causes de ces trocs, c'est toujours au détriment de l'acheteur que s'établit le bénéfice qui naturellement doit être double puisqu'ils sont deux à le partager.

C'est aussi chez le petit marchand que le particulier met ses réformes et ses chevaux vicieux à vendre. On y rencontre le cheval d'échange.

Leurs écuries me font l'effet du magasin de bric-à-brac, où l'on trouve souvent des objets de prix enfouis au milieu de saletés sans valeur; mais il faut dans les deux cas être connaisseur.

Il a été calculé qu'un cheval de troupe revient, au moment où il est bien en service, à 2,500 francs à l'Etat. Et pourtant ce cheval, payé en moyenne 950 à 1,500 francs, est assez chichement nourri, mal pansé et rudimentairement abrité.

On peut donc affirmer qu'un cheval *français de six ans*, net, beau et bon, de 1 m. 60 de taille, a une valeur *au moins égale*. Ajoutez-y le bénéfice du marchand et vous verrez, à peu de chose près, ce que vous le paierez.

Or le cheval neuf de six ans n'existe pas en France,

pour les marchands du moins; ils ne peuvent le trouver.

Un amateur isolé rencontrera, en cherchant, ce cheval également isolé. Le marchand ne peut, à plus forte raison, en trouver un lot. Je parle, bien entendu, du cheval de selle utilisable à six ans seulement. Car les chevaux de voiture normands et les chevaux de l'Ouest fournissent un gros contingent aux marchands spéciaux : ces animaux ont de quatre à cinq ans et se vendent très cher.

On peut donc être à peu près certain que les chevaux de selle des marchands de chevaux viennent de l'étranger.

Les plus aptes et les plus distingués (au nombre de 1,000 à 1,500 seulement, statistique anglaise de 1901 et 1902) arrivent presque tous d'*Angleterre* et d'*Irlande*, beaucoup de *Belgique* qui elle-même en importe des îles Britanniques. (La Belgique est une sorte de dépôt de transition des chevaux anglais et américains pour tous les pays de l'Europe.)

Depuis quelques années, certains marchands ont la spécialité de *chevaux américains*. D'autres les leur achètent et les vendent sans s'en vanter; cela dépend de la clientèle.

Le cheval américain n'est pas du tout le cheval de la Plata comme on le croit généralement. Il y a des régions dans l'Amérique du Nord où les chevaux prennent avec des croisements appropriés le type du hunter, du norfolk, du cob, etc. Dans d'autres régions le pur-sang réussit très bien. Il n'y a donc pas de type américain proprement dit et on trouve dans ce pays-là de bons chevaux comme de mauvais. Seulement, et c'est l'avis des garçons et des piqueurs des marchands qui en ont la spécialité, ces chevaux sont réellement plus sauvages et plus difficiles à dresser à la selle que les chevaux du continent. Tout dépend de la façon dont ils ont été fréquentés à l'élevage dans la mère patrie.

Ces chevaux en général ne coûtent pas très cher dans leur pays d'origine. Le prix du transport par lot important est assez réduit; on pourrait donc les payer un prix raisonnable si les marchands l'étaient aussi.

Il ne faut surtout pas juger le cheval américain d'après ceux qu'on a vus débarquer à Bordeaux et vendre dans de grandes villes de province; c'étaient là des animaux inférieurs ne ressemblant en rien à ceux que j'ai pu apprécier à Paris. Ces dernières années, l'importation directe américaine en France est tout à fait négligeable.

L'Angleterre reçoit une très grande quantité de chevaux hongres américains pour toute sorte de service, de 10 à 15,000 par an (statistique officielle anglaise). D'autre part, l'Angleterre passe à la Belgique une douzaine de mille de chevaux, et certainement parmi ceux là des Américains. La Belgique nous en écoule à son tour une quantité notable, mais pas autant qu'on pourrait le croire, car parmi les 1,500 hongres qu'elle exporte chez nous beaucoup sont des chevaux qui ne sont pas employés à la selle.

Cependant, il est très exact de dire que plus d'un sportsman galope sur un Américain, croyant avoir acheté un Irlandais. Par contre, il est inexact d'affirmer que les Américains soient mauvais. Il y a aux U.-S. autant de bons et de mauvais chevaux qu'ailleurs.

Les chevaux étrangers qu'on peut rencontrer le plus souvent chez nous sont les *Hongrois*. Ils sont généralement achetés par la compagnie l'Urbaine. De taille peu élevée, bien faits, souvent vites au trot, plusieurs d'entre eux sont vendus comme poneys anglais et du Gers.

J'en ai connu de taille élevée qui ont fait d'excellents hunters. Ils avaient, en effet, de bonnes aptitudes au galop.

Depuis l'augmentation très forte des droits d'entrée, l'importation étrangère a diminué de partout dans une proportion très importante et, somme toute, les chevaux étrangers sont rares chez nous.

Certains chevaux irlandais ou anglais ne sont pas payés cher en Angleterre *par les marchands*. Ce sont généralement des chevaux dont on ignore la qualité et le caractère et qui ne sont pas connus dans le pays et généralement insuffisamment dressés. Ceux qui se sont fait remarquer dans leur comté par quelque performance y prennent une grande notoriété et, vieux ou jeunes, il n'est pas rare de les voir payer de 10,000 à 12,000 francs par un gentleman soucieux de monter un cheval sûr au saut et parfaitement dressé.

Il y a quelques années l'impératrice d'Autriche acheta au captain Steed un hunter léger pour poids léger au prix de 15,000 francs. Le duc de Portland paya 17,750 francs un cheval pour poids lourd. Ce sont là des prix exceptionnels. Il n'y a guère qu'à l'équipage de Pau-houd, en France, qu'on paye un cheval de chasse entre 5,000 et 12,000 francs.

Même en Angleterre de très bons animaux, tel le fameux *Sober-Robin*, cité par le major Wrangel, sont payés un prix moyen de 2,000 francs, et souvent moins.

J'estime — après avoir pris des renseignements très sérieux et d'après mes propres remarques — qu'on devrait avoir à Paris un très bon et beau hunter dans les 2,000 à 2,500 francs. Ce cheval a été payé en Angleterre de 1,250 à 1,600 francs. Pas au concours de Dublin, par exemple, où ils sont hors de prix; mais *neufs*, et pris par le courtier chez l'éleveur ou le petit marchand.

Mais son dressage sera, je ne dis pas à faire, mais à confirmer. Car il faut bien se persuader de ceci, c'est que le cheval irlandais qui passe pour beau en France — le type classique du cheval pour vieux monsieur et pour gros poids — n'est qu'un cheval de cab en Angleterre

Le bel Irlandais, avec de l'espèce, du bouquet, près du sang, réunissant la force à la légèreté, est très rare à Paris où, hélas! peu de gens l'apprécieraient (ces animaux-là, on ne les approche que quand ils sont derrière une forte grille, ça pourrait mordre) et où encore moins de gens auraient de quoi se le payer.

Allez chez un des marchands du quartier des Champs-Elysées. Faites sortir les chevaux du dernier convoi. Voilà ce que vous verrez : des chevaux très bien faits, très proportionnés, gros, forts, compacts, chevaux de selle sûrement pas complets; il leur manque de l'encolure, de la distinction dans la tête (on vous répondra qu'ils ne marchent pas avec!) et surtout des pieds proportionnés à leur taille : ce ne sont pas des assiettes ou des plats que leurs pieds; ce sont des tours lourdes, épaisses et massives.

Et pourtant l'influence du sang est seule si grande, la disposition du rayons osseux est si favorable à la locomotion, que ces gros chevaux trottent; bien mieux, ils galopent et sautent facilement et légèrement!

Pas un cheval du type anglo-normand cher aux haras, pas un cheval trotteur ne pourra à côté d'eux soutenir le train pendant une longue chasse.

Que les chauvins ne rugissent pas, car je suis comme eux intimement persuadé que *le jour où l'on voudra* faire de ces chevaux en France, ils seront au moins aussi bons.

Mais ce que n'ont pas aujourd'hui nos chevaux français, et il faut nous en prendre à nos mœurs plus

« pédalardes » qu'hippiques, ce sont : cette épaule apte au galop; ces beaux quartiers de derrière, bien descendus sur les jarrets, qui indiquent non pas l'aptitude mais l'*habitude* ancestrale du saut; le coffre énorme, des organes respiratoires : de cela « ils en ont en Angleterre ».

Et c'est tout naturel! « Monter à cheval et conduire sont les plaisirs essentiellement nationaux des Anglais.

« La première idée d'un Anglais qui réussit dans les affaires est ou de monter à cheval, ou de donner une voiture à sa femme, ou bien de faire les deux. » (Sydney.)

Les chevaux de chasse irlandais sont supérieurs dans le saut aux chevaux anglais. En voici la raison : le poulain irlandais est habitué à suivre sa mère par-dessus les haies et les fossés. Il est mis à la longe sur l'obstacle dès deux ou trois ans, et souvent le fils de la maison s'amuse à le monter. Le poulain ne fait donc que développer de bonne heure ses qualités ancestrales pour le saut : il apprend à se servir de son rein et de sa tête.

L'Irlandais est plus habitué que l'Anglais aux mauvais terrains. De plus, depuis très longtemps l'Irlande a possédé un nombre considérable d'excellents étalons de pur sang, tandis qu'en Angleterre il n'y a que relativement peu de temps qu'on s'occupe de l'amélioration du cheval de comté.

Je ne connais pas malheureusement assez bien la carte hippique l'Angleterre, ni l'état de son élevage pour pouvoir me rendre compte des causes de ce manque de distinction dans la tête, l'encolure et les pieds. Les uns m'ont parlé de l'influence du Norfolk, qui produirait des chevaux destinés spécialement à l'exportation ; d'autres, mais je n'ai pas voulu les croire, prétendent que ces excellents chevaux de cab sont choisis entre mille, *exprès* pour notre goût irraisonné pour le cheval gros et tranquille.

En tout cas, ce que je peux affirmer, c'est qu'il y a dans les pays d'élevage, ,en Angleterre, des chevaux superbes, des chevaux de gravure et que ces chevaux se payent très cher. Nous avons la très mauvaise habitude en France, après avoir payé les yeux de la tête une vilaine voiture, d'y atteler des chevaux de réforme. Nous dépenserons une fortune pour monter un équipage de chasse que nous suivrons avec un rossard de 600 francs Il faudrait pourtant avaler cette vérité, c'est qu'un cheval — je me répète — de six ans, de 1 m. 60, net et beau, vaut de 1,800 à 2,500 francs. Au-dessous de ce prix, c'est un cheval d'occasion. Il faut toujours le chercher. Quant à le trouver, c'est beaucoup plus difficile.

La jeunesse militaire spécialement se fait les plus grandes illusions sur la valeur réelle des chevaux; je ne parle même pas de leur valeur marchande.

L'État leur offre d'un cheval net, distingué, entre six et huit ans, la somme dérisoire de 1,200, 1,300 et 1,400 francs, selon l'arme! L'État, comme dans toutes les questions où son intérêt est en jeu, est sourd et aveugle et d'une honnêteté commerciale, en cette occasion plus que douteuse. Il impose des prix au-dessous de la valeur... car il est, dans sa mauvaise foi, resté au prix du premier Empire... Le général de Brack payait à peu de chose près ces prix-là les chevaux auvergnats de ses chasseurs. Et le fonctionnaire, oublié là, restera toujours auprès du banc peint depuis cent ans.

Cette difficulté, où sont nos officiers, de se remonter convenablement est une des causes prédominantes de leur peu de goût pour le cheval une fois qu'ils ont atteint un certain âge. Pendant un ou deux ans, au sortir du collège, de Saint-Cyr, de Saumur, ils galopent sur n'importe où, à travers champs (et sur les routes, s'il n'y a pas de champs) ; mais, le premier feu passé, ils regardent leurs chevaux et ce qu'il en reste, et quand ils ont dit : « Ce n'est que ça », ils mettent pied à terre.

Donnez-leur de bons chevaux, de beaux chevaux, quand ils seront colonels ils galoperont encore. Quoi qu'il en soit, lorsqu'un officier ou un jeune homme a payé 1,800 francs un cheval à un marchand, il croit avoir été refait de 500 francs.

Il est injuste, car le plus mauvais cheval de son peloton vaut le double, comme $2 + 2 = 4$.

Cette affirmation n'est pas consolante, j'en conviens, mais elle est absolument vraie. Ce qui l'est aussi, c'est la réciproque. Quand un officier peu au courant des transactions hippiques veut vendre un cheval, généralement beaucoup mieux dressé qu'il ne l'eût été par un civil — adroit et franc à l'obstacle, sage partout — il le laisse partir pour un prix dérisoire... Aussi les gens qui le lui achètent, au lieu de croire à son désintéressement (involontaire, avouons-le), racontent partout « qu'il n'y connaissait rien » !

Il est très regrettable, remarquons-le en passant, que la grande majorité des officiers se tienne ainsi en dehors du « mouvement hippique ».

Car la lecture du *Jockey* ou de l'*Auteuil-Longchamp* (pas plus que la fréquentation des champs de courses au trot ou au galop) ne suffit pas pour faire un homme de cheval instruit.

Fouillez les bibliothèques de corps et celles de garnison : le pauvre général de Brack soutient tout seul la vieille réputation du cavalier léger français contre les romans modernes, de vieux bouquins d'histoire et d'assommants « historiques » de régiments. De livres concernant l'équitation, l'élevage, les races, le sport, la nourriture, l'hygiène, l'emploi du cheval : néant!

Mais je reviens à mon marchand : il est là, dans sa cour sablée, vêtu à la dernière mode, très gentleman; il vous attend. Au fond de la cour sont rangées ses voitures étincelantes, break de dressage, tilbury, mail-phaéton et tonneau pour le poney.

Les boxes entr'ouverts laissent apercevoir des animaux en liberté, revêtus de camails et de couvertures, sous lesquels ils disparaissent.

Dans l'écurie une rangée de superbes croupes luisantes, ponctuées d'une courte queue, et surmontées de plusieurs doubles de couvertures dont la dernière est un multicolore petit plaid irlandais. Des flanelles foncées aux rubans jaune vif enserrent uniformément les jambes, les bonnes et les mauvaises. La litière est éblouissante, les licols en buffle blanchi font vaguement penser à la légendaire science d'astiquage du corps d'élite de la gendarmerie. Tout est prêt; vous pouvez entrer.

Mais il y a aussi deux sortes d'acheteurs, les bons et les mauvais. Ces derniers se subdivisent eux-mêmes en deux genres. Les gourmés, peu polis avec le marchand, secs et cachant leur ignorance sous une fébrilité à grand'peine refrénée. Tous les chevaux pour eux sont mauvais, truqués, boiteux. Ils me font toujours penser à un amateur de bibelots ignorant qui déclarait toujours chaque objet « moderne ». A la vérité, avec son système de dénigrement systématique, ce dernier ne se trompait que rarement, mais il n'achetait jamais et laissait échapper le bon cheval.

L'autre genre de mauvais acheteur est le bavard et le tatillon. Il a potassé son Traité d'hippologie et arrive avec des notes sur ses manchettes. C'est lui qui regarde le cheval de face, de biais, de profil, en dessous, en dessus. Il lui pince le rein, frappe sur les pieds avec un marteau, gesticule devant les yeux pour voir si le cheval est aveugle, enveloppe brusquement un jarret avec sa main au risque de se faire tuer d'un coup de pied : il cherche l'éparvin, la jarde et la courbe : ils peuvent y être, il ne les verra pas. Et quand il tâte un tendon, le bouton du péroné est toujours un suros; il sait tout, il a tout vu... Il fait sortir tous les chevaux, met les garçons sur les dents, exaspère le marchand auquel il raconte entre temps ses petites histoires de famille. Sydney pensait à lui en écrivant :

« Il est plus difficile d'acheter un cheval qui vous convienne qu'une voiture, parce que le cheval ne se fait pas sur commande... Mais beaucoup de personnes ne font rien ou ne peuvent rien sans être assistées par l'éloquence du marchand. »

Sa visite dure deux heures, et généralement il se retire d'un air important sans rien acheter.

Mais s'il achète, et si son intention était d'acquérir un hunter pour la chasse, il partira avec un Hanovrien bon pour le coupé. Juste revanche du marchand obsédé.

Il y a beaucoup de sous-genres du mauvais acheteur, et il faut vraiment qu'un marchand ait besoin de gagner sa vie pour ne pas les mettre tous à la porte, depuis celui qui se pend à la langue gluante d'un cheval pour s'assurer de son âge, jusqu'à cet autre qui n'apparaît jamais que flanqué d'une demi-douzaine de paletots jaunes, ses amis, et d'un paletot noir, son vétérinaire : une véritable commission de remonte!

Le bon acheteur, lui, est plus modeste, moins supérieur et surtout moins bavard; il fait tranquillement une petite tournée dans les écuries et regarde, les seules choses qu'il puisse voir du reste dans le raccourci d'un cheval vu de dos, c'est-à-dire les croupes, la direction des jarrets, l'expression de la tête du cheval tournant dans la stalle; s'il a affaire à un marchand qui ne soit pas homme de cheval, il lui dit : « Sortez-moi successivement tel et tel cheval. »

Si le marchand est connu comme homme de cheval, la chose est plus simple : « J'ai besoin d'un cheval de telle taille, pour tel poids, apte à tel service, de tel âge, et de tel modèle et dans tel prix. »

Le marchand est fixé : il vous sortira des chevaux ressemblant plus ou moins à l'article demandé. Les premiers n'y ressembleront pas du tout : c'est pour vous tâter. Faites-les tranquillement rentrer.

Voilà enfin un animal dans le genre de celui que vous cherchez.

Soyez en vous-même très sévère pour le modèle du cheval en montre... Car dans la cour du marchand, entre les doigts serrés et l'éperon de son piqueur, un cheval très ordinaire peut avoir l'air de quelque chose.

Mais le lendemain, au déballage, devant votre famille assemblée qui descend précipitamment voir « le nouveau cheval », vous constatez souvent, honteux, que ce dernier est laid et commun.

Il vous semble que le marchand ait dû se tromper et que ce n'est pas celui-là que vous aviez choisi.

« Certaines personnes ont ce don de comparaison, ou, comme l'appellent les phrénologistes, la « forme » développée, à un tel point que, une fois dans l'œil la *conformation régulière* du cheval, ils deviennent meilleurs juges que d'autres qui ont pratiqué depuis leur plus jeune âge. » (Sydney.)

Ne vous « emballez » donc pas sur le cheval en montre; le plus joli cheval est déformé par cette mode idiote du camper.

Mais saisissez le moment où il quitte la station campée pour se mettre en marche, puis tâchez de voir si le tableau qui s'en imprime dans votre œil coïncide avec celui de votre idéal... S'il coïncide plus ou moins, si ce n'est pas ça, inutile de continuer l'examen, la première impression est la seule bonne.

Le modèle vous plaît-il? Faites arrêter le cheval et regardez-le, à bout de longe bien d'aplomb. Détaillez-le vivement. Il vous plaît toujours? Faites-le seller. C'est alors que tombe de la bouche de l'élégant marchand le classique : « Put the saddle on the bay horse. »

Ne vous croyez pas obligé de monter vous-même ce cheval qui, arrivé il y a quatre jours, portera peut-être l'homme pour la première fois de sa vie. J'ai vu plus d'un piqueur de selle ramasser une « sale tape » à l'essai, devant le client. C'est regrettable pour le piqueur; mais vous, vous n'êtes pas payé pour ça.

Voilà votre cheval au Cours-la-Reine ou au bois de Boulogne; voyez-le au pas, au trot et au galop. Regardez-le de profil, et venant sur vous et s'en éloignant.

De profil vous vous rendez compte de l'ensemble, de la ligne du dos, de la régularité des allures et du genre de galop. Vous verrez comment aussi s'engage l'arrière-main.

De face et vu de dos, vous remarquerez l'aplomb des membres pendant les allures. Ne prenez jamais un cheval qui billarde, c'est hideux; ne prenez jamais non plus un cheval qui chez le marchand se coupe devant ou derrière ou dont un membre contourne adroitement, en marchant, le boulet de son congénère. S'il se coupe déjà chez le marchand, en dessus de sa condition de travail, que fera-t-il après une dure chasse?

Écoutez sa respiration. Comme généralement les piqueurs tirent dessus, vous entendrez facilement s'il siffle. Un cheval monté les rênes très longues par un piqueur doit être corneur... Cette remarque a été souvent contrôlée et presque toujours elle était vraie.

Voyez comment le cheval tourne; vous aurez par là quelques notions sur son caractère, ses jarrets et son rein.

Puis faites-le arrêter et rendez-vous compte de sa tranquillité. Faites-le remonter et partir dans une direction opposée à l'écurie.

Presque tous les marchands font monter leurs chevaux dans l'écurie même. Là, tous sont sages au montoir, et ne songent pas à se défendre. J'ai essayé moi-même avec certains chevaux impatients et je les ai toujours trouvés calmes quand je les montais dans leur stalle.

Du reste l'immobilité à l'arrêt et la sagesse au montoir s'obtiennent assez vite avec de la patience et de l'esprit de suite.

Si le cheval vous plaît complètement, montez-le, refusez tout accompagnement, partez tranquillement, croisez quelques omnibus; puis dans une allée cavalière et sur le dur, donnez-lui un bon galop; rentrez-le et, si vous en avez le courage, ne revenez le voir que le lendemain matin, ou simplement quatre ou cinq heures après; si le cheval est mauvais, le galop aura laissé ses traces sur ses pattes.

En tout cas, il faut le faire sortir de nouveau et, si vous êtes décidé à le prendre, l'examiner pour l'achat, les yeux, l'âge, les pieds, les aplombs, l'état des tendons, l'état des jarrets, voilà les points qu'un amateur non vétérinaire peut efficacement contrôler.

Les yeux : vous vous êtes rendu compte de la façon dont le cheval s'en servait pendant son essai; inspectez-les cependant.

L'âge : si on y connaît quelque chose, ce qui est très rare, on peut regarder les dents suivant le manuel ordinaire.

Les pieds : très peu de personnes sont capables de

différencier un mauvais pied d'un bon, surtout si une habile ferrure les égalise à peu près pour l'œil. En tout cas, méfiez-vous toujours des ferrures extraordinaires, trop épaisses, trop minces et surtout trop couvertes. Il n'y a rien de bon là-dessus.

Étonnerai-je les hommes de cheval et les vétérinaires en affirmant que beaucoup d'amateurs ne voient pas un cheval « feindre »... Quand il boite à plat, ils l'annoncent triomphalement. Encore seraient-ils incapables de dire de quel pied.

Les aplombs : il est assez facile de juger de leur bonne direction, surtout par devant.

Les tendons et le canon, le boulet, le jarret, voilà les points sérieux à considérer.

Tous les traités spéciaux indiquent les principales tares, leur gravité et la façon de constater leur existence.

Un cheval chez un bon marchand, vendu comme net, l'est généralement; mais ce dont, chez eux, comme chez les autres vendeurs, il faut s'assurer, c'est de l'état des tendons au voisinage de la bride carpienne. Presque tous les jeunes chevaux de selle « partent » de là, ou du boulet.

S'assurer, pour la bride carpienne, si la gouttière du tendon qui est à sa hauteur est bien nette, sèche, et si son réseau vasculaire n'est pas dilaté.

Tâter le boulet surtout à sa face postérieure afin de sentir si des molettes articulaires ne sont pas sorties.

Ces deux accidents sont, je le répète avec intention, ceux que j'ai rencontrés le plus souvent chez les chevaux de quatre à six ans dont j'ai eu l'occasion de me servir.

Pour mon compte personnel, je n'hésiterais jamais à ne pas prendre un tel cheval, si je compte en user de suite d'une façon utile.

J'aimerais presque mieux acheter un cheval qui a de mauvais pieds!

Quant aux tares du jarret, l'amateur novice ne les découvrira que s'il y voit des traces de feu. Elles devraient le rassurer, car elles prouvent généralement que la période critique est passée.

Essayez de détourner votre esprit de la prévention contre les jardons. Ils n'existent presque jamais que dans votre imagination.

« Dans les jarrets, un éparvin ou un jardon ne nous effraie pas, car rarement nous avons vu des chevaux en être incommodés, dit William Day. La seule tare qu'il ne peut souffrir est le vessignon chevillé, car il résiste à tout traitement. »

La chose importante, en l'espèce, c'est la bonne conformation des jarrets, et l'ouverture utile de leur angle articulaire.

Les bons chevaux ont les jarrets presque *droits*, plutôt ouverts que fermés.

Sur beaucoup de chevaux anglais vous remarquerez des feux en raies sur les jarrets. Ce sont des feux préventifs qu'on a l'habitude de mettre aux poulains. Je crois que ces feux n'ont jamais rien prévenu. En Angleterre, on attache plus d'importance à la qualité utile des membres qu'à leur degré de netteté absolue, si recherchée en France, où l'on préfère des membres ordinaires comme conformation, mais complètement exempts de tare. A moins qu'elles ne déparent visiblement le cheval, toute tare ne faisant pas boiter et ne diminuant point la qualité du cheval ne devrait jamais faire peur à un sportsman.

Qu'on me permette une légère digression. J'entends autour de moi des gentlemen, des officiers dire avec désespoir : « Quel dommage que tel cheval ait un éparvin, ou le feu sur un éparvin, ou de mauvais jarrets! Sans cela je le prendrais pour cheval d'armes ou de chasse. » Ils ont bien tort de l'abandonner. Combien ai-je connu de ces chevaux tarés galoper, sauter, chasser et jusqu'à un âge avancé! Assurément il y a jarrets et jarrets. Mais il faut être très modéré dans son jugement sur la gravité des tares, et plus je vais, plus je suis sceptique sur leur nocuité dans le service d'un *cheval fait*. Les gens qui achètent des chevaux avec une Hippologie dans leur poche me font l'effet des scrupuleux, le nez toujours plongé dans un Examen de conscience trop détaillé. Ils finissent l'un et l'autre par trouver les tares et le mal partout.

Quant aux autres défauts que pourrait avoir votre future acquisition, il faut être assez habitué à fréquenter les chevaux pour pouvoir vous en rendre compte par vous-même.

Contentez-vous de voir si les quatre pattes sont restées bonnes le lendemain de votre essai, qui vous aura donné aussi une idée du souffle.

Si vous n'êtes pas rassuré cependant, amenez donc un vétérinaire, le vôtre, si vous en avez un, et *surtout un vétérinaire s'occupant de chevaux de courses*. Il saura ce que c'est qu'un cheval de vitesse et de fond. Vous avez toutes les chances pour être renseigné, non sur ce que votre cheval est, mais sur ce qu'il devrait être, étant donnés ses tares, ses pieds, ses aplombs, son âge, etc., son état actuel de santé et son degré de sang.

Au fond, quand on achète un cheval, c'est comme si on tirait un numéro à la loterie. Le marchand ne le connaît pas plus que vous. Son rôle se borne à vous le vendre le plus cher possible. C'est à vous, grâce à vos connaissances spéciales, ou à celles d'un ami ou d'un vétérinaire, de choisir un numéro donnant des chances de gain. Il y a quelques principes qui règlent tant soit peu ces chances. C'est la connaissance pratique du cheval qui ne s'apprend ni dans les petits ni dans les gros bouquins.

Surtout ne cherchez pas un cheval parfait : il n'existe pas. Souvenez-vous du proverbe allemand :

« Si tu cherches un cheval sans défaut, et une femme parfaite, tu n'auras pas un utile cheval dans tes écuries, ni un ange dans ton lit. »

Soyez très sobre de remarques, ou mieux n'en faites pas du tout. Pas de question non plus; vous pouvez être sûr de la réponse : « Bon cheval, monsieur, il saute sa hauteur! » ou selon la nouvelle expression à la mode : « Il est très, très haut! » et on indique avec la main une hauteur de saut de 1 m. 95 environ.

Si le cheval ne convient pas, dites qu'on le rentre, et ne vous répandez pas en paroles amères. Ne dénigrez pas la marchandise. D'autres la trouveront parfaite.

Mais le cheval vous convient? Voilà le moment désagréable : celui de la fixation du prix.

D'abord, vous êtes-vous fixé un prix à vous-même avant d'avoir vu l'animal? Oui. Alors, que le cheval le vaille ou ne le vaille pas, vous le donnerez tout de même, s'il est le même que celui du marchand.

La grosse difficulté — et il faut avoir pour la surmonter une grande habitude de l'achat — est de savoir le prix marchand du cheval. Il faut savoir si ce cheval, tel qu'il est là, vous n'en retrouverez pas un pareil demain ou dans quelques jours, pour un prix moins exagéré et se rapprochant plus de sa valeur normale, chez un autre marchand.

Si vous ignorez cette « mercuriale », n'hésitez plus et achetez votre cheval, puisqu'il vous convient.

Faut-il marchander? On peut toujours essayer. Beaucoup ont horreur de ça.

Je les comprends Il vaut mieux dire au marchand :

« Monsieur, votre cheval me convient, mais je vous avais prévenu, je ne peux pas dépasser telle somme. Le prix que vous me faites maintenant du cheval déborde mon budget de 300 ou de 500 francs; je suis obligé d'y renoncer. » Presque toujours, à la suite de ce petit discours, l'affaire est conclue au mieux de vos intérêts.

Souvenez-vous, au moment de l'achat, qu'il y a d'autres dépenses qui augmenteront vos débours : la « pièce » à l'écurie, le voyage du cheval, et les honoraires du vétérinaire, si vous vous en êtes servi.

Voici les conseils donnés par le comte Wrangel dans son livre *Das Buch von Pferde*. Il y en a quelques-uns de très bons :

Audi, vide et tace, et crois seulement ce que tu peux voir et toucher.

Tu as d'autant plus besoin de l'assistance d'un vétérinaire que ton expérience personnelle est plus courte.

Méfie-toi des courtiers : leur intérêt veut que, bon ou mauvais, le marché soit conclu. Car tu es pour eux une pratique d'occasion, et pour l'autre, le marchand, une pratique stable.

Si tu veux acheter un cheval qui gagne sa nourriture, *que ton cheval ait au moins six ans.*

Un bon cheval de dix ans vaut mieux qu'un excellent poulain en croissance.

Essaye le cheval sur le terrain dur et sur le mou.

Ne laisse pas sortir un blâme de ta bouche. S'il est mérité, le marchand sera de mauvaise humeur; s'il ne l'est pas, ton ignorance éclatera au grand jour et le marchand ne manquera pas d'en profiter.

Ce sont là de bons conseils :

J'en ajouterai d'autres :

— Inutile de supplier le marchand de ne pas mettre de gingembre : « Parfaitement, — répond celui auquel on fait une semblable demande; — du reste, c'est inutile, le cheval porte très bien la queue », et il menace des pires supplices le garçon d'écurie s'il se sert de cet excitant. Mais le gingembre y est déjà, la comédie étant réglée à l'avance.

—Ne croyez pas un mot de ce que vous dira le marchand quand il s'écrie avec conviction : « Pour vous, Monsieur, c'est tant, mais ne le dites pas »; ou bien : « Je ne le cacherai pas à un connaisseur tel que vous, mais ce cheval siffle un peu » alors qu'il corne comme une trompe de tramway; ou encore : « Ce cheval est un peu chaud, mais vous montez si bien... » La vérité est que ce cheval est froid comme un marbre, que vous avez fait preuve d'une ignorance crasse; que le prix du cheval n'est jamais réglé que pour le minimum, dont le marchand n'approche qu'avec un noir désespoir, et que, du reste, le cornage est un vice rédhibitoire.

Mais le meilleur mode d'achat est de prendre le cheval à l'essai. Il faut être connu dans la maison, et connu comme un sage et bon cavalier et, par-dessus le marché, *pas bavard*. Le marchand consent alors à donner le cheval à l'essai; il sait que son cheval sera bien monté, essayé sagement, et que s'il ne convient pas il sera réexpédié discrètement.

Je connais un jeune homme qui n'a jamais que de mauvais chevaux. Voici comment il procède : il achète un cheval, l'expédie chez lui; le lendemain, il le fait seller et lui flanque dans les jambes une chasse au sanglier de quatre heures à plein galop. Naturellement, le cheval n'y résiste pas. Il n'a que sa « condition de vente », c'est-à-dire moins qu'une mauvaise condition. Ce jeune homme prétend être volé par les marchands de chevaux; tout simplement il se vole lui-même.

Vous apercevez-vous, dans les délais légaux (neuf

jours francs et trente jours pour la fluxion périodique), que votre cheval est atteint d'un *vice rédhibitoire,* ne perdez pas de temps, et allez trouver le juge de paix afin de constituer experts. Il doit en être de même si le cheval ne répond pas aux garanties supplémentaires que veut vous donner le marchand, *par écrit.*

Généralement, vous n'êtes pas obligé avec les marchands connus à avoir recours à ces moyens. Vous faites constater le cas par un vétérinaire et vous prévenez le marchand du renvoi du cheval; s'il refuse d'en prendre livraison, recourez alors seulement aux moyens légaux. Faites mettre à temps le cheval en fourrière pour dégager complètement votre responsabilité.

C'est surtout vis-à-vis des particuliers qu'il faut se mettre en règle; ceux-ci, en effet, ne veulent jamais admettre que leur cheval ait un vice quelconque. Il faut un huissier pour le leur prouver.

En plus des vices rédhibitoires il y a aussi des cas rédhibitoires : ce sont tous ceux de *dol* en matière de vente, de manœuvres ayant pour but de tromper sur la qualité de la chose vendue. Il faut alors demander l'avis d'un légiste, car ces matières sont diversement jugées par les tribunaux, selon la compétence du juge, les habitudes de la région et les jugements créant antécédents sur la chose à juger. En tout cas, une règle sage, lorsqu'on a affaire à un vendeur inconnu, c'est de ne payer qu'au bout de neuf jours. Personne ne peut se blesser du procédé.

Si vous avez affaire à un insolvable, toutes les garanties, tous les jugements ne vous feraient pas rentrer dans votre argent.

Il peut arriver souvent, si le cheval ne convient pas, que le marchand consente à vous le reprendre, mais jamais contre argent, à moins que ce ne soit avec un retour en sa faveur. En voici la raison. Peu de gens sont complètement satisfaits d'un cheval tant qu'ils n'y sont pas habitués. Et puis il y a des gens vraiment trop difficiles... Si les marchands avaient l'habitude de reprendre leurs chevaux, ces derniers ne feraient que sortir de chez eux pour y rentrer; de plus, aux yeux des autres clients, un cheval rendu doit avoir quelque vice caché et terrible.

Quelquefois l'échange est consenti. Mais le client, au point de vue de la somme à débourser, est toujours de sa poche; car le cheval est toujours repris avec un dédit. Il faudra encore débourser le prix de trois voyages au lieu d'un.

Il vaudrait mieux, dans la plupart des cas, se contenter, si c'est possible, de son acquisition, la vendre à la première occasion rémunératrice, et en acheter un autre avec plus de discernement.

Je ne m'étendrai pas davantage sur l'achat des chevaux chez les marchands. Je passerai sous silence *les ruses des maquignons*. Les marchands honnêtes — et il y en a — ne s'en servent pas; il est du reste aussi difficile de les employer que de les découvrir. J'ai connu un fort beau cheval lequel était passé par plusieurs mains; il était admirablement contremarqué, et il a fallu un aréopage de vétérinaires réunis afin de constater un autre vice rédhibitoire, pour que la fraude dentaire fût découverte.

Ce cheval avait été acheté en vente publique et depuis quinze mois avait appartenu à différents propriétaires; le contremarquage devait être l'œuvre patiente et rare d'un véritable artiste.

« Les plus dangereux de tous les gentlemen sont ceux qui ont connu des jours meilleurs, et dont le commerce est de rechercher les chevaux tarés, mais ayant une forme et des actions splendides, pour les vendre à cette masse de fous entêtés qu'on trouve constamment dans une grande ville. » (Sydney.)

De ceux-là on ne saurait trop se méfier, ce sont des gens tarés, qui n'ont plus rien à perdre comme honorabilité et tout à gagner comme argent.

Le seul maquignonnage dont j'aie été témoin chez un marchand est le suivant; je le cite car il est assez curieux et prouve combien le client est quelquefois difficile à servir : on lui présente un bon cheval, il n'en veut pas, puis il l'accepte lorsqu'une légère supercherie l'a rendu inférieur.

Un marchand avait donc un cheval qui trottait si haut et si fort, qu'un écuyer novice eût été très secoué sur son dos. Le marchand, pour l'empêcher de se « livrer », lui avait mis des bottines trop étroites, c'est-à-dire qu'il l'avait un peu serré dans ses fers de devant, et ce cheval, invendable jusque-là, partit le jour même; il ne trottait plus, il trottinait.

Dans les foires. — Il est difficile d'acheter dans les foires. Les « rosseries » des maquignons sont de tradition et, de plus, il est difficile de retrouver le vendeur, une fois la mauvaise affaire conclue et toujours payée d'avance. Les fraudes y semblent toutes simples et peu de gens s'en choquent. Il faut s'en méfier, voilà tout, Une des plus bénignes de ces supercheries consiste à faire boire le cheval avant la montre pour lui donner du boyau. Une des plus graves est de cacher une tare dure sérieuse par une blessure saignante simulant un coup de pied qui viendrait d'être reçu à l'instant. Entre ces deux extrêmes il y a toute une gamme de trucs que ces virtuoses savent ingénieusement parcourir.

Il est nécessaire, quand on n'a pas l'habitude de la vente ou de l'achat, de confier ses intérêts à un vétérinaire du pays ou à un courtier dont on soit à peu près sûr. Car en dehors même des manœuvres dolosives vous auriez à souffrir de la majoration des prix due à votre habit de gentleman.

Du reste, il est très rare de trouver dans les foires un cheval de selle honorable. On n'y rencontre guère, dans certains pays, que des poulains de selle et, dans toutes, des poulains et des chevaux de gros trait.

Chez les particuliers. — Beaucoup de gens sont dans la nécessité de vendre leurs chevaux.

La fin des chasses est arrivée; une grosse perte d'argent a été subie; un voyage de longue durée a été décidé; une bicyclette ou une automobile est destinée à remplacer le hack ou le hunter, etc.; autant d'excellentes raisons qui expliquent les nombreux chevaux à vendre inscrits dans les colonnes de journaux spéciaux. On peut trouver, dans cette catégorie d'animaux à vendre, d'excellents chevaux.

Gardez-vous bien — séduit par un bon marché exceptionnel — d'acheter l'animal hors ligne annoncé dans le journal sans l'aller voir et essayer avec le plus grand soin.

De bonne foi, je le crois, tout propriétaire d'un cheval lui donne toutes les qualités : fond, allures, sagesse et surtout le modèle exceptionnel. Il faut le voir au débarqué, le modèle exceptionnel ! Si c'est un Irlandais qui vous est annoncé, vous recevrez quelquefois un cheval de coupé convenable. Si c'est un type de « pur sang », la laideur sera un peu plus accentuée. Si la lettre descriptive vous avertit que le cheval n'est « peut-être pas d'une suprême élégance, mais qu'il est bâti en bon cheval », il y a gros à parier que votre homme lui-même n'osera le conduire de la gare à la maison de peur d'ameuter les populations.

Donc avant d'aller voir, demandez à ce qu'on vous

envoie une photographie prise exactement de profil. Cette précaution vous évitera souvent les frais et les ennuis d'un long voyage.

Si le modèle vous plaît et qu'après essai vous pensiez que le cheval a quelques chances d'être bon, achetez-le. Vous tomberez quelquefois sur un très bon cheval, dont son ancien propriétaire, bien que plutôt bienveillant à son égard, ignore les qualités qu'il n'a sans doute jamais mises à l'épreuve.

Le prix de ces chevaux n'est souvent pas très élevé, en vertu de ce principe ancré dans la tête de tout bon Français : qu' « on doit toujours perdre sur la vente d'un cheval ». Ne les détrompons pas. Du reste, quand un propriétaire a décidé la vente de son cheval, rien ne saurait l'empêcher de le céder à vil prix si l'acheteur insiste tant soit peu; ni les coups d'œil désespérés de sa femme, ni la mine de son cocher honteux vis-à-vis de ses collègues du bas prix auquel sera livré ce « si beau et bon serviteur », ne le détourneront de sa résolution.

Le propriétaire qui tient bon est très rare. Dans ce cas, ou bien il connaît parfaitement la valeur marchande du cheval et il en demande le juste prix : donnez-le-lui; — ou bien, il n'y connaît rien et prend son vieux rossard pour un crack; il en demande un prix ridicule... Ne discutez pas et laissez-lui l'animal pour compte.

Ce sont surtout les petits propriétaires éleveurs qui exagèrent la valeur, l'avenir de tel de leurs élèves, qui ne sera jamais qu'un affreux « viandard ».

C'est pour cela que je préfère, personnellement, m'adresser à un marchand raisonnable ou aux écoles de dressage. On est mieux servi, plus vite, et on paye le cheval à sa valeur courante.

Mais il est un cas où chez le particulier on peut faire une bonne acquisition : c'est quand les deux caractères, celui du cavalier et celui de sa monture, ne concordent pas... Si vos aptitudes équestres vous permettent de résister facilement aux défenses de l'animal, ou mieux si vous pouvez l'utiliser sans provoquer ces mêmes défenses, achetez le cheval les yeux fermés : il est le bon. Il a du modèle, du sang, de beaux membres et assez d'intelligence et d'énergie pour se rendre compte du degré de « mazettisme » de celui qui l'a monté jusque-là.

D'autres chevaux avec de bons caractères sont trouvés « tireurs en diable ». Prenez-les aussi; tantôt le bridon, tantôt la bride, et surtout les assouplissements, la fixité de la main, le *calme de l'assiette*, suffiront à les rendre légers et agréables.

Certains mauvais pieds provenant d'une ferrure préhistorique ou mal comprise sont facilement guérissables. On vous vend un boiteux; au bout d'un mois, vous en ferez un cheval droit.

Des tares naissantes et dont la formation provoque normalement la boiterie disparaissent dès qu'elles sont formées, fixées. Ne vous amusez pas à faire un cours d'hippologie à votre vendeur. Payez. Ce ne sera jamais cher, et emmenez votre incurable, il n'est qu'indisponible.

Je pourrais multiplier de tels exemples, mais ils ne serviraient de rien, dans ce cas la pratique seule étant tout, et ce n'est pas en achetant un ou deux chevaux dans toute sa vie qu'on peut l'acquérir.

Le seul bon conseil qu'on puisse donner en cette occasion est celui-ci : n'achetez jamais un cheval corneur; un cheval à pieds plats ou combles; un cheval qui se coupe gravement par suite de mauvais aplomb; ni un cheval sensible aux environs de la bride carpienne (sous le genou, face postérieure); ni un cheval couronné, bien qu'un cheval couronné légèrement soit aussi bon qu'un autre comme service. Un tel cheval, vous en ferait-on cadeau pour vos beaux yeux, refusez-le énergiquement. Il ne vaudra rien dans certains cas pour toujours; dans les autres pour très longtemps, et quand vous voudrez le revendre, seul un fiacre vous le prendra et pour pas cher.

Car en règle générale, quand on achète un cheval il faut toujours se demander : « Si je ne l'abîme pas, pourrai-je le revendre au prix d'achat? »

C'est là le seul moyen d'éviter les déboires d'argent, à moins qu'ayant inscrit le fidèle serviteur sur les registres de la famille, on ne prenne vis-à-vis de lui l'engagement de lui assurer, à la maison, une longue, paresseuse et inutile carrière dont la mort seule sera le terme honorable.

Certains équipages de chasse vendent leurs chevaux à la fin de la saison. Il y a là de très bonnes occasions. Mais les amateurs malins sont à l'affût, et ce ne sont pas les meilleurs des hunters qui passent sous le marteau du commissaire-priseur.

Il en est de même pour les écuries de plusieurs célèbres coachmen et sportsmen qui renouvellent leurs effectifs par des ventes annuelles.

Ce dont il faut se méfier le plus, c'est de certains industriels en chevaux qui prennent les allures de gentlemen et annoncent dans les journaux spéciaux des chevaux à vendre, pour cause de décès ou de départ.

Je me souviendrai toujours d'un long déplacement fait en hiver. Arrivé au terme du voyage au milieu du Plateau central, je me trouvai en présence d'une douzaine de chevaux, dont je reconnus la plupart pour être passés en vente quinze jours auparavant au Tattersall.

On ne saurait avant de partir s'entourer de trop de renseignements. A Paris, ces sortes de maquignons sont connus et ils ne trompent que les gens par trop confiants ou par trop sûrs d'eux-mêmes.

C'est surtout avec les propriétaires qu'il faut user, s'ils veulent bien y consentir, de l'essai prolongé. Celui qu'on fait chez eux ne suffit généralement pas. On est pris entre deux trains, et pour peu que quelques kilomètres vous séparent de la gare, c'est à peine si vous avez le temps de regarder le cheval. Si vous connaissez quelqu'un dans le pays, vous vous trouverez bien de lui demander tous les renseignements qu'il peut avoir sur le cheval... il est rare qu'à plusieurs lieues à la ronde un cheval à vendre ne soit pas connu. Quand l'animal appartient à un officier, les renseignements abondent. Tout bon petit camarade est volontiers enclin à les donner plutôt défavorables. On fera donc bien de ne les croire qu'à demi. Car leur jugement n'est pas toujours influencé par les qualités ou les défauts du cheval, mais bien par la sympathie plus ou moins grande qu'inspire son propriétaire.

Ce petit défaut n'est pas le propre des seuls officiers; il est commun à toute réunion d'hommes, nous assurerait un psychologue.

Dans les pays de chasse, beaucoup d'amateurs n'achètent que pour la saison et vendent immédiatement après. On peut en suivant une ou deux chasses observer du coin de l'œil les chevaux de ceux qui ont cette habitude.

Ne vous imaginez pas que forcément les chevaux doivent être crevés après une saison de chasse.

Sur vingt cavaliers, sept ou huit suivent sérieusement, les autres se promènent ou font les jolis cœurs près des voitures, aux carrefours; ce qui fait que, presque toujours, vous pouvez acheter leurs chevaux; ils sont en santé et prêts à être entraînés.

Les ventes publiques. — « Les ventes publiques sont,

dit Sydney, pour les jeunes et les malins... » En effet, on n'a guère le temps d'examiner les chevaux en vente. Il faut s'entourer de renseignements sérieux, faire visiter le cheval par un vétérinaire débrouillard et ne pousser le cheval que jusqu'à un prix relativement peu élevé, si les renseignements acquis restent dans le vague.

Beaucoup de personnes en effet y vendent leurs chevaux pour ne pas avoir les ennuis d'une vente à l'amiable, mais beaucoup plus s'y débarrassent de leurs chevaux vicieux et tarés.

Je ne parle pas des chevaux de courses sur lesquels les hommes qui suivent ce sport, et ils sont nombreux, peuvent vous donner des renseignements très circonstanciés.

Les meilleures références qu'on puisse obtenir sont fournies par quelques honorables gentlemen qui par métier ou par goût fréquentent assidûment au Tattersall ou chez Chéri. Ils causent avec les vendeurs, bavardent avec leurs cochers et palefreniers, sont au mieux avec tous les marchands et connaissent tous les chevaux de la « ville et des faubourgs ». Si ces gentlemen sont bien avec vous, par intérêt, ou pour toute autre cause, ils pourront, à l'occasion, vous éviter d'acheter un mauvais cheval... à moins, toutefois, qu'ils n'aient pour vous en faire vendre un mauvais un intérêt personnel supérieur à celui qu'ils vous portent.

Les concours hippiques. — C'est aux concours hippiques que vous verrez réunis, nombreux, de beaux types de chevaux de voitures et pourtant ce ne sont pas généralement les meilleurs qui emportent les plus hautes récompenses.

Quant aux chevaux de selle, ils sont rares, et c'est dans les classes de chevaux du Midi et du Centre qu'on les trouve surtout.

Je sais bien que l'Ouest et la Normandie présentent des chevaux dits de selle, généralement dételés la veille de leur timon, où ils faisaient très bonne figure. Mais un vrai sportsman ou un cavalier ne choisira certainement pas l'un d'eux. Il y a des exceptions naturellement. *Dans les internationaux,* le modèle se relève un peu, et on peut y trouver parfois d'excellents chevaux d'armes ou de chasse.

Mais pour pouvoir acheter un cheval aux concours de Paris et de plusieurs autres centres, il faut avoir la forte somme à sa disposition... Les chevaux se vendent un prix tel qu'on est en droit de leur demander, en plus de la qualité, d'avoir quelque talent de société, tels que de danser sur la corde raide ou de jouer aux cartes. Il n'en est rien; à peine confirmés au harnais, ils ne sont pas dressés le moins du monde à la selle. Ils portent l'homme, voilà tout. Il est à souhaiter que la *Société hippique française* abandonne ses anciens errements qui favorisaient trop un syndicat de marchands parisiens et d'éleveurs normands, au détriment des écoles de dressage. Nous pourrons voir, à l'*Hippique*, des chevaux de selle provenant directement des divers centres d'élevage, le jour où le vrai cheval de selle sera primé de préférence au carrossier ou au gros cob haut steppeur si à la mode.

Dans la classe des chevaux montés sur les obstacles, les services rendus par le Concours hippique sont très importants, au point de vue équitation et emploi du cheval.

Là, aussi, une sélection du modèle s'est faite. Jadis les sauteurs étaient quelconques. Aujourd'hui pour gagner les gros prix, il faut avoir un cheval bien conformé, avec beaucoup de sang; la grande majorité des sauteurs sont maintenant tout à fait bien conformés au point de vue selle; on doit cela à la hauteur croissante des obstacles et à la vitesse nécessaire pour être bien classé.

J'ai cru pendant longtemps, avec bien d'autres, que le dressage sur les obstacles, en vue des épreuves du concours hippique, n'avait pas d'utilité pratique; qu'un bon cheval de chasse pouvait être mauvais cheval de concours et réciproquement. La première proposition est vraie; il n'en est pas de même de la seconde. En prenant de l'expérience je me suis rangé à l'avis du marquis de Mauléon : « J'ai monté dans ma vie beaucoup de chevaux de chasse. Seuls, les lauréats de concours sautent avec une très grande adresse et une sûreté incomparable; ils possèdent en outre un haut degré de souplesse et de docilité; ils donnent le sentiment de l'absolue sécurité, et procurent infiniment plus d'agrément que les autres. »

J'ajoute que la classe des chevaux de saut du concours constitue à peu près le seul marché où on puisse trouver le hunter complètement fait et prêt à entrer en service.

Le seul reproche qu'on puisse faire aux concours hippiques (sauts d'obstacles) est que quelques cavaliers très ordinaires s'y forgent une réputation imméritée, dont tout l'honneur revient à quelques mètres de longe au bout d'un caveçon, d'une barre fixe et de beaucoup de patience.

Le dernier jour du concours, une vente publique a lieu où l'on peut disputer à la Remonte les quelques sujets invendus des chevaux de classe que les différents éleveurs ne veulent pas ramener chez eux. Mais il est rare d'y trouver le véritable hunter. Au concours, les bonnes affaires se traitent le matin. Des marchands, des gentlemen viennent parader avec leurs chevaux; on peut, si le cheval qu'ils montent vous plaît, tenter de l'acquérir. Ils ne les ont guère conduits au palais de l'Industrie que pour cela.

Agences spéciales. — Il existe à Paris des agences offrant de vous trouver le cheval de vos rêves. Ne m'étant jamais servi de leurs bons offices, je ne peux en parler sciemment.

Les écoles de dressage de province qui prennent part au concours devraient pouvoir présenter aux amateurs les meilleurs chevaux de leur région. Leur intermédiaire peu coûteux diminue le prix des chevaux, excessivement majoré par les marchands. Mais ces écoles ne sont nullement encouragées par l'organisation actuelle du *Concours hippique*. Aussi présentent-elles environ cent chevaux, contre cinq cents exposés par les marchands. Les éleveurs sont certainement lésés par cette manière de procéder. Dans le courant de l'année, cependant, tout amateur devrait s'adresser à elles pour se remonter. Leurs directeurs connaissent leur pays hippique et sont, presque tous, de parfaits connaisseurs et d'honnêtes gens.

En province, dans deux ou trois endroits bien connus des officiers, on trouve réunis des « Irlandais? » et des pur-sang achetables par la commission de remonte du corps. En cas de refus de la part de la commission le marché est nul.

Ces sortes de marchands sont très utiles et je ne peux qu'en recommander l'usage aux officiers et aux sportsmen.

Les chevaux à vendre ont au moins six ans, au plus huit et les pur-sang ont quatre ans. Ce sont la plupart des chevaux d'occasion, me direz-vous? Certainement; mais pour être arrivés à six ans en restant *nets*, c'est qu'ils ont de la qualité.

Concours de dressage. — L'administration des Haras, en 1899, a décidé d'augmenter le nombre et l'importance des concours de dressage de chevaux de selle. Quelles que soient les préférences des Haras, ces concours sont les résultats d'une excellente tendance et il faut y applaudir. Ils ont lieu dans une douzaine de centres hippiques. Six mille francs sont affectés à chacun des concours. Ces réunions permettront à l'amateur de voir réuni le dessus du panier de l'élevage de chaque région.

Concours de primes de majoration. — Quant aux Remontes, elles ont créé des primes de majoration dont le total de près de cent mille francs est réparti entre les différends dépôts. La prime maxima donnée à un cheval peut attendre 2,500 francs. Le cinquième de toute prime revient au naisseur. — Le propriétaire de tout cheval primé peut, ou garder son cheval, ou le vendre à la Remonte à un prix d'estimation du Comité et indépendant de la prime.

Le règlement exclut, avec raison, de ces avantages tout cheval de pur sang.

Ce système donnera, il faut l'espérer, d'excellents résultats.

De plus ces réunions permettront à l'acheteur isolé de voir réunis les plus beaux jeunes sujets d'un centre hippique, une fois par an pour chaque dépôt, en un lieu déterminé.

Les achats des Remontes militaires. — On peut aussi écumer ou écrémer les Remontes, en achetant après ou avant elles. Dans ce cas on achète comme elles, à l'aveuglette, sans pour cela posséder les connaissances spéciales des acheteurs militaires.

Mais, soit aux Remontes, soit aux primes de majoration et même aux concours de dressage, vous ne trouverez que de tout jeunes chevaux bruts ou à peine dressés, et, somme toute, vous vous donneriez, en les suivant, beaucoup de mal pour un résultat hypothétique.

CHAPITRE V

AUX PAYS D'ÉLEVAGE

Statistique des étalons faisant la monte en France en 1900. — Les deux principales régions d'élevage. — Prix moyen de revient d'un cheval à l'éleveur. — 1° *En Normandie.* — Historique de la race normande jusqu'aux temps modernes. — Historique aux temps modernes. — Le trotteur et le demi-sang carrossier. — Modèle de l'Anglo-Normand. — Le trotteur, étalon généralisé. — Polémiques de 1899. — Opinion des étrangers sur le trotteur et ses dérivés : les Russes, les Allemands, les Italiens. — Que reproche-t-on à l'Anglo-Normand en France? — Les vétérinaires et le trotteur. — La modification du modèle par la spécialisation au trot. — La déformation trotteuse de M. de Gasté. — Le trot. — Le galop. — Infusion du sang pur dans la race trotteuse. — Le trot attelé. — Constatations pratiques faites par les officiers et les cavaliers. — L'idée sportive. — Ensemble de la production anglo-normande par selle. — L'avenir. — *Fuchsia.* — Qualités des dérivés du trotteurs; l'ancien Normand; le Normand actuel. Excellence des Anglo-Normands à la voiture. — Fond de l'Anglo-Normand. — Influences électorales. — Ignorance des sportsmen en fait d'élevage du trotteur. — Rôle des remontes. — Cherté de l'élevage « cavalier ». — Les courses au trot. — Procédé de dosage du sang pur sur pedigree. — Trois pedigrees.

Statistique des étalons faisant la monte en France en 1900.

		ÉTAT	APPROUVÉS	AUTORISÉS
Pur-sang	Anglais.........	266	299	16
	Arabe..........	103	18	
	Anglo-Arabe....	258	57	3
	A reporter....	627	374	19

		ÉTAT	APPROUVÉS	AUTORISÉS
	Report........	627	374	19
Demi-sang	Du Midi.........	168	494	31
	Normands ou Vendéens.....	1,398		
	Qualifiés trotteurs..........	275		
	Norfolk anglais.	73		
	Id. bretons.	90		
Trait	Percherons.....	281	584	133
	Boulonnais.....	67		
	Ardennais......	55		
	Bretons.........	54		
Total des étalons de l'État...		3,088	1,452	183

Ce qui donne une moyenne respective de :

Pur-sang.. 20.31 pour 100.
Demi-sang. 65.89 pour 100.
Trait...... 14.80 pour 100.

On peut partager la France en deux régions, où l'on trouve des types de hunters différents, nés et élevés dans le pays.

Le hunter est, pour moi, un cheval près du sang, capable de marcher à une allure vive, quelle qu'elle soit, pendant la durée d'une chasse, et de donner ce temps-là tous les efforts demandés sans être crevé le lendemain. Le modèle dépend du poids du cavalier et du pays où il doit travailler.

La première région, pour gros poids et *a fortiori* poids moindres, comprend : la Normandie, la Vendée, les Charentes et la Nièvre.

Dans la première région, la *Normandie*, sans contredit, *devrait* produire les meilleurs hunters. Il est évident qu'elle ne les produit qu'exceptionnellement (1).

(1) Les officiers qui sont passés par Saumur savent bien

Dans l'*Ouest*, les Marais-Saint-Gervais, Rochefort, etc., on voit des hunters de grande taille, 1 m. 65, 1 m. 66 et même 1 m. 70, beaux et bien faits, qui, avec une forte nourriture, portent leurs maîtres dans les pays durs en bons et gros obstacles.

A Challans, près des Sables-d'Olonne, non loin d'Asson, aux concours et aux foires, on peut rencontrer d'admirables juments suitées de superbes poulains. Un de mes amis a offert 2,800 francs d'un cheval gris de trois ans, 1 m. 62. Ce cheval avait un suros bien placé, mais laid. Le propriétaire est parti sans même lui répondre.

Le défaut de ces chevaux est d'être un peu lymphatiques. Ils réussissent mieux dans leur pays que partout ailleurs; il vaut mieux ne pas les exporter de trop bonne heure.

La Bretagne. — A cause de sa situation géographique

l'infériorité, en *carrière*, des Normands proprement dits, à quelques exceptions, près, naturellement.

Les gros Irlandais de Saumur, tout chevaux de cab qu'ils étaient, valaient dix fois plus pour aller à Verries sauter le steeple et revenir au grand trot. Il n'y a que la reprise des pur-sang qui les vaille comme fond et comme utilité. Quant aux Normands, ils « crachent du vitriol au départ », sautent médiocrement, et reviennent en forgeant. Mais, je le répète pour me mettre à l'abri des récriminations, il y a des Normands excellents... Qu'ils soient ou non toilettés en Irlandais, ils sont rares, trop rares. J'ai en 1903 fait une enquête dans les régiments de cavalerie, cuirassiers et dragons. Cette enquête m'a révélé, ce que je soupçonnais du reste, que les chevaux du Centre, de la Vendée et des Charentes ayant pour ascendant plus ou moins proches des trotteurs, étaient jugés bien supérieurs aux chevaux nés en Normandie et ayant des origines trotteuses à peu près équivalentes. On trouve les premiers se rapprochant bien plus des desiderata du cavalier que les seconds. Peut-on conclure de ces remarques que c'est le sol de la Normandie et ses procédés d'élevage du poulain qui font ses produits inférieurs et non pas seulement l'emploi plus ou moins fréquent du trotteur comme étalon?

surtout, elle peut être classée dans la première région. Là aussi on saute et on galope, et on voit peu de chevaux anglais. Petit, près du sang, le hunter breton est peut-être supérieur à l'irlandais, car il est moins long à s'acclimater, une fois transplanté hors de chez lui.

Je le crois d'autant meilleur qu'il est plus petit, et, en tous cas, un Breton ne doit pas dépasser 1 m. 56, car il ne trouverait pas sur son sol à se nourrir, os et muscles, s'il grandissait davantage. Il se fait tous les jours de plus en plus rare.

Le *Nivernais*, le *Bourbonnais*, une partie de *Saône-et-Loire* tiennent le milieu entre la Bretagne et la Vendée.

Dans la deuxième région, qui est celle où on produit presque exclusivement le cheval de selle pour poids moyen et plus rarement gros poids, le *Limousin* produit des chevaux très près du sang, de modèle moyen. Mais on y rencontre depuis quelque temps des chevaux compacts, et qui ont de la taille, sans pour cela les devoir à l'Anglo-Normand.

Dans tout le Midi, on trouvera des animaux légers de formes très sportives. Les progrès réalisés par l'élevage permettent à l'amateur d'acheter dans certaines régions ces mêmes chevaux pouvant porter de 80 à 90 kilogrammes, puisqu'ils portent 114 kilogrammes dans les régiments de légère, aux manœuvres, et davantage dans ceux de dragons, où ils commencent à être introduits. Ces animaux ne sont pas aussi nombreux qu'ils pourraient l'être, parce que généralement les poulains n'ont ni assez d'avoine ni assez d'exercice pour les développer à ce point et que les meilleurs sont enlevés à trois ans et demi par les Remontes.

Dans les pages suivantes je vais, de mon mieux, détailler les produits chevalins de chaque province, autant que possible en restant au point de vue de l'amateur isolé qui chercherait un bon cheval pour chasser dans deux ans, ou, ce qui est plus difficile, l'année prochaine.

Prix de revient d'un cheval à l'éleveur. — Il ne sera pas inutile de savoir les prix de revient d'un cheval *type troupier* à trois ans et demi ou quatre ans, âge auquel il est vendu à la Remonte.

1° *En Normandie.*

A six mois : Prix d'achat à six mois.	300 fr.
A un an : De novembre à mai, six mois de nourriture, une demi-botte de foin, trois litres d'avoine, soit environ 50 centimes.	90
A un an et demi : De mai à octobre ou novembre, cinq à six mois à l'herbe ou au piquet, 30 centimes par jour.	60
A deux ans : Novembre à mai, six mois à raison de quatre à six litres d'avoine, une botte de foin. .	120
A deux ans et demi : Six mois, de mai à novembre, à 30 centimes.	60
De deux ans et demi à trois ans et demi : Un an dans les mêmes conditions que l'année précédente. .	180
Total.	810 fr.
Pertes et non-valeurs (moyenne).	40
PRIX DE REVIENT TOTAL :	850 fr.

Un poulain peut, à six mois, ne coûter que 200, 250 francs et néanmoins faire un troupier vendu de 1,000 à 1,100 francs. D'un autre côté, ces animaux travaillent et font du fumier. En été, au piquet dans du trèfle, ils ne coûtent presque rien : 0 fr. 20 par jour ; on ne leur donne plus d'avoine et ils engraissent la terre. Bien entendu, quand les fourrages sont chers, les prix de revient sont plus élevés.

Dans les chiffres cités, le sainfoin est estimé à 3 ou

4 francs les 100 kilogrammes dans la ferme; *idem* pour la paille et l'avoine à 16 francs.

Si, au contraire, on achète des poulains de 600 à 800 francs, on a l'espoir soit de les vendre comme futurs étalons aux marchands qui les présentent aux Haras (de 1,500 à 2,500 francs), soit de les livrer à la Remonte comme réserve ou chevaux de tête.

En plus des pertes normales, il y aurait bien aussi à ajouter les risques de la castration; mais en comptant 40 francs, on a évalué les pertes et non valeurs à 10 pour 100; ordinairement elles ne dépassent pas 5 à 6 pour 100.

Ce calcul m'a été présenté comme un maximum par un des meilleurs vétérinaires de la plaine de Caen et certifié par deux éleveurs émérites de la même région.

Un troupier revient donc à trois ans et demi à 850 francs environ, à son éleveur; un cheval de tête, à 1,550 francs.

On peut donc se rendre compte du prix normal que devrait atteindre ce même cheval à six ans.

On se rendra compte aussi du peu de bénéfice qu'offre à l'éleveur l'industrie chevaline en vue des Remontes.

2° *Dans le Midi*, les prix de revient sont à peu près les mêmes. Mais les prix de vente à trois ans et demi sont notablement inférieurs. L'éleveur du Midi fait donc un bénéfice moindre, ce qui ne l'encourage aucunement à avoiner son poulain, habitude qui a contre elle des procédés avaricieux d'élevage se perdant dans la nuit des temps.

EN NORMANDIE

Je crois qu'il est nécessaire pour bien comprendre ce qu'est l'élevage actuel de la Normandie de savoir ce qu'étaient anciennement les chevaux servant de base au Normand actuellement amélioré. Il y aurait des volumes à écrire sur ce sujet; mais il faudrait écrire toute l'histoire de France, celle des mœurs et du progrès des hommes, si on voulait à fond épuiser la question hippique. Je me bornerai ici à un court résumé.

Historique de la race normande. — Temps anciens (1). — On a assigné pendant longtemps une même origine aryenne à toutes les races de chevaux. Bien que le cheval, d'après la science moderne, descende de l'animal antédiluvien le Phenacodus, plusieurs races de chevaux existaient préhistoriquement en Europe, et dont la taille et le modèle différaient fort de ceux des chevaux orientaux. Les savants, parmi eux MM. Sanson et Piétrement, ont reconnu plusieurs très anciennes races de chevaux occidentaux, savoir : la race norique (Pintzgau), la race irlandaise (Irlande et Bretagne), la race britannique (nord-est de la France et Angleterre), la race frisonne, la race belge, la race séquanaise ou percheronne, la race germanique ou normande. Des fossiles de ces différentes races ont été retrouvés dans les couches de la même époque quaternaire. L'Europe, à ce moment, écrit Piétrement, était divisée en un assez grand nombre d'îles et de péninsules, état qui paraît favorable à l'apparition des races.

Les hommes quaternaires chassaient le cheval et le mangeaient. Plus tard, à l'apparition des saisons bien différenciées, la chasse devint plus difficile et les chevaux, réunis en troupeaux gardés par des chiens, furent soumis à la domestication. Les chevaux orien-

(1) Bibliographie : *Sourdeval*, *Bonneval*, *Houël*, *Gayot*, *La Guérinière*, *Jacoulet*, *Cuyer et Alix*, *Gallier*, *mémoires*, etc.

taux, amenés par le peuple des dolmens, fusionnèrent avec ceux des vieilles races occidentales. Le cheval fut monté ou attelé par l'homme, sûrement à l'âge de bronze.

Le cheval germanique ou normand a donc, de très bonne heure, reçu dans ses veines du sang oriental. Le sol et le climat en ont maintenu le modèle dans la forme utile et adéquate à l'habitat et l'ont différencié profondément des autres races françaises.

Les documents historiques sont rares sur les chevaux du nord de la France, aux premiers temps de notre histoire. Si on a pu suivre assez facilement les effets des envahissements des peuples cavaliers de l'Est sur les races du Centre et du Midi, il est assez difficile de préciser quels ils furent sur des races du nord de la Gaule et spécialement sur celles de la Normandie. De l'époque gauloise, un document authentique reste, c'est l'hippodrome ancien près de celui actuel, au Pin.

Au temps de Charlemagne, cette province possédait déjà ses courses de bagues et ses chasses à travers les halliers et buissons touffus, ce qui prouve une certaine vitesse de la part des chevaux indigènes.

Les *Nord-men* envahisseurs, eux, n'étaient certes pas écuyers en débarquant. Cependant la nécessité en fit des cavaliers : *Equites facti sunt.*

A cette époque, sans conteste, le cheval espagnol était le plus recherché par les seigneurs fortunés. Il continua donc à servir d'étalon améliorateur, en Normandie, et un peu partout, en même temps que le barbe, sur la forte jument gauloise.

Les *ducs de Normandie* s'occupèrent avec zèle de l'élevage. Les Tesson, les Marmions, les Bellêmes améliorèrent la race, toujours avec des étalons orientaux. Toutes les abbayes élevaient des chevaux et réunissaient des troupeaux équins protégés contre les accidents de la guerre par leur caractère religieux : ils furent les conservateurs de la race. On cite celles de Saint-Évroult-d'Ouche, du Mont-Saint-Michel, de Maules, de la Barberie, d'Orbec comme les plus florissantes. Quant au modèle que pouvaient avoir ces chevaux, on peut en retrouver une précieuse représentation artistique : « Les chevaux de la *bataille de Hastings,* écrit Houël, possédaient bien les caractères de la race carrossière normande : formes rondes, encolure fort rouée, tête busquée, membres forts et distingués, crins abondants, croupe puissante, queue attachée trop bas, rein bon, quoique long. Les chevaux sont plutôt grands ; tout cela se voit dans les fameuses tapisseries de la reine Mathilde. »

Les *croisades* amenèrent en France un flot d'étalons orientaux dont une partie fut dirigée sur leurs terres par les ducs de Normandie. Les haras particuliers prirent de l'essor ainsi que les tournois et même les courses ; Houël cite une charte de 1238 par laquelle dame Luce de la Meauffe concède à ses vassaux (près de Saint-Lô) une lande étendue pour exercer leurs chevaux à courir la bague. L'hippodrome actuel de Saint-Lô existe donc depuis sept cent soixante-trois ans.

Puis vient le *moyen âge*, l'âge d'or de la chevalerie et de la cavalerie. Les chevaux étaient-ils d'énormes masses, comme notre mauvaise éducation historique aime à nous les représenter ? Loin de là, toutes les déferres trouvées sur les champs de bataille sont des déferres de petits chevaux, et les représentations artistiques nous les montrent plutôt petits, quoi qu'en ait écrit Houël.

Ils n'étaient donc point les lourds et grossiers animaux dont les peintres de la Renaissance nous ont laissé l'image. Les chevaux de ce moyen âge avaient du sang; nous avons parlé du croisement avec l'andalou; il paraît avoir été fort rationnel et utile. Houël ajoute judicieusement : « La force du cheval gît bien plutôt dans son énergie, dans la puissance de ses muscles, dans l'harmonie de sa charpente, dans son sang et sa race que dans une forte corpulence ou une lymphatique obésité. »

Ce ne fut que plus tard, à l'effet de créer des races de trait, qu'on fit des chevaux à charpente massive, utile pour cet usage.

La féodalité a fait des chevaux français la qualité et le nombre. Lorsque la royauté l'abattit, cette qualité et ce nombre diminuèrent considérablement, ainsi qu'on le verra tout à l'heure.

Au moment de la *Renaissance*, bien que les grands seigneurs fréquentassent de préférence les dérivés de l'étalon andalou et oriental, surtout de chasse et de guerre, l'élevage normand était tenu en fort bonne estime.

Henri IV, avec Sully, s'en occupa avec zèle et minutie. Ce fut quarante chevaux normands qu'il envoya à la reine Élisabeth, en échange d'une compagnie écossaise. D'autres disent que ces chevaux venaient des haras du Berri appartenant au roi. Quoi qu'il en soit, ceci tendrait à prouver (et les mémoires anglais de l'époque en font foi) que les chevaux anglais du temps d'Henri IV avaient peu de réputation : les Lesdiguière, les Chevreuse, les d'Épernon montaient des chevaux nés et élevés dans leurs propres haras.

C'est à cette époque, fait remarquer Houël, que les races se modifièrent dans le sens des nouveaux besoins : « Le destrier devient cheval de carrosse; les fortes races armoricaines du Poitou, de la Bretagne, de la Normandie, et du Boulonnais se spécialisèrent pour le tirage. » Le Midi devint la source des chevaux de guerre et de selle.

Aux débuts du règne de *Louis XIII* l'équitation devint, comme chacun sait, fort en honneur, bien que l'importance de la cavalerie considérée comme moyen d'action dans les combats fût à son déclin. Au reste, les derniers vestiges des temps féodaux allaient disparaître et la production générale diminuer beaucoup. En effet, *Richelieu* survint qui porta le dernier coup au régime féodal. Les grands seigneurs, ne montant plus à cheval, en tant que chefs de cavalerie, négligèrent l'élevage à tel point que, pour se fournir en chevaux, la France était tributaire de l'étranger, en 1639, pour plus de cinq millions. Les différentes races déclinèrent rapidement, et un hippiatre a pu écrire que les chevaux normands étaient devenus moins forts et moins grands que les poitevins et les limousins.

L'élevage était en telle défaveur et le cheval de selle si rare au début du règne de *Louis XIV* qu'une circulaire prescrivait aux intendants « de ne se donner aucun mouvement pour engager les gentilshommes à prendre les étalons du roy, de crainte que ces chevaux ne soient employés à un service quelconque ».

« Il fallait même, écrit Houël, une permission expresse pour leur faire faire une promenade d'une ou deux heures, sous peine de 300 livres d'amende. »

Ce fut le temps du cheval gras et corpulent : on disait alors que « la graisse la plus chère était celle du cheval ».

Cependant, malgré ces piètres encouragements, en 1662 le roy fait écrire par Colbert au marquis de Montausier pour lui ordonner d'exciter les gentilshommes normands à élever dans leur fermes de belles cavales.

Les mémoires des intendants, en 1698, font en général peu mention de l'élevage chevalin. M. de Pommereuil, après s'être longuement étendu sur le commerce des œufs, des sabots, des fourches, signale « en dernier lieu les chevaux qu'on élève en pays d'Auge. Ils sont petits et sujets à avoir la tête grosse. On prétend que c'est faute de bons étalons ». Et que n'allait-il s'en assurer! ajoute Sourdeval en citant ce document

L'intendant de Picardie dit que « les marchands de Normandie tirent par an cinq ou six mille poulains des gouvernements de Calais et de Boulogne, et les jettent dans les pâturages de Normandie », signe évident de la mauvaise situation de l'élevage de cette province.

En 1665 Colbert, pour parer à la ruine, esquissa la constitution des haras royaux. Mais la mode fut néfaste à cette époque : les nez busqués s'affirmèrent, ainsi que les listes en tête et les grandes balzanes. Les énormes carrossiers flamands et danois firent irruption pour traîner les lourds carrosses de la Cour, et tout le monde, en Normandie, tenta de faire du gros et grand carrossier. L'édit sur les haras était cependant fait pour créer des chevaux de cavalerie qu'on ne voulait plus produire en France et qu'on acheta à l'étranger. Cet édit confiait seulement des étalons à certains particuliers. Les conséquences de cette mesure furent aussi désastreuses qu'elles le seraient de nos jours.

La tête busquée était encore exagérée par les peintres, tels Parrocel, qui en faisait une véritable caricature. La Guérinière, écrit Sourdeval, pria ce peintre de redresser, dans la gravure, l'arc du chanfrein, tant il trouvait son dessin outré et ridicule. La tête busquée était nouvelle à la fondation du haras du Pin et Sourdeval prétend qu'elle fut introduite surtout par les étalons italiens. Car les Danois employés concurremment en Auvergne n'ont pas laissé trace de tête busquée.

En 1717, les Haras furent enfin organisés. En ce qui concerne la Normandie, elle eut au Pin : 40 étalons et 300 juments ; 89 étalons royaux et 150 approuvés, la plupart danois, allemands, espagnols ou barbes.

Suivant le mouvement, nombre de particuliers fondèrent un haras ou réorganisèrent les leurs.

L'*Ecole de Caen* fut créée par La Guérinière.

Malheureusement, comme à toutes les époques, même de bonne volonté, on sacrifia à la mode, les énormes carrossiers allemands introduits en France y importèrent leurs formes lymphatiques et le cornage, jusque-là inconnu. Certaines régions cependant, telle le Merlerault, produisirent aussi bien qu'elles le pouvaient, malgré ces étalons mal choisis, et on peut lire dans la lettre que lord Pembroke écrivait à Bourgelat : « Je ne conçois pas la fureur que les Français ont pour nos chevaux, quand je vois vos belles races normandes et limousines... Je n'ai que des chevaux français à mon manège. »

Sous Louis XV les académies furent très en honneur : Pitt et Fox, les grands ministres anglais, fréquentèrent celles de Caen et d'Angers.

On montait, à la vérité, à la chasse beaucoup de chevaux étrangers ; mais, pour courir le loup, c'était encore aux Normands qu'on donnait la préférence.

Sous Louis XV et Louis XVI l'élevage se maintenait assez facilement, parce que la Normandie remontait les gardes du corps, les gendarmes du roi, les chevau-légers, la maison du roi et, comme il vient d'être dit, beaucoup d'équipages de chasse.

Le prince de Lambesc, heureusement, vers la fin du dix-huitième siècle, fut chargé des haras royaux. Il se rendit compte des mauvais résultats obtenus par les étalons danois et holsteinois. Aussi fit-il venir d'Angleterre 32 étalons anglais, dont un, *Léger*, de pur sang. D'autres noms méritent aussi de passer à la postérité ; ce sont ceux de : *Parfait*, *Glorieux*, *Alcyrion*, *King-Pépin*, *Docteur*, etc. ; on vendit les mauvaises juments du Pin, où on conserva 15 juments anglaises. Ce nombre devait être porté à 25 quand survint la Révolution.

Quelques années avant 1789, le fond de la race indigène plus ou moins améliorée et métissée avait conservé le modèle très ancien du cheval germanique, assez rond, avec l'encolure relevée. Beaucoup étaient de robe noire, avec la queue plantée bas sur une croupe double. On remarquait aussi une race assez fixée, celle du *bidet à pas relevé*, fort prisée au temps où on voyageait à cheval par les chemins à peine tracés. Elle a complètement disparu après la Révolution.

Les courses, à la mode anglaise, eurent lieu pour la première fois en France en 1776 et coïncidèrent avec *la première période d'amélioration* sérieuse *par l'emploi d'étalons de demi-sang anglais*. Les carrossiers normands prirent une réputation européenne. Pourtant les juments anglaises importées au Pin vers 1774 s'acclimatèrent difficilement et produisirent mal les premières années. La tourmente révolutionnaire, qui, entre autres choses, emporta aussi le haras, ne permit pas de se rendre compte de ce qu'eussent été leurs produits ultérieurs. Le Pin, à ce moment, comptait 80 à 90 étalons royaux, tant étrangers que normands, au service de 2,400 juments recensées et soumises au régime coercitif de 1718, considérablement adouci dans la pratique.

En l'an II, le Pin, privé de ses herbages, ne fut plus qu'un dépôt. Puis quand les étalons durent être vendus, le directoire du département de l'Orne prit un prudent arrêté par lequel les étalons vendus seraient conservés par les acquéreurs, qui les emploieraient à la monte seulement.

Je lis dans un travail envoyé par M. Baume à la *Société des Agriculteurs de France* que pendant la Révolution quelques éleveurs sauvèrent plusieurs juments de bonne race de demi-sang. « C'est ainsi que dans une maison aujourd'hui représentée par M. Moulinet, le jeune et intelligent éleveur de Saint-Léger-sur-Sarthe, gendre de Mme Drouin — qui descend elle-même d'une famille d'éleveurs d'avant la Révolution, — on avait réussi à cacher les juments de Marie-Antoinette, qui devinrent plus tard la souche de plusieurs écuries notables, entre autres de la grande écurie Lallouet. »

Les réquisitions vidèrent le pays.

En 1806, les terres du Pin furent rachetées. On y mit 10 juments normandes, 35 mecklembourgeoises, 14 hollandaises et autant de pouliches du même pays (1814). — Toutes ces étrangères furent médiocres et s'acclimatèrent très difficilement. On peut cependant citer cette *période* comme celle où eut lieu la *deuxième tentative d'amélioration, par le sang oriental cette fois*.

Les étalons achetés en 1806 étaient égyptiens, turcs, mecklembourgeois, sans taille, sans étoffe et sans membres.

En 1814, si on vendit les juments, faute de fonds pour les entretenir, du moins la paix régnant avec l'Angleterre on acheta des étalons et des juments anglais, d'après le choix du duc de Guiche.

Mais la Restauration avait ouvert les frontières, et les marchands juifs inondèrent la France de chevaux anglais et allemands.

Les uns et les autres étaient à la mode. Les princes, cependant, pour enrayer le mouvement remontaient leurs maisons en chevaux français. La mode fut la plus forte quant aux chevaux de luxe. En voici la raison :

Les chevaux normands, nés chez les bouviers, n'avaient subi aucun dressage, tandis que les chevaux étrangers arrivaient en âge, à peu près dressés, surtout les chevaux allemands, que les marchands français allaient eux-mêmes chercher en Hanovre pour les revendre jusque sur les foires normandes et bretonnes.

« Fait bizarre, dit Houël, *en 1815*, malgré la pénurie

de chevaux, plusieurs étalons furent achetés en Normandie des prix fabuleux pour l'Allemagne et l'Italie. Beaucoup de juments cotentines furent vendues aux Anglais. Le Midi expédiait huit mille poulinières et dix mille chevaux. » Houël ajoute : « Cette terre de France est si féconde! mais il faut lui demander poliment, l'argent ou le chapeau à la main. C'est ce qui cessa d'être compris plus tard. »

Cependant les Haras travaillaient en silence, envers et contre toutes les mauvaises volontés.

Ils eurent dans leurs écuries, à cette époque, les *Eastham*, *Captain Candid*, *Tigris* et le fameux *Rattler*. Les courses, avec l'anglomanie, se développèrent.

Le Pin renfermait 50 poulinières « du plus haut mérite » et de différents types : « carrossières de la plus grande distinction, juments de demi-sang provenant des plus anciennes races du Merlerault, juments de pur sang des types les plus élevés, enfin poulinières provenant du mélange de sang arabe avec la race pure anglaise... C'est à cette famille anglo-arabe que nous devons l'excellent étalon *Eylau* et vingt autres produits issus d'accouplements analogues.

Le besoin s'en faisait sentir. En effet, le comte de Bonneval, qui dirigea le Pin *en 1818*, put constater qu'à cette époque il n'y avait plus dans le pays une poulinière améliorée. Elles avaient toutes été vendues. Aussi jusque vers 1829, l'État acheta pour le Pin des juments de pur sang anglais, des normandes, des limousines et une arabe pure.

En 1819, à Caen, fut tenté l'essai d'un établissement fixe de remonte.

En 1830, l'amélioration chevaline reçut de graves atteintes; les remontes se firent derechef à l'étranger.

Les Haras étaient toujours attaqués avec la même passion, leurs crédits diminués. Les remontes des princes et de la cour cessèrent d'avoir lieu en Normandie. Les belles poulinières allèrent traîner les diligences. Les écoles d'équitation furent supprimées, même à Paris. Même le Merlerault fut long à se remettre de ces coups.

M. Ditmer, inspecteur général des Haras, transigea avec la mode et rendit un peu de faveur aux Haras, en cherchant à faire le cheval réclamé par les besoins de l'époque : on n'éleva plus, aux Haras, que des pur-sang : « Dès ce moment, écrit Houël, les contrées d'élevage, principalement la Normandie et le Poitou, marchèrent d'un pas constamment progressif dans l'élevage du cheval demi-sang propre à tous les services du luxe et de la guerre. »

En 1833 fut fondé les *Jockey-Club* dont on connaît l'influence dans l'histoire de l'élevage.

En *1840* furent instituées les courses au trot et l'*École des Haras* du Pin.

Les *courses* au trot eurent lieu d'abord à Saint-Lô, à Cherbourg et à Caen. Le jeune étalon dut, dès lors, subir l'épreuve de l'hippodrome, ce qui constituait un immense progrès.

L'*École de dressage* de Sées vit s'adjoindre celle de Caen; l'élevage du pur-sang prospérait de telle façon que, représenté en 1852 par 1,690 têtes, il en comptait 3,460 en 1860; et l'empereur Napoléon III ajoutait 600,000 francs au budget des Haras, à la tête desquels il plaça son grand écuyer, le général Fleury. Les dépôts du Pin et de Saint-Lô reçurent une juste augmentation. Les achats se firent par l'entremise d'une commission, soit dans les centres d'élevage normands, soit à la réunion du Pin.

Dès 1836, les courses au trot avaient commencé avec le soutien de l'administration. Lorsque celui-ci lui fit défaut, l'initiative et l'argent privés les aidèrent. Plus tard le général Fleury leur rendit l'allocation, en même temps qui se fondait à Caen la *Société d'encouragement pour le cheval de demi-sang*, et l'on vit, conclut Houël, les chevaux du marquis de Croix, de MM. Forcinal, Basly, Lefebvre-Montfort, Duménil, La Fosse, Courboy, etc., déployer des vitesses égales à celles des Américains et des Russes de l'époque. L'avenir des courses au trot était assuré.

La deuxième période d'amélioration (*1816 à 1840*) employa, en résumé, des étalons anglais de demi-sang et de pur sang anglais.

En 1852, Houël écrivait :

De tous temps, ce fut en Normandie une noble et fructueuse occupation de nourrir et d'élever des chevaux ; maintenant encore, chaque herbage possède, parmi ses nombreux troupeaux de bœufs, quelques précieuses cavales dont il fait remonter la famille à de longues générations...

L'influence du sol et du climat ont toujours marqué d'un cachet profond toutes les races animales, et le cheval normand est un des exemples de ce grand fait physiologique.

... Ce caractère d'homogénéité réunit chez lui les proportions les plus idéales de la beauté plastique et celles qui constituent la force et l'aptitude à tous les travaux...

Le cheval normand est le rival du cheval anglais ; comme lui il est propre à tout : selon que le sang oriental coulera plus ou moins abondamment dans ses veines, vous aurez *Eylau*, *Young-Emilius* ou *la Clôture*. Vous aurez le cheval de chasse aux puissantes épaules ; le carrossier aux aigrettes flottantes ; le cheval d'allure à la tête pesante, à la charpente cornue, aux muscles d'acier...

Voilà le Cotentinois, le premier carrossier du monde ; le cheval du Merlerault, à l'air narquois et au pied léger, qui demande à tous les vents la voix du cor dans la forêt ou celle de la trompette de guerre, etc.

On l'a sans doute remarqué, Houël vante les produits

qui descendaient des étalons de sang *oriental* (1). Il se trompait quant à l'orientation nouvelle que prendrait l'élevage normand. Celui-ci trouva, pour parvenir où il en est maintenant, le chemin un peu spécial, un peu étroit des courses au trot. Celles-ci furent fécondes en résultats très particuliers et, somme toute, heureux dans leur spécialité.

La troisième période d'amélioration de 1840 à 1860 fut caractérisée par l'introduction des trotteurs anglais, issus — écrit M. Gallier dans *le Cheval normand*, et auquel nous renvoyons le lecteur pour plus ample information — du croisement des juments du Norfolk avec les étalons de pur sang. Le cheval trotteur français s'y créa.

La quatrième période d'amélioration (1860 à) présenterait, suivant certains, le spectacle de la fixité des caractères de cette nouvelle famille, dont les vicissitudes ont été si grandes à travers les âges. Du phenacodus antédiluvien à *Fuchsia* et ses fils, que de chemin parcouru !

Historique de la race normande. Temps moderne. — Le commandant Cousté, dans son Stud Book de la race normande, a d'une façon magistrale résumé l'histoire du cheval normand dans les temps modernes. Je cite donc textuellement :

Le cheval normand est un métis résultant de l'accouplement du cheval anglais de pur sang ou de ses dérivés avec les juments du pays.

Si on remonte, pour chacun des étalons ayant fait ou faisant encore la monte en Normandie, l'échelle de ses ascendants en ligne mâle, on aboutit toujours à l'un des

(1) Le comte de Bonneval avait jadis tenté, lors de son passage au Pin, une race d'anglo-arabe dont *Eylau* fut le plus parfait représentant. *Eylau* ne peut malheureusement pas être inscrit au Stud Book.

trois pères qui sont les sources des trois grands courants de sang pur en Angleterre, *Matchem*, *Herold* et *Eclipse*, représentant eux-mêmes les trois illustres étalons orientaux qui sont les principaux fondateurs de la race, *Godolphin-Arabian*, *Byerley-turk* et *Darley-Arabian*.

On peut compter aussi quelques étalons de demi-sang anglais. Disons enfin qu'un petit nombre de chevaux orientaux ont été employés dans le pays, y ont certainement marqué leur empreinte, mais ne comptent au Stud Book que quelques représentants mâles dont la descendance (dans la ligne mâle tout au moins) s'est éteinte rapidement.

Les premiers pionniers dans la grande œuvre de la formation de la race anglo-normande sont les étalons de demi-sang anglais. Fidèle à sa doctrine en matière de croisement, qui prescrit de ne pas choisir un père trop éloigné de la race qu'il doit améliorer, c'est à eux que s'adresse d'abord l'administration des Haras pour modifier les juments indigènes et préparer une pépinière de poulinières.

Les noms de *Y. Topper*, *Cleveland*, *Jaggar*, *Vidvid*, *Héraclius*, *Lucholl*, *Prosélyte*, etc., reviennent presque immuablement dans le *pedigree maternel* des premiers étalons.

La deuxième phase est marquée par une large infusion de sang pur que les poulinières améliorées étaient alors en état de recevoir.

Les fils de *Napoléon*, de *Rainbow* et de *Sylvio*, les fils de *Y. Emilius* sont les agents les plus importants de cette deuxième transformation.

On peut alors considérer l'Anglo-Normand comme créé et pouvant se reproduire avec ses propres ressources, en ne recourant qu'exceptionnellement au sang étranger ; c'est la troisième phase.

Peut-être aurait-on continué définitivement dans cette voie si la préoccupation de donner plus de mouvement et de vitesse au trot aux produits normands n'avait poussé à l'introduction d'animaux étrangers et spécialement brillants comme trotteurs.

De 1836 à 1840, les principales villes de Normandie organisent timidement leurs premières courses au trot. En

1851, on importe *The Norfolk Phœnomenon*, qui, par lui-même et ses descendants, devait avoir une si grande influence sur la race normande. Il ouvre la quatrième phase.

Depuis, l'orientation de l'élevage n'a pour ainsi dire pas varié, non pas qu'on ait persévéré dans l'importation étrangère; mais les éléments fournis par quelques spécialistes amenés en France ont permis la formation d'une race de trotteurs qui se confirme tous les jours, mais dans le pedigree desquels la part de sang étranger apparaît très nettement.

Il suffit de consulter les origines des principaux chefs de file pour s'en convaincre.

FAMILLE DE « MATCHEM »

Conquérant, par *Kapirat* et *Elisa*, par *Corsair*, demi-sang anglais.

Reynolds, par *Conquérant* et *Miss Pierce* (fille de *Lady-Pierce*), demi-sang américaine.

Uriel, propre frère de *Reynolds*.

Fuchsia, par *Reynolds* et *Lavater* (petit-fils de *The Norfolk*).

Phœnoménon.

Cherbourg, par *Normand* et *Extase* (petit-fils de *Gainsborough*), demi-sang anglais.

FAMILLE D' « ÉCLIPSE »

Phaéton par *The Heir of Linne* et *Crocus* (demi-sang anglais).

FAMILLE DE « THE NORFOLK PHŒNOMENON »

Lavater, par *V.* ou *Crocus* et *Candelaria*, demi-sang anglaise.

Tigris, fils de *Lavater*.

Niger, par *The Norfolk Phœnomenon* et *Miss Bell*, demi-sang américaine.

Valencourt, par *Niger*.

Le sang d'*Herold* n'est plus représenté dans les grandes familles trotteuses, tout au moins par les étalons.

Dans un tableau synoptique établi par le commandant Cousté, il est facile de constater cette déchéance progressive du sang d'*Herold* et du sang d'*Éclipse*, bien que ce dernier soit encore puissamment soutenu par *Phaéton* et ses fils, tandis que le sang de *Matchem* est de plus en plus recherché et que la descendance de *The Norfolk Phœnomenon* arrive presque au tiers de l'effectif des étalons employés.

A l'heure actuelle, il n'y a pour ainsi dire, plus que cinq courants de sang recherchés :

FAMILLE DE « MATCHEM »

Le sang de *Conquérant.*
Le sang de *Normand.*

FAMILLE D' « ÉCLIPSE »

Le sang de *Phaéton.*

FAMILLE DE « THE NORFOLK PHŒNOMENON »

Le sang de *Tigris.*
Le sang de *Niger.*

Une pareille suite dans les aées devait être féconde en résultats. La race normande est devenue une des plus remarquables races trotteuses du monde. En vingt-cinq ans on peut dire que les vitesses ont augmenté d'une seconde par année ; l'énergie et la puissance des pères se sont largement répandues dans toute la population chevaline et ont contribué à faire du cheval normand ce qu'on appelle un cheval à qualités.

Sommes-nous arrivés au type définitif du cheval normand ? Le problème de l'amélioration d'une race demi-sang est trop complexe pour qu'on puisse répondre par l'affirmative.

On est loin d'avoir atteint le maximum de vitesse que le cheval normand est susceptible de donner. Ce maximum pourra-t-il être atteint sans avoir de nouveau recours *au sang pur, qui est la source incontestable de toute qualité?* D'autre part, le cheval normand est un animal de haute taille et de grand développement ; on doit avant tout lui conserver cette précieuse conformation, par conséquent l'améliorer sans l'amincir.

Enfin le cheval normand est un animal de service et de commerce; il doit rester un beau cheval.

Le problème se pose donc ainsi avec ses triples exigences :

Améliorer la qualité, conserver la taille, respecter le modèle. Ces trois buts ne sont malheureusement pas au bout de la même route; aussi, après avoir marché résolument dans un sens, faut-il, pour ne pas s'écarter irrémédiablement de l'un des points à atteindre, non pas retourner en arrière, mais modifier quelque peu son orientation, quitte à reprendre un peu plus tard la direction primitive.

Voilà pourquoi nous pensons voir, prochainement peut-être, s'ouvrir une nouvelle phase d'évolution pour la race normande, et nous l'attendons avec confiance de l'habile direction des éminents hommes de cheval qui ont l'initiative et la responsabilité dans l'œuvre de là conservation des races. (Commandant COUSTÉ.)

Le demi-sang trotteur et le demi-sang carrossier. — Je crois absolument nécessaire d'insister encore sur la distinction à apporter entre le trotteur et le carrossier. Cette distinction est faite dans les statistiques entre le demi-sang normand ou le demi-sang vendéen, dont on compte aux Haras 1,404 sujets, et le demi-sang qualifié trotteur, qui se chiffre par 293.

La qualité de ces 293 étalons est, sans conteste, très supérieure, même au point de vue selle à la qualité des 1,404 demi-sang. Mais ces derniers n'en sont pas moins les dérivés souvent assez directs des trotteurs qualifiés. Dans la classe des trotteurs, il y a eu des animaux célèbres ayant une dose très différente de sang pur comme *Phaéton* (60 pour 100) et *Juvigny* (25 pour 100); dans celle des demi-sang non qualifiés trotteurs, on rencontre également des courants nombreux de sang trotteur. Il y a des bourdons fils de père et mère trotteurs; il y a aussi des bourdons qui n'ont aucune goutte de sang noble. De ces derniers nous n'avons guère à nous occuper dans cet ouvrage; aussi appellerai-je demi-sang trotteurs même les animaux issus du trotteur sans avoir été qualifiés officiellement trotteurs; de même appellerai-je galopeurs les galopeurs bretons, et ceux du Midi, ceux-ci demi-sang, anglo-arabes d'origine, avec leurs degrés de sang si différents.

Quand il sera nécessaire de spécifier, les qualifications particulières seront employées.

C'est surtout aux *dérivés* du trotteur que les plus graves reproches peuvent s'adresser au point de vue spécial, car au moins au point de vue théorique le trotteur qualifié devrait à la rigueur nous contenter.

Malheureusement — si l'on veut — les trotteurs qualifiés ne seront jamais assez nombreux pour pouvoir constituer une remonte suffisante et générale, pas plus que le pur-sang du reste. On ne peut donc pratiquement que considérer les uns et les autres comme étalons, et c'est parmi leurs produits que le sportsman et l'officier de remonte auront à exercer leur choix. Sur une jument améliorée, le pur-sang donne un beau cheval de selle; quand l'un des deux reproducteurs est de pur sang et l'autre de demi-sang trotteur, le produit est assurément plus satisfaisant, au point de vue selle, que s'il appartenait à des père et mère trotteurs qualifiés. Mais si la jument est saillie par un vulgaire carrossier sans origine, le produit selle est impossible. Cependant, ce sont souvent ces immondes tonneaux à quatre pattes que le bénévole gentleman français prend pour des *cobs* de haute valeur et que dans le monde des éleveurs on nomme *bourdons*.

Il est donc très important d'établir strictement les différences dont nous venons de parler ci-dessus.

Si, d'une façon générale, écrit un vétérinaire normand,

M. Gallier, les trotteurs sont des étalons remarquables, ayant du sang, de la silhouette et du membre, combien de carrossiers ont l'encolure épaisse et commune, le garrot noyé, le dos mou, la hanche courte, défauts que ne rachètent ni le geste, ni le port de tête quelquefois brillants.

Ce sont les chevaux de ce genre qui surtout remontent nos régiments de ligne et de réserve. On comprendra facilement pourquoi la cavalerie n'en est pas satisfaite, et M. Gallier, dans *le Cheval anglo-normand*, a pu écrire fort justement à propos des réformes qu'il juge insuffisantes :

En voyant passer parfois, au retour des grandes manœuvres, des chevaux maigres, fatigués, la plupart indisponibles et menés haut le pied, on éprouve un pénible serrement de cœur et l'on ne peut, sans effroi, envisager l'éventualité d'une guerre de longue durée. Ce sont particulièrement nos chevaux de ligne et de réserve qui paraissent souffrir.

En 1902 les Haras ont acheté à Caen vingt étalons qualifiés trotteurs (payés en moyenne 10,172 francs par tête) contre 148 carrossiers (payés en moyenne 5,925 francs) ; or l'administration, inaugurant un nouveau système d'achat, n'a pas acheté ces derniers, comme jadis, « au chronomètre », c'est-à-dire d'après leur vitesse au trot. Elle les a choisis d'après le modèle du carrossier lourd.

L'élevage du cheval de selle ne pourra que perdre avec un tel système, qui multipliera aux Haras le nombre des étalons les plus mauvais au point de vue de la remonte militaire.

Modèle de l'Anglo-Normand. — Quelle est la silhouette de l'Anglo-Normand ? Je ne peux mieux faire que de citer encore le portrait, que je trouve très exact, qu'en donne dans *le Cheval anglo-normand* M. A. Gallier, vétérinaire, inspecteur sanitaire de la ville de Caen : il le range en plusieurs catégories, en passant en revue l'élevage de la plaine de Caen où beaucoup d'élèves sont importés des départements voisins :

Chevaux de carrière. — Faute de crédits suffisants, les Remontes achètent peu de chevaux de carrière, non pas que le type recherché par la Remonte, longueur de lignes, distinction, dessus irréprochable, belles allures, ne se rencontre pas dans la plaine...

Chevaux de tête. — Taille 1 m. 52 à 64. Tête belle, carrée et droite; ganaches assez fortes; oreilles bien plantées; encolure longue, droite, bien sortie; garrot bien détaché; dos assez solidement établi, plutôt long que court; croupe horizontale quelquefois légèrement tranchante; queue bien attachée; épaule oblique et longue; poitrine assez profonde; passage de sangles bien dessiné; aplombs réguliers : de l'énergie, de la vigueur, des allures.

Chevaux de réserve. — D'une façon générale, il faut bien le reconnaître, les chevaux de grosse cavalerie sont plutôt des chevaux de trait léger détournés de leur destination que des chevaux de selle.

Ils ont la tête un peu forte, le chanfrein encore un peu busqué, l'encolure fournie légèrement rouée à sa partie supérieure, le dos un peu plongé, la côte ronde, la croupe arrondie, la hanche peu saillante et la queue bien portée. Les épaules et les membres sont garnis de muscles puissants; les articulations sont fortes et les sabots excellents.

Les autres, se rapprochant du sang, ont plus de lignes, plus d'élégance, un dessus meilleur, mieux suivi; mais en revanche la poitrine est étroite, la côte plate, les membres grêles fournis de muscles minces, et d'articulations peu marquées. Les paturons sont généralement longs, les jarrets parfois défectueux et, trop souvent, les tendons sont faibles et faillis... Quoique manquant d'étoffe, ces chevaux ont néanmoins certaines qualités qu'on ne saurait nier, de la liberté d'épaule, de la légèreté et de la vitesse.

D'autres, *ce sont les plus rares,* véritables chevaux de tête, unissant le sang à l'étoffe, ont de belles formes, de la branche, du corps, de la longueur de hanche et du membre.

Chevaux de ligne. — Mêmes remarques... mais ce sont, d'après M. Gallier, « d'excellents chevaux ». D'autres ont plus de commun, plus de gros, plus d'étoffe, et leur dessus est moins correct, leur encolure moins sortie, leurs membres sont une garantie de force et de solidité.

Chevaux de légère. — Le cheval de petite taille ne pourra jamais être considéré dans le Calvados que comme une erreur de production, et la Remonte ne saurait l'encourager.

Le trotteur. — « Mais si par leurs vitesses extraordinaires les trotteurs font preuve d'énergie, de force, de vigueur et d'endurance; si certains types unissent la puissance à la distinction, il ne s'ensuit pas nécessairement que tous les trotteurs soient irréprochables sous le rapport de la conformation. » Et plus loin : « ... Malgré les progrès remarquables accomplis depuis quelques années, on ne peut nier qu'il reste encore beaucoup à faire », écrit M. Gallier, après en avoir fait, du reste, un tableau flatteur.

« On peut presque affirmer, dit encore le même M. Gallier, que la grande majorité des étalons nationaux est d'origine trotteuse, c'est-à-dire possède dans ses lignes paternelle ou maternelle des ascendants trotteurs. »

Il est bien important d'insister sur l'industrie étalonnière normande. Les demi-sang normands sont les seuls étalons en usage en France, hors le Midi, pour faire des chevaux de demi-sang.

Défauts de qualités du trotteur. — Au début, l'étalon trotteur n'était considéré que comme un étalon de course au trot. Les sujets se multiplièrent et montrèrent de bonnes aptitudes de travail et de service. On se servait alors des étalons et des juments trotteurs pour faire des chevaux à tous usages, et, bien que nantis de la superbe origine qui vient d'être esquissée à grands traits, la sélection établie d'après les records de la vitesse fit ces chevaux que nous voyons maintenant, dont tous les cavaliers se plaignent, *abstraction faite d'une minorité comptant de beaux sujets de selle;* car si le demi-sang trotteur, en tant que cheval de selle, compte quelques partisans parmi lesquels, en première ligne, ses producteurs, il compte aussi de nombreux détracteurs, dont ceux qui sont obligés de s'en servir à la selle, officiers et sportsmen.

Polémiques de 1899. — Les uns exagèrent ses qualités, les autres ses défauts. L'année 1899 a été, au point de vue discussions hippiques, une époque assez orageuse. Elle a été féconde en polémiques, qui ont donné naissance à des rapports, à des livres diversement documentés et qui me serviront pour résumer cette question. Ces discussions ont-elles, par contre, été fertiles en résultats pratiques? Il est probable que dans quelques années on pourra répondre par l'affirmative. Les deux camps théoriquement sont restés irréductibles, mais pratiquement se sont fait d'utiles concessions.

Opinion des étrangers. — Les étrangers apprécient diversement la race normande.

Il y a quelques années MM. de Simonoff et de Mœrder, officiers des Haras russes, résumaient ainsi qu'il suit leurs impressions après une visite à l'élevage normand :

Les Anglo-Normands de nos jours sont très connus et souvent recherchés, non seulement en France, mais aussi dans d'autres pays d'Europe. En majorité ce sont des chevaux de grande taille, robustes et propres à tous usages; des chevaux à deux fins, comme on dit en France. Les anciennes variétés du Merlerault, du Cotentin, etc., ont disparu en se fusionnant. Cela ne veut pas dire cependant que les Anglo-

Normands soient devenus des animaux d'une conformation homogène : bien au contraire, la variété individuelle parmi eux est telle qu'il serait impossible, non seulement de les considérer comme appartenant à une seule race définie, mais même d'en faire une description générale. Il y en a même qui par leur extérieur se rapprochent du pur-sang anglais; tels sont, par exemple, beaucoup de trotteurs actuels et les plus élégants parmi les autres chevaux de selle. D'autres rappellent les chevaux de chasse (hunters) d'Angleterre ou d'Irlande, variété très estimée par les officiers de remonte de la cavalerie de ligne ou de réserve. D'autres encore ont toutes les qualités d'un cheval d'attelage pour les équipages des villes... Ce sont ordinairement des chevaux de grande taille et très solidement bâtis, pas très nobles, mais souvent magnifiques. Pour nous les chevaux de cette catégorie sont les meilleurs et les plus utiles représentants du type anglo-normand et ce sont précisément eux qui en ont fait la renommée. Enfin, il y a des Anglo-Normands dont les formes, bien qu'indubitablement annoblies par une certaine dose de sang pur, les font classer parmi les chevaux de gros trait. Nous en avons vu plusieurs aux dépôts d'étalons de l'État qui ressemblaient beaucoup aux Percherons et aux Boulonnais; quelques-uns avaient même la croupe double. L'influence du sang pur ne se retrouvait que dans la tête.

On le voit, malgré quelques restrictions, l'impression d'ensemble est assez bonne.

Je crois, par contre, pouvoir, sans perpétrer un crime de lèse-patriotisme — au contraire car il ne faut pas, comme les Chinois, se reployer sur soi-même et s'admirer béatement — citer l'avis du comte Wrangel, auteur fort écouté en Autriche-Hongrie. Je l'extrais de son livre *Das buch von Pferde* qui n'a pas encore été traduit.

Il raconte avoir visité (et cette citation pourra plutôt servir à l'histoire contemporaine de la race normande), à la vérité il y a quelques années, les élevages de

MM. Bastard, Delaville, Du Rozier, Forcinal, Eost, Ledars, Lemonnier, Marion, Pierre, Revel, etc., et de beaucoup d'autres qui occupent le premier rang, et il constate que, même chez eux, on « s'aperçoit facilement du revers de la médaille... ».

Car même chez les représentants de l'élevage normand connus au delà des frontières de leur patrie, l'observateur attentif et expérimenté fera, à son grand désappointement, maintes remarques sur le penchant de la race au lymphatisme.

Le comte Wrangel a constaté aussi que l'Anglo-Normand trotteur moderne n'emporte pas avec lui ses aptitudes à l'hérédité, lorsqu'il est exporté de son milieu originel.

Je citerai un exemple concernant cette impuissance observée chez le Normand, de conserver et de transmettre le type de la race propre en dehors de son milieu originel. Les vingt juments franchement magnifiques, qui en 1866 et 67 furent importées à Graditz, dépérirent grâce au climat et au terrain de Graditz « comme beurre au soleil », suivant l'expression du comte Lehndorff. — Graditz ne possède aujourd'hui que deux sujets de la descendance de ces juments; tout le reste a dépéri ou est complètement défiguré. Il en advint de même quand on transporta six juments anglo-normandes que M. de Simpson-Georgenburg amena en Prusse orientale. Malgré que ces bêtes fussent en état de répondre à tout ce qu'on est en droit d'exiger d'une poulinière, il ne se trouve plus aujourd'hui au haras de Georgenburg une seule jument descendant de ces poulinières.

On sait également combien peu ont répondu à l'attente les trois étalons anglo-normands importés à Trakehnen : *Gusmann*, *Goutte d'Or* et *Gloire*.

Bien que moi-même, en mission officielle, je n'aie pas acheté pour la Suède moins de six étalons et six juments de cette race, je suis très enclin à donner raison à ceux qui prétendent qu'on a prisé trop haut la valeur des Normands.

La Suède, à ce point de vue, a fait une expérience conforme à celles de l'Allemagne et de l'Autriche.

Ce qui disparaît d'abord chez l'Anglo-Normand transporté sous d'autres cieux, c'est la distinction fameuse et l'action admirable qui leur prêtait chez eux une si séduisante grâce. Toutefois cela ne les empêche pas de produire çà et là des chevaux utiles et de belle prestance (somptueux d'apparat), mais d'ordinaire, à la troisième et quatrième génération, pierre de touche de tout croisement, les sujets ont fort triste mine. Ce qu'ils transmettent le plus souvent, c'est la taille et la constitution lymphatique; ce sont des chevaux grands et mous! J'avoue que je ne songe pas sans frémir à de pareils carcans. Aussi les beaux jours où M. D*** pouvait « coller » aux Autrichiens des convois entiers d'étalons de trois ou quatre ans, de valeur très problématique, paraissent ne jamais devoir revenir.

Le pur-sang ne doit pas, d'après mon opinion, *être rendu responsable de cet état de choses,* car d'un côté les étalons de pur sang sont de moins en moins employés, et d'un autre côté ce n'est pas l'excès, mais le manque de sang qu'on reproche à l'Anglo-Normand de nos jours. Aussi me suis-je, pour ce motif, toujours efforcé, dans mes achats, d'acheter des étalons qui fussent le plus possible près du sang. Les exemplaires moins racés se changent en « chameaux » qui perdent force et vie avant que l'année soit terminée.

Malgré tout cela, conclut le comte Wrangel, on ne contestera pas que l'Anglo-Normand *réussi* ne soit un cheval très séduisant. Voilà pourquoi il est nécessaire, en considérant ses bons côtés, de ne pas oublier le revers de la médaille.

Il est juste d'ajouter que la valeur de ces arguments est diminuée si on considère que le comte Wrangel écrivait en 1890, relatant des faits plus anciens.

Depuis, les trotteurs ont évolué. A l'époque à laquelle il est fait allusion, l'Anglo-Normand était encore assez près du Vieux-Normand, dont l'aptitude reproductrice déclinait peut-être sous un autre climat; de plus l'introduction du sang pur n'avait pas eu le temps de donner des résultats confirmés.

D'autre part, le perfectionnement apporté à l'élevage austro-hongrois lui permet de se passer d'achats d'étalons selle de demi-sang à l'étranger. Il a les siens, et fort réussis ; il ne les a pas sélectionnés au moyen des courses au trot. Ceci est à remarquer.

Rapport Œtken, 1902. — Un autre Allemand, M. Œtken, occupant une situation officielle dans les haras impériaux en 1902, a publié un rapport à la suite d'un voyage hippique en France. Il pose en principe que « la race normande contient un grand nombre d'animaux de valeur; mais que la majorité est composée d'excellents chevaux de service très appropriés à l'un et l'autre services ». Il constate le manque d'homogénéité de la race et craint qu'il ne soit « très difficile de trouver en Normandie des reproducteurs utiles à l'étranger ». Il est en cela de l'avis du comte Wrangel, cité ci-dessus. « Le canon surtout, écrit-il plus loin, est généralement trop faible », car on accorde une très grande importance, en Allemagne, à la membrure. « La plus saillante des qualités des Normands est certainement l'excellence de leur force motrice unie à une grande résistance », bien qu'il déplore l'irrégularité de l'allure du trot dont la trop grande vitesse nécessite l'emploi presque général de guêtres protectrices (courses au trot). Puis M. Œtken établit judicieusement la différence entre le trotteur et le demi-sang carrossier.

Sur le premier il écrit :

Il n'existe pas de limite déterminée entre l'élevage des trotteurs et des non-trotteurs. L'intérêt porté à l'élevage du trotteur en France est presque exagéré... Au lieu d'élever de bons chevaux robustes, capables d'un bon travail, on produit des animaux d'une vitesse extraordinaire, mais qui laissent beaucoup à désirer quant à la construction et à la constitution et qui ne peuvent que contribuer à la dégénérescence de la race... L'administrtaion des haras essaye de maintenir cet élevage dans des limites raisonnables, malgré le désir de certains éleveurs d'égaler et de surpasser les Américains dans leurs records fantastiques... Cependant le trotteur français a conservé jusqu'à présent une construction satisfaisante... il est de beaucoup au-dessus du trotteur américain. Mais il est désirable que la méthode américaine ne domine pas en France, car si la race trotteuse française rétrogradait sensiblement quant à la construction, elle ne saurait remplir sa mission... La capacité actuelle (1902) de travail du trotteur français est arrivée à un point très estimable, fait d'autant plus remarquable que cette race trotteuse n'existe réellement que depuis une dizaine d'années... Quant au modèle du *carrossier*, il a rétrogradé.

Le demi-sang normand dans la cavalerie de réserve (*rapport Œtken*). — « D'après ce que j'ai eu l'occasion de voir, j'ai l'impression que les Remontes éprouvent assez de difficulté à se procurer des chevaux appropriés aux régiments de cuirassiers, dont le nombre n'est pour tant pas très grand. »

M. Œtken remarque que la qualification officielle même du demi-sang français range sous la même rubrique le carrossier et le cheval de selle; mais M. Œtken s'est-il aperçu que le cheval de selle n'existe pas officiellement en France? Et il insère au cours de son rapport cette louange : « On trouve en Normandie, ici de magnifiques carrossiers, des chevaux de selle lourds et excellents pour poids lourds, et autre part des trotteurs hors ligne. » Il le constate « malgré tout ce qu'il n'aime pas dans cette race ».

La *commission italienne* officielle qui, en 1887, chargée d'acquérir des étalons anglo-normands, et composée de M. Baldassare, du commandant Gregori et du major

L. Forte, fit un rapport louangeur sur nos demi-sang normands, terminait ainsi :

En Italie, il faut le constater, il y a un courant bien contraire à l'usage du cheval normand comme reproduction. Mais si on réfléchit un peu, on verra qu'il est difficile d'émettre un jugement sérieux et positif : nous avons employé beaucoup d'étalons anglais et surtout de roadster, et très peu de normands. Il est donc difficile devant le manque d'essais d'émettre un jugement absolu.

Le peu d'enthousiasme des étrangers à l'*Exposition internationale de Vincennes en 1900* pour nos demi-sang anglo-normands a frappé le commandant Stiegelman. Ils s'en méfient et lui accordent trop injustement plus de forme que de fond. La vraie raison de cette méfiance est qu'ils n'en ont aucunement besoin comme améliorateurs. Nous savons comment les Anglais s'en passent, et avec succès. Quant aux autres nations, ainsi que le fait remarquer le commandant Stiegelman, l'Allemagne persiste à en rester au type trakehnen qui n'est certes pas un trotteur. L'Autriche est fanatique du trotteur américain, bien qu'elle ne s'en serve nullement pour faire des chevaux d'armes. La Russie, qui nous a devancés dans la fondation d'une race trotteuse, améliore ses races indigènes au point de vue remontes militaires par l'Arabe ou l'Anglais.

Un ancien inspecteur général des Haras français écrivait, en 1900, après avoir visité l'Exposition internationale hippique :

Le succès des étrangers ne tient pas à d'autres causes : ils ne s'égarent pas comme nous à la poursuite d'une chimère, cherchant à transformer les trotteurs en maîtres Jacques, et à les présenter tantôt comme spécialistes d'hippodromes, tantôt comme de superbes carrossiers, tantôt enfin déguisés en chevaux de selle. Les étrangers décrivent leurs animaux suivant leurs aptitudes et cantonnent chacun dans sa spécialité Tout leur secret est là, et le jour où nous aurons le courage d'écarter quelques-unes de nos illusions et à faire comme eux, nous les aurons vite rejoints et même dépassés. Le premier pas à faire, le plus dur peut-être, mais aussi le plus important, serait d'admettre en principe que le trotting est essentiellement et uniquement un exercice de harnais et de ne pas nous entêter à en faire un exercice de selle, ce qui est un véritable barbarisme hippique.

Que reproche-t-on en France à l'Anglo-Normand? — Mais si en Angleterre, en Russie et même en Allemagne, nos Anglo-Normands sont peu prisés en tant que chevaux de selle et surtout comme étalons, ils sont très appréciés comme chevaux de voiture, et à juste titre.

Que leur reproche-t-on surtout en France?

Sans vouloir citer l'opinion de M. Jacoulet, vétérinaire principal à Saumur, dont l'excellent ouvrage est trop répandu pour que j'en extraie une citation à ce sujet qui ne soit pas dans toutes les mémoires; ni remonter trop loin, depuis 1870, les différents généraux de cavalerie, directeurs des remontes, ont successivement poussé le cri d'alarme. Le général Thornton, le général Baillod, le général Faverot de Kerbrech, plus récemment, ont signalé le danger, pour la cavalerie, de voir s'étendre indéfiniment la prédominance, comme étalons nationaux, des trotteurs normands :

« Si d'un côté, écrit le général Baillod (instructions du 30 novembre 1892) les trois quarts des saillies de pur-sang sont des accouplements malheureux..., de l'autre nous ne trouvons pas beaucoup d'étalons de demi-sang capables de procurer des chevaux de selle, et cela ne résulte pas du manque de sang, mais du défaut de conformation. »

C'était l'avis de nos réorganisateurs de la cavalerie, les De Jessé, Loizillon, Galliffet, L'Hotte, Lignières, etc.

C'était celui du colonel de Witte, commandant le dépôt de Caen. (Rapport de 1895.)

Le monde sportif se souvient aussi du rapport du général Faverot, directeur des Remontes, qui résumait les tendances et exposait les desiderata de la Remonte ou de la cavalerie. Il était formel et très dur à l'égard du trotteur.

« Voilà une erreur ! s'écriait un défenseur des trotteurs. Ces militaires se sont trompés de bonne foi. Ce n'est pas le trotteur qui est mauvais comme étalon de remonte, attendu qu'on achète trente trotteurs par an contre deux cent quatre-vingts gros normands lymphatiques. Sur les trente on en envoie sept ou huit en province, et le surplus reste à Saint-Lô et au Pin. Où peut-il y avoir un danger? Il faudrait admettre que ce petit nombre d'étalons contaminât leurs voisins : à Cluny, par exemple, sur trois cents chevaux, il y a dix trotteurs, vingt pur-sang et le surplus est des carrossiers normands qui ne sont pas du tout des trotteurs. » Ce sont, en tout cas, des Anglo-Normands dérivés du trotteur, et ce sont eux qui font nos chevaux de remonte.

On connaît le réquisitoire scientifiquement établi par M. de Gasté sur le cheval de guerre, réquisitoire, hélas ! quelquefois trop juste contre le cheval normand, et l'aveuglement complaisant des Haras.

On reproche au cheval normand de n'être ni souple ni maniable, de ne pas galoper facilement ni vite et de manquer de souffle à cette allure; de n'avoir pas, en un mot, le modèle et les aptitudes de la selle.

Aujourd'hui, où on demande une certaine vitesse à tous les étalons (demi-sang) achetés par l'administration des Haras, et où tous, à peu près, ont du trotteur dans leur pedigree, on remarque que la beauté extérieure a diminué, au moins dans le sens où on la concevait il y a quelques années.

Tout en insistant sur ceci, qu'il y a quelques années on appréciait surtout le modèle tableau, M. Le Hello constate sans ambages la diminution de la beauté du modèle.

En général, m'écrivait aussi feu M. le vicomte H. de Chezelles, nos grands et forts chevaux ne sont pas chevaux de selle s'ils n'ont pas tout près d'eux, dans leur origine, un cheval de pur sang.

De l'avis de beaucoup, les trotteurs ne galoperaient pas, non à cause du manque de sang, mais à cause de leur conformation, de leur modèle. A cela il est répondu par la nomenclature de quelques trotteurs d'un modèle très plaisant sous tous les rapports... Alors, les cavaliers, saisissant la balle au bond, répliquent en faisant défiler la légion des trotteurs non bâtis en selle, justes pères de carrossiers.

Et ce ne sont pas les exceptions qu'il faut se jeter à la tête, c'est l'ensemble qu'il faut considérer, l'ensemble de la production normande, employée à la selle et qu'on trouve dans nos régiments. De ce que le trotteur normand est entraîné au trot monté, on ne peut arguer pour inscrire sur le bloc de cet élevage l'étiquette « selle ». Pour juger l'aptitude des pères à faire des chevaux de selle, il faut voir les fils. Un coup d'œil à la remonte des cuirassiers et des gardes républicains, et on verra les fils des étalons d'origine trotteuse. Comment sont bâtis les quatre-vingt-dix centièmes de ces étalons? Comment sont-ils faits, tous gros qu'ils sont, pour porter du poids; comment se sellent-ils, et, surtout, comment galopent-ils? » La même question se pose pour leurs produits, dont les mères, hélas! sont, par-dessus le marché, souvent trop ordinaires.

Vous avez pu comme moi, m'écrit un officier supérieur très cavalier, assister au déploiement en ligne d'une division de cavalerie. Il me souvient d'avoir vu dans les plaines de la Voëvre, réunies sous le même commandement divisionnaire, une brigade de chasseurs, une de dragons et une de cuirassiers. Lorsqu'à la suite d'un défilé la cavalerie de réserve était obligée, se trouvant à la gauche, de galoper longtemps dans les labourés pour reprendre sa place de bataille, il était évident à tous qu'elle le faisait beaucoup plus péniblement que la légère ou même la ligne.

M. Gallier, vétérinaire à Caen, dont j'ai déjà cité des extraits, écrivait, et cette citation peut servir de réponse à la lettre ci-dessus : « D'une façon générale, il faut bien le reconnaître, les chevaux de grosse cavalerie sont plutôt des chevaux de trait léger, détournés de leur destination, que des chevaux « de selle ». Ce qui ne l'empêche pas un peu plus loin de répliquer à ceux qui font des réserves sur l'emploi de l'étalon trotteur : « Qui n'admire nos régiments de cuirassiers, ceux de la garde républicaine, nos escadrons de dragons et même nos batteries à cheval ! » On le voit, les cuirassiers et les gardes républicains sont, comme remonte, tantôt blâmés, tantôt loués. Cela prouve que l'on n'est nullement d'accord en France, sur les formes et les aptitudes du cheval de selle, sauf dans la cavalerie, cependant, et en dehors des rapports officiels presque toujours favorables à tout et à tous, suivant les besoins de la politique. En 1850, en 1853, en 1862, les rapports officiels en vantaient l'excellence. Après le désastre de 70-71, en 1876, le général Billot affirmait que la cavalerie française valait toutes les cavaleries du monde. Plus récemment, le rapport du général Faverot, directeur des Remontes, donnait au contraire de légitimes inquiétudes, malgré les progrès indéniables de l'élevage dans son ensemble. On se souvient du tolle que souleva la courageuse franchise de cet officier général.

La presse trottiste affirme aussi le fond, et même la vitesse du trotteur au galop : « Voyez *Arago, Dagobert, Odin, Tempête,* etc., qui gagnent des steeples ! » et elle conclut que les dérivés qui peuplent nos régiments sont très suffisants.

Mais ce qu'on n'ajoute pas, c'est que ces trotteurs-galopeurs ont toujours une mère de pur sang et qu'ils n'ont qu'une aptitude au trot souvent très médiocre.

Les vétérinaires militaires et le trotteur. — Non seulement les officiers, mais beaucoup de vétérinaires militaires n'acceptent pas comme fondées les louanges hyperboliques dont on gratifie le trotteur, dans le monde de ses éleveurs et des trottistes. Il n'y a pour s'en convaincre qu'à parcourir les rapports officiels publiés par la section technique de cavalerie.

M. Pierre, vétérinaire militaire, écrivait dans son rapport annuel :

> Quelques chevaux du Merlerault présentent le caractère du cheval de selle... Mais c'est l'exception : on préfère ici le cheval de voiture. Pourquoi faire cette distinction dans le cheval de sang? Quand on interroge un éleveur normand sur la nature des produits qu'il compte faire, il nous répond qu'il ne sait pas au juste... il espère obtenir un produit qui sera acheté par les Haras comme étalon, un carrossier, une poulinière; jamais il ne vous parlera d'un cheval de selle!

Tout ce qu'écrivent MM. Jacoulet et Chomel dans leur Hippologie confirme ces appréciations.

M. Wiart, vétérinaire militaire, dit dans son rapport : « Il est un fait hors de doute, c'est que (dans le Calvados spécialement) les chevaux de selle sont de tous les moins nombreux. » « Beaucoup de bons trotteurs ont le garrot bas, le rein long, le dos mou, ce qui constitue une défectuosité pour la selle. *Mais les Haras achètent les étalons qui plaisent aux éleveurs.* » M. Wiart ajoute que le cheval dit de cuirassiers et de carrière est le plus difficile à trouver réussi.

Il est juste de remarquer que si en Normandie seulement sont achetés les trotteurs étalons qui plaisent aux éleveurs, la répartition ne contente aucunement les éleveurs des autres provinces... Il y a souvent de quoi : A Nevers (1900), par exemple, à part *Jaguar* et le pur-sang *Mardi-Gras*, le reste, assure-t-on dans le pays, ne valait pas 500 francs.

J'ai eu l'occasion de publier dans le *Sport universel illustré* un interview des capitaines instructeurs de cuirassiers; ils sont presque unanimes à déplorer leur remonte, quand elle vient de Normandie. Les cuirassiers et les dragons préfèrent les Nivernais et les Vendéens. Les étalons sont les mêmes et peut-être inférieurs; mais le sol, le climat et le fond des poulinières suffisent pour établir une différence sensible.

La modification du modèle par la spécialisation au trot. — Mais pourquoi ces chevaux qui, on l'a vu plus haut, ont des courants assez importants de sang pur, ne galopent-ils pas vite et facilement? L'exercice du trot les empêcherait-il donc de galoper?

L'exercice du trot, prétendent les uns, est parfaitement capable de modifier la conformation.

« Quant à l'anamorphose (les proportions des diverses dimensions), il n'y a guère de doute possible, la gymnastique en est la cause déterminante. » (Le Hello, professeur au haras du Pin, *loc. cit.*)

D'autres s'avancent davantage. « Les effets de cette spécialisation s'emparent du trotteur très jeune avant qu'il soit complètement formé. » C'est là, je pense, une grosse erreur; un cheval *naît vite*, il ne le devient pas par l'entraînement ni au trot ni au galop.

Mais récemment les études approfondies de M. de Gasté, dont les démêlés avec les tenants du trotteur lui ont acquis la sympathie de tous les cavaliers, lui permirent de préciser ses affirmations.

La déformation trotteuse, de M. de Gasté. — J'ai plusieurs fois, écrit-il, accusé le grand trotteur de ne pouvoir trotter que grâce à une modification de sa construction dans ses longueurs, inclinaisons de rayons, fermetures articulaires, modifications qui constituaient une véritable *déformation*. Cette déformation, difficile à percevoir à l'œil, est une source de défectuosités qui rendent le cheval impropre surtout au service de la selle, et c'est pour cette raison que tous les veneurs n'emploient que des Irlandais ou des pur-sang et rejettent le trotteur normand.

J'ai eu le tort de produire et de développer cette thèse sans l'appuyer par des données précises et des considérations scientifiques, si bien que M. Barrier a pu, dans le *Bulletin de Médecine vétérinaire* de mars 1898, en contester le bien fondé.

Certain de ce que j'avançais, j'ai voulu mettre les choses au point, et je me suis astreint à mensurer des centaines de chevaux de six types différents : Normands, grands trotteurs en moins de 1' 40", Normands non trotteurs, chevaux de Tarbes, Irlandais, pur sang, Percherons.

Ce travail m'a demandé près de deux ans.

Le Sancy, Fra Angelico, Escarboucle, Dolma-Baghtché, Perplexité, Le Nicham, Styx, Médicis, Le-Roi-Soleil, Caballero, The-Bard, Launay, Lutin, Chalet, Calceolaire, Roxelane, Perth, etc., parmi les pur-sang les plus connus; *Ergoline, Sarah, Senlis, Trinqueur, Polka, Presbourg, Réclame, Réséda* et quantité d'autres grands trotteurs ont passé sous mon arthroginiomètre.

Les mensurations collationnées m'ont donné les moyennes des longueurs et des inclinaisons osseuses des chevaux examinés. Ces moyonnes m'ont appris que le type percheron, le type pur-sang; les types irlandais, tarbe ou normand ont tous la même construction et ne diffèrent les uns des autres que par des modifications dans la qualité ou le volume du tissu.

Mais il n'en est pas de même des grands trotteurs en

moins de 1′ 40″, auxquels la sélection a imposé des déplacements, des raccourcissements ou des allongements très notables dans les rayons de l'avant-main. Ces modifications sont tellement précises qu'en moins de quelques minutes on sait quelle est la valeur du choix qu'on mesure, s'il peut faire *régulièrement* de l' 1′ 35″, de l' 1′ 40″, ou ne pas trotter.

La théorie que je produisais à cet égard est confirmée par des photographies instantanées, et surtout par les indications très précises que j'ai données sur la carrière future de soixante ou quatre-vingts poulains qui n'avaient encore jamais trotté. Sauf un, *tous* ont répondu à mon attente, négativement ou affirmativement.

Voici à ce sujet une anecdote assez suggestive. M. Cavey m'avait présenté une jument quelconque comme étant la fameuse *Sarah* : je n'hésitai pas un instant pour lui déclarer que cette jument n'était pas outillée pour être de l'ordre de la célèbre fille de *Fuchsia*. Quelques boxs plus loin, on me pria de mensurer une pouliche de deux ans qu'on me disait être *Maiden* : « Regardez bien cette pouliche, dis-je à M. Cavey, ce sera le premier ou le deuxième sujet de sa génération ; elle vous gagnera 100,000 francs ! »

Cette pouliche *Maiden* n'était autre que *Sarah* en personne qu'on avait changée de box !

Je prie le lecteur de se rapporter au livre de M. de Gasté, *le Modèle et les Allures*, car je ne puis que résumer ici les principes qu'il y a exposés.

La déformation soupçonnée par les hommes de cheval existe réellement d'après M. de Gasté. Elle réside spécialement dans l'horizontalité de l'humérus (bras, os partant de la pointe de l'épaule et se dirigeant en arrière vers le coude. Il s'articule inférieurement avec l'avant-bras).

Le bras est de tous les rayons du cheval celui qui varie le plus, suivant les différentes adaptations du sujet : il est donc le plus intéressant à étudier. Il doit être court chez les trotteurs, long chez les galopeurs.

L'angle formé par l'humérus et l'horizontale passant par

la pointe de l'épaule doit être chez les grands trotteurs plus fermé qu'on ne le rencontre chez aucun autre équidé par l'horizontalité de cet humérus : ce type accuse donc dans cette région une véritable *déformation*, source de nombreuses défectuosités. Cet angle, dont la fermeture semble être une condition essentielle de l'adaptation au trot de course, peut être appelé l'*angle trotteur* : dans tous les types de chevaux, il varie de 40° à 45° chez les chevaux dont l'action est courte; supérieur à 45° chez ceux qui ont l'action très étendue en avant. Les galopeurs de grande classe peuvent avoir indifféremment l'humérus vertical ou horizontal. Au-dessus de 50° on ne rencontre plus de producteurs de grande vitesse.

L'angle scapulo-huméral (épaule et bras) varie de 92° à 121°. Il dépasse rarement 105° chez les grands trotteurs en moins de 1' 41", et s'ouvre jusqu'à 113° chez certains galopeurs de grande classe. Cet angle doit être fermé pendant la station chez les uns et chez les autres de façon à s'ouvrir davantage pendant l'action, mais avec cette différence si importante dans ses conséquences qu'il *est formé chez les galopeurs par l'obliquité de l'épaule*, beauté de premier ordre, et chez les trotteurs par l'horizontalité du bras, grave défectuosité.

Plus un trotteur a de la vitesse, plus cette déformation est exagérée. Elle est absolument, sauf de rares exceptions, nécessaire à la vitesse au trot.

En effet, en ne considérant qu'un bipède latéral, tant qu'un cheval trotte ordinairement, le postérieur vient se placer sous ou en arrière de l'antérieur. Si on veut considérablement augmenter la vitesse, la répétition accélérée de ces mouvements ne suffit plus. Il faut que le trotteur fasse d'énormes enjambées. Il faut que l'antérieur se relève le plus vite possible pour laisser le passage au postérieur. Seul un humérus court et horizontal peut donner l'intensité de contraction des muscles nécessaire pour exécuter ce mouvement.

Les grands trotteurs déformés l'exécutent facilement;

les petits trotteurs se cognent les antérieurs à tel point qu'on ne les voit courir que couverts de guêtres.

Les autres déformations constatées par M. de Gasté sont dans l'avant-main, le raccourcissement de l'encolure, le manque d'obliquité de l'épaule, bien qu'elle soit généralement longue chez le trotteur, le manque de longueur et de taille du garrot, le manque de hauteur de la poitrine, le raccourcissement assez peu important, bien que facilement contrôlable, de l'ischium. On peut y joindre aussi la fermeture de l'angle interne du jarret, angle que les bons pur-sang et irlandais ont très ouvert.

De leur côté, les partisans du trotteur comme étalon de selle prétendent que M. de Gasté se trompe en généralisant. Les chevaux trotteurs américains n'auraient pas le bras horizontal... et certains trotteurs français non plus, tandis que plusieurs pur-sang connus auraient, de leur côté, le bras plutôt horizontal. Je ne saurais prendre parti sur le premier point, n'ayant pas été en Amérique. Les Américains que l'on voit en France me paraissent les uns être assez verticaux, les autres plutôt horizontaux dans l'axe en question. Sur le dernier point, il est évident qu'il est des exceptions aux mensurations de M. de Gasté.

Mais d'autres nient non seulement cette déformation, mais encore sa possibilité. L'aptitude au trot résiderait beaucoup plus dans la *mentalité* transmise héréditairement et dans l'entraînement.

Il ne faut pas confondre l'*aptitude trotteuse* avec la vitesse au trot; l'aptitude trotteuse est en quelque sorte l'oubli de l'allure au galop, qui permet de donner des vitesses foudroyantes sans que le galop soit pris comme accélérateur de la vitesse.

Assurément, dans ce cas, la mentalité spéciale compte pour beaucoup. Cette mentalité fait que les chevaux dont les parents ont été dressés à la voiture, par exemple, se laissent plus facilement atteler; que les fils de chevaux domestiqués sont plus naturellement sous la domination de l'homme que les fils de chevaux sauvages, même enlevés très jeunes à leurs pampas. Le fait a été remarqué notamment pour les chevaux de la Plata.

Cependant d'autres facteurs importants à l'aptitude trotteuse moderne sont assurément les perfectionnements du dressage, de l'entraînement et de la conduite en course, ainsi que la transformation du modèle dans le sens utile au trot, agissant sur les individus depuis pas mal de générations.

Mais si ces modifications du modèle se font dans une race, elles ne s'opèrent pas toutes radicalement sur le même individu après plusieurs mois d'entraînement, comme d'aucuns ont la naïveté de le croire. La sélection par les courses au trot se charge de les réunir en faisceau de plus en plus complet sur des produits successifs.

« Non! et c'est la théorie de M. Nicard dans *le Trotteur français et le Pur-Sang anglais devant le transformisme;* non, les caractères acquis pendant sa vie ne se transmettent pas héréditairement. Ce serait bien trop commode pour l'élevage. Il n'y aurait qu'à couper la queue de son chien pour avoir des chiots sans queue et fixer une race sans queue. » — « Non, dit aussi M. le professeur Barrier, l'allure exclusive du trot et la sélection continue dans ce sens ne pourraient modifier la conformation du cheval. »

Mais M. le professeur Le Hello répondrait à M. Nicard :

De nouvelles recherches sur la physiologie, et surtout sur l'histologie de la transmission héréditaire, ont fait admettre à Weissmann que l'hérédité des formes acquises pour la gymnastique est aussi illusoire que celle des mutilations. Cette idée, appuyée par l'observation directe, ne nous semble cependant pas admissible et nous pensons que cela paraîtra indéniable quand on aura considéré que le développement des organes génitaux impressionne puissamment l'organisme au moment de la puberté et qu'il n'y a rien qui empêche qu'en courant l'inverse puisse se produire. D'ailleurs on a pu suivre l'influence de l'entraînement chez les chevaux de galop et de trot, où les résultats obtenus sont une confirmation expérimentale de la notion d'hérédité.

Et plus loin :

C'est un fait qui nous a paru, avouons-le, très embarrassant, quand nous avons eu repris l'étude des formes adoptées aux services économiques, que cette facilité de transformation obtenue par les croisements et l'entraînement dirigés vers un but nouveau : il semble que ces conditions d'existence nouvelle poussent en grande partie le produit dans le sens de la gymnastique qui lui est imposée, établissant ainsi une forme spéciale de l'hérédité où le tempérament est transmis avec la conservaation presque absolue des aptitudes. Après tout, nous y revenons encore une fois, ce qu'il y a de plus général dans la distinction des individualités adoptées au galop et au trot, c'est surtout la *direction des lignes* ou axes des rayons osseux; aussi comprend-on encore assez facilement que cet état de choses soit modifié par deux ou trois générations d'entraînement. D'ailleurs quand on a médité suffisamment sur l'importance énorme des changements obtenus dans le pur-sang anglais pendant une aussi courte période que celle de sa formation, on a l'esprit bien moins disposé à l'étonnement.

Et bien que M. Le Hello assure que les fils de trotteurs soient d'excellents chevaux de troupe, il avoue ceci : *La perte de l'aptitude à galoper est donc, quant à l'élevage du cheval de selle, un écueil à éviter lorsqu'on prend le trotteur comme améliorateur du pur-sang.*

La question de l'hérédité des caractères acquis pendant la vie attire de plus en plus l'attention des savants. M. Le Hello a, par l'entremise de M. Marey, présenté à l'Académie l'observation suivante : Une jument se blesse l'œil; son poulain, né quelques mois après, présente exactement les mêmes lésions.

De tels phénomènes ne sont pas rares. M. Baume, rédacteur de *la France chevaline*, signale les taches de vésicatoire d'une poulinière reproduites chez son poulain par des poils blancs, etc.

Il n'y a donc rien d'impossible à ce que la déformation, la transformation, si on veut, trotteuse soit transmissible.

M. L. Baume lui-même reconnaît dans une de ses Causeries qu'il y a une conformation plus favorable au trot et une autre plus favorable au galop; trotteurs et galopeurs sont donc bâtis autrement; l'un et l'autre sont modifiés dans le sens de l'allure qui les sélectionne. Mais le trotteur normand, qui compte huit à dix générations de croisement et dans le sang n'en a que trois ou quatre de sélectionnement par les courses, est-il redevable à ces dernières seulement de ses particularités de conformation? Si ce n'est pas aux courses qu'il les doit, c'est peut-être aux prédispositions squelettiques du Vieux-Normand.

Quoi qu'il en soit, si on n'a pas fréquenté toutes sortes de chevaux et si on ne s'en est pas servi de toutes façons et très activement, il est difficile, il est même imprudent, au milieu de tant d'opinions contradictoires, prétendant chacune plus ou moins à bon droit à être scientifiques; il est difficile, dis-je, de se faire une conviction. Seulement, on peut constater ceci : la majorité des dérivés du trotteur, et surtout les fils de carrossiers, galopent peu et mal. Et comme leur modèle, résultat de la sélection par les courses au trot;

diffère notablement, cela saute aux yeux, de celui des galopeurs, on peut incriminer à bon droit le modèle et l'influence modificatrice des étalons trotteurs achetés par les Haras.

D'après la théorie de M. Nicard, ce trotteur ne galoperait pas comme il pourrait galoper, parce qu'il n'est pas encore assez avancé dans le sang.

Le trot. — Le trot, dit-on encore, est une allure naturelle; son usage ne peut donc déformer le squelette. La spécialisation à l'extrême, est-il répondu, suffit à cela, d'autant plus que le trot de course est une allure artificielle et fatigante.

Les cavaliers, en effet, ajoutent : mais il ne trotte ni régulièrement ni agréablement, ce trotteur! Il trotte, s'il est vite, si peu régulièrement et si peu juste qu'il est le créateur d'une allure hybride, parfaitement étudiée, grâce à la chronophotographie, et qu'on nomme le *flying-trot*. Le flying-trot, d'après Barroil et les auteurs qui se sont occupés de locomotion, est un trot en quatre temps, allure à laquelle les deux pieds d'un diagonal, au lieu de tomber à l'appui simultanément, touchent le sol l'un après l'autre, le postérieur avant l'antérieur. Ce dernier à la fin de son appui supporte toute la masse et se fatigue rapidement. Pour remédier à cet inconvénient et rejeter un peu de poids sur l'arrière-main, on enrêne les trotteurs attelés avec l'enrênement américain. On sait que le trot ordinaire est en deux temps, exécuté par diagonaux. On peut facilement entendre les quatre battues, dont deux très rapprochées du trot traquenardé qu'est le flying-trot.

M. Gallier (*loc. cit.*) écrit : « Non seulement l'allure absolument désunie ne tient ni du trot ni du galop, mais la plupart du temps est spécialisée à outrance. Ces trotteurs les plus appréciés sur l'hippodrome ne constitueraient que de mauvais reproducteurs... Il ne faut pas hésiter à dire, comme pour les courses au galop, que l'administration des Haras, au lieu d'appliquer la loi organique des Haras, conçue avec une si grande hauteur de vues, a, dans nombre de circonstances, sacrifié la conformation à la vitesse. »

Mais cette vitesse au trot elle-même, d'où vient-elle?

Vers 1860 un cheval qui faisait 16 à 18 kilomètres à l'heure était considéré comme un cheval très vite. Aujourd'hui on trouve bon nombre de chevaux capables de courir plusieurs kilomètres en deux secondes, et davantage; les vitesses des courses au trot tendent à se rapprocher de celles du galop. Comment est-on arrivé à obtenir cette rapidité?

Il y a deux écoles en présence : l'une donne au pur-sang ce mérite d'avoir pu ainsi « varier au trot ». L'autre école assure que se sont les seules courses au trot qui ont développé ainsi les moyens des chevaux.

C'est aussi l'avis de M. Baume que je trouve dans un rapport à la *Société des Agriculteurs de France*. Parlant d'un chef de famille, *Young Rattler*, il dit : « Les premières générations de demi-sang qui sont sorties de *Young Rattler*, n'ont montré aucune disposition spéciale pour l'allure au trot, et il est plaisant qu'on ait écrit un gros livre pour démontrer d'après le transformisme que le trotteur est un pur-sang qui a varié spontanément au trot. Ce sont les courses au trot, et non l'aptitude à varier au trot de tel ou tel étalon, qui ont fait le trotteur actuel en 1'40... »

L'autre école ne me paraît pas avoir nié que l'hérédité ne fût pour rien dans la transmission des qualités; mais elle s'est refusée à faire naître l'hérédité d'un exercice plus ou moins prolongé. Et les raisons qui militent en faveur de *Young Rattler* comme importateur de l'aptitude trotteuse en France (cela s'appelle scientifiquement l'*apparition d'une formation nouvelle*) me paraissent aussi bonnes que celles de ceux qui le nient. En effet *Young Rattler* a été importé en France en 1811; il a laissé des descendants nombreux, parce qu'il avait d'autres qualités que l'aptitude trotteuse. Mais les courses au trot n'ont été pour rien dans la transmission de cette aptitude, pour l'excellente raison qu'il n'y avait pas de courses au trot à cette époque. Il y eut une course au trot en 1836 à Nantes, une à Dieppe en 1837, une à Alençon en 1840, et une à Rouen en 1843. En 1845 on vit pour la première fois un prix de 700 francs affecté à une course au trot à Caen pour chevaux entiers (voir Houël). Le gouvernement fonda quelques courses pour étalons en 1846. En 1850 le budget des courses au trot s'éleva un peu.

On remarquera que cela constitue une sélection bien peu importante qui pouvait résulter d'une semblable organisation, tardive, précaire et confinée en un petit espace de pays.

Prenons par exemple *Conquérant*, qui naquit en 1858. Il descendait de *Young Rattler* à la 4e génération (*Conquérant*, par *Kapirat*, par *Voltaire*, par *Impérieuse*, par *Young Rattler*, pur-sang.) Les courses ont servi, après quatre générations, à découvrir l'aptitude inconnue de *Young Rattler*, mais n'ont pas fait naître l'aptitude... Elles l'ont dénoncée et, bien entendu, sans les courses au trot on n'aurait jamais pu s'en douter.

Prenons encore *Normand* (le père de *Cherbourg*); il naquit en 1869, à la 6e génération de *Young Rattler*, pur-sang. Ici, chaque successeur (*Divus*, *Québec*, *Ganymède*, *Xerxès*) a été obtenu par l'adjonction d'une petite-fille de *Young Rattler*.

Dans *Normand*, et l'exemple est typique, l'aptitude trotteuse qui a été démontrée après six générations est donc bien le retour de celle de l'ancêtre *Rattler* pur-sang, sur lequel se sont fait les *inbreeding,* car il n'y a eu le retour d'aucune mère trotteuse.

On pourrait conclure dans le même sens en examinant le pedigree de *Conquérant* (1° *Y. Rattler,* p.-s.) — 2° *Impérieuse* (*Volontaire.*) — 3° *Voltaire* (*Pilott,* p.-s.) — 4° *Kapirat* (*the Jughler,* p.-s.) — 5° *Conquérant,* dont la mère seule était par *Corsair*, étalon norfolk.

Il peut donc paraître plausible que ce ne soit pas par les courses au trot seules qu'est née l'aptitude trotteuse considérable des descendants de *Rattler*. Il l'a communiquée héréditairement, et quand on a fondé des courses au trot, au bout de quatre générations sans sélection, les descendants de *Y. Rattler* pur-sang se sont révélés trotteurs par retour d'atavisme. Et quand on prétend que la descendance de *Rattler* a mis soixante ans à varier au trot, on devrait ajouter que s'il y avait eu des courses au trot plus tôt, on aurait dès cet instant constaté cette aptitude trotteuse fournie par *Y. Rattler* pur-sang.

J'ai choisi l'exemple de *Rattler* : il est typique dans la formation de la race trotteuse. Et je me suis étendu sur cette question de la variation du pur-sang au trot, opposée à l'effet seul de la sélection par les courses, parce qu'elle est grosse de déductions au sujet de l'infusion du sang pur dans la race trotteuse en général.

De plus on pourra se montrer plus indulgent pour les courses au trot en elles-mêmes et les considérer comme un moyen puissant d'amélioration du fond chevalin de la région du Nord, puisqu'il semble que l'infusion du sang pur, point de départ de la vitesse au trot, servira aussi à maintenir cette vitesse, qu'amoindriraient certainement le lymphatisme et le manque de précocité de la race dite normande. Nous traiterons, d'ailleurs, un peu plus loin, cette question avec quelques détails.

A la lecture des passages ci-dessus, un de mes amis trottingman me fit les remarques suivantes, dont quelques-unes me paraissent fondées :

Il y a, en effet, des trotteurs qui traquenardent. Mais ceux-là ne peuvent être vites parce qu'ils manquent d'équilibre. Ils sont éliminés par les courses. *Flying-trot* est un mot hybride qui exprime une idée fausse : tous les grands trotteurs trottent régulièrement; à l'entraînement, les poulains trotteurs trottent ou ne trottent pas. S'ils trottent, on le voit de suite.

Au bout de quatre essais, on est fixé sur la future performance en 1'40".

A l'entraînement au galop, c'est la même chose. Le poulain qui doit galoper se voit de suite.

Le travail qu'on donne aux poulains est pour les amener en condition; mais on n'apprend pas à un cheval à aller vite, pas plus au galop qu'au trot. Quant à l'allure de course du pur-sang, elle est aussi différente au galop de chasse que le trot de course l'est du trot de service. Le *flying-galop* serait un terme de mépris aussi injuste que le *flying-trot*. Ce sont les grands galopeurs qui font les bons hunters. Ce sont les bons trotteurs qui font les chevaux de concours hippique.

Ce qu'il y a de mauvais, au point de vue de la remonte, c'est le gros Normand non sélectionné par les courses. C'est là qu'il faut frapper. Le plus mauvais trotteur de bonne origine fera du cheval de remonte et du cheval de concours.

Le gros Normand empâté de la plaine de Caen, loin du sang, voilà la plaie.

On ne se sert pas de l'enrênement américain en Normandie pour le trotteur. Il trotte dans le vide. Les bons jockeys sont ceux qui le laissent faire, la tête libre s'équilibrant seule. Voilà les trotteurs.

J'ai des poulains de deux ans en ce moment qui trottent comme des balles, sans aucun travail.

C'est que j'y ai mis ce qu'il fallait et que l'homme n'a rien à faire qu'à les laisser aller, etc...

Il me paraît juste de citer ce plaidoyer, bien qu'il ne contienne rien qui soit de nature à faire revenir le cavalier de ses mauvaises dispositions à l'égard du trotteur... On accuse son dérivé le *bourdon* de tout le mal, et on nous prie d'attendre un peu, pour crier, que *toute* la production normande, vendéenne, nivernaise, etc., soit trotteuse qualifiée !

Tout le malentendu, je le répète, vient de la conception différente qu'ont du cheval de selle ses producteurs et ses employeurs... malgré eux.

Le galop. — Quant au galop des trotteurs, il est presque toujours mauvais, heurté, peu coulant, haut, et lourd. Le poulain qui semble le mieux conformé est complètement raccourci au galop par sa conformation trotteuse et par-dessus le marché brisé, détraqué, par un entraînement au trot de plus en plus intensif.

On a affirmé qu'il n'y à qu'a gymnastiquer un trotteur au galop pour lui rendre sa bonne allure galopeuse. Il m'est impossible d'être de cet avis, et M. Le Hello est là pour nous départager : « Par un dressage bien entendu et appliqué pendant la période de développement, on pourra rendre en partie l'aptitude au galop, une adaptation moins exclusive, plus utile pour le cheval de guerre. » (Le Hello, *loc. cit.*)

En dehors du train de course au trot que peut soutenir un trotteur, il est relativement vite essoufflé au galop, vite, allongé et longtemps soutenu. Tout le monde peut voir certaines écuries d'entraînement de course au trot se servir comme *leader* d'un vieux cheval de pur sang. Jamais un trotteur ne peut faire ce service prolongé d'entraîneur de vitesse au trot, encore moins au galop, à cause de la faiblesse relative de ses poumons.

Le trot, écrivent MM. Jacoulet et Chomel (*loc. cit.*), même quand il permet de franchir le kilomètre en moins de deux minutes, ne prouve pas le fond.

Seule l'aptitude à soutenir le galop fait ressortir la puissance respiratoire, qui est le critérium de la tenue, des efforts sur lesquels on peut compter avec un exercice soutenu; seule elle permet de mesurer la valeur du cheval de vitesse, et elle en marque le titre.

On se représente difficilement un trotteur faisant la course de Bruxelles-Ostende au trot monté et à la vitesse de 20 kilomètres ou même 18 kilomètres à l'heure, sur 136 kilomètres.

Infusion du sang pur dans la race trotteuse. — Mais, dira-t-on, beaucoup de trotteurs sont près du sang. Il n'y a donc pas lieu de se désespérer. On doit pouvoir trouver de bons étalons selle parmi ceux-là.

D'abord la *moyenne* du degré de sang des étalons demi-sang n'est que de 33 pour 100 (Nicard). Ceux qui en ont davantage sont encore les moins nombreux, et c'est assurément parmi eux qu'on trouvera les pères les plus convenables. Il faudrait, du reste, que ce degré de sang des étalons de tête ne diminuât pas.

M. d'Arboval, dans un rapport à la *Société des Agriculteurs de France*, écrit fort judicieusement : « Si la production du trotteur proprement dit est aujourd'hui suffisante et si on considère qu'il n'y a pas grand'chose à faire de ce côté, on peut aller sans crainte à l'élevage du demi-sang (anglo-normand) par mères de pur sang, d'autant mieux que la région est une des plus abondantes pépinières pour la Remonte. »

M. d'Arboval écrit comme un véritable cavalier.

Mais dans le monde des éleveurs de trotteurs et des trottingmen il y a deux clans en présence. Les uns refusent une plus grande dose de sang, prétendant la race fixée, perfectible sur elle-même et par les courses. Les autres reconnaissent et prédisent la nécessité du retour au pur-sang pour donner l'énergie, la précocité et même (ainsi qu'on l'a lu plus haut) la vitesse.

La discussion est intéressante. J'essaierai de la rapporter le plus fidèlement possible.

L'aptitude à la vitesse qui a été obtenue dans notre variété trotteuse est donc encore insuffisante pour se livrer à une sélection sévère des éléments existants et il faut encore continuer le croisement avec le pur-sang. Cette sélection était facile à entrevoir par d'autres considérations. Ce n'est pas le moment où de récentes alliances avec le pur-sang ont donné des *Harley*, des *Fuchsia*, des *James Watt* que l'on va s'empresser de renoncer à ces sortes d'alliances. (Nicard, *loc. cit.*)

M. Nicard s'étend sur cette idée dans un chapitre très intéressant où il conclut ainsi :

Il établit d'abord, avec exemples à l'appui, que le trotteur ayant été obtenu par croisement, il est nécessaire de se servir du pur-sang d'une façon espacée, mais indéfinie en théorie, pour maintenir la vitesse et la *trempe* :

On peut conclure, sans trop se compromettre, que le trotteur anglo-normand, dans cinquante années d'ici, sera une variété du pur-sang anglais, différant simplement par l'importance de l'ossature, une vitesse moindre au galop et une vitesse au trot qui tendra à égaler celle du pur-sang au galop.

M. Gast, l'auteur d'un superbe livre sur l'Anglo-Normand, conclut ainsi : « Du sang, toujours du sang, encore du sang! »

D'autres sont plus modérés; M. Gallier : « La race anglo-normande s'est confirmée et elle peut aujourd'hui, avec une sélection sévère, se suffire à elle-même, ce qui n'exclut pas de temps à autre, avec une grande modération toutefois, de recourir au sang pur. »

M. Le Hello : « Doit-il être ajouté que dans l'état actuel, pour les chevaux trotteurs présentant un tempérament commun, les croisements avec le cheval anglais semblent encore indiqués?... »

Mais certains éleveurs de trotteurs normands, comme je l'ai indiqué plus haut, pensent différemment. Voici ce qu'ils disent :

Quant au croisement répété avec le pur-sang, il présente deux dangers graves.

Le premier, c'est de faire un cheval en deux morceaux, avec l'avant-main d'un trotteur et l'arrière d'un pur-sang.

Ce phénomène est très fréquent chez les Américains et les Norfolk ayant eu des rappels de sang pur lorsque leurs familles de demi-sang étaient déjà confirmées.

On ne doit donc employer le pur-sang qu'avec appréhension pour l'allier à une famille de demi-sang ayant déjà son type.

Le deuxième défaut du rappel du pur sang dans les bonnes familles anglo-normandes actuelles, c'est de compromettre l'hérédité de l'aptitude trotteuse, de la reculer de dix ans. Cette hérédité ne réside pas dans la conformation, mais dans la mentalité. Il faut cinq à six générations de trotteurs des deux côtés, mâles et femelles, pour produire l'aptitude spéciale à supporter la lutte au trot, même à la cravache.

« En donnant plus de sang au trotteur, m'écrivait en 1899 un célèbre trottingman, on risque de perdre tous les bénéfices du demi-sang. Autant faire du pur-sang, alors! L'éleveur hésite, il sait ce que cela coûte. Après *Capucine*, le seule trotteuse bien réussie à cette époque-là, par le croisement du bon *Conquérant* et de *Fortuna*, pur-sang, beaucoup d'éleveurs ont tenté l'alliance renouvelée du sang pur. Le plus connu s'y est a peu près ruiné. »

Le même correspondant ajoute : « Nous avons du reste maintenant (1899) une *majorité* de chevaux de course au trot qui sont chevaux de selle. »

Ce système de considérer la race trotteuse fixée compte beaucoup de partisans. Il peut être résumé par cet extrait du livre de M. Guillerot :

Cette nouvelle famille (les trotteurs) par la spécialité et la fixité de ses caractères est assez bien confirmée pour se produire par elle-même, sans avoir recours à une nouvelle infusion de sang pur. Pour fabriquer des *Juvigny,* des *Lance-à-mort*, des *Qui-Vive,* des *Michigans*, des *Narquois*, etc., il faut choisir une jument bien confirmée dans le sang trotteur et la livrer à un étalon de même race également confirmée.

Accumuler des générations de trotteurs, prendre les éléments qui ont la spécialité recherchée, est la voie la plus certaine, affirme-t-il. Les chances de variabilité seront considérablement diminuées en utilisant pour la reproduction des multiplicateurs ayant affirmé par des courses l'hérédité des aptitudes dominatrices de leurs ancêtres. »

On peut lire encore dans un article paru en 1899 dans *la France chevaline*, sous la signature de M. Louis Baume :

Dans le trotting on ne saurait employer le pur-sang toutes les deuxièmes générations, sans perdre l'aptitude trotteuse et sans arriver à un allègement excessif... L'emploi du pur-sang comme régénérateur dans notre famille anglo-normande a certainement augmenté la vitesse dans certains cas, et à ce point de vue M. Nicard a raison, mais il ne faut pas dire qu'il ait augmenté l'aptitude trotteuse... Pour revenir au degré de sang du trotteur, il ne doit pas dépasser un retour toutes les troisièmes générations... Ce retour est-il indispensable ?

M. Baume reste dans le doute au point de vue

courses au trot; mais il juge que, seule, la question du cheval d'armes autorise et explique certains retours. (*Loc. cit.*, 17 mai 1899.)

La France chevaline paraît être, pour ce qui concerne le cheval d'armes, dans le vrai, et je crois que les officiers, les sportsmen seraient fondés à se plaindre un peu moins si les exigences du trotting nécessitaient des retours fréquents au sang pur. Quant à l'utilité de ce retour fréquent afin de maintenir ou d'augmenter l'aptitude trotteuse, la question est beaucoup trop spéciale et en dehors de notre compétence pour que nous puissions avoir là-dessus un avis personnel.

Le trot attelé. — Le véritable esprit sportif en courses ne considérant que la production de la vitesse, nous voyons déjà les distances diminuer et sûrement, si les règlements de l'administration des Haras n'y mettaient des entraves, les courses attelées deviendraient d'abord plus nombreuses, puis prépondérantes. En effet si nos trotteurs restent inférieurs en vitesse dans les courses internationales, qu'arrivera-t-il si pour chercher à augmenter la vitesse on donne beaucoup d'extension aux courses attelées? C'est pour le coup que les amateurs de chevaux de selle auront beau jeu à se plaindre!

Quelques éleveurs préconisent aussi l'infusion du sang américain, toujours pour augmenter la vitesse, et ce sera sûrement au détriment de la bonne conformation.

Le trotting est-il dans la bonne ou mauvaises voie, au point de vue vitesse?

« Je crains, écrit Bigourdan, que notre prétention de faire du trotteur possédant à la fois la vitesse et le modèle ne soit quelque peu excessive. Je ne dis pas que ces deux qualités soient incompatibles, mais elles ne sont pas forcément inhérentes l'une à l'autre. »

Déjà le mouvement vers l'attelage se dessine, bien que très légèrement.

En 1902, les courses au trot attelé, fait remarquer *l'Élevage sportif*, grâce à l'augmentation concédée, touchent presque le tiers du budget de la *Société du demi-sang*. En province, il y a une grande quantité de courses attelées et la *Société du demi-sang* n'impose en aucune façon les courses montées ou attelées pour les prix ou subventions.

La prédominance des courses attelées en Amérique n'a pas développé les trotteurs dans le sens de l'aptitude à porter du poids. Cela ressort d'une façon évidente de cette simple constatation : tel trotteur américain, en 1'25" attelé, descend généralement à 1'50" monté.

Aux interrogations posées aux pages précédentes, la chronique du trotting a répondu :

En ne considérant que les faits, l'année 1900 a vu le triomphe des théories de M. Nicard, c'est-à-dire le triomphe du sang pur par l'introduction de la jument de pur sang comme mère de chevaux vites. *Trinqueur* a naturellement fait beaucoup d'impression, dans ses victoires, comme produit direct. Il faut surtout y voir, disent les spécialistes, un retour de *the Heir-of-Linne*, le pur-sang grand-père de *Perce-Neige*, pur-sang (mère de *Trinqueur*). Cependant les autres grands chevaux trotteurs parus en 1900 sont tous sortis d'une jument pure. Seulement (d'après la théorie de M. Nicard) les juments pures n'étant pas munies d'un courant trotteur tel que celui qui se retrouve dans la mère de *Trinqueur*, il a fallu plusieurs générations de trotteurs sur ces mêmes mères pour les faires varier au trot. Il faut se garder de croire que l'introduction de la jument pure doive avoir un résultat immédiat au point de vue vitesse au trot. Le retour du sang a lieu au bout de plusieurs générations avec plus de certitude qu'à la première.

Il est difficile, n'est-ce pas, pour un amateur de savoir qui a raison dans ces prévisions d'avenir. Il faudrait pour juger, *personnellement*, la question en connaissance de cause, refaire ou faire ses études naturelles élémentaires et reprendre d'après les méthodes modernes, la science des organismes, de l'hérédité, de la variation naturelles, des sélections, etc., et encore risquerait-on de se tromper !

Constatations faites par les officiers et les cavaliers. — Nous autres, ne pouvons que constater ce que donne, au point de vue selle, l'application de l'une ou l'autre de ces théories et opter, platoniquement du reste, pour la moins mauvaise en résultats pour nous. C'est ce que font les cavaliers, les Remontes (1). On ne saurait leur en faire un crime. En effet, aucune des deux écoles précitées ne se soucie de la production des chevaux d'armes :

Tous les efforts de l'éleveur doivent se porter sur cet unique point de vue : La production trotteuse sera-t-elle vite? sera-t-elle suffisamment vite? Toute autre considération disparaîtra devant cette idée fixe. Il ne songera nullement aux services que son élevage pourra rendre à la patrie, encore moins à la société. Vous pourriez lui dire que ses produits ne sauraient monter un cavalier de l'armée fran-

(1) Le capitaine Champion, aujourd'hui commandant du dépôt de Caen, écrivait dans *le Cheval de selle français* au sujet du cheval normand : « Il n'est pas rare de trouver de ces « trotteurs » qui sont de sept huitièmes de sang. Un homme de cheval peut, une fois en passant, doser l'espèce et employer semblable expression... Ce serait le type rêvé du cheval d'armes, ce type recherché du cheval de selle, puisqu'à l'espèce il unit la force et la taille. »

çaise; cela ne l'inquiète nullement, pourvu que ses trotteurs remportent des victoires. Vous pouvez également lui faire sentir que ses chevaux ne pourraient faire un service de grand luxe aux Champs-Élysées. Il restera insensible à vos critiques et n'attendra de satisfaction que de ses succès sportifs. (Nicard, *loc. cit.*)

L'idée sportive. — Du reste, comme celle du cheval de trot, la création du pur-sang, sa sélection par les courses procèdent de la « même idée sportive ». L'éleveur du cheval de pur sang ne se troublera pas le moins du monde si on lui fait remarquer que ses produits ne sont ni des chevaux d'artillerie ni des carrossiers. Il lui est même tout à fait égal que le pur-sang soit un cheval de selle. Et il a raison! (Voir *Nicard*, où cette question est fort bien traitée.) Faire un hunter, un cheval d'armes, un cheval de concours, un cheval de trait, c'est de l'industrie, forcément tributaire du mode élevé précédent. On reproche donc à tort à l'armée « d'avoir une conception de l'élevage très étroite, ramenant tout à elle, et ne se préoccupant jamais de la vie industrielle et commerciale du pays ». Ni l'éleveur ni les Haras ne s'occupent de l'armée... L'armée ne s'occupe que d'elle-même et on ne peut que lui en savoir gré. Elle charge de ce point très spécial les remontes militaires, qui s'en acquittent au mieux, malgré le maigre budget mis à leur disposition, et l'isolement dans lequel on les laisse.

Ensemble de la production anglo-normande pas selle. — Je le répète encore une fois, les trottistes, classe puissante et nombreuse, productrice et naturellement admiratrice du trotteur dit sélectioné avec tous ses défauts — la théorie du bloc — ne montent pas dessus, ni, pour la plupart, sur un autre cheval, du reste. Ils accusent leurs adversaires d'incompétence; mais, au contraire, les gens qui montent à cheval accepteraient, à tout prendre, le trotteur fait en cheval et non en machine à courir uniquement le trot, car tel il est à l'exercice, tel il restera.

Le pur-sang et le demi-sang galopeur, machines à courir le galop, restent toujours chevaux de selle, une fois sortis de la piste, du moins à l'usage de ceux qui montent à cheval, et cette différence d'aptitude se retrouve dans les produits de ces deux étalons. Les officiers de cavalerie sont unanimes sur ce point : en fait de demi-sang, le produit direct d'un pur-sang est toujours meilleur cheval de selle que le produit direct d'un étalon trotteur, fût-il très près du sang sur une bonne jument améliorée.

On m'a fait remarquer qu'en l'état actuel de l'élevage il ne fallait pas s'en prendre au résultat — le trotteur — mais bien à sa cause, les courses au trot et les programmes. Au dire de beaucoup d'éleveurs, elles gagneraient à un remaniement. L'élevage, en effet, a besoin du demi-sang, comme il a également besoin de bons pur-sang et de bonnes poulinières; mais, écrit M. Guillerot en parlant du demi-sang :

> Une sélection rationnelle s'impose; *les victoires du turf ne sont pas des arguments suffisants pour considérer un étalon comme reproducteur de tête.* L'origine, la beauté des formes, la netteté des membres sont des qualités trop essentielles pour que les éleveurs s'en désintéressent, et ils n'accepteront jamais un étalon qu'après un examen sévère et approfondi.
> Quelles que soient la vaillance et la vitesse de certains sujets à tournure équivoque, il est nécessaire de les détourner impitoyablement de la reproduction.

Cela serait le rôle dévolu aux Haras, qui se gardent prudemment de chercher à le remplir.

L'avenir. — Si l'élimination du pur-sang venait un jour à être adoptée, il serait à craindre que les générations futures des chevaux normands — à part quelques sujets présentant des cas de retour de sang — s'éloignassent de plus en plus du modèle selle, car — ainsi que le fait remarquer le commandant Stiegelman — c'est évidemment en visant à faire des trotteurs que l'on fait des chevaux d'une vente facile et qui, s'ils ne sont pas toujours normalement établis, n'en sont pas moins considérés comme bons par ceux qui les utilisent.

Nous ne pouvons donc que faire des vœux afin que les partisans de l'infusion du sang pur continuent à réussir sur le turf; leur système nous promet une série de chevaux — de ces sept-huitièmes de sang dont parle le commandant Champion dans sa brochure, — ayant de la trempe, de l'endurance et de l'influx nerveux, sans absolument pour cela être bâtis en parfaits galopeurs.

En considérant les résultats d'un élevage d'après ces tendances, par exemple celui de M. Olry, à Rouges-Terres, dans le Merlerault, on peut se rendre compte des bons modèles que donne souvent la jument de pur sang saillie par un trotteur. Dans le même élevage, ceux qui n'ont pas d'ascendant très rapproché de pur sang s'éloignent de notre type et restent de plus ou moins beaux carrossiers.

M. Olry est l'éleveur du célèbre *Trinqueur*, qui n'est pas cité ici pour son modèle selle, mais pour sa célébrité au trotting. *Trinqueur* est fils de *Fuchsia* et de *Perce-Neige*, pur sang. (Cette dernière, petite-fille de *The Heir of Linne.*) On l'a appelé avec raison « un plus grand *Fuchsia* », et il est incontestablement le meilleur de nos trotteurs français jusqu'à présent. Lui et d'autres produits trotteurs, fils de juments pures, ont prouvé que le sang pur infusé par la mère ne nuit en rien à la vitesse, au contraire, ce qui a donné raison à la théorie, jadis si décriée, du *croisement à l'envers* de M. Nicard (*Le Demi-Sang et le Trotteur devant le transformisme*). Il y a eu cependant souvent des chevaux très vites au trot, fils d'une trotteuse de qualité et d'un étalon de pur sang. On peut citer *Hippomène*, fils de *Bagdad*, pur-sang, gagnant du derby de Rouen; il eut un fils, *Aramis*, excessivement vite et qui battit *Fuchsia*. Mais comme étalon il n'a pu transmettre son aptitude au trot et cette ligne précieuse est destinée à disparaître; *Qui-Vive*, par *Affidavit*, pur-sang, fut un trotteur très vite. Acheté par les Haras, il n'eut pas la faculté de transmettre sa vitesse. *La Crocus*, trotteuse considérable, eut avec *The Heir of Linne*, pur-sang, le célèbre *Phaéton*, très bon cheval de trot et meilleur étalon; un cheval hongre *Mardi-gras*, par *Porphyre*, pur-sang, était aussi vite il y a vingt ans que les premiers trotteurs d'aujourd'hui...

Depuis ces exemples, on n'a pas présenté de trotteurs issus directement d'un père pur-sang, parce qu'il est plus simple de profiter d'une variation obtenue que d'essayer de la provoquer au hasard.

La carrière de *Fuchsia* est là, du reste, qui démontre cette chose remarquable : les éleveurs qui avaient posé le problème de transformer la race locale normande en race trotteuse vont arriver à résoudre un problème absolument distinct, qui sera de transformer le pur-sang galopeur, en « presque pur-sang trotteur », si j'ose parler ainsi, et si la chance veut que l'infusion du sang pur soit assez abondante et continue pour arriver à ce résultat. Mais même « presque pur-sang, » le trotteur ne pourra, à la selle, jamais valoir le « presque pur-sang » galopeur.

Fuchsia, le père de *Trinqueur*, le plus extraordinaire, le plus prépotent des étalons trotteurs, mérite ici une brève notice. Il est né en 1883 chez M. Gosselin, à Saint-Côme-du-Mont (Manche); on trouvera à la fin de ce chapitre son pedigree qui lui donne environ 40 pour 100 de sang pur. *Fuchsia* à trois ans gagna 9,000 francs de prix; l'année suivante, malgré un claquage, 17,955, et en tout 29,780 francs. Il marche à Vincennes en 1'37" 3/4 sur 4,000 mètres et son record est à Rouen de 1'36". Les Haras l'achetèrent pour un prix assez modéré, soit 4,000 francs, et il fut employé de suite au Mesle-sur-Sarthe. Ses alliances avec les juments près du sang et de pur sang ont été heureuses. *Fuchsia* s'est classé au premier rang avec ses produits gagnants et l'un d'eux, *Narquois*, gagnant de 60,000 francs à trois ans, fut payé par les Haras 34,000 francs. La *Chronique des courses au trot* mettra à jour, pour l'heure où paraîtra ce livre, l'avenir heureux de *Fuchsia* et de ses fils comme trotteurs et reproducteurs. *Fuchsia,* selon l'expression de M. Nicard, est un athlète trapu. Mais il est très commun, surtout dans sa tête et ses extrémités. Il race aussi souvent commun; pourtant à des juments de sang il a produit des modèles satisfaisants tels que *Presbourg*, connu de tout le monde. *Fuchsia* est aujourd'hui l'*étalon trotteur*. Ses produits de 1892 à 1901 ont gagné près de trois millions de francs; et, en 1901 trois cent soixante juments étaient en instance pour des saillies.

Quand à la production générale moderne — en laissant à part celle spéciale pour les courses au trot — il serait injuste de rendre le trotteur, ou même son dérivé, seul responsable de ses défauts. Il y a la mère, dont on ne parle jamais. Et chez le petit éleveur, la mère est presque toujours médiocre, sinon plus, et même fût-elle améliorée, faut-il encore tenir compte de son atavisme.

Qualités des dérivés du trotteur. — Bien au contraire, en considérant la production actuelle, on peut savoir gré au demi-sang anglo-normand sélectionné par les courses au trot d'avoir donné et de conserver à l'ensemble des chevaux de service une certaine quantité de sang qu'il n'aurait certainement pas sans son intervention.

« Ce qu'il faut voir — écrit très justement M. Le Hello, — c'est que la moyenne de la population nouvelle est infiniment supérieure à la souche originelle : c'est là la seule véritable caractéristique du progrès réalisé. » Et ce progrès, c'est à la sélection par les courses au trot qu'on le doit. « La mode passe, l'influence d'un homme disparaît avec elle, les bons exemples ne sont pas suivis, l'élevage rationnel est méprisé ; mais l'action sportive de la course maintient toujours l'ignorance des uns, l'indifférence des autres, dans un chemin unique qui a conduit la race normande du néant à la vie. »

L'ancien Normand de Gayot. — Qu'était-ce, en effet, que le cheval normand à la fin du siècle dernier et au commencement de celui-ci? Sanson décrit le cheval allemand dont le Normand se rapprochait par le sang et le modèle : tête de mouton, point de corsage, mauvais dos et mauvaise croupe, épaule plate, tibias longs, dessous grêles et mauvais pieds.

Qu'était le Normand en 1830? Gayot, dans la *Connaissance générale du cheval,* en fait un portrait peu flatteur et que je résume ici : tête inexpressive, avec des yeux petits et stupides; des oreilles longues, rapprochées, mal portées; — encolure courte avec un gros coussin adipeux sous la crinière, alourdissant l'avant-main. Épaules courtes, dos plongé, rein long, queue sans vigueur nécessitant le nictage; jarret gras, vacillant, taré, sans chasse, très coudé; côtes courtes; cage thoracique insuffisante. Avant-bras amincis par l'étalon danois; genoux renvoyés; tendons minces; articulations étroites; souvent poussif et corneur; grossier de tissus et lymphatique; l'intelligence obtuse. Au physique et au moral, un porc. Tel était, en 1830, le fond de la race normande, sans aucun sang, race dégénérée, bonne à rien, ni pour elle ni pour les autres.

Grâce aux croisements dont nous avons entretenu nos lecteurs; grâce aux efforts de ce même Gayot, qui fut à la tête des Haras, ce dernier a pu souligner sa transformation en écrivant que le cheval normand de nos jours est beau et bon, qu'il a une tête noble et intelligente, de la grâce dans l'encolure, de la force dans sa charpente; qu'il a du courage, du dos, des tissus fins, des allures, de la vitesse, du tempérament, du fond et du sang.

Il ne faut pas prendre au pied de la lettre, ni surtout trop généraliser les louanges de Gayot, qui considérait cette transformation un peu comme son œuvre ou du moins comme celle des Haras. Il nous fait le portrait d'un cheval élégant et près du sang comme extérieur. Il l'était peut-être au moment, déjà lointain, où il le traçait. Tant s'en faut que *Fuchsia* et ses fils nous montrent, soit sur les hippodromes, soit aux haras, cette apparence; et malgré cela, j'y insiste, sans le sport du trotting — avec de seules mesures administratives — on peut douter que les Haras eussent réussi à établir une race constante de demi-sang, dans le nord de la France; sans le trotteur, tous les chevaux des Charentes, de la Vendée, de la Nièvre, du Charollais, du Cher, de la Normandie seraient d'épais chevaux de charrette ou des bidets dégénérés et inutilisables.

L'invention des chemins de fer, la suppression des voyages rapides en voiture ou à cheval, le petit prix qu'avait payé jusqu'à présent la Remonte et d'autres raisons sociales et économiques avaient enlevé aux éleveurs l'espoir d'un gain quelconque et toute certitude de réussir des croisements hasardeux, malgré les conseils des Haras et les goûts de l'armée. Le demi-sang normand a été, dans de nombreux cas, l'intermédiaire, sinon idéal, du moins nécessaire, entre la race indigène et commune et l'étalon de pur sang.

La race trotteuse normande a donc droit, sinon à notre admiration aveugle, du moins à notre reconnaissance et à notre impartialité dans la façon de la juger soit théoriquement, soit pratiquement à l'essai. Elle a droit surtout à ce que nous fondions sur elles certaines espérances; on n'arrive pas à la perfection en un jour disent justement les sages : *Natura non fecit saltus*, et après tout nous ajouterons : « On n'a que le cheval qu'on mérite ».

Comme le but cherché aux courses au trot est la vitesse, il y a vraiment des chances pour que les étalons trop communs et lymphatiques disparaissent.

Dans la masse de la production trotteuse il y a toujours eu quelques beaux modèles. On a nommé comme tels, et avec raison, *Capucine*, *Plume-au-Vent*, *Polka*, *Ergoline*, *James-Watt*, *Sfax*, *Rose-Lancastre* (*Juvigny* et *Capucine*), *Sapho* (par *James Watt*), *La Force* (par *Cherbourg*), *Avize* (par *Cherbourg* et *Gips*), etc. etc. Mais pour trouver ceux-là, combien de vilains chevaux ne devons-nous pas contempler? Combien d'*Élan*, de *Girl the First*, de *Tigris*, de *Niger*, de *Fuchsia*, de *Novice*, de *Senlis* et de *Trinqueur* !...

Si à l'école de Saumur la reprise de carrière normande, pourtant le dessus du panier des achats de la Remonte, compte plus de vilains et de médiocres chevaux que de beaux et de bons, par contre les concours de primes de majoration, spécialement à Alençon, nous montrent quelques très beaux types de chevaux de selle. Leur modèle plaisant et leur qualité proviennent toujours des modifications apportées à la conformation par le sang pur, quelquefois par l'entremise d'étalons trotteurs très avancés dans le sang... Si bien qu'ayant recours au trotteur on rencontre le sang rénovateur des races.

Certains Normands galopent bien et vite, mais tout

expérimentateur de bonne foi conviendra qu'ils sont rares. On les trouve surtout parmi les sujets fils d'un père ou d'une mère de pur sang, et c'est le cas de la fameuse *Tempête* de M. Lallouet. Elle est fille de pur-sang, et gagnante de dix steeples. Mais elle ne ressemble en rien à son père *Novice*, qui n'a pas su lui transmettre l'inaptitude des trotteurs au galop. C'est là leur point faible et par quoi ils ne sont pas chevaux de selle — si on ne veut bien considérer que leurs allures.

Beaucoup sautent bien — non pas, ainsi qu'on l'a écrit, parce qu'ils ont la structure de chevaux de steeple — mais bien parce qu'ils sont souvent au-dessus du poids de leur cavalier et qu'ils sont puissants dans leur croupe.

La profondeur de la cage thoracique, la direction de l'épaule et du bras, celle de la jambe sont loin d'être celles du cheval de steeple. Il est de tradition de citer *Arago* ex-*Kioto* (par *Tigris* et une jument de pur sang). D'un modèle très peu séduisant, avec un boulet fatigué, il fut vendu aux Remontes pour 1,100 ou 1,200 francs; mis en obstacle de concours hippique, où il gagna le Grand Prix de Paris, l'Omnium à Lyon, etc., il galopait assez bien pour gagner six steeples militaires, grâce à ses courants de sang pur. Mais parmi la pléiade des merveilleux sauteurs modernes de concours hippique, les Anglo-Normands sont excessivement rares.

N'importe, il serait aussi ridicule et de mauvaise foi de dire que nos régiments de dragons sont *mal* remontés. Ils pourraient et devraient l'être beaucoup mieux, voilà tout. Quand on considère les aptitudes à la selle et au galop de nos chevaux de légère — et ce, malgré leurs défauts et les progrès qu'il leur reste encore à faire — on regrette simplement de ne pouvoir accorder à la masse des chevaux de ligne les mêmes louanges touchant leur conformation, la facilité et la légèreté de leurs allures, leur précocité, leur vitesse et leur tenue au galop. Toutes qualités manquant absolument, par contre, aux chevaux de cuirassiers. Tous ces défauts-là disparaîtront en partie avec le sang qu'on donnera aux étalons, ou s'aggraveront aussi sûrement s'ils s'éloignent du sang. La Normandie peut faire de bons chevaux de selle pour porter le poids. Il faut simplement pour cela que la vitesse au trot n'exige pas des procédés d'élevage par trop contraires au maintien de la vitesse au galop et du modèle général utile à la selle. On est malheureusement à la merci des victoires d'un crack trotteur près du sang, ou d'un crack éloigné du sang dont les performances fixeront pendant un certain temps la faveur des éleveurs et le choix du Haras.

Nous n'espérons certes pas avoir un cheval parfait; les courses au trot sont dans nos mœurs. Il est aussi dans nos mœurs qu'elles soient patronnées par les Haras, trop heureux d'avoir un procédé mécanique d'achat sur performances, procédé qui nécessite, disent irrévérencieusement leurs détracteurs, un minimnm donné de connaissances spéciales et met leur responsabilité d'acheteur à couvert. Mais ces moyens médiocres, il faut espérer qu'on ne les rendra pas pires en abandonnant complètement la direction de l'élevage à ceux-là seuls, l'administration des Haras mise hors cause, qui n'aiment pas le cheval de selle et qui trop souvent le méprisent en l'ignorant.

Excellence des Anglo-Normands à la voiture. — Si, au contraire, on considère le trotteur normand à sa vraie place, c'est-à-dire à la voiture, on peut affirmer que peu de chevaux de demi-sang en Europe le valent pour le service de luxe et d'utilité. Les plus beaux, petits et moyens carrossiers sont des Normands ou leurs dérivés, ainsi que les meilleurs chevaux de trait léger. Leur réputation européenne est bien méritée.

Et cependant le beau, grand et noble carrossier français est en train de disparaître. La spécialisation de l'étalon de demi-sang dans le trot de course n'est pas faite pour produire de ces majestueux animaux, forts, distingués, hauts et brillants. Une restauration monarchique trouverait quelques carrosses, mais point de chevaux aptes à les traîner. Pour le sacre du roi d'Angleterre, on ne rencontra pas en France les carrossiers de gala qu'on espérait y trouver et qu'on se préparait cependant à payer très cher.

On prétend un peu trop volontiers, en effet, que les Anglais, par exemple, se disputent à prix d'or nos carrossiers trotteurs quand on en a réuni une bonne paire. Or, en 1901, 519 hongres et 9 étalons divers ont été importés de France en Angleterre. En supposant que tous ces chevaux fussent des anglo-normands — ce qui n'est pas — ce commerce serait très négligeable si on le compare aux douze à treize mille chevaux que l'Angleterre reçoit d'Amérique, aux sept ou huit mille envoyés par la Russie. Et cela s'explique — sans mettre l'Anglo-Normand dans son tort — c'est qu'en Angleterre, à Londres surtout, il n'y a pas d'attelages de luxe, toute la gentry prenant pour la *season* des chevaux de louage, qui sont très ordinaires de modèle.

On semble, à la direction des Haras, vouloir s'opposer à la disparition complète du grand carrossier noble et imposant. Une certaine partie des nouveaux achats a été faite dans ce sens. Au lieu de s'en réjouir, les éleveurs se sont plaints et la presse trottiste n'a pas eu d'imprécations assez fortes contre la décision des Haras qui, pour quelques chevaux seulement, n'a pas « acheté au chronomètre ».

Fond de l'Anglo-Normand. — On accuse aussi un peu

trop légèrement le trotteur et ses dérivés de manquer de fond. L'Anglo-Normand manque surtout de précocité si on considère son emploi dans l'ordinaire de la vie, à l'armée, par exemple.

On y est obligé de le garder en dressage de cinq à sept ans et de ne l'envoyer aux manœuvres qu'à sept ans faits.

A six ans, un cheval de l'État prenant part aux manœuvres rentre généralement très fatigué, taré et quelquefois couronné. Là non plus il ne faut pas accuser seulement le sang normand, mais bien aussi le procédé de dressage. Une certaine quantité des chevaux de troupe ont des pères à pedigree et à performances. Ils devraient être susceptibles de recevoir, à cinq ans, un travail plus sévère. Peut-être a-t-on un peu trop peur, dans les régiments, de faire travailler les jeunes chevaux et aime-t-on trop à les voir ronds et gras à lard. Ils galopent rarement au dressage. Celui-ci devrait être considéré surtout comme un entraînement.

Il serait certes à souhaiter qu'à l'École de cavalerie *tous* les élèves apprissent, en même temps que la pratique de l'entraînement des chevaux de pur sang, celle des demi-sang, ce qui n'est pas la même chose, hélas!

Et quel dommage aussi que dans les fermes hippiques où les chevaux entrent, dès l'achat, à trois ans et demi, il ne se trouve pas plus de personnel pour donner de l'exercice à ces poulains! Question d'économie, répondra-t-on; en tout cas, économie mal entendue. L'avoine mangée sans travail ne vaut pas grand'chose. Le Normand tel qu'il est dans nos régiments ne peut faire des raids extra-rapides, mais il peut les faire très longs, et c'est déjà quelque chose. Il faudrait aussi attacher, dans les exigences du dressage, une beaucoup plus grande importance au pedigree et au pays d'origine des chevaux et ne pas traiter sur le même pied le produit de l'élevage de la plaine de Caen et celui du Merlerault, le fils d'un carrossier et celui d'un trotteur près du sang.

Influences électorales. — L'éleveur normand est riche, influent. En fait, c'est l'élevage normand qui dirige les Haras et la Société d'encouragement (trot) (Nicard); c'est un électeur sachant se servir de sa voix pour tout obtenir en matière d'élevage : les encouragements donnés à la production trotteuse sont énormes. Non content des bienfaits que répand sur son élevage l'administration et les sociétés de courses au trot, il voudrait imposer aux Remontes, à la cavalerie, aux autres régions d'élevage, aux sportsmen son trotteur comme cheval de selle, comme cheval de galop.

Esprit peu cavalier des éleveurs. — Et cependant, combien il y a-t-il d'éleveurs en Normandie qui sachent ce que c'est qu'un cheval de selle?

« On a dépensé des milliards, m'écrivait feu le vicomte H. de Chezelles, pour créer quelques beaux modèles, et très peu de fils d'éleveurs sont capables de monter leurs produits. »

Et plus récemment encore dans un journal d'élevage de demi-sang, *l'Elevage sportif*, on a pu lire : « Il ne suffit pas en effet de produire de bons chevaux trotteurs, de très bons chevaux trotteurs et même des phénomènes trotteurs tels que *Trinqueur;* il faut faire aussi des hommes pour les monter et peut-être sera-ce là la pierre d'achoppement la plus dangereuse que rencontrera cette race en formation... »

« Quand on contemple une course au trot, écrit M. L. Baume (*France chevaline*) où il y a quinze à seize jockeys et qu'on les examine les uns après les autres, on est navré de l'équitation d'un grand nombre; or la plupart des propriétaires ne voient pas cela. »

Pourquoi le verraient-ils? En dehors de l'armée, dans les classes riches, combien sont rares ceux qui savent l'équitation?

Ignorance des sportsmen en fait d'élevage en général et de celui du trotteur en particulier. — Il n'y a pas un riche gentleman de souche ancienne ou récente ayant trois ou quatre chevaux à l'écurie, qu'il monte prudemment après les avoir fait fatiguer par son piqueur; pas d'officier lauréat de quelque concours ou gagnant de quelque course; que dis-je, il n'y a pas, dans la cavalerie, un capitaine trésorier, pas de sous-officier réputé pour sa « pince », pas de débutant journaliste sportif, ayant jusque-là traité la rubrique « Modes », qui ne s'imagine être tout à fait au courant de la chose hippique. Si parmi les Français une grande majorité se servent maladroitement et sans goût du cheval, parmi ceux-là qui l'aiment et s'en servent avec passion, monté ou attelé, une notable partie ignore tout du cheval.

Rien d'étonnant à cela; où auraient-ils appris les notions d'élevage et ses applications si complexes, et celles si utiles de la simple hygiène vétérinaire? Ni au collège, ni au lycée, ni chez eux pendant leur enfance, ni même, hélas! dans nos écoles militaires, où ces questions ne sont qu'effleurées.

On donne des bourses universitaires aux bons élèves pour voir du pays; on devrait payer aux officiers des voyages d'exploration dans les grands centres d'élevage; en adjoindre pendant des stages, quelque courts qu'ils soient, aux différents dépôts de Remonte pendant la période des achats, leur faire visiter des haras, etc. Tout capitaine instructeur devrait être obligé de faire un stage dans un dépôt de remonte.

Trop peu de gens et trop peu d'officiers qui se croient experts en hippisme se sont donné la peine de visiter l'élevage proprement dit, même dans leur province. En tout cas, ils ne s'intéressent pas au cheval « laid ». Il ne faut pas s'enfuir quand on vous montre des monstres. Détaillez-les et sachez comment on les a produits. Bien souvent l'étude d'un mauvais poulain est plus instructive chez un paysan que celle d'un magnifique spécimen de l'élevage chez un richissime personnage. On se rendra ainsi compte des difficultés de la question et combien, spécialement, les officiers de remonte ont le devoir — qu'ils remplissent du reste — de l'étudier et d'aider à sa solution en introduisant dans les campagnes de bonnes juments rapprochées du sang. Une circulaire ministérielle assez récente livre aux éleveurs des juments très aptes. Cette mesure devrait être très étendue et la désignation de ces juments laissée aux soins du commandant de remonte, lequel connaît beaucoup mieux les besoins de son élevage que les chefs de corps et les généraux, dont les opinions sont beaucoup trop personnelles et susceptibles de changer à chaque promotion; de plus on juge volontiers les chevaux des autres, d'après le poids et le tempérament qu'on a soi-même. Il faut aussi, on l'a vu par l'exemple cité plus haut, considérer que le temps est un facteur très important dans l'amélioration des races. On peut en diminuer la lenteur, par de sages précautions; celles-ci doivent être prises par les Remontes : surpayer les bons produits directs du sang, être plus tolérant pour eux; leur accorder, pour ainsi dire, dans le total du prix d'achat une prime, ainsi qu'à ceux qui proviennent d'une mère fille de pur sang; enfin, faire ce que les Haras sont dans l'impossibilité d'obtenir : que le producteur livre de bonnes juments au pur-sang et qu'il soigne ses produits, au lieu de ne lui en conduire que les médiocres.

L'influence de la Remonte pourrait être plus effective : elle tient les cordons de la bourse; qu'elle sache les ouvrir à propos. Elle doit aussi, de toute son influence, contre-balancer certaines pressiôns locales qui, dans toutes les circonscriptions, font envoyer dans une station tel étalon à leur propre convenance, tandis que tel autre eût beaucoup mieux convenu à l'élevage général de la région.

Le cas n'est pas le même en beaucoup de districts normands. Là, on n'élève pas pour l'armée, je l'ai déjà dit; on fait du trotteur et du carrossier, et s'ils ne réussissent pas, alors seulement ils deviennent chevaux de remonte.

« On fait le cheval qu'on peut », disent certains, pour s'excuser. Oui, lorsqu'on n'envisage que l'individu. Mais quand un pays cherche à produire une race de chevaux, on peut améliorer dans un sens ou dans un autre la production de ce pays. Croyez-vous que si, d'un coup de baguette magique, le peuple anglais permutait avec le peuple français, les Anglais n'auraient pas transformé nos races en races de selle, et que le contraire n'aurait pas lieu dans la grande île si nous en étions les nouveaux possesseurs?

Il vaudrait beaucoup mieux que les fervents du trotteur nous tinssent ce discours : « Nous produisons un merveilleux cheval de voiture, avec des allures extra-rapides au trot. Il nous suffit; nous le vendons et il nous fait gagner de l'argent. Si vous n'en voulez pas tel quel, laissez-le, nous ne prétendons pas vous l'imposer, puisqu'il ne vous satisfait pas pour l'emploi auquel vous le destinez. »

Les cavaliers n'auraient rien à dire devant cet ultimatum. Mais ceux qui mettent cent kilos et plus sur le dos de leurs chevaux seraient bien embarrassés... et en l'état actuel, ils le sont. Entendons-nous : avec les fils de trotteurs et je parle de ceux abandonnés à la remonte, ils font bien de la route, ils suivent les autres, mais ils ne les précèdent jamais... tels un gendarme et un contrebandier.

Cherté de l'élevage cavalier. — On est généralement trop porté à croire que les éleveurs travaillent par amour du cheval, pour la gloire... Là où le cheval ne rapporte plus, ils en abandonnent l'élevage, pour, comme sur le Plateau central, se livrer de préférence à celui des bestiaux. Là où ils vendent un cheval bon ou mauvais, de selle ou non, très cher, tous leurs efforts se porteront sur sa production : l'offre obéit toujours à la demande en matière commerciale.

Le poulain de haute origine trotteuse coûte cher. — En effet si on additionne, écrit M. Étienne en 1895, l'amortissement de la valeur de la poulinière, sa nourriture, le loyer des herbages, le prix de l'avoine consommée; les frais de loyer, de personnel et de dressage; les risques de mortalité, le chiffre total est tel que seul le commerce de grand luxe peut se rendre acquéreur de ces splendides animaux.

S'il voit que son poulain ne promet pas cet avenir, il le nourrira et l'élèvera en conséquence, c'est-à-dire au meilleur marché possible... C'est pour cela que nos Normands de l'armée ne sont faits qu'à six et sept ans, mais qu'un trotteur peut travailler à quatre ans et demi. M. Gallier est formel sur ce sujet :

Tous les éleveurs sont unanimes à affirmer qu'ils n'ont aucun avantage à diriger nos races, dans le sens de la trop grande distinction; que plus le cheval a de finesse, plus il donne de peine à élever, plus il demande de soins et que, parfois, moins il procure de bénéfices.

D'une façon générale, on peut dire que l'élevage du cheval de selle n'est pas rémunérateur et que dans l'immense majorité des cas le cultivateur a intérêt, au point de vue pécuniaire, à produire le cheval de trait, le cheval de commerce.

M. Guénaux, ingénieur agronome, dans son livre *l'Élevage du cheval en Normandie*, que je recommande pour sa grande clarté d'exposition, écrit : « La théorie du cheval galopeur appliquée à la pratique amènerait de grandes modifications dans la manière de procéder des éleveurs de la plaine de Caen et aussi des producteurs de poulains de la Manche, du Bessin, du pays d'Angers, du Merlerault. » Ces modifications seraient très onéreuses. Sur quatre-vingt mille poulains présentés annuellement à la Remonte, dix mille environ sont pris; que fera-t-on des soixante-dix mille autres, si on ne peut les passer ni au commerce ni à l'agriculture?

J'ai pensé qu'il était utile de donner dans cette édition une plus grande importance à la question du trotteur. Elle est d'une gravité suffisante pour l'avenir du cheval de selle en France pour que j'aie cru aussi devoir citer des avis bien différents sur cette question, selon qu'ils émanent des gens qui le fabriquent ou des gens qui le montent.

Qu'on veuille bien croire que ces derniers sont persuadés qu'il y a des hunters en Normandie, mais pas à tout bout de champ, comme à tout bout de champ dans le Sud-ouest il y a des chevaux de selle.

Les courses au trot. La *Société d'encouragement pour le cheval de demi-sang*, fondée en 1864, a comme programme d'encourager la production du cheval de demi-sang. Le critérium du trot l'a amenée à ne s'occuper que du demi-sang anglo-normand et à ne subventionner que les courses au trot, déjà fort encouragée par les Haras.

A la date de 1900 le carrossier trotteur touchait près de deux millions de prix de courses, sur 272 hippodromes, dont quelques-uns ont plusieurs réunions, alors que le demi-sang galopeur n'en avait que 22,000.

Il semble que le trotting pourrait aujourd'hui, sans en souffrir le moins du monde, se passer de l'intervention de l'Etat. Ce dernier s'occuperait alors un peu plus du cheval de guerre, du demi-sang galopeur.

Les courses au trot sont ignorées de beaucoup d'officiers et d'hommes de cheval. Il ne paraît pas que dans le pays même de la production anglo-normande elles intéressent outre mesure les populations. Pour les uns et les autres, c'est un grand tort.

En dehors même de la création d'une race trotteuse qui, espérons-le, se rapprochera, dans sa masse, de plus en plus du sang, les mérites des courses au trot sont indéniables : elles encouragent les éleveurs à mieux nourrir leurs produits, à les mieux soigner; elles leur apprennent les secrets et les bienfaits de l'entraînement et d'une équitation encore trop insuffisante; elle fait connaître une race normande plus précoce et plus apte au travail qui lui est demandé; elles ont doublé la valeur marchande et utile du cheval indigène.

Les défauts des courses au trot — comme ceux des courses au galop — sont de ne pas écarter suffisamment de la production les animaux qui n'auraient qu'une qualité, la vitesse — souvent acquise au détriment de la conformation. Cette vitesse est la plupart du temps obtenue par une trop grande irrégularité d'allures. Mais les courses ne procéderaient plus de l'esprit sportif et n'auraient aucune valeur si elles perdaient de vue le critérium de la vitesse. Ce serait aux Haras à faire un choix au moment de leurs achats d'étalons. Que ne payent-ils très cher des étalons spéciaux de trot, et très cher quelques étalons spéciaux de selle? Les éleveurs, assure-t-on, et je le crois volontiers, ne se serviraient que peu de ces derniers. Le moindre éleveur ayant assez d'argent pour tenter l'expérience espère faire naître ou élever un crack du trotting et se détournerait de tout ce qui ne lui permettrait point cette espérance. On tourne ainsi dans un cercle vicieux. Et pourtant, écrit M. Guénaux, « l'augmentation des allocations des courses au trot n'a guère profité jusqu'ici aux petits éleveurs; les grands propriétaires ont eu seuls à s'en louer ».

La moyenne actuelle de vitesse au trot prise sur deux mille poulains de demi-sang est environ de 1′ 45″ le kilomètre. En 1900, 53 poulains et pouliches trottèrent en moins de 1′ 40″, en 1901 il y en a eu 43 et 148 en moins de 1′ 45″.

La vitesse de 1′ 45″ ne tend pas à s'abaisser, mais plutôt à se généraliser. C'est donc qu'on trouve facilement des trotteurs montés en 1′ 45″, tandis qu'il y a six ou sept ans ils étaient aussi rares que ceux en 1′ 40″ aujourd'hui.

Quant aux chevaux français attelés, ils sont moins nombreux et, au contraire de ce qui se passe en Amérique, ils vont moins vite que les montés (moyenne 1′ 50″).

De ces trotteurs attelés, beaucoup sont des Américains, dont quelques-uns ont de très belles allures. En Amérique les trotteurs se divisent en deux variétés : les trotteurs et les ambleurs. Ces trotteurs arriveront sûrement à trotter le mille anglais (1,609 m.) en 2′. Les ambleurs ont pu obtenir ce record (1).

(1) *Crescus* a amblé le mille en 1′ 52″ 9/10, ce qui est un train

En France, *Trinqueur* a couru en 1′ 29″ sur 3,200 mètres, monté. *Képi* a couru en 1′ 27″, au trot attelé, sur 1,600 mètres. *Capucine* en 1′ 38, sur 6,000 mètres. A l'étranger, *Watt* en 1′ 37″ sur 6.000 mètres. attelé; *Colonel Kuser*, en 1′ 23″ 1/2 sur 1,700, attelé; *Késyr* en 1′ 36″ sur 5.000 attelé.

Ce sont là, tant en France qu'à l'étranger, de belles vitesses, on en conviendra, pour l'obtention desquelles il faut une certaine qualité.

Le dosage du sang pur chez le demi-sang. — Anciennement on appelait demi-sang le produit d'un sujet commun avec un pur-sang, et trois quarts-sang, le produit de ce demi-sang avec un second pur-sang. On a abandonné cette façon empirique de noter et on considère aujourd'hui chacune des deux races croisées comme pures. M. Nicard, dans *le Pur-Sang anglais et le Trotteur français*, donne un moyen pratique de dosage. En inscrivant le pedigree comme ci-dessous, on lit dans la première verticale le nom du père et de la mère, dans la seconde celui des grands-pères et des grand'mères, etc. Au point de vue de l'influence du pur-sang anglais sur le trotteur, on peut s'arrêter là où on rencontre un pur-sang dans le pedigree. Ainsi :

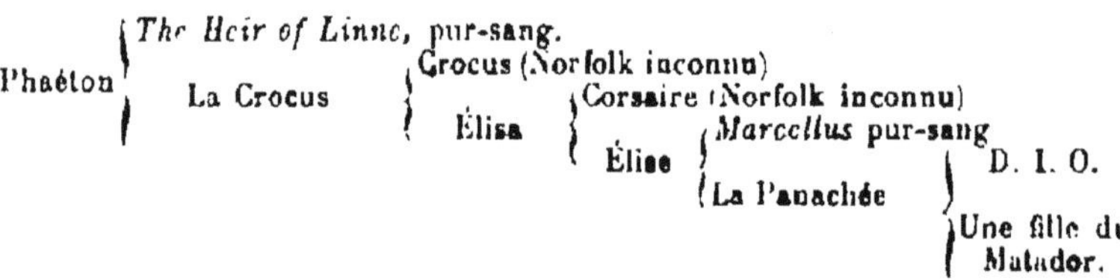

Si un pur-sang se trouve dans la première verticale du pedigree, il donne un dosage de 1/2; si dans la

de steeple chase (record isolé au chronomètre). A Cleveland il fit les 402 premiers mètres au train de 1′ 13″ 9/10.

seconde, 1/4; si dans la troisième, 1/8; dans la quatrième, 1/16; dans la cinquième, 1/32; dans la sixième, 1/64, etc... Pratiquement on peut s'arrêter à la dixième colonne.

Exemple :

$$\textit{Phaéton} = \frac{1}{2} \times \frac{1}{16} \times \frac{1}{32} = \frac{19}{23} = \text{environ 60 pour 100}$$

Seulement, les éléments inconnus ne sont pas calculés dans cette formule, et on ne peut le faire. Ce dosage deviendra cependant plus exact à mesure que les éléments inconnus reculeront dans le passé. D'après cette méthode, voici le degré de sang pur des principaux étalons :

Phaéton....	60 pour 100	*Serpolet-bai*.	27.50 pour 100
Conquérant.	38 pour 100	*Edimbourg* .	38.75 pour 100
Fuchsia	39 pour 100	*Juvigny*	25 pour 100

Je citerai, à titre de document et pour l'instruction de beaucoup de mes lecteurs, les pedigrees de *Phaéton*, de *Fuchsia* et celui de *Corlay*, dont il sera parlé au chapitre de la Bretagne.

Ils pourront de cette façon se rendre compte du degré de sang que cache l'enveloppe trop souvent antisportive du trotteur.

(*Les noms en italiques sont ceux de pur-sang.*)

PHAËTON	*The Heir of Linne*	*Galaor*....	*Muley-Moloch* .	*Muley.*
				Nancy.
			Dariolella	*Amadis.*
				Selima.
		Mrs Walker	*Jereed*........	*Sultan.*
				Mylady.
			Zinganée Mare	*Priam ou Zinganée.*
				Orville Marc.
	La Crocus demi-sœur de Conquérant.	Crocus, anglais.		
		Élisa......	Corsair	Knox's-Corsair.
				N. par Cleveland.
			Élise.........	*Marcellus.*
				La Panachée, p. *D. I. O.*

FUCHSIA	Reynolds.	Conquérant	Kapirat	Voltaire.
				N. par *The Juggler.*
			Élisa..........	Corsair.
				Elise par *Marcellus.*
		Miss Pierce	Succès	Telegraph.
				N. par *The Juggler.*
			Lady Pierce (américaine).	
	Rêveuse.	Lavater ...	Y. ou Crocus.	
			Candilaria anglaise.	
		Sympathie.	*Pédagogue*	*Nuncio.*
				Eolnie.
			Débutante 1835	*Pyrrhus the first.*
				Figurante.
CORLAY	Flying-Cloud.	Norfolk, né en Angleterre.		
	Thérésine....	*Festival*...	*Nuncio*	*Plenipotentiary.*
				Ally, par *Partisan.*
			Bienséance....	*Friedland.*
				Miss-Ann, par *Figaro.*
		N.........	*Craven*	*Girofle.*
				Mab, par *Ducan-Grey*
			N	*Lally.*

CHAPITRE VI

AUX PAYS D'ÉLEVAGE

Normandie : différentes régions de production. — Généralités. — Les marchands. — Les écoles de dressage. — Foire. Comices, Concours. — Classes diverses de chevaux normands. — La place de Caen; le Bessin; la Manche; le Merlerault; effectif des dépôts d'étalons et renseignements statistiques.

Généralités. — On trouve en Normandie le trotteur proprement dit — le trotteur qui ne réussit pas dans sa carrière — le carrossier — le carrossier manqué ou bourdon — et le troupier, qui est le cheval du naisseur moyen et du petit éleveur, lequel l'achète à dix-huit mois et l'utilise pendant deux ans aux travaux de la ferme.

Ce qui frappe le plus dans l'élevage normand est le manque d'homogénéité. La Normandie, en effet, est composée de parties distinctes que nous passerons plus bas en revue.

Tous les chevaux sont à vendre en Normandie; il ne s'agit que d'en donner un bon prix. Pour peu qu'on réside quelques semaines dans le pays, on finit par connaître les défauts et les qualités de tel cheval qu'on a remarqué et qui plaît. Seul, son propriétaire ne doit pas être au courant de vos intentions, car il vous tiendrait la dragée haute. Puis allez chez lui avec ou sans vétérinaire, selon vos connaissances; montez le cheval; faites votre prix. Le bon Normand en fera un autre; vous finirez toujours par « couper la poire en deux ». Le cheval sera à vous, si vous l'emportez d'assaut. Surtout ne remettez pas la conclusion du marché au lendemain; l'affaire serait manquée, votre vendeur vous déclarera infailliblement que sa femme refuse de vendre; mais que, pourtant, « pour ne pas vous désobliger, avec 500 francs de plus... » Donc, le marché conclu, payez et emmenez plutôt votre cheval attaché par une corde au dossier de votre cabriolet.

Le type du bel *Anglo-Normand* idéalisé par Alfred de Dreux est rare, pour les raisons données au chapitre précédent. On en découvre çà et là et il en existe certainement, car j'en ai vu. Le vicomte H. de Chezelles se remontait les dernières années de sa vie en chevaux normands : ils étaient fort beaux; mais il n'est pas donné à tout le monde de posséder une carte hippique de la Normandie aussi à jour que celle du vicomte de Chezelles, ni surtout de savoir comme lui transformer peu à peu un cheval de trois ans et demi ou quatre ans en un excellent cheval de chasse ou de service auquel il savait, avec l'expérience de l'âge, doser le travail en restant dans les limites de l'allure de chacun des chevaux qu'il montait.

Il est donc très difficile de se remonter de cette façon. Un moyen terme, si l'on veut se contenter d'un modèle passable, est de s'adresser aux marchands du pays.

Quelques marchands normands vendent à la Remonte; on peut donc, en payant un peu plus cher que cette dernière, écrémer un lot. Mais en général, sauf pour la forte somme, les marchands ne tiennent pas à lâcher les chevaux très bons qui feront passer le reste du lot, bon ou médiocre.

Je ne fixe pas le prix d'un tel cheval, qu'on peut par grand hasard rencontrer âgé de cinq ou six ans.

Il doit, selon le temps dont vous disposez pour vos recherches, selon votre habileté, et surtout selon l'habitude que vous aurez du marchandage et du maquignonnage normand, varier de 1,500 à 2,500 francs pour un cheval bien conformé et 1 m. 60 environ de taille, *et sortant d'élevage.*

Les *écoles de dressage* vendent plus cher : les chevaux sont mieux pansés, mieux présentés; ils ont tous des origines, de l'action et sont préparés en vue des concours et de la vente consécutive. On ne s'y occupe guère que de les dresser à l'attelage, les chevaux de selle n'étant pas demandés; cependant il n'est pas rare de trouver dans le lot un cheval ayant de l'espèce, la conformation et les aptitudes du cheval de selle. L'école de *dressage de Caen* s'est acquis une réputation tout à fait justifiée. Son directeur, M. Blondin, sait réunir et présenter au concours hippique de Paris des modèles tout à fait sportifs. L'*école de Sées* est également un établissement bien dirigé. C'est pendant la période préparatoire des concours qu'il est intéressant de visiter ces établissements. On peut s'y faire une idée de ce qu'est l'élevage d'un pays et apprendre beaucoup à tous les points de vue.

A citer encore l'école de dressage d'*Airel* (Manche).

Dans les *foires normandes*, on peut quelquefois rencontrer un bon cheval de chasse ou d'armes... mais il faut être soi-même un maquignon pour acheter à un maquignon qui sera presque toujours plus malin que vous. Mais n'espérez pas y rencontrer le dessus du panier de l'élevage. Tout ce qui a de l'origine est acheté chez les naisseurs ou chez les éleveurs pendant toute l'année. L'éleveur, du reste, a la mauvaise habitude de présenter son cheval à bout de longe, c'est-à-dire non dressé.

Dans les *concours* et *comices*, on peut admirer le meilleur de l'élevage... Là se donnent rendez-vous tous les gros marchands ou leurs courtiers, je ne dis pas de France, mais de l'Europe et de l'Amérique. Beaucoup de chevaux sont retenus à l'avance.

Les courtiers en chevaux ont parcouru tout le pays et fait marché avec les éleveurs pour la date du concours. Les marchands de Paris se disputent avec les Allemands pour l'achat d'un carrossier qui servira de hack à un banquier, ou de cheval de parade à un gros bonnet. Dans l'un et l'autre cas, le cheval sera revendu comme Irlandais, et qui a jamais vu un Irlandais lever les pattes aussi haut devant et les traîner aussi loin derrière?

Dans une ville de l'Orne, un jour de concours, j'ai vu, attelé à un cabriolet et conduit par le célèbre Chaffin, de l'école de dressage de Sées, un énorme alezan avec une caisse à boyaux plus grande que la cage thoracique et dont le poids faisait plier le dos (il sentait son trotteur manqué à cinq cents mètres), entrer dans l'enceinte battant l'air devant, désuni derrière : « Combien? » crie un juif allemand. — Six mille! répond Chaffin! — Conclu, répond l'autre, dételez! »

Représentez-vous ce qu'a dû être vendu le cheval, qui, en plus du prix réel d'achat, devait encore payer le voyage et les frais du courtier, son transport, le gain du marchand, etc. Et comme valeur utile, sauf pour tirer un camion, ce cheval ne valait pas 1,500 francs! Ils sont, hélas! nombreux en Normandie de tels chevaux. J'y ai fait le « classement des chevaux ». Les poulinières et les étalons n'étaient pas présentés, bien entendu.

Mais j'ai vu le fond de la population chevaline de cette région : c'est nul *au point de vue selle*, et cela pourrait être si bien!

Je fais exception naturellement pour les produits de

certains élevages dont les propriétaires, hommes de cheval de père en fils, dévoués à l'industrie chevaline dans ce que le métier a de plus noble, subissent à contre-cœur les « ordres de la demande »...

Mais ce qu'on ne peut retirer aux populations normandes, c'est qu'elles *aiment le cheval* avec passion, l'élèvent bien, le soignent encore mieux... et qu'elles en tirent le plus d'argent possible.

En Normandie plus que partout ailleurs, peut-être, on est obligé de vendre le plus tôt possible, étant donnés les frais; il est donc difficile de trouver le cheval d'âge ou même de cinq ans. Tous les animaux d'élite et ceux réputés tels sont vendus dans le courant de leur troisième année ou dès le commencement de la quatrième.

On accuse les Haras et les Remontes d'obliger le commerce à acheter à ces âges, puisque ces administrations achètent elles-mêmes à trois ans. Quoi qu'il en soit, le résultat est là : pas de chevaux d'âge pour l'acheteur isolé, sauf le cheval d'occasion, comme je le disais plus haut.

Les Haras achètent les chevaux ayant une action haute et rapide et « autant que possible » régulière.

Quant aux Remontes — à part quelques sujets qui sont payés un prix convenable — elles se contentent des laissés pour compte du turf, des Haras et du commerce. Il y en a de bons dans le lot, mais pas autant que ces excellents Normands — auxquels la question est bien indifférente, du reste — voudraient nous le faire croire. Le « c'est bien assez bon pour le soldat » est malheureusement dans la bouche de presque tous les fournisseurs de l'armée.

Les marchands en Normandie sont, en somme, les plus grands acquéreurs de poulains et nécessairement les vendent le plus tôt possible. Ils tiennent surtout le cheval d'attelage, car le plus grand nombre d'acheteurs réclament des chevaux d'attelage.

En somme, dans les pays d'élevage de la région du Nord-Ouest, quand on veut trouver un beau et bon cheval de selle, il faut en voir beaucoup pour en acheter un qui sorte véritablement de l'ordinaire.

Méfiez-vous toujours, quand vous achetez un cheval anglo-normand, du cornage.

Ce vice héréditaire se rencontre souvent dans cette province et il paraît que les fils d'étalons de tête, tels que *Cherbourg*, n'en sont pas exempts.

Chaque région a sa tare latente. Celle du Midi est la fluxion périodique.

Classes diverses de chevaux normands. — En Normandie, il y a sept ou huit espèces différentes que produit le sol par ses différentes qualités, ce qui fait qu'on ne peut dire *a priori* qu'un Normand soit un bon ou un mauvais cheval. Si vous aviez posé cette question au vicomte de Chezelles, il vous eût répondu : « De quel Normand voulez-vous parler? », et avec raison.

Passons donc en revue l'élevage de ces différentes régions.

« Dans les deux départements du nord de la Normandie, écrit M. Le Hello, l'élevage du cheval laisse encore beaucoup à désirer sous le rapport de la production du cheval distingué et même en ce qui concerne l'élevage du cheval en général. » C'est, en effet, sûrement dans le Merlerault que se trouve le meilleur centre d'élevage.

La plaine de Caen, où tout est sacrifié à l'élevage chevalin, ne fait pas naître. Elle achète les poulains de tous les pays voisins, et les élève. Ils y sont au nombre de vingt et un mille environ et d'un ensemble peu homogène. Mais chose curieuse et qui prouve à quel point le sol fait le cheval, ces poulains, provenant de toutes les régions normandes et même d'Anjou, de Vendée, des Charentes, prennent tous au bout d'une année le même type et se ressemblent tous. Achetés à dix-huit mois, écrit M. le vétérinaire militaire Viart, ces chevaux travaillent généralement aux fermes et ne touchent pas un grain d'avoine. Ces « déracinés », qui entrent dans une trop forte proportion aux Remontes, sont, pour beaucoup de connaisseurs, les moins bons.

Ces poulains sont achetés, en moyenne, 700 à 1,500 francs et 150 à 400 francs, selon qu'ils promettent d'être des étalons carrossiers ou trotteurs, ou encore des troupiers (1).

Le dixième des herbagers élèvent le trotteur. Les autres neuf dixièmes élèvent dans l'espoir de vendre aux Remontes.

Peu de ces animaux sont véritablement des chevaux de selle. Cette opinion est confirmée par le passage suivant du livre de M. Le Hello : « Dans le Calvados, par leur taille, les chevaux sont souvent propres à faire de grands carrossiers, majestueux, mais généralement mous et peu résistants dans leurs membres, qu'on ne met en service qu'avec des précautions infinies. » D'ailleurs il est assez difficile pour l'amateur de trouver un cheval d'âge. Ce ne sont pas les meilleurs animaux qui sont gardés pour le service des éleveurs, et les transactions hippiques se font surtout à l'écurie par l'intermédiaire de courtiers et non chez les marchands.

(1) GALLIER, *le Cheval anglo-normand*, auquel on fait ici quelques emprunts pour l'élevage dans la plaine de Caen.

L'élevage dans la plaine de Caen prend grand soin des poulains d'origine, mais néglige trop communément les chevaux ordinaires. Tous les chevaux sont mis à l'abri, en hiver au moins, dans des paddocks couverts. Un certain nombre, après avoir passé quelques mois au pré, sont employés, dès qu'ils le peuvent supporter, aux travaux de la ferme. Cette gymnastique serait excellente si on n'abusait pas prématurément de leurs forces. C'est pour l'éleveur un moyen de rentrer un peu dans ses frais, ainsi que le font les éleveurs de percherons.

Les poulains caennais sont mis au vert au piquet, mode d'attache qui permet de les faire pâturer dans les prairies artificielles, mais qui ne vaut pas, à beaucoup près, la vie libre dans les prairies naturelles. Il faut, de plus, les surveiller beaucoup, et les changer de place plusieurs fois par jour.

Les poulains trotteurs et ceux sur lesquels on fonde de grandes espérances reçoivent de l'avoine.

A deux ans et demi on castre ceux destinés à la Remonte, qui les achète à partir de trois ans et demi. Ce ne sont naturellement pas les plus beaux de l'élevage. Ceux-là, gardés entiers, sont présentés, après préparation, aux épreuves de trot d'étalons à Caen. Les chevaux refusés par cette administration et par l'étranger sont castrés et vendus soit comme des chevaux de carrière à la Remonte, soit au commerce comme carrossiers.

Presque tous les élèves de la plaine de Caen sont naturellement des métis anglo-normands, avec plus ou moins d'origine. On y trouve des chevaux de tête, des cuirassiers, des dragons, des artilleurs et, on l'a dit déjà, des carrossiers et des trotteurs. On a, au commencement du précédent chapitre, décrit leurs modèles, leurs qualités, leurs défauts. On n'y reviendra donc pas.

En plus des chevaux précités, on élève aussi dans la plaine un cheval de gros trait, type cheval omnibus, et originaire surtout du côté de Mortagne. M. Gallier déplore que cette race n'ait pas été améliorée sur elle-même. On l'a en effet croisée avec l'Anglo-Normand, puis avec les Boulonnais, à tort, semble-t-il, et cependant je trouve les chevaux d'omnibus de Paris de superbes chevaux dans leur genre. Il existe aussi une notable quantité de chevaux très communs, constituant la plèbe chevaline, comme dans toutes les régions de France, du reste.

Les *trotteurs*, qui fournissent la plus grande partie des étalons nationaux et dont on a lu plus haut l'historique, sont l'objet dans la plaine d'une importante industrie. Les Haras consacrent à leur achat une somme annuelle de 1,200,000 francs (sans compter d'autres allocations); ceci explique pourquoi tant de poulains sont conservés entiers dans l'espoir d'être vendus comme étalons, quoique beaucoup soient très loin d'être dignes de cet honneur. J'ai avec intention employé le mot *industrie;* le Normand est plutôt industriel en chevaux qu'homme de cheval. Il n'y a qu'à voir le public clairsemé des courses au trot en Normandie pour s'en rendre compte.

Dans le *pays d'Auge*, pays producteur, où les pâturages sont abondants, les animaux prennent beaucoup d'ampleur, sans avoir beaucoup de sang. Mais plusieurs points de cette région vallonnée sont très supérieurs aux autres; on y remarque quelques écuries de courses au trot.

Il faut citer dans la plaine de Caen et les vallées d'Auge les élevages de demi-sang de MM. Lebaudy, Gast, Le Monnier, Tiercelin, Ballière, Brion, etc., ainsi que les haras de pur sang de M. Rothschild à Meautry, du comte Foy à Barbeville, de M. Aumont à Victot.

En montant au-dessus de Caen dans le *Bessin*, les chevaux prennent un peu plus de qualité, car les prairies y sont bonnes. Mais les éleveurs n'ont pas assez de poulinières, et l'élevage, au sens utile du mot, ne fait que commencer.

On entre ensuite dans la *Manche*. Ce département à la fois naisseur et éleveur, mais plutôt naisseur, compte près de 27,000 juments saillies annuellement, soit une moyenne de 16,500 naissances.

Le Cotentin était autrefois renommé pour ses bidets d'allure, ses poneys de la Hague, ses *passeurs*, grands chevaux employés au passage des gués, et ses grands carrossiers noirs qui fournissaient Paris et Versailles (Guénaux, *loc. cit.*)

On y trouve aujourd'hui de bons chevaux de tête, achetés au nombre de deux cents par la Remonte dans le seul département de la Manche. A Isigny, la population chevaline est bonne, surtout sur les hauteurs, à Sainte-Mère-l'Église, Sainte-Marie-du-Mont, Saint-Jean-du-Mont; on y trouve la grande jument noble avec la peau fine, le membre sec, des os, du sang, en un mot la superbe jument de pur sang, toute demi-sang qu'elle soit.

Dans les marais de Carentan, le cheval a assez de lignes et de port de queue, mais il a les os poreux et se forme tard.

Puis vient le *Val de Serre*, qui tient la droite ligne du chemin de fer de Carentan à Cherbourg : on y fait de belles juments de harnais, en général distinguées, mais qu'on pourrait cependant appeler des « vaches énergiques ».

Sur la gauche de cette ligne, de Carentan à Cherbourg, s'étend tout le pays de *Carteret,* Saint-Sauveur-le-Vicomte, Portbail. On n'y fait que le petit cheval ayant peu de qualité.

La Hague donne le cheval distingué, résistant, ayant de la taille et du sang, tout en produisant encore le petit Haguais adroit, résistant et actif.

On trouve dans cette région le haras de pur-sang de Martinvast, au baron de Schickler, et l'on peut citer, entre autres éleveurs de demi-sang, MM. Gillain et Desmannetau, dont les envois ont été remarqués à l'Exposition universelle.

Les principales foires de « laiterons » sont à Lessay, à Saint-Lô, à Montebourg, à Saint-Côme-du-Mont, à Pernelle...

Le Merlerault. — Houël écrivait : « Les circonstances spéciales parmi lesquelles on peut compter l'élévation de son territoire, en même temps que l'humidité de son sol, puisque sept rivières y prennent leur source, ainsi que l'abri que lui donnent plusieurs chaînes de collines et des forêts considérables, en font un berceau sans rival pour les gestations des mères et l'élevage des poulains. »

Dans le Merlerault les chevaux ont beaucoup d'espèce; quelques célèbres élevages de pur-sang (Bois-Roussel, Lonray, etc.,) ont répandu de beau sang dans le pays. On peut y rencontrer le cheval de selle distingué, près du sang, utile, bien qu'il ait quelquefois les membres grêles.

Les herbages qui les élèvent font aussi beaucoup de trotteurs; mais on peut, je le répète, rencontrer soit chez eux, soit aux écoles de dressage de Sées et du Mesle-sur-Sarthe quelque bon type de hunter, et il n'est pas rare de remarquer aux carrioles des paysans quelques beaux chevaux auxquels on enlèverait volontiers le collier du cou pour leur mettre une selle sur le dos.

Les chevaux du Merlerault sont les plus anciennement racés. Ils ont plus d'apparence de sang que les autres chevaux normands. « Le cheval du Merlerault, écrit Le Hello, est de matière nerveuse, avec des articulations d'acier; on y trouve d'excellents chevaux de selle, avec de petits carrossiers de première valeur, chez lesquels il y a cependant souvent à craindre une trop grande irritabilité. »

J'ai vu dans la jumenterie unique en France de M. Lallouet de bien belles juments. Les *Finlande*, *Gérance* étaient superbes. Il y a quelques années j'ai beaucoup admiré la jument *la Force*, qui, dans ce temps-là, était bien du bon modèle pour très gros poids, toute trotteuse qu'elle fût.

Le sol du Merlerault pousse à l'énergie, *et si on voulait élever des demi-sang galopeurs* en Normandie, ce sont les prairies du Merlerault qu'il faudrait choisir comme lieu de production.

On ne saurait donner trop de détails sur un aussi beau pays d'élevage; aussi ai-je résumé le rapport de M. Pierre (qui était un excellent vétérinaire doublé d'un homme de cheval accompli), et publié par le *Recueil d'hygiène hippique*.

L'élevage du Merlerault et son historique. — Déjà, à la guerre de Cent ans, le Merlerault était renommé pour ses bons chevaux élevés dans les excellents terrains argileux et calcaires des herbages de Semallé, Larré, Neuilly-le-Bisson, Saint-Aubin, le Mesle-sur-Sarthe, Courtomer, Saint-Léonard, Neuville, Montrond, les Authieux, Nonant-le-Pin, etc. Les ducs d'Alençon eurent un haras au Merlerault; en 1665, le Pin fut créé. L'élevage des Labbé, des Forcinal; des Du Mesnil existait déjà. Puis vinrent les Nonant, les Narbonne-Pelet, les Neveu, de Médavy (*Nonius*, le créateur des Nonius d'Autriche, était né à Médavy sous le nom de *Séduisant*). On cite encore au siècle dernier comme éleveurs célèbres Mlle Binet et son neveu, Le Conte, qui eurent la jumenterie célèbre de la Moissière et monopolisèrent presque, en 1776, le sang de *King-Pépin*, dont les filles furent mariées à *Glorieux*, *Docteur*, *Volontaire;* l'abbé des Mares, propriétaire de *Novise*, fille de *King-Pépin*, dont la descendance eut de remarquables sujets.

A la vente des chevaux de Marie-Antoinette, deux beaux Anglais, *Parfait* et *Alérion*, furent menés secrètement près d'Alençon à la Chénay, chez M. Marchand. Une des filles de *Parfait*, saillie par *Alérion*, donna le jour à l'immortel *Matador*, le plus bel étalon que les Haras aient, dit-on, possédé. Le sang de *Parfait* et d'*Alérion* se retrouve en *Impérieuse*, grand'mère des produits de M. Lallouet, de Sémallé, et du comte de Montigny.

Puis, après 1840, l'insulaire *Gladiator*, après avoir fonctionné à Angers où il produisit *Pharaon*, à Paris où il fit *Constance*, ne fut que plus tard envoyé au Pin; il fut le père heureux de *Surprise* (la mère de *Sornette*), de *Fitz-Gladiator*, de *Fulvie* (grand'mère d'*Insulaire*), de *Nébuleuse* (mère de *Nougat*), etc.

En 1834, *Sylvio*, descendant d'*Hérod*, débuta au Pin et donna une descendance remarquable pur sang, *Don-Quichotte*, *Lady-Fashin*, *Prince Colibri*, *Mastrello;* demi-sang, *Fastibello*, *Nicotine*, *Pâquerette*, *Esmeralda*.)

Mais le sang oriental lui-même intervint dans une certaine mesure pour donner son cachet aux chevaux du Merlerault : *Oiseau* produisit, avec une fille de *King-Pépin*, *Acacia*, le cheval favori de l'Empereur; les trois

Arabo-Anglo-Mecklembourgeois *Séduisant*, *Néron-Blanc*, et *Young-Novwich*, ramenés par nos armées; *Dagout* et *Bachat*, venant des écuries de l'Empereur; *Gallipoli*, de celles de Versailles; *Aslau*, de celles de Mme la Dauphine; *Massoud*, ramené d'Orient, etc.

Les jumenteries qu'on peut actuellement citer sont celles des Authieux, à M. Buisson : c'est là qu'est née *Pilote*, mère de *Voltaire*, père de *Kapirat;* les Rouges-Terres, à M. Olry; Montrond, à M. Le Conte, etc.

Les principaux éleveurs ou créateurs de centres d'élevage sont MM. Lallouet, à Semallé; Fleury, à Saint-Rigomer-des-Bois; Thibault, à Larré; Lindet, à Saint-Léger-sur-Sarthe; Forcinal Philibert, à Saint-Aubin-d'Appenay; Forcinal Constant, à Montrond; Forcinal Aimable, à Nonant; Cavey aîné, à Nonant; Gauvreau, Brion, etc. C'est dans le Merlerault que se trouve certainement le lot des plus belles poulinières du nord de la France.

Le poulain y naît à l'herbage; à six mois, les mâles sont en général vendus aux éleveurs de la plaine de Caen. Ceux qui ne sont pas vendus restent au pré jusqu'à deux ans et demi. Puis ils sont dressés et entraînés. Vers le troisième mois de travail, pendant lesquels le cheval mange l'avoine à volonté, on arrive à lui faire faire 3,000 mètres de trot allongé en deux fois. Après six mois, il couvre cette distance en une fois. Et ce n'est pas un spectacle bien sportif que de voir sur une piste d'entraînement un vieux suçon de pur sang, mis à un bon galop de chasse, entraîner un lot de poulains marchant à un trot « désordonné, montés par des hommes d'écurie se servant plus de la trique que des jambes et se promenant de la tête à la queue de leurs montures ». « Nous avons peut-être le tort, ajoute M. Pierre, de croire que le trot exagéré est l'allure des bouchers et le galop l'allure des princes. »

Les juments sont gardées par les propriétaires, qui leur font faire des poulains jusqu'à cinq, six et sept ans. A ce moment, elles sont vendues soit au commerce, soit aux Remontes.

Par suite du peu de travail de culture nécessaire dans le Merlerault les chevaux restent dans l'oisiveté jusqu'à la vente. Ils sont quelquefois vendus sous le nom de cheval anglais à un prince de la finance. « Trop neufs, ces chevaux ne tardent pas à jeter leurs gourmes, à maigrir du dessus, à engraisser du dessous. Les membres, jadis nets, paraissant fouillés à la gouge, ne tardent pas à se couvrir de tares de toutes sortes et deviennent vite, pour employer l'expression des marchands, des pattes à jus. »

Les haras particuliers de pur-sang anglais sont Lonray, patrie de *Stuart*, et Bois-Roussel, où sont nés *Vermouth* et *Bayard*.

Cependant, ajoute M. Pierre, peu de chevaux présentent, en Merlerault, les caractères propres au cheval de selle.

Il est juste d'ajouter que les sujets réussis pour ce service y sont de toute beauté, et les concours d'Alençon sont le rendez-vous de bien belles juments.

Tous leurs produits n'ont pas, hélas! le modèle de *Phaéton*.

Les élevages à remarquer dans la plaine d'Alençon et dans la région du Mesle-sur-Sarthe sont ceux de M. Lalouet, à Semallé, où reproduisent plus de soixante juments; de M. Thibault, à Larré, ce dernier primé, à l'Exposition de 1900, avec les étalons *Presboury* et *Tristan;* puis ceux de MM. de Villereau, Forcinal, Le Loup, Lindet, Fleury, Rathier, etc.

Le Mesle-sur-Sarthe possède une école de dressage

fondée par M. Basile. Elle constitue, à certaines époques, un centre hippique des plus intéressants.

Effectif des dépôts d'étalons en Normandie au 31 décembre 1900.

LE PIN

Pur-sang anglais.......	25	Demi-sang normands et vendéens.	103
— arabes	1	— trotteurs....	62
— anglo-arabes..	8	— Norfolk anglais.....	19
Trait percheron........	71		
Demi-sang du Midi....	5		

Total .... 294 étalons.

SAINT-LO

Pur-sang anglais	32	Demi-sang normands et vendéens .	299
— arabe.........	»	— trotteurs....	64
— anglo-arabe...	»	Norfolk anglais......	
Trait	»		
Demi-sang du Midi	»		

Total.................. 395 étalons.

Ont été saillies par les étalons du Pin et de Saint-Lô en 1900.

Juments de pur sang.................	597
— demi-sang..............	29,776
— de trait.................	7,881
Total	38,254

En y ajoutant le total des juments saillies par les étalons approuvés et autorisés on arrive au chiffre de 55,056 juments saillies en Normandie (1900).

Nombre de juments saillies en 1900.

Manche..	26,757	juments saillies ont produit	16,136 poulains.
Orne.....	8,432	— —	4,631 —
Calvados.	8,309	— —	5,621 —

Population chevaline.

Calvados.........................	70,000
Orne.............................	68,000
Manche...........................	150,000

CHAPITRE VII

AUX PAYS D'ÉLEVAGE

1° Le Nivernais; 2° Le Charollais; 3° Le Cher; 4° L'Allier.

1° Historique du Nivernais. — Le bidet. — La guerre de 1870. — L'élevage actuel. — Le cheval de trait. — Le demi-sang type selle. — Les qualités. — Poulinières. — Étalons. — Les haras. — Ulrich. — Les éleveurs. — Ecoles de dressage. — Concours. — Forces. — 2° Le cheval du Charollais. — Qualités et défauts. — Les poulinières. — Les Bourbaki. — Les étalons. — Les éleveurs. — Chevaux du Cher. — Chevaux de l'Allier. — Statistique.

1° Le cheval nivernais.

Le vrai cheval nivernais est le cheval du Morvan.

Le demi-sang de ce pays a conquis assez de réputation pour qu'un marchand vous dise, afin de vaincre vos dernières hésitations à l'achat d'un hunter français : « Monsieur, c'est un Nivernais... Son père est Normand, c'est vrai, mais sa mère est Nivernaise ! » Cela décide le monsieur, et avec raison, car le cheval nivernais est excellent. Il est plus hunter que le Normand; il est près de terre; il a un bon dessus, de bons membres, et ses saillies osseuses accentuées sont autant de points de force. La cavalerie préfère, en général, l'origine nivernaise à l'origine normande.

Ce type de cheval n'est pas rare; il le serait encore moins si tous les encouragements n'allaient pas au cheval de trait gros et moyen, d'élevage moins dispendieux et de vente plus facile. Ce cheval de trait est du type percheron.

Historique. — L'ancienne population indigène chevaline était depuis longtemps renommée. Le bidet du Morvan remontait jadis les équipages de chasse; sous Louis XIV, des étalons arabes améliorèrent la race.

En 1849, le baron de Bourgoing écrivait, dans le *Journal de la Nièvre*, un article sur l'état de l'élevage que mes lecteurs me sauront sans doute gré de mettre en résumé sous leurs yeux :

La race du Morvan, autrefois si célèbre, n'existe plus... La faute n'en est ni aux haras ni aux éleveurs, mais aux nouvelles conditions d'emploi du cheval... La création des routes a nécessité l'élevage du cheval de roulage en remplacement du cheval de selle, déjà compromis dans la région par la suppression, en 1833, du haras de Corbigny.

Deux espèces de chevaux peuvent dès à présent (1849) être élevés avec avantage : le premier doit s'obtenir au moyen de juments du pays ou importées, *mais déjà améliorées*, avec l'étalon de sang. Le produit obtenu répond à tous les services, chasse, remonte, voiture, et deuxièmement le cheval de trait proprement dit. M. de Bourgoing déplore ensuite l'état de l'élevage qu'il dit très abîmé, et l'apathie des éleveurs; apathie dont serait responsable le service des remontes. Ses achats sont très irréguliers comme nombre : on hésite à produire pour lui.

Le fond de cette race, nous l'avons dit, est l'ancienne jument morvandelle, dont le type se différenciait suivant les régions : sèche, osseuse, en pays de côtes; plus ample dans la plaine; excellente bête de charrue et de trait; trottant de douze à quinze kilomètres à l'heure, elle était souvent montée à cause des mauvais chemins.

Ces juments, suivant l'étalon que le hasard souvent leur faisait rencontrer, donnaient quelquefois des chevaux de selle dits « bidets ».

Certains étaient tout à fait remarquables. C'est avec eux que se remontaient les équipages de Loup à jamais fameux (tels le « Rallie Bourgogne »); leurs prouesses sont contées tout au long dans les Mémoires de Foudras. Le plus célèbre de ces chevaux fut celui du curé de Chapaize, grand disciple de saint Hubert... Certains propriétaires arrivèrent même, par sélection méthodique et raisonnée, à se créer avec leurs propres ressources une race vraiment personnelle; c'est ainsi qu'il existait jadis une race « Mathieu de la Cave » aujourd'hui disparue et qui conquit par ses hauts faits une réputation légendaire, parvenue jusqu'à nous. (*Lettre du Nivernais*, par X. X. X. *Revue des Haras*, décembre 1898.)

Ensuite entrèrent en scène des étalons de pur sang, d'abord amenés par des grands propriétaires, puis par des haras avec des Anglo-Normands, lesquels à cette époque avaient un bon modèle de selle.

La différence entre la race trait et celle de demi-sang selle s'accentua aussitôt.

La guerre de 1870 décima l'élevage, dont s'empara la Société d'Agriculture, au profit du cheval de gros trait, qu'elle créa très épais, lourd et noir.

Tous les produits qui n'étaient pas de robe noire furent systématiquement exclus du concours, quelles que fussent d'autre part leurs qualités, et peut-être étaient-ils les seuls qui en eussent conservé quelques-unes, car la nuance même de leur robe était un signe de retour atavique à la race primitive, chez laquelle on trouvait rarement de robe noire. (*Lettre du Nivernais, loc. cit.*)

La race trait léger n'existe donc plus, en dehors de

l'Anglo-Normand. Quant à la race de demi-sang purement nivernaise, elle a été remplacée par des animaux d'importation, car certains éleveurs achètent fort cher des juments normandes ou russes.

Eh bien, le pays est malgré tout si heureusement doué pour l'élevage du cheval, qu'à la deuxième ou troisième génération, grâce aux herbages calcaires, au terrain accidenté, et à la vie libre en plein air, on voit ces étrangers revenir peu à peu à un meilleur type... au grand désespoir de leurs importateurs. (*Lettre du Nivernais.*)

L'élevage. — Tous les chevaux nivernais sont très rustiques. Jusqu'à trente mois environ, le poulain reste en liberté dans de grands pâturages coupés de fossés et de petites haies nommées « accrues ». Il n'est jamais rentré, même en hiver. Si on l'avoinait un peu, il deviendrait excellent. Il faudrait pour cela que sa production fût encouragée. Mais la *Société d'agriculture de la Nièvre* ne protège que l'élevage du cheval de trait et fait de gros sacrifices pour procurer aux éleveurs des étalons percherons. Naturellement l'élevage du cheval de demi-sang, du cheval de guerre, en souffre. Les fermiers trouvent dans le cheval de trait une source de bénéfices beaucoup plus considérables; car il n'est pas rare de voir des poulains vendus à six mois 500 ou 600 francs, tandis qu'il faut attendre le cheval de demi-sang jusqu'à trois ans et demi ou quatre ans, pour en tirer un beau parti. De plus, les paysans craignent de mettre les poulinières de demi-sang aux travaux de culture; elles ne sont donc bonnes qu'à la reproduction, tandis que les juments de trait produisent tout en faisant les travaux de la ferme.

Et c'est bien dommage, car le Nivernais réussi à bien le modèle du cheval de selle irlandais. Il est souvent osseux et cornu. Car très jeune, il a l'encolure dégagée et élégante. C'est là le type du cheval élevé dans les prés secs où ne prospère pas le cheval de trait.

Mais ces beaux chevaux sont généralement vendus dès l'âge de trois ans et l'amateur les rencontre difficilement.

Le Nivernais atteint souvent la taille de 1 m. 64.

La robe grise est la moins répandue; elle est celle des meilleurs chevaux, dit-on.

Le Nivernais a de la vitesse au trot, mais il n'a pas les belles épaules, ni la cage thoracique de l'Irlandais. Il a trop souvent la tête lourde et les épaules épaisses. Cependant ce cheval change étonnamment en bien avec de bons soins et un bon exercice.

On galope généralement peu dans la Nièvre. Les gens qui vont à cette allure-là sont rares, et ceux qui sautent le sont encore plus. Cependant, le fond de la race nivernaise a une certaine aptitude naturelle au galop, aptitude développée par les croisements avec le pur-sang et qu'on peut craindre de voir diminuer de jour en jour à cause de la prédominance très probable de l'étalon trotteur.

Les pieds du Nivernais sont bons, quand le pur-sang ou l'Anglo-Normand près du sang en ont corrigé une tendance à la platitude qu'on remarque chez des sujets communs. Ces chevaux un peu impressionnables ont beaucoup de fond.

Beaucoup chassent jusqu'à douze à quinze ans, tout en restant bien sur leurs pattes.

De plus, les chevaux de la Nièvre sont le plus souvent à deux fins. Aussi depuis quelques années ils ont su se faire remarquer au concours de Paris; ils s'y feront certainement, d'année en année, une très large place, et l'élevage de la Nièvre sera rapidement en mesure de lutter avec les centres d'élevage.

Les bons chevaux nivernais ont été jusqu'à présent le produit de demi-sang. Ce dernier croisement réussit mieux que celui du cheval de pur sang avec la jument *ordinaire* du pays. Ce qui nuit beaucoup à l'élevage du cheval de selle dans la Nièvre, et je le répéterai pour presque tous les pays de France, *c'est le mauvais choix des poulinières :* trop peu sont aptes à supporter directement le pur sang.

Il y a beaucoup d'étalons inférieurs, mais en général ce sont les juments qui ne sont pas ce qu'elles devraient être. On prend en effet comme poulinières les juments impropres à tout service. Quant à se préoccuper de leur conformation, de leur origine, jamais.

On trouve, en effet, en Nivernais plusieurs sortes de poulinières : beaucoup sont des juments achetées en Normandie; d'autres sont des juments du pays plus ou moins éloignées du modèle trait percheron, et enfin, comme partout, une plèbe informe, misérable et tarée. Celle-là demeure dans le pays, tandis que les bonnes pouliches sont vendues le plus tôt possible.

Depuis quelques années des poulinières trotteuses y ont été importées, diversement appréciées.

Les gros fermiers ne veulent pas comprendre que s'ils avaient de bonnes poulinières ils arriveraient à vendre leurs produits aussi bien qu'en Saône-et-Loire, où ils se payent très bien. Certains préfèrent même aller, en automne, dans l'Indre acheter de jeunes poulains qui se métamorphosent dans les prés nivernais et qui finissent par faire de bons troupiers.

En dehors de cette *industrie*, les fermiers se contentent d'avoir une ou deux juments de demi-sang qui produisent des poulains tout en faisant leur service. La *Société d'agriculture* du Nivernais, qui pousse au gros trait, n'encourage pas les éleveurs à se procurer des poulinières aptes à produire des chevaux d'armes.

On trouve encore en Nivernais quelques juments de chasse importées d'Angleterre, en petit nombre naturellement. Ce ne sont pas celles qui font toujours le meilleur cheval.

Les *étalons* de demi-sang fournis par le dépôt de Cluny ne sont pas tous à la hauteur de leur mission. Les bons étalons trotteurs près du sang et près du modèle qui nous intéresse sont jalousement réservés à la Normandie. Cependant *Ulrich*, dont on lira plus bas la monographie, a de beaucoup relevé le niveau de l'élevage.

Actuellement *Jaguar*, obtenu du reste à grand'peine, saillit quelques juments du pays. Les autres lui sont amenées des provinces voisines. Certains éleveurs sont enthousiastes de ses produits. Ce sont les trottistes, car *Jaguar* est un étalon de vitesse plutôt que de modèle. Un autre étalon trotteur approuvé, *Ready*, plaît mieux aux éleveurs de chevaux de remonte et de commerce.

Somme toute, la Nièvre cherche à faire comme la Normandie. Il faut s'en féliciter. Elle réussira aussi bien le demi-sang que le cheval de gros trait et l'armée et les sportsmen trouveront encore plus facilement à s'y remonter, si toutefois le retour au pur sang est suffisamment fréquent. En tout cas il vaut mieux chercher à faire quelque chose d'assez bien que de faire du médiocre, ou même rien du tout.

Quant au *norfolk*, on en trouve en Nivernais des produits extraordinaires, mais uniquement chevaux de voiture.

Si par hasard il y a un bon étalon aux haras, il n'y séjourne pas longtemps, prétendent les éleveurs; on le garde pour la Saône-et-Loire, qui aurait toutes les faveurs administratives.

Dernièrement un syndicat s'est fondé à Nevers pour

l'achat collectif d'un étalon de tête trotteur. Ce simple fait prouverait l'insuffisance de ceux qu'offre aux éleveurs l'administration des Haras.

Voici l'*histoire de deux chevaux de demi-sang qui ont marqué dans la Nièvre*, et telle qu'elle m'a été communiquée par M. Nicard, éleveur nivernais, auteur du remarquable ouvrage, *le Pur-Sang anglais et le Trotteur français devant le transformisme :*

Il nous faut remonter jusqu'à la fin du règne de Napoléon III.

Le 4 septembre, les écuries impériales furent liquidées. M. Balvay, un éleveur de Dives (Calvados), acheta deux juments dans cette vente.

Il y avait d'abord une jument irlandaise ou présumée telle. C'était en tout cas une très forte bête de carrosse avec de la distinction, des allures hautes et remarquables surtout par un développement considérable. Le genre de service qu'elle était appelée à rendre ne prouvait pas cependant qu'on l'eût en grande considération. Elle faisait les commissions entre Saint-Cloud et les Tuileries. M. Balvay livra cette jument à *Pretty Boy*, pur-sang, et en 1873 il obtenait *Rigolot*, cheval alezan énorme, trotteur aux belles actions, d'une vitesse considérable et qui fit époque en Normandie. Le cheval fut envoyé comme étalon à Saint-Lô, à cause de son origine paternelle.

Il ne fit pas un bon trotteur, mais seulement des carrossiers remarquables. Cette stud-failure complète permit de l'expédier au haras de Cluny, qui l'affecta à Nevers en 1882. Il produisit de beaux chevaux de concours pour la voiture. C'était un cheval énorme et très long de rein.

En 1876 la même jument produisait *Ulysse II* par *Noville*, un norfolk avec beaucoup de sang de *Sylvio* (p. s.) par le côté maternel. *Ulysse II* fut un trotteur vite de l'époque (record 1' 51"). Mais en Normandie, où il fit la monte, il n'a absolument rien donné.

Mais M. Balvay avait également acheté une autre jument aux écuries impériales. C'était une baie, à hautes actions, probablement fille de hackney et d'une jument de pur sang anglais. Cette jument livrée à *Normand* (d.-s.) (par *Divus* d.-s. et *Balsamine,* tous deux descendant du fameux *Rattler* p. s.) produisit, en 1876, *Ulrich*.

Ulrich n'avait aucune aptitude pour la course, tout en étant très vite. Aussi fut-il envoyé à Cluny (Saint-Benin-d'Azy, Cercy-la-Tour, Nevers) en 1880-1802. C'était un étalon marquant beaucoup de sang, avec des actions incomparables, d'une nature sèche et nerveuse, mais paraissant fait de deux morceaux. Il avait des jarrets défectueux au point de vue marchand, mais d'une solidité à toute épreuve. Presque tous ses produits en ont hérité; en naissant, ils possédaient à la fois jardons et éparvins, et cependant aucun d'eux n'a boité. *Ulrich* avait une particularité qui n'étonnera pas les vétérinaires : il possédait de petites cornes apparentes et beaucoup de ses produits en ont eu. En opérant des unions consanguines, on aurait pu développer cette singularité.

A l'inspection des produits d'*Ulrich*, il était impossible de se méprendre sur leur origine. Ces chevaux trottaient des quatre pattes avec un coup de piston légendaire dans la Nièvre. Il a produit des sujets très vites, mais, comme leur père, manquant d'aptitude pour les courses. Il a fait des chevaux de selle et de voiture, tous remarquables et d'une qualité extraordinaires. Il a contribué à développer le goût de l'élevage du demi-sang dans la Nièvre. Il n'a laissé qu'un seul étalon, *le Champy*, par *Ulrich* et *Champagne*. Sa production est analogue à celle de son père. *Ulrich* a dû mourir en 1876. Un cheval qui a si bien marqué méritait bien cette monographie.

Quant à *Jaguar*, dont il a été parlé plus haut, il a de très belles origines : fils de *Baugé* (celui-ci petit-fils de *Kapirat*) et de *Belle-Charlotte*, par *Phaéton* et *Harmonie;* il a donc du sang de *Heir of Linne*, de *Galaor* et d'*Eylau*,

Avec des juments très rapprochées du sang, bien entendu, il a fait de bons chevaux de troupe.

Un autre bon reproducteur de demi-sang est *Bailleul,* le père du célèbre sauteur *Bistouri*, à M. le comte d'Havrincourt.

Des *étalons anglo-arabes* ont été jadis essayés, qui ont disparu en laissant de mauvais souvenirs.

Les *pur-sang anglais,* sur des juments améliorées et aptes, ont donné des produits très remarquables.

Tourmalet par *Flying-Dutchman*, proche parent de *The heir of Linne,* a fait beaucoup non seulement pour le modèle, mais pour le développement des allures chez les demi-sang nivernais.

Comme pur-sang, le Nivernais a eu aussi *Stromboli*, propre frère de *Stuart*, dont la production, restreinte du reste, a été très diversement appréciée.

Les autres pères de pur-sang dont les enfants ont été le mieux réussis sont *Caboul,* à M. Marion, de Saint-Germain-Chassenay; *Saint-Denys; Bernadotte*, anciennement au marquis du Bourg, présentement au vicomte de Saint-Genys, qui s'en sert avec succès en Bourbonnais et dont la Remonte apprécie fort les produits.

Le pur-sang qui fait maintenant la monte à Nevers est *Mardi-Gras*, un fils de *Robert the Devil*, qui produit remarquablement pour le turf et la Remonte. C'est un très bon cheval dans toute l'acception du mot.

Le cheval réussissant très bien dans la Nièvre, la plupart des petites stations de monte mériteraient de meilleurs étalons que ceux qu'elles ont.

Comme éleveur de pur-sang, il n'y a dans le Nivernais que le comte de Saint-Phalle, à Huez (M. de Saint-Phalle, éleveur de *Chéri*, grand prix de Paris).

MM. le marquis du Bourg à Prye, Jean Guyot à Montigny-les-Causses, Nicard à Nevers, E. Guyon à Saisy, Marion à la Vallée, Bardin à Chevenon, vicomte d'Auchald à Beaumont-la-Ferrière, élèvent avec succès des demi-sang.

Le goût des courses au trot et de l'élevage du trotteur s'est assez vite répandu dans la Nièvre. Quelques-uns de ses produits ont été achetés un bon prix par les Haras.

MM. le marquis du Bourg et le vicomte d'Anchald, eux, sont des grands veneurs. Ils n'ont jamais cessé de monter depuis trente ans, et leurs fils suivent leurs traces. Ils n'achètent jamais de chevaux ni de selle ni de voiture; ils prennent ceux de leur élevage. Avec des juments du pays bien choisies et des étalons de l'État, ils obtiennent de vrais chevaux de selle.

La vente du marquis du Bourg fait prime tous les ans au Tattersall.

Les éleveurs de la Nièvre ont organisé il y a quelques années une *Société hippique* à la tête de laquelle est le marquis du Bourg. Cette société a créé deux *concours*, l'un à Nevers à la fin de juillet, l'autre à Cercy-la-Tour au commencement de septembre. Ces concours donnent de bons résultats et facilitent les transactions. Mais je dois avouer que les bons chevaux de cinq à six ans y sont rares; tous les meilleurs sont partis à l'âge de trois à quatre ans. Aux concours de Vichy, de Nevers etc., sont vendus les meilleurs poulains nivernais.

Quant aux *écoles de dressage* nivernaises, seule celle de Cercy-la-Tour, dirigée par M. Baccaud, mérite d'être citée.

En mettant 1,500 francs pour payer un hunter nivernais à trois ans, et de 2,500 à 3000 francs après cet âge, on pourra trouver un très beau cheval.

Mais en ne voulant pas « écrémer », en se contentant

du modèle, en ne recherchant pas la grande vitesse, on peut pour 1,500 à 2,000 francs avoir de bons et beaux animaux de trois ans, que l'on est content de ramener à Paris, où ils font aussi bonne figure que bien des Irlandais authentiques payés le double.

En somme, les chevaux d'âge de vente courante sont des occasions, et on ne peut les trouver qu'avec une bonne connaissance du pays, un ami aussi complaisant qu'homme de cheval ou un courtier débrouillard et bien payé.

Car les foires hippiques sont nulles; pour mieux dire, il n'en existe pas pour les chevaux de demi-sang.

A Montigny-sur-Causse, la foire de chevaux de trait peut réunir par hasard quelques bons poulains de selle; mais c'est chose rare. Les autres foires sont celles de Champlémy, la Charité, Châtillon-en-Bazois, Decize, Nevers.

2° *Le cheval du Charollais.*

Là, on trouve des animaux de tous types, ayant de l'os, assez d'énergie et du volume. Cependant l'ensemble de la production se rapproche du type carrossier. Le hunter y est plus rare. On peut en trouver quelquefois, si l'on n'est pas trop difficile. Il manque toujours de la légèreté d'allures voulue pour cela, et cependant les épaules et le thorax sont chez beaucoup de sujets peut-être meilleurs que chez les Nivernais. Malgré tout, ce dernier a sur le Charollais, comme hunter, la supériorité que l'Irlandais a sur l'Anglais de comtés aux gras pâturages. Quoi qu'il en soit, aux concours de Vichy et de Paris, l'élevage du Charollais, vu, du reste, d'un œil manifestement bienveillant par le jury, remporte beaucoup de prix. Il en mérite la plupart comme cheval de voiture, de gros cob, de carrossier, mais moins comme hunter.

D'influents propriétaires protègent ce pays, donnent l'exemple aux petits éleveurs et conservent volontiers les bonnes poulinières. La *Société de Saône-et-Loire* est active et influente et des masses de petits concours entretiennent la bonne volonté. G. G. (dans un article du *Sport V. I. 1.* 1890) cite ces deux circonstances qui favorisent le développement du cheval de luxe en Charollais : d'abord la concurrence faite, dans la Nièvre, au demi-sang par le cheval de trait, n'existe presque pas en Saône-et-Loire. Ensuite, depuis 1870, il y demeure un fond de poulinières qui, bon gré mal gré, a donné l'orientation présente à l'élevage. La cavalerie de l'armée de l'Est fut envoyée à Mâcon; les chevaux mis au pré et les juments vendues pour rien : plusieurs même, paraît-il, furent volées. Ces juments, dénommées les « Bourbaki », firent faire, en la rapprochant du sang, un pas énorme à la production de cette province.

Comme il advient toujours en France, les encouragements furent répandus sur les éleveurs qui réussissaient. Le *Donec, felix eris multos numerabis amicos* est surtout vrai en élevage. Remonte, concours hippiques, Haras, achetèrent cher, primèrent, envoyèrent de bons étalons...

Ceux-ci sont de demi-sang. Parmi eux *Quirinal*, payé 20,000 francs par les Haras, et *Royal*, par Cherbourg. Ils servent les filles de *Kummel*, de *Joli-Cœur* et d'*Emir*, toutes demi-sang.

Le pur sang est peu employé; quelques essais d'introduction de sang trotteur russe sont tentés en ce moment; il a été vraiment extraordinaire d'en voir primer les produits en différentes occasions.

La Remonte indique généralement ses préférences en

payant bien les fils de pur-sang. Mais ici comme partout, tout le monde ne peut pas travailler pour les Remontes exclusivement.

Le comte de Sampigny, homme de cheval, éleveur convaincu, a plusieurs belles juments; de plus, il achète des poulains dans les foires et dans les fermes, ce qui est plus difficile. Il ne se sert que d'étalons de demi-sang. Les sujets sont, aux concours, primés dans les tout premiers.

Le marquis de Croix fait aussi de ce genre d'élevage. M. Favin de Lafarge, à Ozolles, fait de jolis chevaux et s'attache beaucoup au modèle. Son lot du concours de Vichy dernier était ravissant, tous des types d'Irlandais.

M. Favin de Lafarge vend souvent des chevaux de tête à la remonte et aux particuliers.

M. Roux, de Bézieux, a aussi un élevage considérable.

Viennent ensuite plusieurs éleveurs qui donnent volontiers leurs animaux à l'*École de dressage de Charolles*, dirigée par M. Chevalier. Là on trouve des chevaux de premier ordre, mais hors de prix, tant qu'il y a à l'horizon un concours à faire. M. Chevalier connaît le cheval, sait le toiletter selon son modèle.

Un marchand de l'avenue du Bois à Paris s'était fait une heureuse spécialité des chevaux du Nivernais et du Charollais qu'il présentait aux concours de Paris. Il a disparu et je ne sache pas qu'il ait été remplacé.

On dit improprement « cheval du Mâconnais », sans doute parce qu'il existe à Mâcon un dépôt de remonte. Cependant Mâcon ne produit que du vin et pas de chevaux. On doit donc nommer les chevaux de Saône-et-Loire des *chevaux du Charollais*.

Deux départements voisins se livrent à un élevage dont les produits sont dénommés à tort chevaux nivernais. Je veux parler des chevaux du Cher et de ceux de l'Allier.

Les *chevaux du Cher*, dont nous avons à nous occuper, sont faits, dans la vallée de Germigny, autour de La Guerche, où se tient une foire très connue. On y fait beaucoup de bœuf gras. C'est dire que les chevaux y sont plus « viandards » que dans la Nièvre. Ils sont aussi plus petits, et petits carrossiers. G. G. (dans l'article déjà cité du *Sport V. I.*) en donne les raisons : le dépôt de Blois fournit à la région des hackneys du Norfolk, et cela dès 1846 ; « on comprend facilement qu'on trouve rarement dans ce pays le cheval de selle, dont le norfolk est l'antipode. » Et on y rencontre aussi des traces de sang russe provenant de la dispersion du haras de Chambeaudoin (trot) et de deux étalons russes gris fort connus, *Péretz* et *Polkantchick*.

Les autres étalons employés sont des pur-sang et des demi-sang normands. On y élève aussi avec un succès croissant des chevaux du type limousin-auvergnat.

Dans l'Allier, le sol berrichon est pauvre en calcaire, surtout en certains endroits. Les produits, quoique manquant d'importance, sont cependant parfois assez bons.

On y emploie assez volontiers le pur-sang comme étalon.

On peut citer les haras de pur-sang de Paray-le-Frésil, au marquis de Tracy, et celui de Saint-Georges, au vicomte d'Harcourt.

Mais, somme toute, on trouve dans l'Allier beaucoup plus de bons ânes que de bons chevaux de selle.

Effectif du dépôt de Cluny 1901.

Pur-sang	21	Demi-sang du Midi	»
— arabes	»	— normands ou vendéens	92
— anglo-arabes	»	— trotteurs	11
Trait percherons	»		

Total........................ 124 étalons.

Effectif du dépôt de Blois.

Pur-sang anglais	10	Demi-sang normands ou vendéens	58
— arabe	»	— trotteurs	9
— anglo-arabe	2	— norfolk anglais	11
Trait percherons	31		
Demi-sang du Midi	»		

Total........................ 121 étalons.

	Juments saillies.	Poulains produits.
Nièvre	1,270	802
Cher	3,650	2,238
Saône-et-Loire	3,686	2,206
Allier	2,197	1,375

Population chevaline et asine.

Nièvre	30,000	têtes.
Cher	36,000	—
Saône-et-Loire	25,000	—
Allier	15,000	—

CHAPITRE VIII

AUX PAYS D'ÉLEVAGE. — EN VENDÉE. — EN CHARENTES. — DEUX-SÈVRES. — VIENNE

En Vendée. — La Société hippique de l'Ouest. — Bon modèle du carrossier vendéen. — Étalons de demi-sang. — De pur sang. — Centres hippiques. — Les meilleurs chevaux dans le Marais ouest. — *Quirita.* — École de dressage. — Importations venant du Limousin. — Progrès réalisés par les éleveurs des Anglo-Vendéens. — La supériorité des Anglo-Vendéens sur les Normands.

En Charente-Inférieure. — Origine et étendue des pâturages. — Bons chevaux de remonte. — Bons modèles de hunter, mais majorité de carrossiers. — Haras de Saintes. — Rareté du cheval d'âge. — Progrès de l'élevage du cheval propre à la selle. — Importation de chevaux venant du Midi. — Les bons modèles de ces derniers chevaux achetés par le dépôt de remonte de Saint-Jean-d'Angely.

En Charente.

Dans la Vienne.

1° *En Vendée.*

« Là-bas vers l'Ouest, sur les rivages de l'Océan, de riches et vastes contrées élèvent une race de chevaux des plus précieuses par ses qualités comme par son importance. On trouve dans le modèle de ces animaux un rapprochement très accentué avec le modèle de hunter; et malgré une infusion continuelle de sang trotteur, les chevaux de ce pays ont maintenu sous l'influence des conditions climatériques et géologiques du sol leurs formes anguleuses, qui les rapprochent du type irlandais. Nous avons nommé les deux circonscriptions des dépôts d'étalons de la Roche-sur-Yon (Vendée, Loire-Inférieure, Deux-Sèvres) et de Saintes (Charente-Inférieure, Charente, Vienne.

« Dans ces régions fonctionne la *Société hippique de l'Ouest*. C'est à elle qu'on doit des progrès réalisés dans le sens du cheval de guerre, genre hunter. »

Malgré un peu d'exagération, cette citation peut passer pour assez exacte, surtout si l'on tient compte des progrès en cours.

Le fond de la race est ainsi composée : le cheval de trait du Marais de la côte vendéenne, le cheval de Saint-Gervais ou variété carrossière du Poitou; le cheval du Bocage, type carrossier.

Selon que les poulinières de ces races, plus ou moins améliorées, ont reçu les étalons anglais, normands, trotteurs, anglo-normands, etc., elles ont produit des poulains de types et d'aptitudes divers; on peut trouver parfois de bons chevaux tout à fait de selle.

Les Haras y achètent des demi-sang vendéens, (anglo-normands vendéens). En 1901, c'est un étalon vendéen que les Haras payèrent le plus cher : *Ukase*, par *Pompignac*, à MM. Renault, à Clavé (Deux-Sèvres). Les Remontes y trouvent des lignes de réserve et des carrière.

On rencontre de bons chevaux en Vendée. Ce sont des chevaux qui ont de la race, une bonne conformation, une tête large, quelquefois mal coiffés, avec des lèvres un peu fortes, des yeux grands et saillants, une belle encolure, une bonne direction d'épaule, une charpente bien osseuse, une poitrine profonde, de beaux membres plats et larges. Ils ont, de plus, une bonne ligne de dos et de bonnes hanches larges. Je fais là le portrait des bons chevaux et non pas de la majorité des Vendéens.

Les chevaux de Saint-Gervais, jadis spécialement renommés, ne sont plus les seuls bons; le pays est en progrès, écrit M. le vétérinaire militaire Dreuilh dans son rapport officiel de 1892.

Tout le monde a pu en voir de bons spécimens à l'École de cavalerie, provenant du dépôt de remonte de Fontenay-le-Comte, dont les achats sont parfois appréciés à l'armée.

Le cheval vendéen, dont la taille varie de 1 m. 58 à 1 m. 66, a les tendons plus forts et plus dégagés que le cheval normand; ses boulets et ses paturons sont plus larges et indiquent plus de résistance.

En Vendée, les genoux creux sont très rares et les pieds plats maintenant à peu près introuvables.

Par contre, ce qu'on rencontre malheureusement assez souvent, ce sont des jarrets trop loin derrière, et des encolures greffées un peu bas.

Comme partout ailleurs, les étalons trotteurs sont très en vogue. On veut de la vitesse et de belles actions pour l'attelage. On les demande aux étalons trotteurs *Marengo*, *Pompignac, Jacquet, Hérode, Prince-Noir, Gascon*. *Mars* est depuis quelques temps fort en faveur. Il est le père de *Saliens* (première prime de majoration), à M. Gauvreu (d'Angles), etc.

Les étalons de pur sang qui ont le mieux réussi dans la contrée sont *Black-Eyes, The Roue, Royal-quand-même, Le Lion* et *Beaurepaire*.

A ce dernier étalon, on doit plusieurs chevaux d'un bon modèle et d'une remarquable qualité, notamment *Lotus* et *Lavaret*, à M. Guillerot; l'un et l'autre se sont fait remarquer dans les courses au galop de la région; *Lavaret* est d'un superbe modèle.

On peut trouver cependant le hunter ou demi-sang

galopeur. Quatre réunions de courses du département donnent des prix réservés au demi-sang. Mais comme ces chevaux n'atteignent pas des prix très rémunérateurs, les éleveurs de la région trouvent qu'il n'y a pas lieu de faire ce cheval. Ils ont peur qu'en préconisant l'emploi du pur-sang avec des juments déjà avancées dans le sang on n'arrive à fabriquer des chevaux trop légers qui ne se vendraient pas. Et pourtant, les Remontes ont là, comme partout, indiqué franchement leurs préférences. En 1898 la majorité des chevaux payés par elles le plus cher (de 1,550 à 2,500 francs) avaient un ascendant immédiat de pur sang.

Dans la cavalerie française les Anglo-Vendéens sont généralement plus appréciés que les Anglo-Normands.

On fait donc surtout du trotteur carrossier, du cheval de voiture concours hippique. Quelques-uns cependant, bien toilettés, pourraient passer pour de beaux Irlandais. Ils en ont quelquefois la qualité pour la selle.

Kapirat II (*Kapirat* et *Perfection*) est l'étalon de demi-sang dont la descendance est la plus appréciée dans la région.

Hérode et *Helvétius*, très carrossiers tous deux, marchent sur les traces de leur devancier.

Les meilleurs chevaux du genre de ceux que nous recherchons se trouvent dans le Marais-Ouest : à Saint-Gervais, au Perrier et à Challans; dans le Marais-Sud, à Luçon, Nalliers et Angles.

On y trouvera certainement des chevaux meilleurs que *Quirita*, jument offerte il y a quelques années à M. le Président de la République par l'élevage vendéen. Cette jument est parfaite pour le harnais, mais ce n'est pas une jument de selle. Elle a une direction de jarrets médiocre, une encolure épaisse avec une tête manquant totalement d'expression; beaucoup d'action au trot.

Quirita est par *Cherbourg* et *Dwina;* il faut remonter assez loin dans son pedigree pour trouver du pur sang. Mais au delà d'un certain degré trop éloigné, il abonde, et du meilleur.

L'école de dressage, de fondation déjà ancienne, était jadis confiée à l'habile direction de M. de Moussac. Cet établissement, subventionné par le département, rend de réels services à l'élevage. Son rôle se résume, comme celui des autres écoles de dressage, par le dressage des chevaux en vue des concours et de la vente. Elle sert d'intermédiaire entre l'acheteur et les producteurs, dont les plus connus sont : M. F. Gauvrau, à Angles; M. A. Rousselot, au Perrier; M. P. Simonneau, à Maillezais; MM. A. Tandil, à la Roche-sur-Yon, Guillerot, lequel a pu amener au concours de la Roche, en 1903, 15 belles poulinières et a enlevé la prime d'honneur.

Une seule grande foire chevaline existe en Vendée : c'est la foire de Garnache; on y trouve des animaux de tous âges, mais surtout des poulains et des pouliches de six mois. Cette foire a lieu le jour de la Saint-Martin. Je doute qu'on y trouve facilement des chevaux du type hunter. Le marché est régulièrement fréquenté par les éleveurs marchands de la Vendée, de la Loire-Inférieure, des Charentes, des Deux-Sèvres, du Midi et de la Normandie, car, généralement parlant, la région vendéenne est naisseuse et non pas éleveuse. Chaque métairie a bien un ou deux poulains, vendus au sevrage; cependant les beaux produits vendéens et charentais sont gardés jusqu'à trois ans demi-sang dans l'espoir de la vente aux Haras ou aux Remontes.

A la Roche-sur-Yon, il y a deux concours de dressage par an, le 15 mai et le 15 décembre; on y trouve des chevaux de selle de trois, quatre et même cinq ans.

L'école de dressage en a presque toujours quelques-uns à vendre; leur prix oscille entre 1,000 et 2,500 francs.

On rencontre souvent en Vendée dans les pâturages des chevaux de modèle méridional. Ces jeunes poulains viennent du Limousin, et de diverses régions du Midi. Ils prennent du gros, changent de conformation en ne gardant pas toujours l'influx nerveux et quelque chose du type oriental; on les vend ensuite comme Vendéens. Ces importations subreptices donneront certainement du fil à retordre aux zootechniciens.

Ces déracinés s'acclimatent et prospèrent du moins au point de vue de la masse. On peut se demander ce qu'ils feront une fois achetés par les Haras et versés comme étalons de demi-sang anglo-arabes à Tarbes ou à Pau?

Les résultats peuvent être pronostiqués meilleurs, en Vendée même, par l'infusion du sang anglo-arabe, ou du demi-sang anglo-arabe pratiqué régulièrement sur des juments amples, de grand modèle, mais molles et dénuées d'influx nerveux, surtout en Charentes. Les essais tentés sont satisfaisants au point de vue selle.

Les juments de la guerre ont aussi apporté leur appoint à l'élevage de cette région, où beaucoup de poulinières étaient éloignées du modèle et de l'aptitude selle.

Quoi qu'il en soit, j'ai vu de beaux types de hunter en Vendée. C'est un pays où on monte à cheval, et durement.

Les éleveurs de l'Anglo-Vendéen tendent heureusement vers un type ayant de plus en plus de sang, un type qui s'allège dans ses formes, a de la branche, du squelette, des hanches et répond mieux que le Normand au type selle par la relation large entre la ligne sus-scapulo-iliale et la ligne scapulo-costale, et tout ce qui en découle.

Les chevaux vendéens sont de beaucoup supérieurs en nombre et en qualité aux chevaux charentais, surtout au point de vue selle.

La population chevaline, asine et mulassière de la Vendée est de 55,000 têtes.

2° *En Charente-Inférieure.*

A lui seul, le département de la Charente-Inférieure possède cent mille hectares de prairies naturelles, situées sur le littoral. Le sol en est calcaire et les fourrages à principes salins.

Ces herbages ont été constitués sur des terrains abandonnés par la mer et desséchés par des canalisations exécutées par les Hollandais sous Henri III et Louis XIII.

Ce sol est excellent pour l'élevage du cheval et lui donne, en plus de la charpente osseuse, un bon tempérament.

Les allures du trot, naturellement belles, en général, proviennent probablement de la liberté complète dans laquelle sont élevés les poulains, qui restent toute l'année sans être rentrés.

Rien ne s'opposerait, au contraire, à ce que cette contrée ne produisît pas le cheval de selle et de bon modèle; mais ce cheval devient rare, car le croisement du trotteur avec les poulinières n'a pas amélioré la conformation des produits, du moins dans le sens selle. Elle leur a seulement donné la vitesse au trot exigée aujourd'hui par la plupart des acheteurs.

On a pu admirer, à l'école de Saumur, un cheval charentais *Jehu*, par *Quibbler*, demi-sang, et une fille de *Tant-Mieux*, pur-sang.

Il y a à peu près cinquante ans que les fermiers ont

commencé à s'occuper sérieusement d'élevage en faisant saillir les juments de trait par des étalons normands appartenant à l'État.

On a continué les croisements, avec des étalons de pur sang anglais et arabe, et surtout des demi-sang normands; la race de ces chevaux est devenue à peu près semblable à celle de Normandie comme conformation.

En tant que cheval de remonte, le Normand des Charentes est meilleur que celui venant directement de Normandie. J'ai remarqué que les Charentais étaient plus rustiques. Ils sont, en effet, bien que souvent d'un dressage difficile (je parle du cheval de remonte), prêts de meilleure heure, et leur système respiratoire est généralement excellent; cependant beaucoup trop de chevaux, quoique solidement bâtis, ont l'aspect commun.

Le plus grave défaut de cet élevage est que les éleveurs ne gardent pas leurs plus belles pouliches pour la production. Ils ne résistent pas à vendre des trois ans à la Remonte. Ils se privent, par là, d'excellentes reproductrices.

L'avantage est si grand pour ces éleveurs de se débarrasser de bonne heure d'animaux aussi jeunes, payés le même prix qu'à quatre ou cinq ans, qu'ils n'en gardent pas.

De plus les éleveurs cherchent trop à élever l'étalon de demi-sang que les Haras leur paieraient au poids de l'or! Les avertissements pourtant ne leur manquent pas. M. Laurand, directeur du dépôt de Saintes, y insiste dans son rapport (1901) :

Il me paraît utile de signaler l'erreur que commettent certains éleveurs en se figurant qu'on peut faire un étalon avec le premier animal venu, sous prétexte, par exemple, qu'il est issu d'un père dont la réputation surtout doit être attribuée au record obtenu sur l'hippodrome; agir de la sorte et ne pas apporter plus de discernement dans l'appréciation portée sur l'avenir d'un poulain, c'est s'engager dans des frais parfaitement inutiles et manger de l'argent en pure perte. Aux dernières courses de Rochefort, dans le lot de jeunes chevaux qui couraient l'épreuve réglementaire, on pouvait voir à côté de bons animaux, offrant les conditions de taille, d'ossature, de substance générale voulues, des poulains sensiblement trop légers, d'une netteté discutable, à peine susceptibles d'être vendus aux Remontes et qui ne possédaient en quoi que ce soit le caractère de l'étalon ; élever de pareils sujets à grands frais, je le répète, c'est courir après une perte d'argent certaine, et il est à souhaiter que certains éleveurs dans cet ordre d'idées comprennent mieux leurs intérêts.

Ces judicieux conseils devraient être adressés à tous les éleveurs français. Faire l'étalon ! mais pour un qui réussit, combien de ratés et que les Remontes ont raison de refuser d'enthousiasme !

Il est difficile au commerce de trouver maintenant dans ce pays des chevaux ayant plus de trois ans. Aussi, la vente des chevaux aux marchands et aux propriétaires, de très considérable qu'elle était, est-elle tombée à peu de chose. Que peut-il rester, en effet, dans une circonscription où la Remonte a acheté près de mille chevaux dans un an ?

Par ce système d'achat à trois ans, l'armée doit trouver un grand avantage. Elle a diminué la concurrence du commerce; mais cet avantage n'est-il pas détruit lui-même par les déboires que lui causent ces poulains, presque sauvages, dans les fermes hippiques?

Des concours de dressage très importants ont lieu annuellement à Rochefort, où la célèbre *école de dressage*, bien connue à l'Hippique de Paris par ses succès, concentre les meilleurs animaux.

Mais là, comme partout ailleurs, le type du cheval d'attelage fait prime.

Il est donc très difficile, et c'est dommage, de se procurer un cheval d'âge dans le pays, où les éleveurs s'empressent de vendre leurs poulains à la Remonte à partir du 1er juillet de l'année où ils prennent trois ans.

Les marchands de chevaux de Paris assurent, et je les crois sans peine, qu'ils perdraient leur temps et leur argent à chercher des chevaux de selle en France ayant de l'âge, mais qu'ils en trouvent tant qu'ils veulent à l'étranger dans les âges voulus. Lorsque chez un marchand sérieux je vois un beau cheval, *prenant six ans*, bien conformé, de 1 m. 60 environ de taille, bref un beau et bon hunter, je suis sûr, s'il m'est laissé dans les 2,500 francs, que ce cheval n'est pas français. Il n'eût pu se le procurer lui-même en France qu'à ce prix-là... et encore...

Il faut donc, pour se trouver un cheval d'âge des Charentes, avoir des relations dans la région; un ami pourra vous indiquer un propriétaire ou un éleveur désireux de se défaire d'un cheval du pays qu'il aura gardé quelques années à son service.

Comme en Vendée, les éleveurs sont cependant en progrès dans le sens de l'infusion du sang pur, ainsi que dans le choix de l'étalon de demi-sang. Mais ce qu'on voit de plus suggestif depuis quelques années, c'est que chez beaucoup d'éleveurs un nombre considérable de poulains du Midi sont importés la première année de leur naissance et élevés dans les pâturages plantureux de ce pays, dont le sol est riche en phosphates d'alluvion. Ces poulains, à trois ans, y prennent une corpulence extraordinaire, de la taille, des os, en conservant un affinement, un degré de sang qui n'existe pas chez les sujets indigènes, et tout en apportant un bon modèle. Ces chevaux sont vendus pour la plupart au dépôt de Saint-Jean; cet élevage d'importation est en voie d'extension.

En 1899, un éleveur charentais, M. Pignon, a vendu deux de ces élèves de demi-sang anglo-arabes aux Haras, pour le prix de 13,000 francs. Ce genre d'achat a continué les années suivantes. Il sera très curieux de suivre la façon dont ces étalons anglo-arabes, achetés au poids, se comporteront comme reproducteurs.

Il est, au reste, intéressant de constater combien la race anglo-arabe cherche à se faire jour du côté de la Vendée et des Charentes. Le dépôt de Saint-Jean-d'Angély, chargé de remonter spécialement la cavalerie de réserve et de ligne, est placé à deux pas du haras de Saintes où l'administration, fait remarquer M. de La Fargue-Thauzia, inspecteur général honoraire des Haras, n'admet guère que l'emploi des étalons trotteurs et de demi-sang normand; or le dépôt de Saint-Jean, en 1900, a acheté 2,995 chevaux, ainsi répartis comme origines :

Statistique et origine des chevaux achetés en 1900 *par le Dépôt de Remontes de Saint-Jean-d'Angély.*

314	étaient issus d'étalons	de demi-sang normand.
321	—	de pur sang arabe.
595	—	de demi-sang anglo-arabe.
775	—	de pur sang anglais.
990	—	de pur sang anglo-arabe.

Et voici quelles étaient les circonscriptions d'où étaient sortis ces chevaux :

Le haras de Rodez a fourni	21	chevaux
— Perpignan a fourni	70	—
— Libourne a fourni	70	—
— d'Aurillac a fourni	104	—

Le haras de	Pompadour a fourni.........	192	chevaux
—	Villeneuve-sur-Lot a fourni...	332	—
—	Saintes a fourni.............	338	—
—	Pau a fourni................	842	—
—	Tarbes a fourni..............	1026	—

On voit donc que sur 2,995 chevaux achetés sur son territoire, la Remonte de Saint-Jean n'en a acquis que 338 qui en soient originaires. Tous les autres venaient du Midi!

Mais le cheval charentais *Kellermann*, dont je donne la photographie, est le type du vrai carrossier de Rochefort. Fils de *Quibler*, trotteur normand du dépôt de Saintes, *Kellermann* fut vendu 6,000 francs aux Haras, en 1891 et, depuis, il a toujours fait la monte dans le pays.

Si sa mère avait été saillie par un cheval de pur sang, le produit eût été peut-être un cheval à deux fins, dans le genre fort hunter, car, dans ce pays, le sol est si favorable au gros qu'il ne peut produire de chevaux légers.

Avant 1870, les marchands de Paris achetaient beaucoup de chevaux charentais. C'était là que se remontait M. Sainton, marchand de chevaux, qui y fit fortune.

En 1871, le gouvernement fit un arrêté pour que les Haras diminuassent la taille des étalons, afin de produire des chevaux de cavalerie. Malgré cette mesure, la plupart des chevaux atteignent 1 m. 65 : question de sol.

3° *Dans le département de la Charente,* le sol et l'élevage sont tout différents de ceux de la Charente-Inférieure.

La Charente peut être comparée à la Dordogne; la production y est peu nombreuse et faite souvent sans discernement. La culture achète un peu partout de médiocres sujets. La jument bretonne domine. Dans les parties basses, au bord de la Charente, où le foin est souvent « aigre », si la taille des poulains s'élève, la poitrine reste étroite et les membres grêles.

Du côté de Marcillac et de Villebois, les juments ont plus de sang. A Ruffec, on fait du mulet. A Cognac, on fait de la vigne. A Confolens et à Barbézieux, l'élevage est nul.

Les principaux éleveurs sont, à Gurat, MM. La Couture et Jacques; à Germeville, M. Gauthier; à Marcillac, Mme Plantevigne.

Les étalons qui conviennent le mieux à produire le type selle sont le pur-sang anglo-arabe, ou anglais avec les juments améliorées; le limousin demi-sang, le petit vendéen, le demi-sang du Midi avec les autres.

Dans les Deux-Sèvres on fait surtout du mulet, puis du gros trait et quelques Anglo-Poitevins. Il est rare d'y rencontrer le vrai cheval de selle.

Il faut cependant citer l'élevage de MM. Renault frères à Clavé, comme tout à fait digne d'attention.

4° *La Vienne* possède 80,000 hectares de prairies pour une population chevaline, asine et mulassière de 55,000 têtes.

Dans le sud-ouest de ce département, on produit surtout de beaux mulets. Dans le sud-est, on trouve des chevaux de selle du type limousin. Dans l'ouest sont élevés des chevaux de trait. Les bons produits de l'un et l'autre genre sont enlevés jeunes par les marchands ou la Remonte. Il y a dans ce département, que je range avec ceux de l'Ouest à cause des achats qu'y fait le dépôt de Saint-Jean, quelques haras privés de pur sang.

Foires : Saint-Savin, Montmorillon, la Trémoille.

Statistique des étalons en Vendée et en Charente en 1900.

LA ROCHE-SUR-YON

Demi-sang normands et vendéens...	153	Demi-sang anglais......	2
— trotteurs.....	27	— anglo-arabes.	27

Total .... 209 étalons.

SAINTES

Demi-sang vendéens et normands..	83	Demi-sang anglais......	20
— trotteurs	17	— anglo-arabes.	7

Total .... 127 étalons.

Vendée.....	4.365 juments saillies ont produit	2.774 poulains.
Charente-Inf.	3.546 — —	2,131 —
Charente....	1.208 — —	744 —

Population chevaline et asine.

Vendée	50,000 têtes.
Charente-Inférieure.......	39,000 —
Charente................	33,000 —

CHAPITRE IX

AUX PAYS D'ÉLEVAGE. — EN LIMOUSIN

Excellence du Limousin pour poids moyen. — Renommée de l'ancien Limousin. — Anciens élevages particuliers. — Historique. — Elevage moderne démocratisé. — Les éleveurs de l'Ouest. — Haras et jumenterie de Pompadour, ancien et moderne. — Statistique des poulinières et produits. — Les bons croisements. — Les poulinières. — La taille. — Le modèle. — Les prix. — Les éleveurs. — Foires. — La Corrèze. — La Creuse. — L'Auvergne. — Statistique des étalons de Pompadour.

Le cheval du Limousin. — Le lecteur voudra bien m'excuser s'il s'aperçoit que je traite avec une certaine bienveillance ce chapitre sur le cheval du Limousin.

C'est de cette province que sont sortis souvent les meilleurs chevaux et les mieux conformés de tous ceux que j'ai eus ou que j'ai vus entre les jambes d'un homme de cheval, d'un officier ou d'un simple cavalier.

Ce n'est pas que le cheval du Midi ne lui soit supérieur en bien des points. Mais le Limousin peut porter un poids plus lourd que son voisin du Sud.

On trouve, en effet, de beaux sujets en Limousin, du genre dit irlandais.

Le plus souvent ils sont faits avec de vieilles poulinières du pays et des *demi-sang* également du pays et descendant de l'Arabe.

En effet, l'*ancien cheval limousin* était, écrit Houël, « le produit du sol, par son aspect, sa taille, sa conformation générale et celui du sang oriental introduit à toutes les époques dans la contrée, mais surtout le produit des circonstances. Dans ce pays, en effet, une aristocratie ardente aimant le cheval, s'en servant, s'occupait de chasse et d'amusements équestres. »

On prétend « que la vieille race » des chevaux limousins est perdue. Une race ne se perd pas si facilement. Ce qui change, ce qui se perd, c'est l'usage qu'on fait du cheval. Retrouverait-on tout d'un coup le semi-oriental qu'était jadis le Limousin, qu'on serait bien embarrassé de son emploi.

Les races se transforment; elles ne sont plus ce qu'elles étaient anciennement, parce qu'on n'en aurait que faire.

C'est le cas de la plupart des races françaises, surtout du Centre et du Midi; nos races modernes améliorées sont certainement supérieures aux anciennes, *pour l'usage qu'on en fait*, bien que gardant des points identiques à ceux qui ont fait leur réputation à travers les âges, si toutefois on a eu la juste précaution de choisir des étalons dont l'action ne soit pas absolument contraire à celle du sol et du climat.

De tous les points de l'Europe centrale on venait jadis acheter en Limousin des chevaux dont la renommée était fort ancienne.

Déjà à l'époque des croisades, un seigneur de Royères ramena plusieurs Orientaux qui furent consacrés à la reproduction (Houël).

En 1155, l'évêque de Soissons acheta un cheval limousin pour faire son entrée solennelle et le paya cinq serfs (deux femmes et trois hommes).

En 1317, Mgr de la Marche, depuis Philippe le Bel, y paya deux chevaux 500 livres (soit 49,000 francs de notre monnaie).

Puis le prix des chevaux limousins descendit jusqu'à 6,000 francs, je parle des sujets qu'on paierait aujourd'hui 1,600 à 2,500 francs.

En 1789, un cheval de luxe ou d'officier supérieur valait en monnaie de l'époque 800 à 2,000 livres (de Saincthorent, *le Cheval limousin*, 1881).

La Pie, célèbre jument de Turenne, était une Limousine. Limousins aussi plusieurs chevaux vendus à Napoléon Ier. Le général d'Hautpoul en paya un 2,000 francs, ce qui était un prix, après la Révolution.

Je parlerai plus bas du haras de Pompadour, à l'histoire auquel est intimement liée celle du cheval limousin moderne. Mais, dès 1550, on signale des haras particuliers dont le plus important appartenait aux Lubersac.

En 1709, le duc de La Rochefoucauld possédait un établissement hippique déjà très ancien, ainsi que les Boisseuil, les de Coux, les Mazeau, les Royères, les Beauchamp du Temple, les de Faye, les Lavergne, les Saint-Abre, les du Saillant, les Sédière, les Brias, le maréchal de Noailles, les Descourrières, les Brettes, les des Montiers-Mérinville, les La Roche-Aymon, les Biancourt, Monbas, duc de Laval, de la Celle, du Chalard, de la Coste, des Combes, de Cromont, de Bagnac, de Sainte-Maure, de Roffignac, de Neuville, etc., etc.

Ces haras étaient répandus sur tout le territoire limousin et le moins important possédait un étalon généralement barbe et une dizaine de juments.

Depuis la Révolution jusque vers 1845, on a remarqué le haras du baron de Labastide, près Limoges, où trois célèbres mères étaient anglaises. En 1833, on y comptait jusqu'à 69 animaux.

Le Haras de Nexon, transformé en 1893, avait déjà en 1839 des juments arabes, des étalons anglais, arabes et limousins. On n'y fait aujourd'hui que du pur-sang;

en 1899, M. le baron de Nexon avait 21 « deux ans » à l'entraînement.

M. de Nexon-Campagne, à Salignac, faisait des chevaux de tête; M. Mailhard de la Couture, des demi-sang limousins.

Le comte de Royères, en 1839, possédait 15 poulinières limousines qu'il croisait avec des Arabes et des Anglais. Ce haras passa ensuite aux mains du marquis de Coux. Le comte de Vanteaux, allié aux Jumilhac, avait à Saint-Jean le haras si ancien des Jumilhac, qui ne fut pas complètement anéanti en 1793 et dont les produits, très estimés, se vendaient très cher.

Mais il ne faut pas croire que jusqu'à la Révolution le Limousin regorgeât de beaux chevaux. Bien au contraire, il fut souvent sur le point de disparaître en tant que producteur chevalin.

En 1717, le nombre des étalons était insuffisant. Il y avait peu de poulinières améliorées et les Haras étaient dirigés par des intendants fort ignorants de la chose hippique.

Vers 1765, les meilleures poulinières étaient de sang mêlé d'anglais et d'arabe. Les juments indigènes, au reste, n'ont jamais rien valu tant qu'elles n'étaient pas améliorées. Celles-ci, à cette époque, étaient dans la Haute-Vienne au nombre de 155 seulement.

Enfin, en 1779, 24 étalons orientaux furent ramenés de Syrie et on peupla Pompadour de juments anglaises et anglo-normandes qui avaient de la taille, du membre et de la distinction; mais ce ne fut qu'à la quatrième génération qu'elles produisirent bien.

L'élevage se relevait; en 1791, les poulinières améliorées, qui n'étaient que 155 en 1765, se trouvèrent 800, la plupart saillies d'Anglais et d'Arabes. A Limoges, Tulle et Brive, il y avait 34 étalons royaux. « Les poulinières, remarque un intendant, sont bonnes;

mais leurs propriétaires les fatiguent au travail. »

Jusqu'en 1790, grâce aux mesures prises par le Grand Écuyer, l'élevage continua sa marche ascendante. Nous avons vu plus haut les prix élevés qu'atteignaient les chevaux de tête. A la vérité, les poulains troupiers de trois ans destinés au régiment de Berchiny ne se payaient que 360 francs, l'un dans l'autre.

La Révolution dispersa Pompadour et nettoya le pays de bons chevaux.

En 1806, la reconstitution fut plus difficile que partout ailleurs; la dépopulation jumentière était complète et les éleveurs dans la misère, car le cheval limousin, étant spécialement de selle et pas assez précoce, trouvait peu d'acquéreurs.

En 1803, déjà, on avait nommé un directeur au haras de Pompadour, M. Piot de Seltot, qui, pour ranimer le zèle des éleveurs, acheta des poulains d'un an jusqu'à 750 francs et de trois ans jusqu'à 4,500 francs. C'était très bien, mais son mérite fut de s'apercevoir que les étalons égyptiens étaient de médiocres pères. Les vingt poulinières qu'on put alors réunir à Pompadour étaient de différentes races, dont une douzaine d'Égyptiennes fort ordinaires. Quant aux étalons sortables, on n'en trouva que deux provenant de l'ancien sang anglo-arabe : *le Derviche*, demi-sang, à M. Donnet, de Vigan, et *Carolus*, à M. Barraud, des Maisons. On acheta aussi deux juments de la même origine qui se ressemblaient singulièrement : même taille, 4 pieds 9 pouces (1 m. 55); les oreilles très longues et écartées, les membres suffisamment fournis, la tête légèrement busquée. Elles produisirent bien.

En 1806, *le Kurde*, étalon oriental de 4 pieds 7 pouces, fut importé par le général Sébastiani. Il donna à ses produits beaucoup d'élégance et de type oriental. Le Limousin doit aussi beaucoup à un autre Syrien,

Bagdad. C'était un cheval de contrebande débarqué à Bordeaux pour l'Angleterre, voie d'Ostende. Il fut arrêté avec son conducteur aux environs de Limoges. Les oreilles étaient inélégantes, mais sa structure près de terre et sa force se transmirent avec fidélité.

Jusqu'en 1816, Pompadour ne donna pas à la région limousine le bon exemple de nourrir ses poulains. Ils ne mangeaient d'avoine qu'à six ans. Leur ration était 15 à 20 livres de foin, 4 à 10 livres de son, suivant l'âge; enfin, en 1816, l'avoine remplaça le son. Aussi l'élevage limousin, bien qu'en progrès, ne se relevait-il que lentement. Les marchands ne voulaient pas de ces chevaux « vivaces », bons tout au plus pour la promenade, et les laissaient-ils pour compte à leurs éleveurs. Les beaux temps où les rois de Hollande et de Westphalie payaient des Limousins jusqu'à 5,000 francs et les généraux jusqu'à leurs montures 3,500 n'étaient plus.

La production se modifia en bien, lorsque le système d'élevage des Anglais fut connu et imité en France, à Pompadour et en Limousin. Un peu plus tard aussi deux gros éleveurs, MM. de Bony et de La Bastide, firent de fructueux voyages en Angleterre. Ils contribuèrent puissamment à l'amélioration de la race limousine.

A cette époque, un poulain entier élevé par un cultivateur revenait (cinq ans) à 1,469 francs. M. de La Bastide le produisait pour 2,163 francs et Pompadour pour 3,153 francs. Ceci prouve qu'à toutes les époques les entreprises de l'État sont les plus onéreuses pour les contribuables; il en est de même aujourd'hui, spécialement pour les produits de Pompadour.

Sous Napoléon III, le plus haut prix auquel pouvait prétendre un cheval limousin, en remonte, était de 1,000 à 1,200 francs. Les éleveurs riches, comme nous l'avons dit, avaient abandonné le demi-sang pour le pur-sang.

En 1872, écrivait Gaume, le Midi, le Limousin surtout, cette vieille pépinière de chevaux d'armes, est dans une situation critique. Au siècle dernier les cavaleries étrangères s'y remontaient, et des officiers autrichiens y venaient acheter nos chevaux au pré. On gardait alors les poulains jusqu'à cinq et six ans. Ils constituaient une sorte de réserve.

La taille des poulinières, sous l'ancien régime, était de 1 m. 56, pour la première classe à gratifier par le roi; celle des étalons, de 1 m. 59. On cite des propriétaires qui réunissaient jusqu'à 250 poulains, dont quelques-uns étaient vendus 3,000 francs.

En 1872, quelques sujets de l'ancienne race pompadour (anglo-arabe) étaient véritablement bons. Ils présentaient un modèle excellent, celui de l'ancien type limousin : des hanches, une belle épaule, beaucoup de branche avec des membres forts et solides.

Mais à cette époque la Remonte payait le cheval de troupe 650 francs, et refusait en Limousin les chevaux de 1 m. 55, les trouvant trop grands (Gaume)! aussi, les éleveurs avaient-ils abandonné le cheval de selle pour faire du cheval de commerce, et on vit en 1871, sur 75 juments saillies, 50 l'être par *Narvaez*, demi-sang normand; 20 par *Zouave*, pur-sang anglais, et 5 seulement par l'étalon arabe.

De nos jours, l'élevage du cheval de remonte s'est très répandu et démocratisé. Les demandes et les prix offerts par l'Etat, les concours régionaux et les concours hippiques indiquent à tous la voie à suivre. Très en progrès, l'élevage limousin se développera grandement le jour où les éleveurs voudront dépenser un peu plus d'argent en le destinant à réformer les mauvaises poulinières, à en acheter ou à en garder de bonnes et à distribuer un peu d'avoine aux produits.

Des voisins avisés ont déjà donné aux éleveurs

limousins de cruelles leçons; n'a-t-on pas vu les Haras acheter comme étalons de demi-sang, à Limoges, à MM. Renault frères, éleveurs dans les Deux-Sèvres, pour 5,000 francs, *Eclair*, demi-sang limousin par *Bobereau*, demi-sang anglo-arabe, et *Mignonne* (par le galopeur vendéen *Hardy*) — et, pour 6,000, *Chéri*, demi-sang limousin par *Tambour de basque*, pur-sang, et *Eclipse*, demi-sang anglo-arabe, — et encore *Tambour*, petit-fils de *Bobereau*, tous chevaux nés en Limousin et « renforcés » en Charente?

Haras et jumenterie de Pompadour. — Quand la célèbre marquise reçut cette terre en don, elle y fit bâtir un château et voulut avoir un haras. Elle y envoya 3 juments barbes, 7 danoises, un étalon turc, un arabe ayant appartenu au maréchal de Saxe.

Puis le prince de Lambesc s'occupa de son organisation. Il y plaça 5 étalons (un anglais de demi-sang, 3 espagnols et le cinquième allemand).

Le directeur Duquesnoy acheta, dans les environs de Pierre-Buffière, 22 poulains.

Louis XV y envoya ensuite des étalons et des juments arabes achetés à Chambord, où le maréchal de Saxe tenait un haras fort prisé. On y ajouta des juments barbes, espagnoles et andalouses et quelques chevaux anglais, parmi lesquels *Blackton*, *Partisan*, *Jouissian*, *Sulphur*, *Duc-d'Ormond*, *Traveller*, etc.

En 1778, 8 étalons arabes et syriens achetés directement y prirent les noms de *Houlou*, *Emir*, *Seraph*, *Derviche*, *Dola*, *Gazel*, *Milka* et *Cheftadel*.

Le meilleur fut *Derviche*.

A la Révolution, les 136 étalons, juments, poulains se vendirent à vil prix.

On retrouva plus tard très peu de ces sujets, dont

Derviche, qui avait été acheté par M. de la Grénerie.

Ce *Derviche* fit la plupart des étalons qui, en 1796, reconstituèrent Pompadour.

Mais, en 1806 seulement, sous l'impulsion impériale, l'ancien haras renaquit. Napoléon lui fournit des arabes de son écurie; *Cophte* et *Bagdad* furent les plus remarquables. A ce moment, on essaya les étalons espagnols, andalous, lesquels, ainsi qu'anciennement, réussirent très mal. On en revint donc aux étalons arabes ou plutôt à l'égyptien.

Comme jadis, la jumenterie fut placée à proximité, au château de Rivière.

Sous la Restauration, on comptait 13 étalons anglais, dont les plus célèbres furent *Terror*, *Harlequin* et *Præmium*. Les Arabes qui réussirent alors se nommaient *Bédouin*, *Massoud*, *Antar*, *Mansourah*, *Abou-Arkoub*. La célèbre jument *Nichab*, élevée dans le Liban par lady Stanhope, fut offerte au colonel de Portes. Celui-ci la vendit 6,000 francs à la duchesse d'Angoulême. Comme on ne put la dresser, elle fut envoyée à Pompadour, où elle fit souche d'une excellente lignée.

En 1860, la jumenterie avait été supprimée et on vendit à vil prix, ainsi qu'en 1790, 10 poulinières arabes, 22 poulinières de pur sang anglo-arabe (la première famille anglo-arabe existait en 1852 au nombre de 28 poulinières, la plupart par *Massoud*), 3 poulains pur sang arabe, 8 de pur sang anglo-arabe, 7 pouliches arabes et 22 de pur sang anglo-arabe.

La belle œuvre de M. Guyot fut ainsi presque anéantie. On sait que la jumenterie d'État fut rétablie en 1874.

Sous la direction de M. Portalès, inspecteur général des Haras, des étalons syriens furent judicieusement achetés; les produits anglo-arabes de pur sang rayonnèrent dans la Creuse, la Haute-Vienne et la Corrèze.

On peut reprocher à l'élevage de Pompadour le sol dénué de calcaire, le climat froid et humide sur lequel il se fait, le manque d'exercice donné aux chevaux, dont on ne connaît guère la valeur intrinsèque, puisqu'ils ne courent jamais en public. Il sera plus longuement parlé des défauts de l'élevage de Pompadour au chapitre traitant des Anglo-Arabes (Midi).

Pompadour fait vivre 400 personnes; il a un directeur, un sous-directeur, un vétérinaire, 12 surveillants, 30 piqueurs. L'élevage se fait sur 455 hectares. On peut voir dans *l'Illustration* du 1er avril 1899 les photographies d'un bel Arabe, *Beni-Kaled*, importé en 1893; de deux Anglo-Arabes, *Gibraltar* et *Echeveau;* d'une poulinière de modèle, *Malakaa*, importée; d'une poulinière arabe indigène, *Leucade*, et dans le *Sport universel illustré* du 14 avril 1900 ceux des Arabes *Mossoul*, *Béni Kaleb*, ceux des Anglo-Arabes, *Echeveau* et *Gibraltar*, et celle du frère de *Zut*, *Réussi*, pur-sang anglais, etc.

JUMENTERIE DE POMPADOUR

Effectif (1900).

Poulinières.	Pur-sang anglais....	16
	Arabes..............	22
	Anglo-Arabes.......	22
	TOTAL :	60

	Production de 1900	Existant en 1900
Anglais........................	2	1
Arabes........................	12	22
Anglo-arabes.................	30	55
	44	78

Il existe encore dans cette région, et en particulier au Dorat, des poulinières ayant bien le type de la vieille race limousine, dont La Guerinière disait « qu'elle était excellente pour la chasse ». Assurément, il ne leur trouverait pas le même et complet modèle : « Autres besoins, autres chevaux. »

On sait que plus tard on a voulu, dans un moment d'engouement exagéré, améliorer directement la race par l'infusion du pur sang anglais, ainsi que le déplore M. Joly dans son livre si documenté sur l'intelligence du cheval. On l'a abîmée. Le pur sang anglais ne réussit pas partout. On peut même dire qu'il ne réussit nulle part sur des juments pauvres et dégénérées.

Dans certains cas, cependant, il peut donner de suite de bons produits; mais ils sont rares, car il lui faut des poulinières assez amples pour supporter le sang sans faire des « claquettes ».

Le sang pur, en effet, a une excellente influence sur les forts chevaux des gras pâturages. Il y combat le lymphatisme et l'empâtement des formes. Il donne la trempe.

Mais on n'a pas fait assez de cas de l'influence des milieux, et sous prétexte que les Anglais amélioraient officiellement leurs hunters et leurs chevaux d'armes par des pur-sang de fort modèle et bâtis en force, on a voulu essayer le même procédé un peu partout en France, et trop directement.

Le premier croisement dont on a toujours à se louer, c'est celui de la jument du pays ou de la jument faite au sol, *bien acclimatée*, avec les demi-sang du pays également, et ensuite avec le pur-sang.

Les étalons qui sont dans ce cas en ont donné la preuve dans la région, tels : *Bobereau, Ecol, Boussac, Zaïm*, etc., et plus récemment *Acoli*, pur-sang anglais; *Opoul*, pur-sang anglo-arabe; *Fligny*, pur-sang; *Gibraltar*, pur-sang anglo-arabe; *Gardénia*, pur-sang anglo-arabe;

Kopeck, demi-sang limousin; *Tambour*, demi-sang limousin; *Chéri*, demi-sang limousin; *Mossoul*, pur-sang arabe oriental, et *Caïd*, pur-sang arabe indigène.

D'après d'importants éleveurs de la région, l'emploi continu de l'*Anglo-Arabe* comme reproducteur serait une erreur, quoiqu'il soit par lui-même, souvent, un *très joli* cheval de selle. Ils voudraient qu'on revînt alternativement à l'Anglais et à l'Arabe pur. Ils incriminent les étalons anglo-arabes pur fournis par Pompadour de mal racer.

Mais la plus grande faute qu'on ait pu commettre est encore d'avoir voulu, pour donner du gros, employer l'*étalon normand*. Le croisement est complètement défectueux. Les produits en sont disharmoniques et sans os.

L'école de Saumur n'avait reçu, en 1898 qu'un cheval limousin; il est ordinaire, mais normand de père et de mère. Il ne faudrait pas appeler un tel cheval un limousin.

Les desiderata des éleveurs du pays, soucieux de reconstituer une race jadis si justement célèbre, voudraient la rétablir *presque sur elle-même*.

Il faudrait pour cela que les Haras achetassent une vingtaine de poulains de demi-sang nés dans le pays, au sevrage, et nourris comme le sont les étalons de Pompadour; ils donneraient des résultats parfaits.

Il faudrait aussi que cette même administration, dans les cas où l'on veut se servir du pur-sang, mît à la disposition des éleveurs des chevaux de pur sang plus faits en étalons utiles, et qu'au lieu d'acheter ce pur-sang sur des performances strictes, elle l'achetât en le considérant au point de vue du cheval de croisement; car tel cheval qui n'a peu gagné pourrait souvent faire un excellent reproducteur... Ce n'est pas au poids de l'argent public qu'il a récolté que systématiquement le cheval doit être apprécié comme améliorateur. Exemples : *Viguemale* et *Bày-Archer* dans le Midi.

En Limousin, les poulinières sont admirables parfois, mais les mâles ne sont toujours pas ce qu'ils devraient être.

Le modèle du Limousin est exactement celui du hunter léger, dans son expression la plus élégante. Il ne faut pas s'imaginer que le type classique moderne de cette race soit l'Arabe, ni l'Anglo-Arabe; pas du tout, ce sont des chevaux osseux, cornus, à superbe garrot, avec un galop bas et facile et un trot de l'épaule et non pas du genou, de belles encolures, une tête osseuse et carrée, un port de queue parfait. Ils sont un peu en lame de couteau, mais avec une poitrine profonde, adroits, endurants, sobres et rustiques, avec des aptitudes remarquables au saut. Ce sont de vrais chevaux de selle... et souvent rien ne leur est plus désagréable que d'être attelés. C'est peut-être même leur seul défaut, comme celui de tous les chevaux du Midi, du reste, que de se montrer un peu délicats au dressage à la voiture.

Pour qu'un Limousin soit bon, il ne faut pas que sa taille dépasse 1 m. 58; il est utile pour la selle à 54, et très utilisable à 50, s'il est compact, ce qui n'est pas rare.

Les robes les plus répandues et celles des meilleurs chevaux sont le gris (moucheté, truité, etc.) et l'alezan.

Les éleveurs les plus renommés à juste titre, non seulement à cause de l'étendue de leur industrie, mais à cause de leur dévouement au cheval du pays dont ils sont justement fiers, sont : MM. de Neuville à Magnac-Bourg, Noualhier à Berneuil, Pelly à Verneuil, Vandeuil au Dorat, Dumont-Saint-Priest à Boisseuil, vicomte de Causans à Evaux, Baudon de Mony à Ayat-le-Ris, de Bellabre à la Geneystouse, de l'Hermite, Perrichon, etc.

L'éleveur qui « fait le plus » en ce moment est bien certainement le vicomte de Curel, près de la Souterraine. On trouve toujours chez lui une soixantaine de poulains.

Malheureusement la masse des chevaux part vers trois ans et demi. Leurs prix atteignent en moyenne 900 à 1,200 francs (je parle des poulains sortant de la prairie).

Le cas n'est pas le même lorsque ces poulains passent par une école de dressage, où ils sont travaillés et nourris et où ils se développent d'une façon très appréciable.

J'ai vu M. Boyron, le directeur de l'*École de dressage de Limoges*, vendre aux concours hippiques de Paris des chevaux entre 4 et 5,000 francs, qui eussent pu partout passer pour des Irlandais.

Il y a quelques années, *Boisard*, cheval limousin, a été vendu 10,000 francs; ce cheval est né chez M. de Neuville. La mère de *Boisard* était par un étalon anglo-limousin et une jument de Lippizza; son père un étalon anglo-arabe.

Le *concours de Vichy* est celui qui peut donner l'idée la plus juste de toutes les faces de cet élevage.

Le Dorat, où il y avait anciennement une très bonne école de dressage, fournit des chevaux d'un excellent modèle, ainsi que Bellac et Chalus.

Les haras privés les plus connus appartiennent à M. le baron de Nexon et à M. Vantaux.

L'amateur isolé peut trouver quelques très bons chevaux d'âge, soit chez les particuliers — ils ont presque tous de bons chevaux, soit chez le paysan. Il n'y a qu'à les arrêter les jours de marché sur les routes.

L'*Ecole de dressage de Limoges*, la seule sérieuse de la région, réunit pour ses besoins de locations (vacances, chasses, préparation aux concours, soit pour les ventes à l'amiable) d'excellents chevaux choisis et dressés avec soin par son directeur, M. Boyron.

Quelques marchands tiennent encore cet article; mais plus rarement y trouve-t-on le cheval d'un bon modèle.

Le concours du Dorat réunit de ravissantes poulinières suitées de très beaux produits.

Le cheval limousin est régulièrement, depuis quelques années, acheté en bas âge pour être transporté en Vendée, où il double de volume en conservant son influx nerveux. Ces poulains viennent presque tous de la région du Dorat.

Les *foires* du Dorat et de Limoges sont assez bien fournies. On y voit des modèles ravissants, souvent malheureusement en très mauvais état.

Mais, je le répète encore, ce coin de la France est le pays par excellence du cheval de chasse et d'armes pour poids moyen. Je n'ai jamais eu rien à reprocher à de tels chevaux, ni au harnais une fois confirmés, ni à la selle. Leur fond et leur énergie doivent faire pardonner par les sportsmen peu patients ou simplement maladroits les difficultés de dressage, très exagérées du reste, imputables seulement à leur sang et à leur vigueur originelle...

. . . .

Dans la *Corrèze*, les chevaux sont de moins grande taille qu'en Haute-Vienne. On y fait beaucoup de mulets et on y rencontre des juments bretonnes et berrichonnes. De bons éleveurs produisent quelques chevaux de tête.

. . . .

Dans la *Creuse*, le cheval a le même caractère qu'en Limousin. Il est fait avec le même étalon. Le cheval de la Creuse, moins distingué en général que le Limousin proprement dit, est plus compact, plus naturellement apte à porter le poids.

La Souterraine est le meilleur centre d'élevage.

L'*Auvergne*. Gayot dit avec raison que le cheval auvergnat est une dégénération de la race limousine. Bien que la Remonte achète des chevaux dans le Cantal et le Puy-de-Dôme, les progrès faits par l'élevage ne sont pas encore assez sensibles pour que nous nous occupions ici de cette province, dont la production se rapprochera de celle du Limousin et plus encore de celle du Midi proprement dit.

Statistique

HARAS DE POMPADOUR

Pur sang	anglais.....	12	Demi-sang	normands ou vendéens..	14
—	arabe.......	17	—	trotteurs....	8
—	anglo-arabe.	25	—	norfolk breton	1
Demi-sang	Midi........	18			

Total..... 95 étalons.

J'eusse voulu donner le nombre et la race des juments saillies par les étalons des différents sangs de Pompadour dans la région limousine; mais le rapport pour 1900 du directeur des Haras confond dans la même rubrique la région des Alpes, la Savoie, la Nièvre et le Limousin.

Population chevaline

Haute-Vienne..........................	16.000 têtes
Creuse..................................	10.000 —
Corrèze.................................	15.000 —

Dans la Haute-Vienne	959	juments saillies	ont donné	569	poulains
— Creuse......	2290	—	—	1402	—
— Corrèze.....	798	—	—	498	—

CHAPITRE X

AUX PAYS D'ÉLEVAGE. — EN BRETAGNE

Historique. — L'ancien cheval breton de selle. — L'hygiène moderne. — Avis des étrangers sur la qualité du Breton. — Haras et Remontes. — Modèle. — Défauts. — Qualités. — Taille. — Fond. — Les poulinières. — Les étalons : le pur-sang. — Le demi-sang. — L'Arabe. — Le trotteur. — Le demi-sang normand. — Le Norfolk.

Régions d'élevage : la Manche. — La Montagne. — Le Sud-Finistère.

Corlay. — L'étalon *Corlay*. — *Midlothian*. — Élevage de la Montagne. — Le demi-sang galopeur. — Eleveurs. — Rareté du cheval de selle. — Les courtiers. — Les concours. — Les galopeurs bretons de demi-sang. — Statistique.

Historique : Il y a toujours eu des chevaux en Bretagne. A l'époque quaternaire l'*Equus hibernicus* vivait dans cette région et en Irlande, naturellement bien avant l'introduction en Europe du cheval oriental, qu'on donne à tort comme ancêtre à toutes les races de chevaux.

On a, à la vérité, peu de données historiques sur le cheval breton. Je lis dans l'Hippologie de M. Jacoulet que les actes de Bretagne conservés aux archives à Quimper font connaître l'importation de neuf étalons arabes vers 1212. Ces étalons formèrent le haras de Salles, près de Gouarec. Ils furent ramenés des croisades par le duc Olivier de Rohan.

Les monastères, spécialement, s'occupaient d'élevage.

« L'abbaye de Quénépily reçut d'Alain Fergant, partant pour la Terre Sainte, une propriété foncière, moyennant mille sous et un beau cheval. » (Houël.)

Sous Louis XIV, Nantes eut, pour la Bretagne, 40 étalons royaux et 500 approuvés.

Plus tard, la Bretagne supporta les mêmes vicissitudes que les autres provinces. La révolution et la guerre civile portèrent un rude coup à son élevage.

Il y a plus de quarante ans, Houël, inspecteur général honoraire des Haras, écrivait, après avoir passé en revue les différents types de chevaux bretons, que le Léon fournissait alors des carrossiers et des chevaux de remonte exportés jeunes; la région de Saint-Malo à Nantes, des chevaux de trait achetés en immenses quantités par les Beaucerons qui les élevaient, puis les vendaient dans l'Anjou, le Centre et même le Midi, où ils servaient aux messageries et aux travaux agricoles.

De nos jours, cet élevage de chevaux de trait s'est généralisé. Le postier breton est un excellent cheval dont la production, fortement encouragée par les Haras, est seule rémunératrice.

Autrefois, la Montagne possédait une race de petits chevaux fort estimés pour les chasses et les voyages... Il y en avait de toutes sortes; mais ceux de Brice, ambleurs, étaient les plus recherchés. Or, déjà au temps de Houël, cette espèce était presque disparue ou du moins très modifiée depuis la multiplication des grandes voies de communication.

Dans les pays de Corlay et de Carhaix, les croisements des bidettes de la montagne avec les chevaux orientaux et de pur-sang anglais donnèrent de bons petits chevaux d'excellent service.

Les marais de Redon fournissaient à cette époque une petite race à demi-sauvage qui s'exportait pour les fiacres à Paris.

Tant que le Breton de la Montagne en a eu besoin, pour son propre compte, le cheval a prospéré. Il était au reste, en même temps, cheval de trait, mais pas bien chargé de travail sous ce rapport. A la selle, très souvent, il portait deux personnes et plus, et il devait marcher vite et longtemps. Comme l'Arabe, le Breton de la Montagne aimait passionnément le cheval; mais aussi, comme l'Arabe, il était très exigeant pour lui.

Il est tout à fait certain qu'au moyen âge les chevaux bretons étaient de premier ordre et que leur bon renom s'est affirmé jusqu'à la Révolution. Mais à la fin du dix-huitième siècle et au commencement du dix-neuvième, les réquisitions avaient consommé tant de chevaux qu'il devint impossible de trouver un cheval de bonne taille. C'est probablement à ce fait et à l'extrême misère que subit toute la race pendant de longues années qu'est due la dégénérescence du type selle breton. Mais il était encore facile, quelques années après la tourmente, de trouver des animaux capables, sous un petit volume relatif et une petite taille, de porter un fort poids. La passion du Bas-Breton pour le cheval aidant, on eût pu en faire de bons et forts chevaux.

Il est à remarquer que lorsque les auteurs hippiques ont écrit sur ce pays, ils ont tous répété que la Bretagne était la province où les chevaux étaient le plus misérablement élevés. Ils se sont sans doute copiés, mais ils n'ont pas dit ce qui est aujourd'hui la vérité. En Cornouailles, dans la Montagne, l'élevage n'est pas plus mal soigné que dans certaines contrées bien réputées; l'avoine, les farineux, le bon foin sont presqu'autant employés que le légendaire ajonc pilé. Il n'y a pas de vastes pâturages; mais les chevaux ont, comme parcours, soit des champs clos, soit des prairies après l'enlèvement du foin et ils sont régulièrement rentrés à l'écurie. Ces conditions permettraient de faire du bon cheval de selle si une utile et constante direction était donnée, ainsi qu'un débouché assuré.

Mais plus nous allons, moins l'élevage de selle est encouragé en Bretagne et, d'autre part, l'élevage du postier y réussit si bien qu'il ne faut pas s'étonner que ce dernier fasse tache d'huile.

Opinion des étrangers. — Le comte Wrangel (*Das Buch von Pferde*) tient le cheval breton en très haute estime et préfère sans hésiter les Anglo-Bretons qu'il a vus en 1878 et 1887 aux Anglo-Normands. Il les trouve moins enclins au lymphatisme. « Le cheval de Bretagne, écrit-il, a maintes choses communes avec la population qui l'élève. Il est courageux, dur, fidèle et tenace... La patience persévérante est un trait commun caractéristique de la race bretonne à deux et quatre pieds. »

Ce furent les petits ragots bretons qui supportèrent le mieux les rigueurs de l'hiver en Crimée.

Les différents auteurs étrangers, russes, italiens et anglais, sont d'accord pour vanter la rusticité du cheval breton, quel qu'il soit, et déplorent qu'il ne soit pas plus cheval de selle.

Haras et Remontes. — On se demande pourquoi l'administration des Haras, qui est toute-puissante en Bretagne, ne donne pas aux éleveurs les moyens de produire le bon cheval de selle, avec du sang, du membre et du gros. Le succès que cette administration a obtenu dans le Midi par sa persévérante opiniâtreté ferait croire qu'elle réussirait aussi bien en Bretagne. Il faudrait, m'a-t-on répondu, qu'elle s'entendît parfaitement avec les Remontes et que celles-ci consentissent à payer un peu plus cher pour encourager les petits producteurs. Mais c'est surtout en Bretagne qu'on peut se rendre compte combien les Haras violent la loi organique de 1874 qui les a réorganisés en vue de la production du cheval d'armes. Ce genre de cheval, dont l'élevage est si adéquat au sol, au climat, aux préférences des Bretons, n'y reçoit aucun encouragement. Bien au contraire, tous les efforts des Haras tendent à l'extension du postier, dont les succès économiques éloignent de plus en plus les éleveurs de la production du type selle.

Le hunter. — Quoi qu'il en soit, en l'état actuel, on peut encore trouver en Bretagne des chevaux se rapprochant en petit du hunter; ils sont malheureusement assez rares, plus ou moins bien réussis suivant les poulinières livrées à la reproduction.

Modèle. — Très souvent le défaut que Houël reprochait déjà au racer né en Bretagne (insuffisance des rayons articulaires) se présente actuellement pour le cheval de demi-sang. Ce cheval sera rarement un animal à brillante silhouette; mais il est possible de l'obtenir à la condition *sine quâ non* qu'il puisse se vendre facilement. Il aura, en tout cas, les qualités suivantes : un grand fond, beaucoup de courage et de bonne volonté, une suffisante vitesse (vitesse égale parfois, sur des distances sérieuses, à celle du pur-sang); l'aptitude à porter du poids, malgré une légèreté apparente, et beaucoup de souplesse. Ainsi qu'il arrive pour les meilleurs serviteurs, beaucoup de ces chevaux n'attirent pas l'attention; rien n'est imposant en eux; mais aussi faudra-t-il bien être difficile pour leur reprocher quelque chose en service. Quant à la taille, il faut reconnaître que chez le Breton de selle, elle varie dans de grandes proportions et on peut remarquer qu'en moyenne — et ici comme ailleurs — ce ne sont pas les plus grands qui sont les meilleurs.

Les fervents du concours hippique ont pu remarquer un bon type de breton demi-sang en *Dolly*, grise, par *Triomphe*, pur-sang, et une jument bretonne qui gagna la coupe de Bruxelles en 1898. (Voir son portrait dans le *Sport universel illustré* 18 mai 1898.)

Fond. — Le fond du cheval indigène est connu. Sans remonter plus haut que les annales contemporaines, je citerai, d'après M. L. Baume, de la *France chevaline*, le cas du bidet de M. Raulin, de Rennes, qui fit 72 kilomètres en 4 h. 1/2; celui de la petite jument de Corlay, *Diespach*, qui, à l'âge de vingt ans, fit 72 kilomètres en 3 h. 1/2 par une très mauvaise route. Une jument d'équarrisseur, *Bichette*, faisait 40 lieues comme distance très ordinaire. Elle pouvait trotter en 2′ 10″. En 1884, *Bagatelle*, jument de cinq ans par *Corlay* et *Turneste*, au vicomte de Kertanguy, couvrit 32 kilomètres en 1 h. 1/4 attelée. Puis, elle accomplit le record de 48 kilomètres en 2 heures moins 9 minutes. (*Le Petit Éleveur de l'Ouest.*)

Beaucoup de ces demi-sang pourraient en 12 heures couvrir 160 kilomètres, semblables, pour ce fond extraordinaire, au demi-sang anglo-arabe.

Les poulinières. — En général, les poulinières bretonnes les plus aptes à la production du cheval de selle sont les poulinières améliorées de demi-sang anglo-breton ayant conservé les qualités de la race indigène : près de terre, de l'os et du muscle, et ayant hérité l'influx nerveux et la vitesse des descendants de race pure. On les rencontre surtout dans la Montagne bretonne. Elles n'y pullulent pas, à dire vrai, car les belles pouliches sont vendues en même temps que les poulains. C'est partout la même histoire, les vieilles et les mauvaises juments servent surtout à la production. Rien d'étonnant à ce que la Remonte y trouve peu de chevaux et ne se décide pas à les payer un bon prix.

Les étalons. — Aux débuts, les Haras avaient favorisé les croisements avec le pur-sang anglais; mais si d'un côté ces étalons n'étaient pas toujours bien choisis, les juments étaient loin d'être prêtes à les recevoir. On a récolté des sujets décousus et manqués. Par réaction, on abusa ensuite du trotteur normand. Il ne paraît pas — toute opinion personnelle mise à part — qu'il ait réussi.

Sur 37 poulinières primées à un concours de la Montagne en 1899, 7 étaient filles de pur-sang (plusieurs avec des juments de la Guerre); 5 filles de pur-sang et de norfolk; 8 par pur-sang et trotteurs; 2 par pur-sang et demi-sang breton; 7 par Corlay et juments diverses; 5 par trotteurs, 2 d'origines étrangères.

Sur 25 chevaux de l'effectif de 1898, payés le plus cher (825 francs à 1,300 francs) par la Remonte de Guingamp, 15 sont fils de pur-sang (*Grisolet*, *le Piégeur*, *Basque*, *Sposo*, etc.). Et parmi les chevaux « civils » qu'on a l'occassion de rencontrer, les plus réussis sont aussi fils de pur-sang. Les chevaux bretons faits en chevaux selle sont rares ayant un père trotteur anglo-normand.

En n'envisageant que la fabrication du cheval de selle par la jument apte à cet usage, on peut dire que le cheval de pur sang anglais donne les meilleurs résultats, surtout quand l'étalon est étoffé et pas trop haut sur jambes : « Pour rectifier les lignes, écrit Touchtoue dans le *Sport U. I.*, sans altérer en rien la trempe et la rusticité, il convient d'établir une base avec la jument indigène, la bidette bretonne et le pur-sang anglais, qui seul a une vitalité suffisante pour imposer son influence. »

Le demi-sang anglo breton. — Le demi sang indigène n'est pas qualifié par les Haras, à part quelques trotteurs achetés sur leurs performances. Quant au demi-sang galopeur breton, il n'a nulle part été sérieusement employé comme reproducteur. Seul, je crois, M. Le Gualès, près de Nantes, possède un étalon de ce genre, *Octave-II*, de médiocre origine, mais qui a produit *Courant-d'Air* et, avec une demi-sang bretonne, *Hiéroglyphe,* chevaux fortement renommés dans la région.

Il est quelquefois tentant de chercher résolument dans les juments d'un pays les meilleurs éléments de production en usant soit du pur-sang anglais, soit de l'Arabe ou de l'Anglo-Arabe; mais on risquera moins de tenter le saut auquel la nature répugne, en se servant du demi-sang indigène dont, hélas! la sélection paraît si difficile... Il faudrait des courses spéciales — non existantes, du reste — et dont les programmes ne sont pas dans nos mœurs : gros poids, longues distances, spéculation écartée, etc.

En Bretagne où la passion du cheval est incroyable, où les cavaliers sont de tous les âges et très nombreux, on arriverait à de très bons résultats. Mais voudra-t-on jamais essayer de reconstruire l'édifice qu'on a laissé crouler? C'est douteux et « l'amélioration » ira toujours son train jusqu'à ce que le cheval de trait, souvent commun, quelquefois défectueux, mais facile à vendre et peu exigeant, ait pris la place du cheval de sang, du cheval de selle. Il sera parlé plus loin de la classe particulière des galopeurs bretons.

En 1903 la *Société des Agriculteurs de France* a émis en vœu la suppression des courses au galop de demi-sang dans l'Ouest et leur remplacement par des steeples réservés aux seuls animaux ayant couvert 8 kilomètres au trot en 4 minutes au maximum. La proposition est bonne en soi; mais son adoption serait la mort sans phrases de l'agonisant galopeur breton.

L'*Arabe* a fait d'excellents petits chevaux dans la Montaghe, mais trop petits (car la race indigène est elle-même petite), trop courts de ligne pour le commerce et les exigences actuelles de la Remonte. Aussi, en dépit des théories, et bien que les Bretons appellent un *Arabe* tout cheval ayant de l'énergie et la peau fine, les éleveurs se sont-ils toujours refusé à l'employer.

Les recherches faites, dans les archives du dépôt de Lamballe depuis une cinquantaine d'années, le prouvent avec évidence. Et cependant l'Arabe bien choisi a réussi avec la jument de trait bretonne, dans certains milieux intermédiaires et même sur la côte. Mais le cultivateur, avec raison, ne saurait le prendre pour père que s'il est de couleur foncée, étoffée et s'il fait grand.

Plusieurs galopeurs bretons connus, entre autres *Amiral-III* et *d'Artagnan*, ont des ancêtres anglo-arabes. Ce n'est donc pas sans raison qu'on a pu émettre, au sujet de l'Arabe en Bretagne, les idées les plus opposées. Chacun raisonne à son point de vue spécial. Or chaque chose devrait être remise à sa place, car la production en Bretagne est variée. Mais on peut certifier que l'essai de l'étalon arabe n'a pas été fait d'une façon assez suivie pour qu'on puisse établir des constatations fermes. Il n'existe, du reste, qu'un seul étalon anglo-arabe aux Haras en Bretagne.

Le *trotteur anglo-normand* produit mal en Bretagne, *au point de vue selle*, et ne peut que mal produire : question de sol. Nous laissons ici volontairement le côté purement sportif du trotting. Tout au plus certains herbages un peu plus riches en herbe grasse et des soins spéciaux peuvent-ils bien produire en chevaux de cette spécialité ; mais encore faudrait-il envoyer dans cette province de bons étalons trotteurs au lieu d'écrémer la production normande en faveur de la Normandie et de ne réserver généralement que les « bourdons » à la pauvre Bretagne.

Les poulains non spécialement réservés au trotting, et issus de trotteurs, ont presque toujours mauvais dos et sont grêles dans leurs membres... Les trotteurs trop grands, trop gros, communs, bien que pourvus d'origine, n'ont pas assez de sang.

Si les pur-sang mal employés donnent des produits ficelles, les Normands, eux, donnent des chevaux communs, décousus et tout à fait inaptes à la selle. Le danger a été et est encore de vouloir faire tout de suite des chevaux trop grands... Déjà, il y a environ trente-cinq ans, M. A. de Lesguene, de Saint-Tréphime, président du comice agricole de Saint-Nicolas-du-Pélem, recommandait aux éleveurs de se garer avec soin du danger de vouloir faire trop grand. Le conseil est encore d'actualité.

Mais le Normand a surtout donné mauvais quand la mère n'avait pas elle-même beaucoup de sang. Il serait injuste de lui faire porter à lui seul la responsabilité que doit aussi supporter la mère. On peut citer, en effet, des produits d'*Ugolin* et d'un fils de *Noteur*, etc., qui se rapprochent du modèle de selle.

Bien, comme je l'ai dit, que la Bretagne, en fait d'étalons trotteurs, soit faiblement défendue, mais partagée et servie la dernière, tout médiocres qu'ils sont, les Normands sont nombreux dans les stations du pays.

L'envoi de *Rocambole*, fils de *Harley* et de *Tristan*, première prime à l'Exposition de 1900, pourra cependant avoir une bonne influence et corriger bien des défauts communs aux poulinières par trop négligées dans leurs formes. Il serait nécessaire de doter encore la Bretagne de quelques pères trotteurs distingués près de terre et ayant du sang. Ils seraient de bons étalons de transition. Peut être alors sera-t-on forcé d'être moins sévère pour un tel croisement.

Mais il n'y a pas que le trotteur normand, il y a encore le demi-sang anglo-normand, ce que les éleveurs exaspérés nomment le *bourdon*. « La clientèle bretonne qui est forcée d'employer (bien à regret du reste) ce genre de chevaux avoue qu'elle en a assez. » (*Le Petit-Éleveur*.)

Les Côtes-du-Nord fournissent la plus grande partie des trotteurs élevés par de petits cultivateurs. Les grandes écuries trottistes se trouvent dans le Finistère : MM. Huon Jean, Huon Guillaume, de Langle, de Kertanguy, Le Hir, etc., qui remontent assez volontiers dans les Côtes-du-Nord.

Le *Norfolk* est maintenant à la mode en Bretagne. S'il est incontestable que le Norfolk donne de brillants chevaux de voiture, je ne vois pas en lui un agent généralement améliorateur de la catégorie selle. (Il sera fait au chapitre du Midi une monographie de la race des hackneys du Norfolk.

Le Norfolk hackney avancé en sang et près de terre, avec un dessus soutenu et des aptitudes au galop(?) (il y en a peu en France et même en Angleterre), employé avec une jument bien conformée, produit, en Bretagne, de bons chevaux de selle jusqu'à un certain point, que personnellement je n'aperçois que rarement, avec une physionomie spéciale, un peu ronde, et de bien beaux mouvements au trot.

Le Norfolk *Pretender*, *Midlothian* et surtout *Flying-Cloud*, qui fut le père de *Corlay* (dont on a pu lire autre part le pedigree complet), ont fait beaucoup de bons chevaux. Mais le « beau travail » de ces animaux a peut-être aveuglé bien des éleveurs sur les défauts des Norfolks importés depuis.

Je me souviens du désespoir de feu le vicomte H. de Chezelles devant ces modernes Norfolks. Il disait : « Ces abominables boules de suif du Léonarch sont des chevaux parfaits pour un bourgeois peureux, mais point pour un gentleman, un sportsman ou un militaire. Et cependant, si on voulait croiser avec du demi-sang, puisqu'on a à tort horreur du pur-sang, qu'on choisisse plutôt quelques jolis *petits* Normands de la descendance de *Royal Oak* et d'autres reproducteurs nobles du même genre. » Vœux bien platoniques.

Ceux qui n'ont jamais vu d'étalons norfolks peuvent se rendre compte de leur modèle dans *le Sport universel illustré* d'août 1899.

Mais, il faut être juste, si le Norfolk ne fait que très rarement le cheval de selle, il fait des chevaux marchant et « marchands ». C'est ce qui explique le succès, légitime en soi, du *Norfolk-breton*. Il est même probable que si les Haras pouvaient consacrer à l'acquisition de Norfolks, en Angleterre, des sommes qui ne paraissent pas dérisoires aux Anglais, on pourrait, en Bretagne, avoir dans quelque temps de beaux spécimens de chevaux de luxe, de voiture, bien entendu.

Régions d'élevage. — On peut partager la Bretagne en trois régions, selon les catégories des chevaux qui y naissent.

1° Sur presque tout le *littoral de la Manche* on élève un cheval de trait bien caractérisé, trempé, endurant, extrêmement recherché par le commerce et vendu à des prix relativement rémunérateurs. L'exportation en est très considérable et beaucoup de jeunes poulains vont prendre du volume et de la taille en Normandie.

2° Dans tout le *Léon*, on trouve un dérivé du cheval de trait, le postier, ayant plus d'élégance, de mouvement et de sang que son ascendant; c'est un postier genre norfolk qui trotte suffisamment vite et dont quelques spécimens ont été fort admirés à l'Exposition universelle. Je n'entrerai pas dans de plus grands détails au sujet de cette race, non plus que de leurs étalons : boulonnais, arabes-boulonnais, postiers bretons, norfolks, etc.

3° Dans toute la *Montagne* et la *Cornouailles*, surtout du côté de Corlay, on trouve un cheval qui conviendrait davantage à la cavalerie légère, comme taille, qu'aux dragons; et il est en général d'autant meilleur qu'il reste plus petit; il s'élève, en effet, dans un pays pauvre, au milieu de la lande. Sa taille utile varie entre 1 m. 52 et 56.

Depuis quelques années la côte de Cornouailles, de Quimper à Quimperlé, fournit à la Remonte plusieurs beaux produits (qui cependant ne valent pas ceux de la Montagne), spécialement à Quimper, Rosporden, Scaer, Bannalec; mais les achats parcimonieusement attribués aux dépôts de Guingamp (pour favoriser les dépôts normands, prétendent les Armoricains) ne pourraient être augmentés que si les éleveurs se sentaient soutenus et encouragés. Mais chez nous, on n'encourage jamais que ceux qui réussissent. L'élevage de la Montagne tourne ainsi dans un cercle vicieux.

Le type des chevaux du *Sud-Finistère* est le type artilleur et ligne. S'il est plus grand que celui de Corlay, il est plus commun et plus lymphatique.

On rencontre parmi ces chevaux beaucoup d'excellents artilleurs trait.

Comme tous les sujets sont également communs, à quelques exceptions près, on trouve que cette race a une certaine homogénéité... On pourrait, sans danger, y infuser quelques gouttes de sang pur. Peut-être alors y trouverait-on des hunters. Mais, pour atteindre ce but, il faudrait une influence, jointe à des exemples, pour faire faire ce pas aux éleveurs qui, vendant bien leurs chevaux, s'en tiennent à ce qu'ils font.

Le 15 avril, il y a une foire à Quimper, où on peut trouver des chevaux du Sud-Finistère. Cependant un gros marchand de la région, M. Le Louët, accapare à l'avance les sujets d'élite. On peut en voir quelques-uns au concours de Brest. Mais ces chevaux sont loin d'avoir le type et les qualités du hunter que possèdent les chevaux de la Montagne et de Corlay.

Chevaux de Corlay. — Le cheval de selle de modèle harmonieux, trottant bien et galopant vite sous du poids, a été plus régulièrement produit dans la Montagne bretonne — alors que les poulinières étaient toutes indigènes — qu'il ne l'est aujourd'hui; malheureusement, la taille faisait le plus souvent défaut. Les éleveurs, poussés par des « conseilleurs qui n'étaient point les payeurs », désireux d'obtenir rapidement un cheval valant plus d'argent, ont cherché la taille et le poids dans l'importation de juments plus lourdes (au sens strict du mot) ou dans l'accouplement avec l'étalon plus corpulent. Les produits obtenus ont perdu la symétrie de leurs formes; l'influx nerveux, si puissant chez les vieux Bretons, est devenu insuffisant; bref, trop souvent, le produit a perdu de beaucoup de côtés, sans gagner grand'chose d'autre part; de plus, les pouliches ainsi obtenues sont devenues impropres à la production du cheval de selle.

« Aujourd'hui, me disait un éleveur de la Montagne qui connait son métier pour l'avoir pratiqué longtemps et avec succès, le Breton de la Montagne vit beaucoup sur la réputation acquise par ceux qui l'ont précédé. Encore un peu de temps, si on continue les mêmes errements, et le bon cheval de selle disparaîtra progressivement. »

La Montagne, heureusement, n'en est pas encore là. Le remède est dans les mains de la Remonte militaire. Elle a une grosse part de responsabilité.

Certains cultivateurs du pays de Corlay ont un élevage assez important de demi-sang. Mais aucun ne peut être comparé aux grands centres des autres provinces françaises.

Un Breton du pays de Corlay qui fait du demi-sang le fait par amour du cheval, et si, malgré son sol admirable et son élevage pratique (en liberté sur un terrain dur et accidenté qui prépare le cheval à l'obstacle), il ne réussit souvent pas bien, la faute ne vient pas toujours de lui, mais de la vente de ses belles pouliches, non conservées pour la reproduction.

Une réaction sur ce dernier point se fait d'ailleurs en ce moment.

Il faut partir de ce principe que les éléments, pour créer dans la montagne de Cornouailles (ce centre breton qui comprend une partie des Côtes-du-Nord et du Finistère), sont excellents pour la production naturelle.

Je ne saurais trop insister sur les qualités de fond, d'énergie, de résistance, de vitesse même de ces petits chevaux bien membrés et qui, réussis, sont loin d'être communs. Quelques-uns sont même très distingués.

De ces derniers on peut quelquefois en trouver dans le pays, mais surtout on pourrait très facilement en faire.

Ils sont tous d'excellents chevaux à deux fins.

Le cheval de Corlay, dépassant rarement 1 m. 55, est un peu léger, mais très trempé, très énergique et très résistant. Il est en même temps très rustique et très sobre. On fait, avec cette sorte de chevaux, de véritables tours de force de vitesse et de fond sur des distances de 100 et 120 kilomètres dans la journée. Une jument de ce pays a fait, m'assure-t-on, au trot attelé, 48 kilomètres en une heure cinquante et on m'a cité un cheval avec lequel on proposait de parier 28 kilomètres en une heure au trot attelé.

Le cheval de selle, à Corlay, était obtenu autrefois

par le croisement de la bidette du pays avec le cheval de pur sang anglais Les résultats ont été bons. Mais les éleveurs, très amateurs de courses, ayant toujours le poteau comme objectif, en continuant à avancer dans le sang d'une façon exagérée, étaient arrivés à produire des claquettes qui avaient de la vitesse et de la tenue sur les hippodromes, mais qui, dénuées de valeur commerciale, ont occasionné bien des déceptions à leurs propriétaires.

Les étalons Corlay *et* Midlothian. — A partir de 1876, le haras de Lamballe a possédé un norfolk, *Corlay* (dont la généalogie a été donnée d'autre part). Il était un peu court dans ses lignes, très membré, près de terre, de taille moyenne, 1 m. 57. *Corlay* doit une partie de sa réputation à ce qu'il a sailli une grande quantité de bonnes juments. Ainsi, les fameux Norfolks bretons, de M. Le Goualès, sauteurs extraordinaires, tenaient le meilleur de leur mère *Serpolette* (par *Gouvieux*, p.-s.), petite jument d'une rare endurance.

Un cheval norfolk, qui paraît avoir mieux produit que *Corlay*, est *Midlothian*. Celui-ci, en quelques montes, a donné *Léopard* (fort estimé en Limousin); *Sapho* au comte de Robien; *Dubot*, prix extraordinaire au concours à Paris, et son frère *Idole* (ces deux chevaux par une galopeuse bretonne) et beaucoup d'autres. Ce *Midlothian* était un cheval de beaucoup de sang et pas du tout du modèle du Norfolk que l'on voit habituellement.

Les Haras ont tenté de donner des Norfolks, spécialement à Saint-Pol-de-Léon. Ceux qu'on y a envoyés étaient affreux à tous égards. Cela a été un tolle général dont les étalonniers ont seuls profité. Les Haras ont fait depuis en Angleterre de nouvelles acquisitions qui, paraît-il, sont d'un modèle convenable pour faire des carrossiers, si j'en crois un ami, lequel assistait à la vente.

Élevage de la Montagne. — « Si on en juge par les résultats déjà obtenus, le cheval de cavalerie, le hunter, devrait se faire surtout dans la Montagne par l'emploi de l'étalon de pur sang et l'étalon de demi-sang alternativement. »

Cette opinion trouve sa confirmation si on envisage l'ensemble des poulinières, celles améliorées toutefois.

Les poulinières. — On a souvent reproché à la jument indigène de la Montagne d'être trop petite, trop chétive, trop insuffisante. Si le premier de ces reproches est mérité, le second l'est moins, car il ne faut pas juger le cheval toujours à la mine, et le troisième reproche tomberait souvent tout seul si on voyait l'animal à l'ouvrage. Au reste, on peut dire que ces petits chevaux de Cornouailles ont vécu. Les remontes veulent des chevaux plus élevés de taille, et le cheval de la Montagne a dû s'efforcer de devenir plus grand, plus lourd; la jument indigène a souvent fait place à l'étrangère, ou, si elle a été conservée avantageusement pour l'éleveur, « c'est que la lymphe a reconquis une place d'où l'avait délogée l'exercice sevère infligé aux anciens chevaux ». Car l'éleveur, qui cherche naturellement à gagner de l'argent, prendra la jument ou l'étalon qu'il jugera devoir lui rapporter, soit la prime aux concours, soit la vente du cheval à la mode, et, de cette manière, au jour le jour, on défait tout. Puis l'échec, bien constaté, est mis sur le compte du mauvais élevage par les uns, et de la mauvaise qualité par les autres. Mais voilà autant de bons chevaux en moins.

Les juments qui ont mieux produit, et quand je dis qui ont le mieux produit, on peut entendre absolument, et comparaison faite avec les juments de pur sang employées dans la Montagne, aussi bien qu'avec celles de demi-sang, ont été les juments indigènes issues de juments déjà près du sang, ayant montré une grande endurance en chasse ou en service, et d'étalons de sang anglais ou anglo-arabe.

Aujourd'hui, il faut que les mères soient plus rapprochées du sang pur que ne l'étaient certaines bonnes poulinières d'autrefois.

L'*indigénat* des poulinières est, surtout en Bretagne, un des plus importants facteurs du succès.

Le terrain est une autre cause d'insuccès fréquent, car il manque absolument d'homogénéité et à une distance très rapprochée d'un bon quartier s'en trouve un autre très mauvais pour l'élevage. Cela explique des insuccès obtenus avec de belles juments dans un endroit, tandis que le voisin a réussi avec une mère bien moins favorable.

Il y a donc dans la Montagne bretonne deux catégories principales de juments poulinières. Les unes sont plus ou moins avancées dans le sang; les autres, assez proches du cheval de trait, sont excellentes lorsqu'elles ont les caractères de la « bidette », c'est-à-dire de la petite jument trapue, très laitière et par conséquent très bonne nourrice.

Avec elles, le cheval de pur sang donne généralement un excellent serviteur, cheval d'armes ou de chasse.

On verra plus loin le goût qu'ont les Bretons pour les courses au galop. Toutes les fois qu'un éleveur a produit un Anglo-Breton, trop souvent il compte sur lui comme gagnant. De là sa tendance à avancer le plus possible dans le sang; de là, aussi, le défaut de conformation, genre claquette, dont je signalais plus haut le danger. Ce sont les programmes qui en sont la cause. Il faut produire la vitesse; on y va, au prix de toutes les autres qualités. Mais il paraît — et je le crois sans peine — qu'il serait très difficile de réglementer, d'une façon utile pour l'élevage, les courses de demi-sang galopeurs.

Certains éleveurs disent qu'avec les juments trop près du sang on doit revenir au gros pour refaire des mères et des animaux utiles, soit en employant l'Anglo-Normand, pas trop grand et distingué, soit en employant surtout le demi-sang breton.

Les éleveurs. — Dans la précédente édition, plusieurs éleveurs avaient été nommés. Des omis ont réclamé et je me suis rendu à leurs raisons L'un d'eux, en effet, m'écrit : « Dans tout le pays qui a élevé le demi-sang, il n'y a pas un haras, pas une ferme d'élevage au sens strict du mot; il y a une population de cultivateurs qui sont, en majeure partie, éleveurs de chevaux. Bien rarement, il se trouve qu'un éleveur ait deux poulinières à la fois; l'éleveur est d'abord cultivateur : il vit de sa ferme, lui et sa famille; sur la ferme sont produits les aliments du personnel et ceux des bestiaux, en même temps que la nourriture des chevaux de travail et des demi-sang. Les fermes peu importantes sont en moyenne de 10 à 25 ou 30 hectares (prairies, landes, terres labourables, vergers), louées de 60 francs à 70 francs l'hectare. Dans ces conditions, nommer des éleveurs serait faire un peu acte de partialité. »

Il ne faudrait pas cependant, en lisant ce chapitre, conclure qu'il est facile de trouver des chevaux de selle en Bretagne. Certes, ils pourraient s'y trouver et aussi bons que dans le Midi. Mais ils n'y sont qu'en très petite quantité. Cela tient à beaucoup de causes; nous avons dit que le cheval de trait seul y est rémunérateur. De plus les Haras n'ont pas l'air d'encourager l'élevage selle : quatre départements bretons comptant 37,500 poulinières n'ont à leur disposition (1900) que treize étalons de pur sang, alors que onze départements du Sud-Ouest (28,000 poulinières seulement) possèdent 76 étalons pur sang.

La Bretagne n'est pas mieux traitée, je l'ai déjà dit,

quant au choix des étalons trotteurs anglo-normands ou des demi-sang anglo-normands.

Aussi, ne s'étonnera-t-on pas de cette lettre qu'un inspecteur général des Haras, aujourd'hui à la retraite, voulut bien m'écrire à l'occasion de la première édition de ce livre :

La Remonte achète peu en Bretagne pour cette raison qu'il n'y a presque rien de bon à y acheter, sauf d'excellents artilleurs trait. J'ai inspecté ce pays-là et je sais où il en est : tout le littoral nord et sud a été grisé par la facilité de production et d'écoulement du petit cheval commun dont l'usage est à la portée de 99 p. 100 de nos consommateurs.

La partie montagneuse, Corlay spécialement, a eu, jadis, un filon remarquable, qu'elle n'a pas su, malheureusement, exploiter longtemps : avec de bons norfolks et les juments indigènes, imprégnées plus ou moins de sang arabe, elle a fait de *vrais* chevaux; l'étalon *Corlay* en a été le meilleur spécimen, mais il n'était *que* beau, net, harmonieux, puissant et distingué à la fois; son action n'était *que* régulière, brillante, séduisante au possible.

La « bienfaisante (?) » influence des courses au trot a changé tout cela et à la place des *Corlay*, il a fallu des *Tigris*, de *Fuchsia* et d'autres monstres tarés et corneurs essayant de faire le kilomètre en 1 h. 25! Et voilà pourquoi la remonte de Guingamp en est réduite à 504 troupiers (20 dragons, 85 légère, 399 artilleurs) et à 25 têtes (3 dragons, 7 légère et 15 artilleurs)!

Qu'on veuille bien méditer ces chiffres qui indiquent la prédominance énorme du cheval de trait et de sang trotteur, l'état actuel de l'élevage en Bretagne, l'état actuel, et, plus que probablement, l'état de l'élevage futur... heureux encore si cette proportion veut bien se maintenir.

Et pourtant, les hommes de cheval sont tous d'accord sur la question. Voici des extraits du rapport de M. Lascaux, vétérinaire en premier du dépôt de Guingamp :

Si six à sept cents sujets sont livrés au pur-sang, la Remonte n'en achète qu'une trentaine : c'est que les éleveurs cherchent à produire le gros ou à faire du trotteur; ils y consacrent les plus belles poulinières et ne donnent que la *rossaille* au pur-sang...

Et plus loin :

L'élevage du cheval de selle, du demi-sang galopeur tend à disparaître, parce que le paysan cherche à faire du cheval à deux fins. Dans ce but, ils ont demandé à l'administration des étalons normands et malheureusement leurs vœux ont été exaucés. Le résultat de cette mesure a été funeste à la Remonte. Il ne faut pas juger ces produits par ceux qu'on a admirés aux concours hippiques : animaux choisis entre mille, bénéficiant d'une réclame souvent bruyante; ils sont l'exception. Les autres, sous l'influence du croisement normand, ont perdu le cachet d'élégance, la longueur des lignes, l'*aptitude au galop;* les mauvais dos réapparaissent... Quoi qu'il en soit, ajoute M. Lascaux, en raison du mode d'élevage les chevaux bretons ont conservé, malgré tout, leurs principales qualités; ils sont toujours rustiques et très endurants et, quoiqu'un peu moins coulantes qu'autrefois, les allures sont encore très bonnes.

Il est assez piquant de trouver chez deux connaisseurs, l'un des Haras, l'autre des Remontes, une opinion aussi pareille sur l'influence du Normand... en Bretagne du moins.

Un bon fermier breton, malgré les déboires de l'élevage du cheval de sang, a, par pur amour du cheval, une ou deux poulinières, suivant l'importance de sa ferme.

Mais le cheval de selle ne se trouve, pour ainsi dire, en Bretagne, que dans les cantons de Corlay, Saint-

Nicolas-du-Pelem, Rostrenen, Mur, Guarec (Côtes-du-Nord, Scaer (Finistère), Bannalec, le Faou... Un changement assez singulier se produirait de nos jours dans l'aire de production des chevaux de remonte. Le Finistère semblerait se mettre à en produire dans les régions où on en faisait moins jadis, tandis que les meilleurs pays des Côtes-du-Nord et du même Finistère élèveraient, de plus en plus, le cheval commun.

Cet élevage est donc réparti entre les Côtes-du-Nord et le Finistère, qui produisent environ 2,500 à 3,000 poulains par an.

On ne peut l'acheter que chez le cultivateur, en se servant de courtiers ou de guides vous menant de ferme en ferme, ou vous formant, moyennant une commission, des réunions de chevaux à un endroit désigné d'avance.

Il n'y a pas de foires pour ce genre de cheval; on n'y conduit que ceux qui sont tarés.

Les marchands n'existent pas; seulement quelques courtiers.

Les concours hippique et de dressage donnent lieu à de nombreuses transactions. La Remonte en profite pour faire beaucoup d'achats et y est toujours représentée. Il y en a plusieurs en Bretagne : celui de Nantes, le plus important comme sommes distribuées, est organisé par la Société hippique française; puis Brest, Morlaix, Vannes, Rennes, Saint-Brieuc, qui dure quatre jours, et celle de Corlay, qui dure un jour.

On peut en connaître les dates en s'adressant aux mairies des villes où elles ont lieu.

Ces concours ont une très grande influence sur l'élevage et la vente des chevaux de selle. Ils devraient être plus encouragés par l'administration et subventionnés en proportion de leur importance, en dehors de toute question politique et de réclame électorale.

La production du cheval d'armes, surtout du cheval de légère, qui est encore importante dans les cantons ci-dessus désignés, est onéreuse pour les cultivateurs et ils l'abandonneraient totalement s'ils n'avaient l'espérance de récolter quelques primes dans les concours.

Les galopeurs bretons de demi-sang. — Ephrem Houël, dans le *Traité complet de l'Elève du cheval en Bretagne* consacre un chapitre aux courses régionales en 1842. A cette époque, elles avaient déjà, paraît-il, dégénéré. Elles se tenaient à Saint-Brieuc, à Saint-Michel-en-Grève, à Corlay, à Langonnet, à Ploërmel, à la Martyre, dans le Finistère, à Quimper :

Le coureur est un cheval des montagnes, plus laid que beau, plus petit que grand; sa tête est toujours belle et expressive, ses jambes sont nerveuses et sèches, ses sabots durs et parfaitement conformés : tout annonce la vigueur et l'énergie chez ce petit être dégénéré, orgueil et trésor de son pauvre maître. Sa selle est un sac garni de paille, attaché avec une corde ; le plus souvent il n'en a pas. La bride est une longe passée au-dessus de la tête, quelquefois un mors y est attaché, quelquefois la corde en tient lieu.

Le jockey est un petit homme de douze à quinze ans; sa chemise et sa culotte de toile composent tout son ajustement : un mouchoir relève sa longue chevelure; ses jambes sont nues; il porte un éperon, mais la boucle de cet éperon blesse ses pieds, et souvent son sang se mêle à celui qui jaillit de la veine de son coursier... Ils partent!!! souvent au nombre de dix ou douze, quelquefois plus; mais quel terrain ont-ils à parcourir? C'est tantôt une route dure et inégale, tantôt des marais fangeux, tantôt des sentiers serpentant dans les rochers. Quand on n'a pas vu ces luttes périlleuses, on ne peut s'en faire une idée : là, est un torrent à franchir; là, une descente rapide suivie d'une montée aussi rude; là, un bourbier épais : rien ne les arrête; ils volent à travers les bruyères, les rochers, les ravins, comme un groupe de sylphes aériens suspendus aux crinières des chevaux errants dans les bois. Ils font ainsi des courses de 4 à 5 kilomètres. Rarement il arrive d'accidents... On dirait une course de Newmarket; mais ce n'est pas pour 25,000 francs que le Breton a couru, c'est pour un mouton de 3 francs.

On voit que le programme de nos courses modernes a tant soi peu dégénéré et que le prix du mouton a augmenté.

Cependant l'amour du cheval est resté le même en Bretagne et les demi-sang galopeurs sont encore la passion du paysan breton.

Les demi-sang galopeurs bretons modernes sont faits principalement avec l'étalon de pur sang anglais et la jument indigène, produite elle-même par des croisements successifs avec l'étalon de demi-sang ou de pur sang. Un certain nombre de galopeurs descendent du pur-sang anglais et de juments réformées de l'armée ou importées d'autres pays. Mais pour que ces derniers galopeurs gagnent contre les premiers, il faut que leurs mères soient très rapprochées du sang anglais pur, ou, pour dire vrai, de véritables juments de pur sang démarquées dans leurs pérégrinations.

Sur un bon terrain en ligne droite, le pur-sang anglais de même valeur aura, sous un petit poids, l'avantage sur les demi-sang bretons, du moins sur une petite distance, car il y a des demi-sang bretons capables de battre sur une longue distance, avec du poids, bien des chevaux de pur sang.

Mais actuellement les poids sont à peu près les mêmes pour les demi-sang que pour les pur-sang. La distance minima est de 2,000 mètres. La maxima, de 3,000, qui n'est du reste courue que trois fois pendant la saison et pour des prix peu importants.

Dans les produits qui ont été bons et se sont fait un nom, on peut citer : le légendaire fils de l'excellent étalon de pur sang arabe *Bédouin*, le cheval *Moggy*, qui battit très facilement un très bon cheval de chasse anglais sur 32 kilomètres, en route accidentée de Saint-Brieuc à Guingamp. *Bédouin* fit la monte en Bretagne, de 1828 à 1836.

Quelques années plus tard, courut la jument *Miss Flora*, par *Paradox*, pur-sang, qui fit la monte en Bretagne de 1840 à 1844, et y donna, dit Ephrem Houël, des chevaux de demi-sang d'un rare mérite. *Miss Flora* battit de très bons chevaux au trot, au galop en obstacles.

Depuis une quarantaine d'années, ont surtout brillé des produits d'*Horace* (par *Mameluck*); de *Gouvieux*, le meilleur fils de *Lanescot*; de *Boléro*, fils de *Y. Emilius*; de *Beauvais*, gagnant du Derby; de *Marin*; de *Chassenon* (par *Gontran*), etc.

Dans les meilleurs produits on peut citer *Horace* (par *Horace*, pur-sang); *Espoir-de-la-Patrie* (par *Gouvieux* ou *Guillaume le Taciturne*, tous deux pur-sang, et une fille d'*Horace*, pur-sang). Ce cheval battit souvent des chevaux de pur sang des grandes écuries qui lui furent opposés en plat ou en obstacles, et gagna il y a une trentaine d'années près de 50,000 francs.

La jument *Graziella* (par *Beauvais* et une fille de *Gouvieux*) manquait un peu de vitesse, mais gagna souvent en obstacles. La jument *Hétus* (par *Beauvais* et une fille de *Guillaume le Taciturne*, sœur utérine d'*Espoir-de-la-Patrie*), *Biniou* (par *Sposo*, pur-sang, et une fille de *Chassenon*, autre sœur d'*Epoir*); *Biniou*, de petite taille comme son oncle (environ 1 m. 55) battit plusieurs fois en steeple de bons pur-sang comme *Turco*, *Horloger*, etc., *Perplexe* (par *Seymour*, pur-sang). La fameuse jument *Pistache* est fille d'une demi-sang bretonne d'une famille de galopeurs.

Beaucoup d'autres chevaux, très vantés, n'ont de demi-sang que l'étiquette, et peuvent être réellement considérés comme des pur-sang. De gros poids, de longues distances, une réglementation très sévère de la qualification pourraient seuls empêcher la fraude.

Les animaux que je viens de citer peuvent être regardés comme très supérieurs quand on estimera qu'ils possédaient toutes les qualités réunies : vitesse, fond, courage; aptitude à porter du poids, à sauter de gros obstacles sous du poids, en terrain difficile, et à tenir la distance dans ces conditions.

Le passé des galopeurs bretons a donc été honorable, car, presque sans encouragements, ils ont largement contribué à la réputation des chevaux de la Montagne bretonne.

Issus tout d'abord de pur-sang et de juments bien trempées qui avaient fait leurs preuves en chasse parfois, sur route souvent, mais toujours montées à un train sévère, ils ont été chevaux de service sérieux et ont souvent fait parler d'eux à la suite de paris.

Il ne faudrait pas croire que les seuls demi-sang galopeurs soient ceux qui ont gagné sur l'hippodrome. Combien, élevés dans le but, n'ont pu pour une cause ou une autre y figurer?

Cependant, les galopeurs bretons sont appelés à disparaître dans un temps plus ou moins rapproché, et cela pour plusieurs raisons :

Les encouragements mis à leur disposition sont minimes (1). De plus, il devient de plus en plus diffi-

(1) *En plat :* Saint-Brieuc, 1,100 mètres, 1,200 francs en une course pour demi-sang des Côtes-du-Nord.

Carhaix, 3,000 et 2,000 mètres, 800 francs en deux courses pour demi-sang de Lamballe et d'Hennebont.

Quimper, 2,500 mètres, 1,000 francs pour des chevaux des mêmes circonscriptions.

En obstacles : Pontivy, Saint-Brieuc, Châteaubriant, une course de 1,200 francs.

Corlay, 1,000 francs, Carhaix, 500 francs.

Les galopeurs bretons peuvent encore concourir contre tous

cile aux demi-sang bretons de courir avec chance contre les pur-sang introduits par fraude dans leur catégorie. M. Baume, de *la France chevaline*, a insisté avec raison sur cette plaie de plus en plus grave et que les commissaires devraient par leur sévérité s'appliquer à faire disparaître.

Les programmes des courses de demi-sang sont également mal compris et poussent à l'affinement du modèle, au lieu de sélectionner les sujets, osseux, amples et capables de galoper sous du poids.

Les Haras, naturellement, refusent d'acheter le demi-sang galopeur, ne lui reconnaissant aucune qualité de reproducteur comme demi-sang.

Les Remontes, elles, ne peuvent acheter un nombre suffisant de galopeurs pour encourager l'élevage, leur modèle irrégulier les forçant à regret à se rabattre sur un ensemble de chevaux moins près du sang, mais mieux conformés. Cependant, dans la liste des chevaux payés le plus cher en 1899, la majorité a des pères de pur sang (1).

Il n'est donc pas étonnant que l'éleveur s'éloigne de

chevaux sur plusieurs autres hippodromes : Rostrenen, Loudéac, Lorient, Vannes, La Martyre, Plestin-les-Grèves, etc.

(1). L'échelle des prix pour les chevaux dont on cite ci-dessous les origines descend de 1,825 francs à 1,300 francs : par *Grisolet* p.-s. — *Le Piégeur*, p.-s. — Corlay. — *Kirch*, p.-s. et Gitana par *Tambour de Basque*, p.-s. — Dréau, Althorp-Wonder. — *Sposo*, p.-s. Corlaye. — *Basque*, p.-s. et Fleur de Thé. — Dréau. — *Basque*, p.-s. et Ulysse. — Loriot, Gravier, 2 *Le Piégeur*, p.-s. 3 *Sposo*, p.-s. — 5 *Basque* p.-s. — Cheriff. — Corlay. — *Kirch*, p.-s. — Loriot.

En prenant dans les listes de chevaux payés le plus cher en 1899 par la Remonte, en nous arrêtant au chiffre de 1,800 francs inclus, nous voyons que le dépôt de Caen a payé de 3,400 à 1,800 plus de 26 chevaux; celui de Saint-Lô, environ 10; celui d'Alençon, 29; celui de Fontenay, 23; celui de Mâcon, 17, et celui de Guingamp, seulement 6.

plus en plus de la production du cheval de demi-sang spécialisé dans les courses au galop. Somme toute, ce demi-sang est appelé à disparaître comme cheval de course au galop. C'est un gêneur dans le budget du demi-sang.

Mais la Montagne produira toujours beaucoup de chevaux, qu'ils soient de trait ou de selle. Il est vraiment dommage que cette dernière production ne soit pas dirigée et encouragée de façon non pas à prédominer, mais seulement à pouvoir vivre. Quoi qu'il en soit on peut citer, pour finir, cet extrait de MM. de Simonoff et de Mœder, dignitaires des Haras russes : « La transformation chevaline en Bretagne est pour ainsi dire en stade de formation, et c'est l'avenir qui montrera les résultats finals. » Il est à craindre que la question ne se résolve pas dans le sens cavalier.

Statistique 1901

HARAS D'HENNEBONT

Pur-sang anglais	6	Demi-sang normands ou	
— arabes	»	— vendéens	59
— anglo-arabe	1	— trotteurs	11
Trait percherons	11	— Norfolk anglais	14
— bretons	15	— Norfolk bretons	37

Total des étalons..... 154.

HARAS DE LAMBALLE

Pur-sang anglais	6	Demi-sang normands ou	
— arabes	»	— vendéens	39
— anglo-arabe	»	— trotteurs	25
Trait percherons	80	— Norfolk anglais	20
— boulonnais	4	— Norfolk bretons	38
— bretons	29		

Total des étalons..... 241.

Soit pour ces deux dépôts 243 demi-sang, dont peu sont capables de produire de vrais chevaux de selle,

139 étalons de trait, contre 13 pur-sang, dont un anglo-arabe.

POPULATION CHEVALINE.		EXPORTATION.
Finistère.....	105,000 têtes	16,000 poulains
Côtes-du-Nord	95,000 —	25,000 —
Ille-et-Vilaine.	75,000 —	8,000 —
Morbihan.....	40,000 —	» —

Dans l'Anjou. — Le cheval angevin se trouve dans le Maine-et-Loire et dans la Loire-Inférieure.

Dans le *Maine-et-Loire*, 153,997 hectares nourrissent 55,000 chevaux et juments et un nombre considérable de bestiaux.

Le département est naisseur et non éleveur ; à six mois, les meilleurs produits sont achetés par les éleveurs de la Loire-Inférieure, de la Vendée, des Deux-Sèvres. Ceux qui restent sont attelés dès deux ans « à des carrioles qu'ils mènent grand train ». Ces chevaux sont promptement tarés.

La production du cheval de trait proprement dit, soutenue par l'industrie privée, y est très florissante.

« En somme, écrit M. le vétérinaire en premier Colin, de la Remonte d'Angers, les tendances de l'élevage sont mauvaises au point de vue selle » ; et les Haras, ajoute-t-il, ne font rien en sa faveur.

Le dépôt d'étalons d'Angers compte 11 pur-sang anglais, 91 normands, 4 trotteurs, 5 norfolks et 33 étalons de gros trait.

On trouve assez souvent dans l'Anjou des chevaux de selle (un peu usagés) vendus par les veneurs, à qui, si on est bien renseigné, on peut acheter quelques bons chevaux. L'école de cavalerie de Saumur, où beaucoup d'officiers ont des chevaux à eux, est un centre où on pourrait à l'occasion trouver à très bien se remonter en chevaux de provenances diverses, généralement très bien dressés.

Dans la *Loire-Inférieure*, la production chevaline est dépendante du haras de la Roche-sur-Yon.

Sur 225,000 hectares, 40,000 chevaux produisent annuellement 4,000 poulains. Ils n'ont pas de type très défini, sont très mal élevés, mais arrivent souvent à être très bons, surtout du côté de Mâchecoul et sur les deux rives de la Loire en aval de Nantes. Les prés y sont excellents, le climat tempéré. On pourrait y réussir le bon hunter comme en Vendée. Les causes qui s'y opposent sont les mêmes que pour les autres régions. Cependant c'est dans ce département que le dépôt de remonte d'Angers achète ses meilleurs chevaux de selle.

LE CHEVAL DU MIDI

CHAPITRE XI

GÉNÉRALITÉS (1)

Le pays des chevaux de selle. — Historique : anciens croisements nombreux : L'Arabe, l'Anglais, l'Anglo-Arabe. — État de l'élevage en 1850 et 1877. — Les reproducteurs actuels. — Le demi-sang du Midi. — Régions d'élevage. — Qualités du cheval du Midi ; galop, trot, saut, fond. — Raid de Bruxelles-Ostende. — Opinion des étrangers. — Les croisements Norfolk. — Les poulinières. — La taille. — Les prix. — Rareté du cheval d'âge.

Le pays des chevaux de selle. — Si je ne craignais d'être injuste, en me montrant trop exclusif, je dirais que les chevaux de selle ne se trouvent qu'en dessous de la Loire. En France surtout, c'est le sol, et non pas les hommes qui font le cheval.

Un sportsman du Midi me disait pittoresquement : « Pour moi, toutes les prairies où vous mettez un bœuf

(1) Une partie des documents statistiques contenus dans les chapitres du « Cheval du Midi » a été tirée du *Bulletin hippique du Midi*, très intéressante publication dirigée par M. Fourcade-Peyraube, l'un des meilleurs éleveurs de la plaine de Tarbes.

maigre et où vous allez chercher trois mois après un bœuf gras, font mal le cheval. »

Ce paradoxe a un fond de vrai, car, dans le Midi, les pâturages qui paraissent les moins riches sont ceux où on élève les meilleurs chevaux.

Historique. — Dès 1660, le duc de Newcastle décrivait le cheval du Midi de la façon suivante :

Les exemplaires réussis de cette race sont les plus nobles chevaux du monde, car de la pointe des oreilles jusqu'au sabot de derrière tout est beau en eux. Ni si légers que le Barbe, ni si lourds que le Napolitain, patients, courageux et aisés à dresser, ils brillent en outre par de magnifiques allures; leur pas, leur trot, leur galop ne laissent rien à désirer. Il n'y a pas, à mon avis, un cheval qui pourrait aussi bien convenir à porter un monarque dans une entrée triomphale ou sur un champ de bataille.

Montaigne écrivait : « Les Gascons avaient des chevaux terribles, accoutumés de virer en courant, de quoi les Français, Picards, Flamands et Brabançons faisaient grand miracle pour n'avoir accoutumé à le voir. »

Et, bien qu'on attribue la qualité des chevaux du Midi au sang oriental infusé lors de l'invasion des Maures, déjà Strabon assurait que les Romains recherchaient la cavalerie de ce pays.

Dans les temps préhistoriques le cheval existait dans la région pyrénéenne. On a trouvé des squelettes de chevaux de l'époque du renne dans les grottes de Lourdes. Et d'après les dessins des troglodytes, ils devaient, comme proportions, ressembler aux chevaux actuels de la Camargue.

En descendant des Pyrénées, où l'on fait ce joli cheval plein de sang et d'endurance, avec pourtant des membres souvent trop grêles, en suivant les cours d'eau qui viennent se jeter dans la Garonne, on voit, au fur et à mesure qu'on s'avance vers le nord, la race grossir, grandir, prendre de l'os et conserver sa qualité sous plus de volume. Mais quand on a dépassé Lectoure, Saint-Clar, Beaumont-de-Lomagne, la terre devient plus riche, plus fertile; les chevaux, eux, deviennent plus épais et perdent un peu de qualité. On arrive alors à la plaine de la Garonne, où l'on fait du bœuf et du cheval agenais. De l'autre côté de ce fleuve, vers Villeneuve-d'Agen, Cahors et Gramat, on produit encore de bons chevaux. « En tirant une ligne, écrit Maubourguet dans une de ses chroniques, de Saintes à Annecy, au sud, il y a tous les ans trente mille poulains... qui aspirent à l'honneur de porter un jour leur cavalier... »

Le cheval du midi de la France doit certainement ses précieuses qualités au sang oriental transmis par les étalons des Maures, alors que les Pyrénées, seules, nous séparaient de leur empire, et surtout à l'influence du climat, du sol et de la configuration du terrain.

Anciens croisements nombreux. — Les éléments de croisement ont été si variés et si nombreux que, s'il faut en croire les dires des personnes expérimentées qui, dans leur grand âge, ont précédé notre génération, déjà dans leur temps les différents types de chevaux indigènes n'existaient plus ou presque plus. Les quelques sujets qu'on rencontrait par hasard étaient bien dégénérés, petits et inutilisables à un service sérieux.

Avant la Révolution, les Haras soignaient particulièrement la province de Bigorre (qui comprenait aussi la plaine de Tarbes). Ils y entretenaient 50 étalons andalous, anglais, normands et anglo-normands — qui dira l'influence néfaste de ces derniers étalons dont Bonneval, directeur des Haras en 1806, signale le lymphatisme exagéré? — et 1,300 poulinières.

Tout fut, naturellement, balayé par la tourmente de 93.

En 1806, Napoléon Ier rétablit l'administration des haras; mais il ne put, cela va sans dire, reconstituer la race par le le même décret.

L'Arabe. — Napoléon admirait beaucoup le cheval oriental. Il envoya de nombreux étalons égyptiens à Tarbes, et tout paraissait marcher un peu mieux lorsque le pays se vida presque complètement de chevaux, au moment où l'armée d'Espagne alla renforcer l'armée de Russie.

La reconstitution de la race se fit ensuite avec des éléments tirés de la Navarre espagnole, de la Bretagne, de l'Agenais. Quelques écuries qu'on peut citer encore firent race avec les juments blessées de l'armée de Wellington et, chose remarquable, les premiers étalons améliorateurs vinrent de l'Andalousie et du Mecklembourg. Un étalon arabe nommé *Mahomet* fit souche dans les cantons montagneux d'Argelès. On parle encore de ses produits. (Maubourguet.)

Les courses créées en 1807 mirent en évidence comme fond et vitesse les produits du Midi et spécialement de Tarbes, contre ceux du Limousin et de la Bretagne; ils étaient sur 4,000 mètres de plus de 30" plus vite que ses derniers.

De 1806 à 1814, une légère troupe était achetée 350 francs et même en 1844 Sablon, dans une brochure sur la disparition du cheval léger, écrivait qu'un cheval de troupe n'était payé au maximum que 600 francs; le peu d'enthousiasme des paysans pour l'élevage s'expliquait bien par cette modicité de prix.

L'Anglo-Arabe. — Les tâtonnements durèrent jusqu'en 1830. Auparavant le *Navarrin,* dans la période qui précéda cette année, était un vilain animal, dégénéré, sans dessus et sans dessous, brillant et avec des allures raccourcies.

On demanda au sang pur anglais de corriger tous ces défauts : ainsi fut créée la race *bigourdane*, dont la plupart des produits furent enlevés, en deux morceaux et légers de membres.

Cependant quelques éleveurs, mieux avisés, employèrent alternativement l'Arabe et l'Anglais sur les pouliches obtenues.

Gayot écrivait : « Ce métissage produisit les plus heureux résultats. L'Anglo-Arabe de pur-sang était destiné à couronner l'œuvre en la consolidant. »

Les chevaux ainsi obtenus se nommèrent *tarbais*. Cette race eut trois facteurs : les chevaux indigènes, et les sang anglais et arabes purs, séparés ou réunis dans le même individu. Ces tentatives furent couronnées de succès.

En 1851, Gayot fit établir ce qu'il nommait leur « état civil ». Il n'admit dans ce stud-book que les animaux bien conformés. Or voici le pourcentage des différentes catégories :

Ascendance arabe sans mélange de sang anglais. . .	13.91 0/0
Ascendance anglaise sans mélange de sang oriental.	1.47 —
Ascendance anglo-arabe par croisement alternatif. .	84.62 —

L'Anglais. — Mais bientôt l'anglomanie triompha. Les étalons de pur sang anglais s'imposèrent par leur vitesse en courses. Le mouvement commença vers 1833. « On ne mit plus à la disposition de l'éleveur que des étalons pur sang inférieurs ; on cessa de lui fournir des Anglo-Arabes et on lui offrit des étalons de pur sang anglais trop hauts, trop plats, trop minces. L'Exposition hippique de 1860 eut dû faire voir l'étendue du mal », qui commença à se faire sentir en 1852 d'une façon officielle, bien qu'auparavant plusieurs tentatives eussent été faites dans ce sens.

Vers cette époque, la composition du haras de Tarbes

est fort instructive : sur 100 étalons, 24 étaient de pur sang anglais, 10 arabes, 8 anglo-arabes, 48 de trois-quarts sang, 10 de demi-sang.

Etat de l'élevage en 1877. — Mais les Haras, réorganisés en 1874, revinrent au sang arabe et anglo-arabe. Des documents remontant à 1877, qui considèrent ce qu'a produit cette composition d'anglais, d'arabe et d'anglo-arabe dans les croisements de nouveau tentés, nous renseignent sur les résultats, en n'envisageant bien entendu que des poulinières améliorées :

1° Les fils d'Arabes purs ne pouvaient servir à la cavalerie, comme trop légers et trop petits.

2° Le pur-sang anglais croisé avec des juments bien choisies a fabriqué de bonnes poulinières quand l'infusion du sang n'a pas été poussée trop loin.

3° Le pur-sang anglo-arabe n'a pas une hérédité assez stable, défaut qui s'est transmis jusqu'à nos jours à beaucoup d'étalons de cette race.

4° Les Anglo-Normands ont produit de mauvais chevaux, défaut signalé de tous temps, même avant la Révolution (1).

Les reproducteurs actuels. — Aussi est-il naturel qu'actuellement où la poulinière est améliorée une plus grande part — je ne dis pas la plus grande — soit donnée au pur-sang anglais *bien choisi*, puis au pur-sang anglo-arabe, et surtout dans l'avenir au cheval de demi-sang anglo-arabe.

Car si l'emploi aveugle et immédiat du pur-sang anglais a donné de mauvais produits avec des poulinières quelconques, ceux-ci n'ont pas été aussi nombreux qu'on a bien voulu le dire et ce sont surtout les partisans des chevaux de trait qui en ont exagéré le

(1) L'historique particulier des chevaux de chaque région sera développé dans les chapitres qui vont suivre.

nombre et les défauts, ainsi que jadis les officiers de cavalerie, lesquels souvent ne recevaient dans leurs régiments que les déchets de l'élevage, grandes « bringues » quinteuses avec de mauvais membres et décousues.

Si l'infusion abondante du sang pur anglais a des chances de réussir dans un haras riche et bien dirigé, le résultat est presque toujours raté quand il est laissé aux mains des petits éleveurs; et c'est ce qui arriva. Mais, lorsqu'on revint à l'arabe, il se trouva que presque toutes les juments étaient filles d'Anglais. De sorte qu'on peut dire que tracé ou non, tout cheval du Midi est plus ou moins anglo-arabe.

Aujourd'hui, le reproducteur de pur sang est plus judicieusement choisi, compact et près de terre. Il peut même être employé deux fois de suite par le bon éleveur, c'est-à-dire *par celui qui nourrit bien sa cavalerie*. Sans cette dernière précaution, il aura des produits enlevés et ne valant absolument rien; on ne doit donc s'en servir un peu abondamment que dans les contrées riches et fertiles.

Assurément, le meilleur croisement pour obtenir un cheval de selle dans le Midi a été jusqu'à présent le croisement alternatif de l'Arabe et de l'Anglais; c'est celui qu'on emploie avec des juments anglo-arabes, arabes, anglaises et de demi-sang du pays, car il faut rester avec soin dans des limites judicieuses, pour ne pas affranchir la dose du sang indigène, appelées à créer et à fixer la race du demi-sang anglo-arabe.

Il paraît aussi nécessaire que la plus grande partie des poulinières se rapproche plutôt du sang arabe et soit constitué par des animaux au moins à 50 pour 100 d'arabe.

Il sera parlé plus loin de l'*Anglo-Arabe* pur et de l'Anglo-Arabe dit sélectionné à 25 ou à 50 pour 100, que ses créateurs espèrent pouvoir tirer dans sa descendance par des unions *in and in*. La réussite serait à souhaiter si les produits successifs réunissent les qualités des reproducteurs actuels.

Régions d'élevage. — Le bon demi-sang du Midi se trouve dans la région qui comprend les vallées de la rive gauche de la Garonne, sur la première moitié de son cours, c'est-à-dire le Gers, la Haute-Garonne, le Tarn-et-Garonne d'une part, la région de Tarbes et de Pau d'autre part, et enfin les Landes. On peut y joindre l'Ariège, l'Auvergne, le Médoc et certaines régions de la Dordogne.

Depuis quelques années, le canton de Saint-Gaudens —signalé déjà par M. de Bonneval (directeur des Haras 1806-33) comme produisant très bien — et celui d'Aurignac dans la Haute-Garonne, s'améliorent d'une façon très active. Les chevaux y ont de la qualité. Je crois qu'il faut attribuer le privilège dont jouissent ces contrées à la configuration montagneuse du pays qui ne permet pas aux habitants d'abuser de l'ardeur de leurs chevaux, et qui règle à leur insu la vitesse et la durée de l'allure. Les chevaux y sont forcément plus ménagés, tout en travaillant d'une façon utile à leur développement.

Les prairies nombreuses et excellentes, sèches, à flanc de coteau, se prêtent merveilleusement à l'élevage. Il faut aussi signaler certaines influences locales qui leur ont presque toujours assuré dans les stations d'étalons des reproducteurs de qualité.

Les plus mauvais chevaux se font dans l'Aude, l'Hérault et le Gard.

Qualités du demi-sang du Midi. — Je ne pourrais trouver un éloge plus grand de nos chevaux du Midi que celui qu'en fait M. Gallier dans *le Cheval anglo-normand :*

En voyant passer parfois, au retour des grandes manœuvres, des chevaux maigres, fatigués, la plupart indisponibles et menés haut le pied, on éprouve un pénible serrement de cœur et l'on ne peut, sans effroi, envisager l'éventualité d'une guerre de longue durée. Ce sont particulièrement nos chevaux de ligne et de réserve qui paraissent souffrir. Quant à nos chevaux du Midi, achetés dans les dépôts de Tarbes, d'Agen, de Guéret, de Mérignac et d'Aurillac, ils sont incomparables, d'une rusticité remarquable et capables de faire, en campagne, de véritables tours de force.

Le marquis A. d'Ayguevives, si parfait sur l'obstacle, achète ses chevaux dans toutes les régions du Midi, dans le Gers, à Tarbes, à Saint-Gaudens et ailleurs. Ce sont des animaux ayant absolument le type hunter, et, une fois dressés, plus gros sauteurs que ne le sont généralement les Irlandais.

Il y a quelques années, il a acheté une jument qu'il a trouvée traînant la charrue dans la plaine de Montréjeau. Elle est extraordinaire et saute facilement, avec 80 kilogrammes, 1 m. 58.

Ceux qui ne s'en sont pas servis ne peuvent se faire une idée des qualités de ces chevaux. M. Larregain, le célèbre loueur de chevaux de chasse à Pau, prétend qu'il n'y a que le Gers et l'Irlande qui puissent faire des chevaux pour suivre les laisser-courre de Pau.

Quand on choisit un cheval du Gers assez fort pour porter 80 à 90 kilogrammes, il vaut presque deux Irlandais. Un cheval du Gers peut chasser trois fois par semaine, un Irlandais une fois ou deux tout au plus.

Ces chevaux ont également une grande aptitude au galop vite. Je ne citerai ici, comme exemple, que la jument de demi-sang anglo-arabe *Anita*, monture du lieutenant Lacassagne, du 17e dragons, en 1891-92.

Cette jument, du modèle de cavalerie légère, achetée par la commission régimentaire au prix de 1,100 francs, gagna ses quatre séries en *militarys*, battant chaque fois des chevaux de pur sang anglais. Nous parlerons plus loin d'*Aubiet* demi-sang du Midi, qui battit les Anglo-Normands à Caen. Tous nos demi-sang des régiments de légère sont aussi des chevaux de galop. — Leurs aptitudes au trot sont d'ailleurs très bonnes. Je me souviens qu'en 1901 le ministre de l'agriculture fit une visite au dépôt de remonte de Tarbes. Comme quelqu'un de son entourage manifestait le doute « que ces jolis chevaux trottassent », le colonel Leddet les fit défiler au trot. Ce n'était pas du trot, ni même du passage, c'était du trot à extension soutenue, qu'on put alors admirer chez des chevaux dont le prix d'achat n'atteint pas 1,000 francs. Les chevaux du Midi trottent fort; mais heureusement pas seulement du genou. Les belles actions de nos Anglo-Arabes ont au contraire vivement frappée M. Grabeusée, directeur du Haras de Celle (Allemagne. Mission de 1903.)

Pour fixer les idées sur le type de certains de ces chevaux, je citerai : le Gersois *Grey* par *Grey Friar*, au comte de Cordon, qui presque poulain a de si grandes aptitudes au saut. (Voir son portrait *Sport U. I.* du 15 avril 1899.)

Le Sport universel illustré donne aussi, quant aux aptitudes à la selle des Tarbais, dans son numéro du 6 mai 1899, le portrait d'*Alaric*, cheval de Tarbes, sautant la barre à 1 m. 90, avec un poids de 82 kilogrammes. Ce cheval avait tout à fait le type du cheval du Midi, accentué encore par quelques défauts très particuliers à beaucoup de sujets de cette race.

Encore plus dernièrement le *raid international de Bruxelles-Ostende* permit à un demi-sang du Midi de se classer deuxième après un pur-sang et avant d'autres chevaux de pur sang et de demi-sang anglais. Ce demi-sang, *Vulcain*, est fils de *Zoulov*, pur-sang anglais, et d'une jument de demi-sang, elle-même fille de *Ben-Hadji* et d'une fille de *Noël*. Il est né à Pointis, près de Saint-Gaudens, chez M. Laguens. Il fut vendu 1,025 francs à la Remonte. Il gagna de nombreux steeples militaires, et, quinze jours avant le fameux raid, il courut en 11 minutes 55 secondes un raly de 8,000 mètres sous 77 kilogrammes. Il fit le parcours Bruxelles-Ostende en 7 heures 22 minutes. Le lendemain il était en parfait état. Vulcain est alezan cendré et mesure 1 m. 55 seulement. Sa taille moyenne confirme mes appréciations sur l'inutilité des tailles supérieures pour les services durs. J'insisterai sur ce point que Vulcain fut monté à 88 kilogrammes, qu'il fit le parcours au trot et au galop, les derniers vingt kilomètres au galop, et que le lendemain de la course Vulcain avait les jambes nettes comme un poulain.

Nous parlerons d'autre part des raids attelés tels que ceux de *Favorine* (302 kilomètres en 24 heures).

C'est un plaisir de voir à Montauban la remonte du régiment de dragons, car il ne faut pas croire qu'il n'y ait pas de chevaux de ligne dans le Midi. Cette remonte est fournie par le dépôt de Tarbes, qui les prend dans le Gers, les Hautes et Basses-Pyrénées, par Agen et Mérignac. Voilà ce qu'on peut appeler des chevaux de selle... Beaucoup ont 1 m. 59, et ils sont robustes et « vibrants », comme on dit dans le pays.

Quant aux claquettes, encore nombreuses, elles disparaîtront dès que les naisseurs et les éleveurs voudront bien les soumettre aux soins les plus élémentaires d'hygiène, de nourriture et d'exercice.

Quelques opinions étrangères. — Nous avons cité l'opinion des étrangers sur l'Anglo-Normand; il est juste que nous exposions celle qu'ils ont sur les Anglo-Arabes.

Il n'y a pas longtemps une commission officielle italienne chargée d'effectuer des achats d'étalons dans nos dépôts, et composée de M. le professeur vétérinaire Baldasarre, du commandant Gregori et du major L. Forte, écrivait dans son rapport :

Par l'emploi de l'étalon anglo-arabe dans la France méridionale on est arrivé à faire disparaître tout à fait l'ancien Navarrin, petit, faible, mal bâti ou le mince Tarbais et à le transformer en un cheval de taille moyenne, aux proportions justes, harmonieuses, aux muscles volumineux et saillants : un cheval énergique, puissant, bon à tout.

Les modifications qu'a subie la race des demi-sang du Midi n'ont pas encore atteint leur plus grande limite ; mais les producteurs progressent toujours dans le même sens par les mêmes moyens : ainsi on arrive à produire dans les Basses-Pyrénées des sujets tellement trapus qu'on peut les comparer justement aux hunters irlandais... En résumé la France possède, grâce à la compétence de la direction des Haras, une nouvelle race d'un grand prix, très bon cheval de remonte et de cavalerie légère.

M. le vétérinaire en premier Goldbeck, de l'artillerie prussienne, écrit dans son livre sur les remontes militaires européennes que « malgré sa petite taille le demi-sang anglo-arabe est un cheval bon, résistant et bien fait ». Le comte Wrangel, écrivain hippique très connu en Autriche-Hongrie, leur consacre des pages élogieuses.

M. Œtken, directeur d'un haras impérial allemand et chargé en 1902 par l'empereur Guillaume d'un rapport sur les races du Nord françaises, parle incidemment de nos races de selle du Midi. Voici ce qu'il en dit :

Je peux donner aux chevaux des chasseurs (légère) une meilleure note qu'à ceux des cuirassiers. Je puis dire qu'ils sont bons, très bons... Bien qu'il y ait parmi eux des bêtes un peu légères, la majorité paraissait avoir atteint la mesure nécessaire pour porter le poids. Si j'ai lu quelquefois dans des livres non français, ou entendu dire que la cavalerie légère française est moins bien montée que la lourde, que ses chevaux étaient en grande partie trop petits ou trop faibles, je ne puis confirmer ce jugement... En jugeant les chevaux de légère français, il ne faut pas oublier qu'il s'agit toujours de chevaux nobles et que ceux-ci remplacent amplement par la qualité des os, des tendons et des muscles, par l'énergie et la résistance, ce qui semble leur manquer de premier abord en volume osseux et en poids général.

A la suite du rapport de M. Œtken, Sa Majesté l'Empereur d'Allemagne envoya dans le Midi un dignitaire des Haras prussiens. M. Grabeusée fit un voyage dont les impressions relatées dans un Rapport officiel (1903) dénotent une grande admiration pour nos races méridionales. Il trouve nos régiments de légère mieux remontés que nos dragons et nos cuirassiers et il donne ce conseil à ses compatriotes dans sa *Conclusion* : « Pour augmenter la dose de sang et en même temps la robustesse de la constitution, la sobriété et la bonté de tempérament, de nos chevaux allemands de ligne, il faudrait donner plus d'importance à l'élevage de l'Anglo-Arabe à Neustadt sur Desse; afin de pouvoir employer davantage l'étalon anglo-arabe dans l'élevage du cheval de sang. »

A la suite de ce rapport, S. M. Guillaume ordonna qu'une mission spéciale irait sur place étudier l'élevage du Midi dont M. Œtken dit en passant tant de bien. Cette commission fonctionna en 1903; mais, au moment où ce livre est imprimé, son rapport n'est pas encore publié.

Les *Russes* tiennent nos chevaux de légère en grande estime et les *Japonais* sont venus à plusieurs reprises nous acheter des étalons anglo-arabes.

Bref, le demi-sang du Midi a une excellente réputation. Mais, comme nul n'est prophète en son pays, c'est certainement en France qu'il est le moins apprécié, parce qu'il est le moins connu.

A vrai dire, les chevaux qu'on rencontre dans le Sud-Ouest, soit chez les paysans, soit aux foires, paraissent trop souvent maigres, décharnés, étroits. Cependant ils sont en meilleure condition quand ils doivent être présentés à la Remonte.

Mais, en tous cas, les soins et la nourriture complètent le type dans les bons élevages, le remplissent, pour ainsi dire, car la charpente, l'os, y sont, et de bonne trempe.

Le croisement norfolk. — Il est même dommage *au point de vue cavalier*, que certains songent à doubler, par trop, les chevaux du Midi avec du sang norfolk; on finirait par avoir, si ce croisement faisait tache d'huile, de petits carrossiers, ronds d'allures, comme on les aime maintenant. Le cheval du Midi, pour être un peu plus compact, n'a pas besoin de sang trotteur pour avoir de l'action, il en a, mais bien de manger de l'avoine jeune et d'être soumis à une bonne gymnastique. Cela et un bon père de demi-sang anglo-arabe lui donneront l'ampleur qui lui fait encore défaut; mais l'étalon « confortable » de demi-sang est trop rare.

Il ne faut pas cependant s'insurger aveuglément, réclament quelques éleveurs, contre l'infusion du sang du hackney du Norfolk lorsque celui-ci est bien choisi, et employé avec une poulinière bonne à le recevoir, dans une région comme le Gers, apte à faire réussir le produit créé *dans un but déterminé et spécial*. M. le marquis de Mauléon, au sujet du croisement destiné à produire dans le Midi le cheval du type selle utile, me fait l'honneur de m'écrire :

Pour arriver à ce produit les facteurs sont : le reproducteur de pur sang en proportion dominante et le reproducteur de demi-sang indigène ou importé.

Le croisement qui a donné les meilleurs résultats dans le Midi est celui du pur-sang anglais, du pur-sang arabe et du sang des hackney, race improprement appelée norfolk; le premier pour moitié, les deux autres en égales proportions.

Le rôle du reproducteur anglais est de donner des lignes dans la construction même du squelette, c'est-à-dire de la longueur dans les rayons et aussi de la densité aux muscles.

Le reproducteur arabe accentue la puissance des hanches, enrichit le sang et donne les qualités d'endurance qui rendent l'élevage moins onéreux et l'entretien de l'animal en service plus facile.

Le reproducteur de demi-sang, s'il est bien choisi, qu'il soit trotteur, hackney ou autre, donne de l'ampleur, plus d'épaule et plus d'action. Je tiens à détruire le préjugé, ou plutôt les objections que l'on fait à l'emploi des étalons soi-disant norfolk, car ce mot que j'emploie à dessein a soulevé beaucoup de polémiques. On nous dit : ces animaux sont des sujets et ne sont pas le produit d'une sélection suivie; par suite, ils ne peuvent fixer leurs qualités. C'est une erreur absolue Lorsque je me livrais à l'élevage du demi-sang, j'ai voulu m'assurer moi-même de l'exactitude de ces dires, et je me suis rendu à Norwick, capitale du Norfolk, d'où j'ai pu rayonner dans tous les élevages des environs. Je me suis mis en relation avec le secrétaire de la Hackney race, ce qui prouve d'abord que cette race existe. Il m'en a montré le stud-book et m'a donné des détails très intéressants sur sa provenance et son maintien...

On peut, il est vrai, contester la valeur des stud-books des différentes races de demi-sang, car le classement des reproducteurs ne repose pas, comme l'a établi la Société d'encouragement, sur un fait matériel et indiscutable : la victoire dans une course.

En effet, les encouragements donnés à la simple inspection du reproducteur par une commission qui ne peut le juger que sur sa conformation et ses allures et non sur sa qualité, ont une valeur bien moins grande.

Cette manière de procéder a donné cependant des résultats : tous les animaux que j'ai vus possèdent bien les mêmes caractères, et les donnent à leurs produits.

On dit aussi que l'étalon hackney race (1) doit être employé avec discernement. Cet argument a sa valeur; autant les juments pleines de sang lui conviennent-elles, autant doit-on éviter de lui donner des juments communes, du moins dans le Midi.

Mais si l'augmentation de volume est donnée par le croisement, c'est-à-dire par l'infusion d'un sang de reproduc-

(1) Le hackney du Norfolk (d'après M. Touchstone) est un cheval de trot léger, « pouvant porter du poids, et dont la taille de 1 m. 50 environ à l'origine, ne doit pas actuellement dépasser 1 m. 60.

« Cette race a été obtenue par le croisement du pur-sang avec les meilleures juments du Norfolk et du Yorkshire, possédant elles-mêmes du sang à un très haut degré, ayant au trot des aptitudes de vitesse, de régularité et de beauté d'allure.

« Bien que l'action très relevée du genou, si à la mode maintenant, ne caractérise pas le cheval de selle, comme le hackney projette énergiquement ses antérieurs en avant et qu'il trotte d'une façon parfaitement régulière, qu'il est de petite taille, on conçoit que, et surtout dans le Midi, il doit être comme étalon de croisement, préféré au reproducteur normand. Il a en effet presque toujours le modèle du cheval de selle. (Voir dans le numéro 75 de 1897 du *Sport universel illustré* le portrait de Lady Keguigham, jument hackney.) « Le mérite, écrit le comte Wrangel dans le *Buch von Pferde*, d'avoir attiré l'attention des éleveurs continentaux sur cette précieuse race revient à l'administration française des Haras. Le Norfolk était considéré comme perdu, lorsqu'on s'aperçut en France qu'il était excellemment disposé pour corriger l'action défectueuse du trot chez d'autres races, ainsi que pour rétablir l'équilibre entre le sang et la conformation, dérangé par une tendance à l'anoblissement poussée trop loin. Il s'ensuivit donc une forte importation d'étalons du Norfolk parmi lesquels *Champion*, *The Colonel*, etc... qui ont exercé sur les Anglo-Normands une influence considérable ».

teur à tissus plus grossiers et plus communs, il est certain que, en principe, la qualité, la trempe, le sang diminueront en raison de l'augmentation du volume. Si au contraire l'influence climatérique et la nature du sol interviennent dans la production de cette augmentation de volume, les sujets peuvent acquérir du gros dans une certaine proportion, tout en conservant leurs qualités.

Mais chaque ouvrage et, chaque cavalier demandent un modèle, un volume, une action, une qualité, un train différents.

Il ne faut pas croire qu'en toutes circonstances le gros soit indispensable.

D'autre part, dans un rapport du Conseil général des Hautes-Pyrénées que je résume, on peut lire :

Le Gers et l'Ariège réclament à cor et à cri des étalons norfolk et normands... Ils espèrent gagner un peu d'argent au trot, ou vendre pour l'attelage; mais le produit de ces accouplements est toujours incertain. Les courses au trot, dotées dans le Midi de prix dérisoires, sont nulles comme résultat. Combien valent mieux des concours de dressage où on se rend compte des allures des juments montées et où on les prime selon leurs origines et leur conformation.

On a pu écrire, au sujet du croisement anglo-arabe-norfolk les lignes suivantes. Elles expriment bien le point de vue spécial auquel il convient de se placer pour juger impartialement de ces tendances :

Le cheval de harnais existe dans notre pays. Évidemment, ce n'est pas le grand et fort carrossier du Nord, le cheval de gala ou de demi-gala de jadis, ni même le cheval de grand attelage; mais il a un type particulier, bien défini et qui correspond à merveille à beaucoup de services modernes; c'est un animal de taille moyenne, de 1 m. 50 à 1 m. 60 et même parfois de quelques centimètres au-dessus; assez étoffé, suffisamment charpenté, l'encolure bien dirigée, il possède une trempe exceptionnelle et des actions remarquables. Il y a une vingtaine d'années, on en voyait un certain nombre dans les concours, même au concours de Paris et, là, ils avaient acquis une réputation incontestable sous le nom de « chevaux du Gers », désignation très légitime, au reste, car c'est ce département-là qui avait créé et propagé ce type. Ils résultaient, en général, du croisement d'étalons hackneys du Norfolk ou du Yorkshire avec les juments anglo-arabes indigènes. Il y a peu d'années la Gironde en a fait naître et élevé quelques-uns de remarquables, issus d'un étalon de même race quoique né en France.

Les éleveurs ont voulu faire plus grand, plus fort, pour augmenter le nombre de leurs acquéreurs; ils ont malheureusement été encouragés dans cette voie : l'administration des haras a mis à leur disposition des chevaux de pur-sang anglais, de *demi-sang normands ou anglais* (Norfolk). Les résultats ont été défavorables, car on ne doit pas demander l'ampleur des formes, l'élévation de la taille aux seuls ascendants, mais surtont aux conditions de milieu.

M. Jacoulet est, je crois, complètement dans le vrai pour l'influence néfaste du trotteur normand et hackney sur nos races méridionales. Il serait à souhaiter de continuer à ne les rencontrer qu'à titre exceptionnel aux Haras de Tarbes et de Pau. On peut, cependant, citer quelques excellents chevaux ayant du sang normand. *Fil-de-Fer* par *Caoutchouc* (Anglo-Normand) est un cheval célèbre dans le Midi par ses triomphes dans les courses de résistance de la *Petite Gironde*, mais ce n'était qu'un poney et ses performances restent isolées.

Quant aux hackneys, bien que quelques éleveurs en réclament des étalons, les croisements dont ils sont les auteurs et que j'ai pu voir soit dans plusieurs élevages du Midi, soit au concours, soit en service, ne sont pas des chevaux de selle, à quelques exceptions près, parmi lesquelles plusieurs bons élèves de M. le marquis de La Roque-Ordan, de Juge, de Mauléon, de Sevin, de Thézan, etc., et autres éleveurs fortunés.

Mais il faut bien considérer que les étalons hackney sont, là, employés avec des juments de pur sang anglais ou anglo-arabes ou même de demi-sang très améliorées, ayant du coffre et de l'étendue. Mais les petits éleveurs n'ont obtenu avec ces mêmes chevaux et des juments communes que des animaux très décousus que ni le commerce ni la Remonte ne veulent acheter.

Ce n'est ni avec le hackney ni avec le Normand qu'on peut modifier, dans le sens volume, l'ensemble de l'élevage méridional. A la première génération, on pourra rencontrer un sujet bien conformé. Mais les séries des générations retournent au type Midi, en ne conservant que les défauts des reproducteurs étrangers : question d'habitat, d'hygiène et d'exercice. Les efforts qu'on tenterait dans ce sens ne seraient-ils pas mieux employés au perfectionnement du demi-sang du Midi qui, rationnellement, paraît devoir être le « renforçateur » de la race.

Les éleveurs peuvent tenir pour certain que les remontes n'achèteront que très exceptionnellement dans le Midi les dérivés du Norfolk et du Normand. Ils ne répondent pas en général aux nécessités de fond, d'allure au galop et de résistance des membres ni de tempérament qui, réunis chez l'Anglo-Arabe actuel, à un degré il est vrai encore perfectible, en font un des meilleurs chevaux de légère européens.

On peut souhaiter, certes, au Midi, de s'enrichir en vendant de magnifiques attelages aux marchands parisiens. Mais, pour cela, il ne s'agit pas seulement d'avoir, on ne saurait trop le répéter, un étalon norfolk et même une belle polinière. Il faut nourrir le produit, le soigner, l'*exercer*, toutes choses qui ne sont pas encore dans les habitudes sportives de la majorité des éleveurs méridionaux. Les chevaux, dans le Sud-Ouest, poussent trop encore comme de la mauvaise herbe (bien que la graine en soit meilleure et mieux triée). Il se trouve que cette mauvaise herbe est bonne. Il est à craindre que des procédés étrangers au pays et à l'espèce, sous prétexte de la rendre excellente, ne réussissent qu'à la rendre, si on généralisait le système, tout uniment médiocre, le tout pour les plus grands bénéfices d'une infime minorité d'éleveurs. La tentative me paraît donc devoir être laissée aux risques et périls des entreprises particulières.

Si l'on veut savoir l'importance du croisement hackney dans le Midi, on peut se reporter à la statistique suivante. En 1901 les étalons du haras de Tarbes ont sailli 8,746 juments; l'étalon hackney norfolk *King Arthur*, qui faisait la monte à Mirande (Gers) a sailli 62 juments. *Grey Friar*, à Toulouse, 37; *Garton-Denmark*, à Foix, 62; *Joé Lowel*, à Montesquieu-Volvestre, 57. Total, sur 8,746 juments saillies, 218 l'ont été par les quatre étalons norfolk du haras de Tarbes.

Il sera encore parlé du hackney au chapitre spécial du Gers.

Les poulinières. — Plusieurs régions qui seront détaillées plus bas localisent les plus belles poulinières. A l'heure actuelle, on peut dire que toutes les mères du Midi sont plus ou moins anglo-arabes.

En dehors de ces juments, on trouve dans le Midi quelques poulinières d'origine souvent inconnue du côté de la mère, ayant des affinités avec toutes les races, presque toujours à deux fins, parfois très bonnes poulinières, mais dont la Remonte, avec raison, n'aime pas les produits, car leur modèle ne se rapproche pas assez du type de cavalerie légère.

Il en est cependant çà et là qui remontent les gendarmes et pourraient devenir, au besoin, des serviteurs de cavalerie de ligne, si cette arme ne s'approvisionnait de préférence dans les contrées du Nord et de l'Ouest. Ces juments peuvent se distinguer, selon les contrées, par certaines particularités qu'il est assez difficile de décrire. Elles sont filles de Bretons, de Vendéens, de Poitevins, d'Anglais, de Normands ou de Norfolk et leurs produits changent de taille suivant la richesse de leur pays d'élevage, l'hygiène et l'exercice auxquels ils sont soumises. Fait à remarquer : à la première génération le produit d'une de ces juments et d'un Anglo-Arabe et assez convenable. A la deuxième génération les défauts de la race étrangère ressortent avec exagération. Ce fait a été maintes fois constaté par les officiers acheteurs des remontes.

Le Midi, ainsi que beaucoup se l'imaginent à tort, n'est pas un milieu homogène comme sol et conditions climatériques; suivant les endroits, la race pourra être améliorée, au point de vue selle, par des moyens assez différents.

On a essayé, dans le temps, d'employer la *jument irlandaise* comme poulinière. J'ai été à même d'en voir de bons produits. Cependant dans la plupart des régions, surtout dans la plaine de Tarbes, les résultats ont été mauvais; outre que l'accouplement est difficile et la fécondation très problématique, les produits sont presque toujours la caricature de leurs auteurs.

Le plus grand défaut de l'élevage en général consiste surtout dans le mauvais choix et le mauvais entretien des poulinières, qui, par-dessus le marché, sont livrées au premier cheval venu; elles sont dans les mains du petit éleveur : or la plupart d'entre eux consacrent à l'élevage le rebut de leur écurie.

Ils vendent les bonnes pouliches à la Remonte ou au

commerce. L'éleveur, de plus, nourrit mal les juments et leurs poulains. Dans certaines régions, elles sont laissées dehors toute l'année et mangent ce qu'elles trouvent. Car, s'il fait de l'avoine, le paysan préfère la vendre.

Il arrive alors que les remontes achètent à trois ans et demi les juments bien faites, à bon dessus. Et les juments mal conformées rentrent à la métairie. Si l'étalon qui les féconde est un Arabe, ou un pur-sang anglo-arabe à dos mou (il y en a encore trop aux haras), le défaut est encore exagéré. Je crois que c'est là l'origine de bien des dos défectueux qui tarent d'excellents sujets d'autre part.

Dans d'autres régions, les animaux d'élevage sont rentrés dans la mauvaise saison et renfermés dans des espèces de porcheries, où tous les soins hygiéniques leur font défaut, ainsi que toute nourriture réconfortante. La plupart du temps — et c'est là tout leur service, mais elles le font à une terrible allure — les juments vont au marché une fois par semaine attelées à une jardinière, car, dans le Midi, les chevaux ne servent ni à la culture ni aux charrois, les gros travaux étant réservés aux vaches et aux bœufs.

Mais il faut constater que si, depuis quelques années, l'élevage a fait des progrès dans le sens hygiène, il n'en a pas encore assez fait dans le sens nourriture.

La taille. — La moyenne de la taille des chevaux demi-sang du Midi est de 1 m. 52 à 1 m. 56 ; et, en général, plus ils sont petits, meilleurs ils sont; mais il n'est pas rare de voir des Anglo-Arabes et des demi-sang élevés dans le Gers avoir 1 m. 60 et plus. Je connais un fils d'*Artois* pur-sang et d'une jument demi-sang 1 m. 68 acheté par le dépôt d'Agen, très bien bâti, régulier, avec un geste magnifique. Ces cas ne sont pas rares :

Il y a (1901) à l'École de Guerre tout un lot d'Anglo-Arabes, de 1 m. 60 et au-dessus, qui font l'admiration des connaisseurs.

Le prix. — Le prix moyen des chevaux est subordonné à leur race, leur taille, au service auquel ils sont aptes. Jusqu'à 1 m. 51, la remonte ne les paye pas au-dessus de 1,000 francs; à 1 m. 52 et au-dessus, certains poulains sont payés suivant la conformation, les allures et l'origine jusqu'à 1,800 francs, mais c'est l'exception; la moyenne du prix d'achat est de 975 francs. Rappelons qu'elle était de 350 francs en 1806 et de 500 francs en 1844.

Rareté du cheval d'âge. — Les chevaux faits sont très rares dans le pays; on peut en trouver dans les écoles de dressage, quelquefois aux voitures de paysans les jours de marché, chez les loueurs de villes d'eaux après la saison, chez les marchands dans les grandes villes. Il est cependant difficile à un marchand de réunir une demi-douzaine de chevaux faits, à jour fixe.

La Remonte opère ses achats à partir du mois d'octobre. On peut suivre le comité et disputer les refusés à des marchands. On trouve également, dans les concours, des poulains qui sont présentés à Auch, Mirande, Condom, Lectoure, Toulouse, Tarbes, Pau, Bidache, etc.

On fait dans le Midi en des proportions diverses des chevaux d'un type assez différent, qui sont :

Le pur-sang arabe;

Le pur-sang anglo-arabe;

Le pur-sang anglais;

Le demi-sang anglo-arabe, auxquels nous consacrerons des chapitres spéciaux.

CHAPITRE XII

LE PUR-SANG ARABE

Rareté du pur-sang arabe. — Le pur-sang arabe en Orient. — Le cheval barbe. — Le pur-sang arabe en Turquie, Autriche-Hongrie, Allemagne, Russie, Italie, Indes. — Le pur-sang en France, *Emir*. — Le pur-sang arabe étalon de croisement. — Statistiques.

Rareté du pur-sang arabe. Le pur-sang arabe en Orient. — Le pur-sang arabe est très rare non seulement en France, mais en Europe et même dans les pays orientaux.

Le seul cheval arabe digne du titre de pur-sang s'élève dans le *Nedschd*, partie du plateau central de l'Arabie. Il a rarement plus de 1 m. 50. Très peu de chevaux en passent les confins, et dans des circonstances très exceptionnelles Abdul-Aziz en reçut au moment de son investiture.

De 1832 à 1841, Méhémet-Ali en razzia une certaine quantité en Egypte, où on les laissa péricliter.

Ceux que nous voyons en France et en Europe sont dans leur pays d'origine considérés comme ayant une tache et correspondent à nos demi-sang.

Le cheval de la tribu des *Anazehs* n'est pas de la race pure du *Nedschd*. Mais le voisinage est cause de nombreux croisements entre ces deux races. L'administration des Haras et les remontes en Algérie en ont acheté il n'y a pas longtemps quelques individus.

Le cheval *Anazeh* est un cheval *syrien* élevé dans le triangle formé par Alep, Bagdad et Damas. Il dépasse rarement 1 m. 50. C'est lui qui représente le pur-sang arabe en Europe.

Le cheval de *Bagdad*, le *Kurde* (à l'est de l'Asie Mineure), le *Persan*, le *Turcoman* (qui lui-même compte plusieurs genres), le *Caucasien*, le cheval de l'*Atlas* sont des chevaux plus ou moins pur-sang arabe.

Le pur-sang syrien devient de plus en plus rare en Asie. Les lois prohibitives d'exportations n'existent plus et les animaux de grande race disparaissent peu à peu. Beaucoup et des plus nobles sont tellement tarés qu'ils sont inutilisables comme étalons.

L'*Égyptien* est un cheval complètement dégénéré. Sous Napoléon Ier beaucoup d'Égyptiens vinrent faire la monte dans le Midi de la France. Ils réussirent mal; les produits étaient jolis, mais minuscules.

Le cheval barbe. — On peut appeler cheval *arabe berbère* ou *barbe* celui du nord de l'Afrique, qui donne de bons troupiers, mais qui ne peut fournir d'étalons suffisants pour régénérer ou seulement maintenir la race.

C'est une sorte de cheval arabe, mais c'est loin d'être un pur-sang arabe. Le rapport sur l'Exposition internationale de 1900, par M. d'Agnel de Bourbon, directeur du dépôt de Compiègne, signale, avec raison, l'élevage de M. Bédouèt (El-Madher, Constantine) : « Mais les quelques juments présentes, amenées par les indigènes auxquels elles appartenaient, ne donnaient qu'une idée insuffisante de cette race jadis célèbre et dont il existe pourtant encore quelques beaux spécimens. »

Anciennement le cheval barbe était fort estimé. Au temps de l'indépendance algérienne, la race barbe était dans un état florissant. Les grands chefs du Sahara, en outre, possédaient des géniteurs de race arabe pure qui peu à peu disparurent. (Voir le général Daumas.)

Au moyen âge, et jusqu'à la Révolution, beaucoup de chevaux barbes servirent d'étalons en France et en Europe.

Ils étaient fort appréciés aussi comme chevaux de service. Voici ce qu'en écrivait, au dix-huitième siècle, La Guérinière :

> Le cheval barbe est plus froid, plus négligent dans son allure que l'Andalou; mais lorsqu'il est recherché, on lui trouve beaucoup de nerf, de légèreté et d'haleine. Il réussit parfaitement aux airs relevés et dure longtemps dans une école. En France, on se sert plus volontiers de chevaux barbes que de chevaux d'Espagne pour les Haras. Ce sont d'excellents étalons pour en tirer des chevaux de chasse : les chevaux d'Espagne ne réussissent pas de même, parce qu'ils produisent des chevaux de plus petite taille que la leur; ce qui est le contraire du barbe. Au commencement du dix-neuvième siècle les Haras du Midi en comptèrent tous quelques-uns.

De nos jours la race barbe est complètement dégénérée, la féodalité algérienne ayant disparu après la conquête, ainsi que les mœurs hippiques qu'elle nécessitait.

On se souvient que la cavalerie légère était en grande partie remontée en barbes entiers dont le fond était très grand et la vitesse suffisante pour l'époque.

Les modernes barbes des spahis ne manquent pas de qualité pour leur service spécial.

Les remontes algériennes s'emploient avec intelligence créer des Anglo-Arabes, et très peu de Barbes-Syriens et des Barbes sélectionnés. (Tunis, Constantine, Tiaret, Mostaganem, Blidah.)

L'Arabe en Turquie. — Je lis dans *le Cheval en Turquie* (par H. de Méricourt, 1895), que je résume :

Le sol de la Turquie d'Europe se prête mal, en général, à l'élevage. Les sultans firent venir des chevaux syriens, des arabiens, pour leurs écuries; mais le développement de la cavalerie turque força le gouvernement à acheter des chevaux plus grands que les Syriens. Elle en trouva quelques-uns dans le pachalik d'Alep, puis le reste fut fourni par la Russie et la Hongrie. Et même dans le Midi de la France, à plusieurs reprises (envois de MM. Peyraube père et Trélut, en 1898 de M. Sempé, de Tarbes.

Les chevaux russes montent les régiments de ligne, les chevaux hongrois la légère et l'artillerie, selon leur force. Les chevaux d'artillerie reviennent à 650 francs, ceux de la cavalerie à 500 francs.

En 1895 on importa en Turquie des chevaux boulonnais (deux pouliches et un poulain), pour créer une famille de chevaux de trait. Il est douteux que le croisement avec la race indigène améliorée ait réussi, les juments du pays atteignant à peine 1 m. 50.

Il est à remarquer qu'au haras de Tchifteler, si on compte 10 Arabes purs, 2 Anglo-Normands, 1 Anglo-Hongrois, 10 Hongrois, 17 indigènes, on ne remarque aucun cheval de pur sang anglais et par conséquent pas d'Anglo-Arabe.

Ce haras, qui est également jumenterie, comprenait, en 1895, mille sujets.

A l'Exposition universelle de 1900 une jument d'un haras turc n'obtint que le troisième prix et la plupart des étalons arabes, turcs ou autres, y furent plutôt ordinaires.

On voit qu'en Turquie d'Europe les pur-sang arabes sont fort clairsemés, et à cause de leur petite taille ils ne remontent aucun régiment.

En Autriche-Hongrie. — L'élevage de l'Arabe pur est localisé au haras-jumenterie de Babolna (4,500 hectares). Une partie des étalons sont importés d'Orient; les autres sont produits au haras, qui a un effectif de 500 chevaux, poulinières, produits et chevaux de service.

Le premier importé, *Shagya* (1836), devint chef de famille. Il a produit d'excellents animaux de pur sang et de demi-sang; on remarque dans le haras le fameux *408 O'Bajan 6*, primé à l'Exposition universelle de 1900.

Cet élevage est très recherché. La commission japonaise y acheta huit étalons en 1897. Les étalons de pur sang et de demi-sang anglo-arabes servent pour les croisements avec la race indigène en vue de la production du cheval de cavalerie légère.

En Allemagne, bien que la race trakehnen ait été fondée au moyen de larges infusions de sang oriental et que les poulinières présentes aujourd'hui possèdent un grand cachet oriental, il n'existe pas d'étalon pur sang arabe officiel en Allemagne, où son abandon est manifeste.

En Russie, le fond de la race indigène, qui est sur beaucoup de points d'origine mongolique, a constamment reçu du sang oriental. Le haras le plus renommé actuellement est celui de Stréletsk, où on fait du pur sang et du demi-sang arabe parfaitement réussis et d'une taille variant de 1 m. 54 à 1 m. 59. Plusieurs haras privés possèdent aussi de ces étalons, et, quel que soit le croisement employé, le type oriental domine chez la grande majorité des chevaux russes.

En Italie, certains centres possèdent, comme étalons de croisement, quelques arabes purs.

En Angleterre, les essais ne réussirent pas. On a pu voir à l'Exposition universelle de 1900 les médiocres poneys arabes de M. Blunt Wilfrid.

Cependant le sang arabe est assez souvent employé en Angleterre dans le but de faire, avec les poneys des races indigènes, des *polo-poneys*. On croise la jument indigène qui n'a souvent pas plus de 1 m. 16 avec l'étalon arabe; des produits montent alors jusqu'à 1 m. 32. On accouple alors les pouliches obtenues avec de bons étalons poneys indigènes qu'on recherche de taille encore plus élevée (il n'est pas rare d'en trouver de 1 m. 45). Les juments, nées de ce croisement, sont alors couvertes par un étalon de pur sang de petite taille, ce qui donne un produit de 1 m. 46 à 1 m. 48. C'est ainsi que sont obtenus beaucoup de ces merveilleux poneys d'un modèle parfait, d'une résistance semblable à celle de nos Anglo-Arabes et dont la valeur, lorsqu'ils sont bien dressés au jeu, atteint souvent 6,000 francs et au delà. Les 16 volumes de Stud book des polo-poney contiennent les noms de 285 étalons et de 1,705 juments.

On remarquera la sage progression qui préside à la recherche de l'élévation de la taille.

Ces croisements se sont fait surtout sur les poneys du pays dè Galles.

L'Arabe aux Indes. — Aux Indes, les Anglais ont essayé pour la cavalerie l'emploi du cheval arabe. Ils y ont renoncé à cause de sa petite taille et de sa faiblesse sous le poids. Cependant, en Egypte, le 21e lanciers a été content de leurs services dans la guerre contre les Derviches.

Aux Indes, les étalons de l'État sont au nombre de 408, dont 131 de pur sang arabe (44 hackneys, 36 poneys, 103 pur-sang anglais...); 198 étalons arabes particuliers font aussi la monte. Jusqu'à présent, la production indo-anglo-arabe est insuffisante pour la remonte militaire. En 1899, furent achetés 1,763 chevaux indigènes. Le reste vint de l'Australie, au prix moyen de 1,125 francs.

Le pur-sang arabe en France. — Il y a eu constamment *en France*, on le verra dans les monographies spéciales de l'élevage par région, une infiltration plus ou moins abondante d'étalons de sang oriental. Une partie de la cavalerie romaine cantonnée en Gaule était montée en chevaux maures. L'invasion des Maures suivit, et plus tard les croisés ramenèrent des chevaux syriens jusqu'en Bretagne.

Le cheval africain, turc; l'Andalou ont été toujours fort à la mode chez les grands seigneurs, non seulement au moyen âge, mais encore aux époques plus récentes. On peut lire dans les Mémoires une infinité de textes où les animaux sont cités. Exemple (Mémoires du comte d'Auvergne, 1589) :

Moi estant derrière avec la compagnie du Roy commandée par Harambure, de Lorges-Montgoméry avec vingt gentils hommes qui étaient tous mes domestiques, le tout faisant six-vingt chevaux; je chargeai Sagonne, lequel je reconnus monté sur un *cheval turc*, nommé *le Moscat*, armé d'armes argentées à bains, et un petit manteau d'escarlate. L'appelant au combat, il me cria : « Du fouet, du fouet, petit garçon! » et venant à moi il perça mon cheval, qui était d'Espagne, depuis l'espaule droite jusque sous les bandes gauches de la selle de sorte que ne pouvant retirer son épée qui était d'estoc, et que j'ai encore, il fut contrainct d'arrêter quelque temps, ce qui me donna le moyen de tirer le pistolet à la cuisse droite.

Au dix-huitième siècle La Guérinière préférait les barbes et les andalous aux chevaux turcs :

Ceux-ci, écrit-il, ont la plupart l'encolure effilée, le dos trop relevé; ils sont longs de corps, et avec cela ont la bouche sèche, l'appui mal aisé, peu de mémoire, sont colères, paresseux, et quand ils sont recherchés, ils partent par élans et à l'arrêt ils s'abandonnent sur l'appui et sur les épaules; ils ont encore les jambes très menues, mais très nerveuses et quoique les paturons soient longs, ils ne sont pas trop flexibles. Ils sont grands travailleurs à la campagne avec peu de nourriture, de longue haleine et peu sujets aux maladies. Par ces qualités et par ces défauts il est aisé de juger que les chevaux turcs sont plus propres pour la course que pour le manège.

On préférait donc généralement le Barbe et l'Andalou, Barbe transformé par l'habitat et la coutume espagnole. Les Anglais seuls, prévoyants de l'avenir, surent employer le sang syrien bien avant la Révolution et créèrent avec lui le cheval de pur sang anglais, qui n'est qu'un pur-sang arabe sélectionné par les courses et transformé par le climat.

L'histoire du cheval dans les temps modernes et la question du pourcentage seront traitées dans les chapitres spéciaux aux catégories qu'il est chargé d'améliorer et de maintenir dans la forme utile et traditionnelle.

La faiblesse numérique du pur-sang arabe en France est assez remarquable et frappe surtout les étrangers qui croient encore à son emploi direct très répandu.

Son rôle a encore baissé depuis l'abrogation de l'ancien règlement sur la qualification du pur-sang anglo-arabe qui exigeait un grand-père ou une grand'mère de pur sang arabe. Mais ce règlement présentait l'inconvénient de ne pouvoir croiser entre eux les pur-sang anglo-arabes; il a été abrogé pour le plus grand bien de l'élevage.

Dans le Midi de la France, en dehors de Pompadour, les haras ne comptent que 70 à 75 pur-sang arabes-syriens.

Quelques particuliers se livrent à cet élevage, mais ils sont peu nombreux. En effet, au stud-book de 1898, 219 juments pures étaient inscrites, y compris celles de Pompadour et de Sidi-Tabet (Algérie).

Les encouragements donnés à cet élevage sont presque nuls, soit en courses, soit en concours.

Encouragements en courses. — Les courses sont spéciales aujourd'hui pour les Arabes purs et courues par les mâles et femelles de trois ans. A Carpentras, il y a quelques courses pour les quatre ans, ainsi que dans les environs et concurremment avec les Camargues, améliorés par l'Anglo-Arabe ou l'Arabe.

Les Arabes purs peuvent aussi prendre part aux courses réservées aux 50 pour 100 et aux 25 pour 100, avec une décharge de 12 kilogrammes; mais ils le font rarement.

En 1903 Pau, Tarbes, Vic-de-Bigorre, Maubourguet, Auch, Toulouse, Aurillac, Pompadour, Bidache (B. P.), Eauze (Gers), Gramat (Lot), etc... ont donné des courses réservées aux Arabes pur sang.

Le Gouvernement et la *Société d'encouragement* offrent aux Arabes pour les prix suivants :

6	prix de	2,500	francs,	distance	2,400	mètres.
3	—	2,000	—	—	2,000	—
6	—	2,000	—	—	1,800	—

Quelques sociétés particulières ont aussi institué divers petits prix.

Mais à ces courses, qu'alimente encore de 12,000 fr. la Société du Steeple Chase, les Arabes se gardent, du reste, vu leurs vitesses inférieures, de se présenter. On peut citer comme exceptions *Keblah*, étalon national, et *Allah* comme y ayant figuré honorablement.

Les encouragements en concours sont très aléatoires. Presque toujours attribue-t-on l'argent du premier prix et la médaille d'or, réservés sur le programme aux poulains et pouliches de trois ans pur-sang arabes, à une tout autre catégorie. Ces déshérités ne touchent parfois que les troisième et quatrième prix de la série qui leur reviendrait réglementairement.

Aussi les catégories d'Arabes purs sont-elles de plus en plus pauvres; le hasard de la production seule maintient cette classe; aucun éleveur n'élève précisément en vue de ces concours.

Les encouragements aux poulinières arabes pures en concours et primes ne signifient pas grand'chose. En effet, les poulinières arabes concourent, non dans une catégorie spéciale, mais dans une catégorie quelconque *suivant la classification du produit* qui les suit. Exemple : *Kioumi*, pur-sang arabe, saillie par un Anglais et par conséquent suitée d'un poulain anglo-arabe, concourra dans la catégorie des 50 pour 100 et se trouvera comme jument pure, en compétition soit avec une jument de 25 pour 100 qui aura été saillie par un Arabe, soit avec une jument de pur sang anglais également saillie par un Arabe, ou une 50 pour 100 saillie par un Anglais; en somme elle lutte contre toute jument de pur sang qui a un produit qualifié anglo-arabe.

Si elle est saillie par un demi-sang, elle concourt dans la catégorie des demi-sang contre des juments ayant un tout autre modèle et une tout autre ampleur.

Il s'ensuit que ces juments arabes, petites en général, — et ce sont les meilleures reproductrices du Midi — sont sacrifiées, la plupart du temps, par des commissions convoquées pour juger l'aptitude de la mère à la reproduction et dont la préoccupation unique est de comparer les juments entre elles.

L'esprit du règlement était, sans nul doute, de comparer les produits de même degré de sang arabe; le fait réel est que l'on compare des mères de formes diverses.

On voit d'ici l'embarras du jury et son inéluctable manque de justice. D'ailleurs comment juger un produit âgé de trois mois et souvent de huit jours? Combien de produits « tordus » en naissant et qui plus tard se redressent, après avoir malheureusement fait déclasser leurs mères! Et combien de poulains, nés parfaits, qui se déforment!

Ainsi que je le disais plus haut, il est compréhensible que cet élevage soit restreint et peu prospère. En 1898, contre 1,723 poulains de pur sang anglais, et 603 de pur sang anglo-arabe, il est né 63 poulains arabes purs. En 1900, 52 juments arabes seulement ont été saillies par les étalons arabes de l'État et 4 seulement par les étalons approuvés. En 1901, trois étalons arabes furent achetés une moyenne de 6,666 francs. En 1902 les Haras n'achetèrent que deux Arabes, dont un à Marseille et importé d'Orient. En 1903, sur 9 présentés, trois furent achetés aux prix indiqués plus bas.

Quant aux *prix d'achat* des Arabes purs par l'État, pour fixer les idées, en voici une série :

En 1901 : *Aram*, à M. Saint-Blancat, 5,000 francs; *Agah*, à M. Peyraube, 5,500 francs; *Zamet*, 9.500 francs; à M. de Sevin (Zamet a gagné 7,675 francs en courses en 1901);

En 1902 : *Burkéguy*, 1 m. 57, à M. Dubois-Godin (Aveyron), 10,000 francs. Ce cheval a gagné 11,075 francs en 1902.

En 1900 : *Rameau*, à M. Fitte, 5,000 francs (bon performer); *Sinaï*, à M. de Fournas, 7,000 francs (bon performer); *Yvan*, à M. de Sevin; 5,500 francs;

En 1903, *Djidelly*, à M. Dubois-Godin, 11,000 francs; *Flibustier*, à M. Pignon, 5,000 francs; *Litus*, à M. de Sevin, 7,000.

Depuis cinq ou six ans, à ma connaissance, deux missions furent envoyées en Orient, pour acheter des Syriens d'origine. MM. Ollivier, Larroug et Quinchez ramenèrent une dizaine d'étalons et quatre ou cinq juments. En 1901, la mission Chambry, de Saunhac, Manoury ramena trois jolis étalons : *Collaro*, *Kady-Kény* et *Titan* (voir *Sport universel illustré*, n° 382 et 383).

J'ai entendu dire que tous frais payés ces animaux ne revenaient qu'à 3,000 ou 4,000 francs pièce.

Il n'en est pas de même pour ceux élevés à Pompadour. Leur prix de revient est quelque peu mystérieux. Comme on s'en rendra compte au paragraphe où il sera traité de la jumenterie de Pompadour, on peut affirmer que le prix de revient du moindre étalon, arabe ou anglo-arabe, fabriqué à Pompadour est au minimum de 15,000 francs.

Les *principaux éleveurs* de pur-sang arabe sont MM. Viguerie à Toulouse, Horment à Féas (Basses-Pyrénées), Peyraube à Tarbes, de Juge à Mons (Gers), de Sevin à Agen, Souberbielle à Gélos (Basses-Pyrénées), Fitte à Pau, Mlle Cushing à Pau, vicomte d'Abbadie de Barreau à Castex (Gers), baron de Ruble à Bélus (Landes), Fourcade-Gagnepa à Montgaillard, Prince d'Orléans, comte de Villeneuve, Cénac, de Sainte-Jayme, Maydieu, Saint-Blancat, Dubois-Godin (Aveyron), etc.

Un étalon arabe pur célèbre. — Je n'insisterai pas sur les bienfaits dont nos races méridionales ont été, sont et seront encore longtemps redevables au pur-sang arabe.

On trouvera le rôle très important que l'Oriental a rempli dans l'élevage, au commencement du dix-neuvième siècle, aux chapitres traitant séparément les différentes catégories de ses dérivés et les pays d'élevage.

Il est pourtant intéressant de signaler particulièrement l'un d'eux.

Je veux parler d'*Émir*, bai, liste en tête, trois balzanes, dont une antérieure droite, 1 m. 46, né en 1854, en Syrie, donné par l'émir Abd-el-Kader à l'empereur Napoléon III.

Ce cheval mérite une monographie que j'extrais du *Bulletin hippique du Midi*, si bien dirigé par M. Fourcade-Peyraube :

Émir! C'est un nom qui à l'égal des Massoud, des Godolphin-Arabian, des Byerley-Turk, des Hérod et des Éclipses, doit rester gravé dans le souvenir des éleveurs. C'est le nom d'un véritable chef de race, et sa production est encore de nos jours florissante et remarquable.

C'est en 1860, si mes souvenirs ne me trompent pas, que ce remarquable étalon fut offert en cadeau à Napoléon III par le glorieux vaincu d'Afrique Abd-el-Kader. Il arriva en France accompagné de deux autres chevaux; mais ceux-ci, quoique n'étant nullement des animaux insignifiants, ne figuraient là que comme escorte, comme de simples chambellans chargés de tenir compagnie à leur maître et seigneur. Abd-el-Kader ne daignait même pas les signaler individuellement dans la lettre autographe qu'il adressait à son impérial cousin en lui envoyant les chevaux; et leurs *hudjès* (papiers); il disait simplement : « Je t'offre le plus pur, le plus beau, le plus vaillant cheval que j'aie rencontré dans ma vie, il s'appelle *Emir*. Si tu veux le garder en bonne santé et surtout si tu l'emploies à perpétuer sa race, fais-lui chasser la gazelle au moins deux fois par semaine. »

Gardons-nous bien de rire de cette recommandation. C'est, dans ton style imagé, la meilleure leçon d'hygiène hippique.

Émir fut tout d'abord placé au haras de Tarbes; mais il n'y fit en premier lieu qu'un court séjour. Le général Fleury, grand écuyer, ne tarda pas à l'envoyer au haras du Pin, jugeant avec raison que le sang arabe, surtout représenté par un cheval de cet ordre, ne pouvait qu'infuser un élément puissamment améliorateur dans les races quelque peu lymphatiques de la Normandie. Malheureusement pour la Normandie et heureusement pour le Midi, la combinaison, excellente en théorie, ne réussit pas dans la pratique, en face d'éleveurs insensibles aux avantages d'une amélioration lente... Le cheval ne trouva pas la clientèle de juments qu'on espérait pour lui et deux ans après fut ramené à Tarbes.

Il avait pourtant laissé des traces dans le Nord-Ouest. Une de ses filles faisait partie du haras de Dangu, au comte de Lagrange. Avec un étalon anglais, elle donna un produit dont le nom m'échappe (*Roussillon* je crois), qui à Longchamp et à Chantilly figura tout à fait en tête de la seconde classe de son année. A quatre ans seulement, on s'aperçut qu'il était qualifié anglo-arabe, et il put à ce titre ramasser dans le Midi tous les prix qu'il avait le droit de courir. Une autre jument également issue d'*Émir* donna dans l'écurie de demi-sang du duc de Narbonne, dans l'Orne, quelques remarquables trotteurs.

Une fois de retour à Tarbes, *Émir* y resta jusqu'à sa fin : il y avait trouvé le terrain de production qui lui convenait. Il y avait rencontré le sang pur et constamment maintenu par le sol et le climat, qui devait s'allier si remarquablement avec le sien; toute sa descendance l'a prouvé et le prouvera longtemps encore. Deux portraits authentiques, dont l'un était la propriété de M. Desbons, député des Hautes-Pyrénées, font constater la robustesse et la grâce de son modèle. (Starter; *Bulletin hippique du Midi.*)

Cent soixante-dix-neuf étalons ayant du sang d'*Émir* ont fait ou font encore la monte dans le Midi, parmi lesquels nous remarquons les noms de ceux dont la production est la plus appréciée tant de pur sang que de demi-sang anglo-arabe.

L'étalon oriental et l'étalon français. — On reproche généralement à l'administration des Haras de ramener d'Orient des étalons assez ordinaires. Le reproche, s'il s'étendait à tous les achats, serait très exagéré. Il est d'ailleurs difficile de ramener d'Orient de très bons étalons. Non qu'ils n'y existent plus ou que les Haras ne sachent pas les choisir, mais ils ne peuvent aller les acheter où ils sont. Il faudrait toute une organisation préparée de longue main pour arriver à se procurer des sujets tout à fait hors ligne. D'ailleurs l'Oriental pur ne nous est jamais vendu. Il vaut dans son pays d'origine jusqu'à 45,000 francs. Il y devient de plus en plus rare et, je le répète, nous ne parvenons à acheter que des chevaux plutôt ordinaires. Et pourtant, importer de *vrais Syriens* serait un résultat bien nécessaire à atteindre car l'étalon arabe fabriqué en France ne possède que d'une manière incomplète le véritable type oriental; il n'en a ni la tête carrée, ni la croupe « trop horizontale », ni le superbe port de queue, ni l'harmonie parfaite dans la taille petite, ni le summum de qualités transmissibles de fond et de rusticité. Le pseudo-algérien, importé d'Orient, est généralement laid et assez commun pour que sa « hideur » ait frappé le directeur de Haras allemands, M. Grabensée. Mais M. Grabensée reconnaît avec nos officiers de haras et nos éleveurs, que le Syrien d'origine race très bien. Il reconnaît aussi que les juments, syriennes d'origine, sont très belles, à Pompadour; mais que, malheureusement, ce sont justement celles-là qui sont stériles. M. Grabensée a un peu exagéré : il y a des Orientaux d'origine très séduisants, tels *Collaro* à Pau, *Hallah* à Tarbes, etc... Quant aux étalons produits par Pompadour, ils ne sont nullement supérieurs à ceux de l'élevage privé. Mais par contre leur prix de revient, ainsi qu'il arrive dans toutes les entreprises de l'État, est beaucoup plus élevé. Ils sont, prétend-on, inférieurs aux produits similaires de l'étranger. Ainsi, à l'Exposition universelle de 1900, le prince Sangusko et les haras hongrois remportèrent les premiers prix, l'un avec *Melpomena*, la plus belle jument qu'on ait jamais vue. L'élevage français ne vint qu'ensuite, avec *Sinaï*, à M. de Fournas, lequel cependant n'avait pas un type oriental très accentué.

Beaucoup de personnes, peu au courant des questions d'élevage, se demandent pourquoi, étant donnée l'excellence de l'Arabe dans son pays d'origine, on ne généralise pas son emploi comme étalon dans le Midi. La question semble naïve, et pourtant quelques professeurs vétérinaires ont, naguère, formulé ce postulatum. Or, l'Arabe ne répond plus en lui-même aux besoins modernes; trop petit, pas assez vite, il ne rendrait aucun service ni au commerce ni aux remontes. De plus ses qualités sont très diminuées en dehors des climats secs. Employé directement comme étalon, il diminue la taille, raccourcit et « pelote » les lignes, arrondit et raccourcit les allures. Mais comme étalon de transition, il triomphe dans nos races méridionales, où il perpétue les qualités et le type le plus en rapport avec l'influence du milieu climatérique et les nécessités modernes de l'emploi général du cheval.

Il ne faudrait pas croire cependant à sa complète insuffisance comme vitesse au galop. En 1900, des courses entre poulains barbes, anglo-barbes et pur sang arabe, indiquèrent la supériorité de ces derniers comme trempe et vitesse.

La moyenne de vitesse en course des pur-sang arabes est de 1′ 30″ le kilomètre; et ce ne sont pas les plus grands qui sont forcément les plus vites; si *Burkigny*, le meilleur Arabe de 1902, toisait 1 m. 60, *Djidelly*, le meilleur en 1903, n'a pas 1 m. 50.

Les Arabes d'Orient n'ont pas le droit de courir en France; on ne peut donc les comparer en vitesse avec ceux de notre production.

L'étalon pur sang arabe dans le Boulonnais. — M. le vétérinaire Viseur, sénateur, a publié un livre très intéressant sur l'*Histoire du cheval boulonnais*. Il y a passé en revue les différents étalons de croisement employés pour infuser le sang, tels que le pur-sang, l'Anglo-Normand et l'Arabe pur. Les deux premiers réussissent mal.

Le dernier a donné des résultats meilleurs. On peut rencontrer des animaux très particuliers, avec de bons jarrets, un très remarquable tour de poitrine, des points de force, avec une certaine grâce et une certaine lourdeur, de l'action et de la vitesse au trot, un galop généralement moyen et des dispositions au saut. La croupe manque de distinction et la robe est souvent grise. Tel est l'Arabe boulonnais, demi-sang du type boulonnais avec plus de longueur de lignes et faisant de bons chevaux d'artillerie, et même quelques chevaux de tête de cette arme, sans cependant prétendre à être autre chose qu'un bon postier.

L'étalon arabe, écrit M. Viseur, doit être choisi de telle ou telle provenance selon le but à atteindre. On pourrait même ne le faire intervenir que de façon intermittente, car avec la petite Boulonnaise qui en est comme une seconde édition, grandie et épaissie, il a toujours réussi à marquer son passage sur plusieurs générations ; il réussit presque aussi bien avec celles de volume moyen... Avec la grosse Boulonnaise les mécomptes sont plus à craindre, car les pénétrations flamandes dont elle a été l'objet font que lors de l'accouplement avec l'Arabe, deux races peuvent être en présence et réaliser un véritable croisement...

Les résultats sont cependant meilleurs qu'avec l'Anglo-Normand, dont l'hérédité vieux-normand réapparaît avec persistance :

La seule chance serait que l'Anglo-Normand n'eût guère de normand que le nom et fût à peu près, ou même tout à fait un pur-sang, passé à travers la race normande ou greffé sur elle comme sur une bonne nourrice... Il s'en trouve, mais ils sont infiniment rares.

Quant à vouloir approprier la Boulonnaise à un service de selle par croisement avec le pur-sang arabe ou anglais ou avec le demi-sang normand de petit volume, ce serait tout simplement absurde : service selle à très grande vitesse, tel qu'on le comprend aujourd'hui, et fortes carrures sont incompatibles.

Et pendant qu'un ignorant s'efforcera ici d'affiner notre admirable race de trait boulonnaise... un autre ignorant, habitant l'Ariège ou les Pyrénées, tentera d'épaissir la sienne si svelte, si agile et de la rendre propre aux lourds charrois avec le Flamand ou un similaire, par un régime abondant amollissant et l'exercice du pas.

Tous deux arriveront peut-être à leurs fins; mais pour faire l'un un mauvais cheval de selle d'un bon cheval de trait, l'autre un mauvais cheval de trait d'un bon cheval de selle, ils auront lutté sans repos contre la *loi de réversion atavique* et contre les conditions de milieu qui tiendront toujours à *reprendre leurs droits imprescriptibles, à ramener au type maternel les sujets qu'on en aura artificiellement écartés et en l'absence de toute raison.*

Nous terminerons sur ces très sages considérations la monographie de l'Arabe boulonnais, que d'aucuns s'entêtent à considérer comme cheval de selle.

Il était cependant utile de constater l'excellence amélioratrice du pur-sang arabe. Celui qui a laissé la meilleure trace dans le Boulonnais est l'Arabe *Abou-Arabi*, né en 1875 dans les Basses-Pyrénées et envoyé jadis au dépôt de Compiègne. Ses services eussent été plus recherchés si au lieu d'être gris il eût été de couleur foncée et surtout noire.

Renseignements statistiques.

La jumenterie de Pompadour comptait, en 1900, 23 poulinières de pur sang arabe et 25 produits, dont 18 mâles.

En 1900 ont été saillies par 104 étalons de pur sang arabe des haras nationaux 4,484 juments, savoir :

Pur-sang anglais	280
— arabe	52
— anglo-arabe	180
Demi-sang	3811
Trait	161

18 étalons arabes approuvés ont sailli 679 juments, savoir :

Pur-sang anglais	16
— arabe	4
— anglo-arabe	4
Demi-sang	497
Trait	158

Il n'y a pas de pur-sang arabe autorisé.

178 poulinières arabes (1900) ont été saillies par :

Étalon pur sang anglais	97
— — arabe	52
— — anglo-arabe	12
— demi-sang	17

Arrêté ministériel réglant l'inscription des étalons pur sang arabes originaires d'Orient :

ARTICLE PREMIER. — Les étalons, juments et produits arabes importés en France ne pourront être tracés désormais au Stud-Book que s'ils proviennent des pays d'origine compris dans les limites suivantes : la chaîne du Taurus et la Méditerranée, au nord; le canal de

Suez et la mer Rouge, à l'ouest; le golfe d'Aden et la mer d'Oman, au sud; le golfe Persique et le Tigre, à l'est; c'est-à-dire dans la Syrie, la Mésopotamie et dans l'Arabie, composée de cinq provinces : l'Irak, le Hauran, l'Hedjaz, l'Yemen et l'Hadramont.

Art. II. — La commission du Stud-Book ne pourra opérer cette inscription que sur la vue des *hudjès* ou certificats d'origine indiquant le nom de la famille dont le cheval est issu et le nom de la tribu où il est né.

CHAPITRE XIII

LE PUR-SANG ANGLO-ARABE

Le pur-sang anglo-arabe. — Son élevage encore peu développé. — Historique ancien. — L'Anglo-Arabe en Autriche-Hongrie et en Angleterre d'après le comte Wrangel. — Les Anglo-Arabes en Algérie, en Russie, en Prusse, en Autriche-Hongrie, en France. — Manque de fixité. — L'Anglo-Arabe en courses. — Historique moderne. — Pompadour et les défauts de son élevage. — Les différents degrés de sang de l'Anglo-Arabe. — Les 25 et les 50 pour 100 de sang arabe. — Statistique des reproducteurs mâles et femelles.

Élevage encore peu développé du pur-sang anglo-arabe. — Il existe fort peu de documents sur le pur-sang anglo-arabe, et son élevage en France; cet élevage est encore relativement assez peu développé.

Il se fait officiellement à Pompadour, dont on aura pu lire une description au chapitre du Limousin. Dans le Midi, on le fabrique sur une échelle en somme assez restreinte et dans le but seul de le vendre aux Haras, qui s'en servent comme étalon destiné le plus souvent au demi-sang anglo-arabe.

Parmi ceux qui sont présentés au concours de Toulouse et qui ne deviennent pas des étalons officiels, l'école de Saumur achète quelques sujets; une dizaine est acquise par les étalonniers, qui cherchent à les faire approuver ou autoriser; le reste est généralement vendu à la Remonte.

Historique. — Il m'a paru intéressant de faire un résumé de tous les documents que j'ai pu rassembler sur l'anglo-arabe, renseignements assez difficiles à trouver complets.

La race anglo-arabe n'est pas si récente qu'on le croit, car, en 1740, le grand-duc Christian II, de Deux-Ponts, avait fort bien réussi l'accouplement de la jument anglaise avec l'étalon arabe. Il se servait des produits pour de dures chasses à courre. Et ses étalons étaient également sélectionnés par des épreuves de chasse.

La race de Deux-Ponts variait comme taille entre 1 m. 52 et 1 m. 55. Elle était généralement grise. Ces chevaux, enlevés en 1792 au Palatinat, furent réunis au haras de Rozières en 1814, et disparurent au moment de l'engouement pour le pur-sang anglais. « Les vieux éleveurs de la plaine de Tarbes, écrit *Starter* dans le *Bulletin hippique du Midi*, peuvent se rappeler encore un spécimen de cette race dont il avait nettement conservé le type et les qualités; il s'appelait *Zodiou.* »

En France sous Louis XV, on plaça à Pompadour des étalons anglais et des juments barbes.

Mais, avant d'entrer dans les détails de cet élevage en France, j'ai tenu à passer en revue l'emploi qu'on en fait chez nos voisins.

Des essais ont été tentés en effet à l'étranger dans le but de créer des Anglo-Arabes.

L'Anglo-Arabe en Autriche-Hongrie. — En Autriche-Hongrie, nous raconte le comte Wrangel, dans *Das Buch von Pferde,* on essaya aussi la création de cette race.

Jusqu'à présent, écrit-il, ces tentatives n'ont pas réussi dans le sens où on le désirait. Il est donc naturel que peu de haras s'occupent de cet élevage. Autant que je le sache, on ne le fait qu'à Mezohegyes et à Pompadour. A Mezohegyes, les Anglo-Arabes sont remplacés par la *Gidran-race*, nommé ainsi à cause de l'étalon pur-sang arabe *Gidran* qui vin au haras de Balbonna en 1818. Cette race s'est d'abor reproduite sur elle-même ; puis, comme elle dégénérait, o l'a croisée avec du pur sang anglais, ce qui par conséquen a donné des Anglo-Arabes. Mais peu de ces produits peuven se réclamer du sang de Gidran, étant donnés des sang divers qu'on y infusa successivement.

On fit beaucoup d'Anglo-Arabes en France à cause de l nécessité de remonter la cavalerie légère en chevaux d type arabe, mais moins légers et moins petits. L'Anglo Arabe répondit à peu près à ce desideratum. C'était don imprudent de supprimer la jumenterie de Pompadour e 1861, car elle avait produit une excellente race d'Anglo Arabes. Quand on s'aperçut de cette faute, on rétablit l jumenterie en 1874. Mais, en ce temps, dominait la mod des chevaux anglais, et je crois que c'est un beau rêve qu de retrouver la race de 1861.

Même en Angleterre, il se trouva des éleveurs pou penser que l'Anglo-Arabe remplacerait le pur-sang anglais Le résultat de leurs peines ne fut pas satisfaisant.

Le général Ankerstein, éleveur distingué, se consacra l'amélioration du pur-sang anglais par l'infusion du san arabe. Malgré le nombre des chevaux sur lesquels port l'expérience (1,000) et le mal qu'on se donna, on n'arriv pas à produire un seul bon cheval de chasse. Des connais seurs, qui visitèrent l'élevage du général, prétendirent qu' consistait en petits chevaux gracieux pour jeunes ladies. la mort du général on vendit le haras et le plus grand de élèves fut acheté par le propriétaire du cirque Sanger, dan les mains duquel il devint un bon gros cheval de panneau On ignore ce que devint le reste.

Quelques très intéressantes indications sur l'élevag anglo-arabe se trouvent dans le *Sporting-Magazine*. — J' fait, écrit le correspondant, cinq expériences : 1° jumen anglaises croisées avec des étalons arabes ; — 2° jumen arabes avec étalons anglais ; — 3° poulains arabes élev d'après les principes anglais ; — 4° poulains anglais élev d'après les principes arabes; — 5° acheté des poulains de la meilleure qualité que vendent habituellement les Arabes.

La première expérience n'eut pas un résultat mentionnable. Les produits étaient plus jolis à l'œil que les chevaux anglais, mais moins bons que les Arabes. La deuxième expérience réussit dans quelques cas rares. Sur les quatre produits, trois étaient faibles, incapables de quelque grand effort. La troisième expérience manqua totalement, sauf que les poulains étaient de taille un peu plus grande et plus forts. La quatrième expérience amena un résultat favorable. Les produits étaient plus petits que les parents, mais ils avaient gagné en résistance. L'air sec et chaud du désert, les galopades, le *lait de chamelle*, les bons traitements, tout cela avait contribué à développer les qualités de la race au plus haut degré. L'os de la cuisse d'un tel cheval avait une densité de 20 pour 100 plus grande que celle d'un animal élevé à l'écurie. La cinquième expérience est à mon avis la plus sûre de toutes; on a un plus grand choix et, même si aucun des produits n'est *coursier*, on peut de cette façon arriver à avoir un de ces exemplaires rares qui d'habitude ne se trouvent que dans le désert.

En Angleterre il n'y a pas d'éleveur plus zélé ni plus amateur de chevaux orientaux que M. Blunt. Il a acquis ses sujets lui-même dans le désert. Son but n'est cependant pas la formation d'une race anglo-arabe; mais il veut obtenir une race pure arabe au moyen d'un élevage entendu et soigné, d'une bonne nourriture. Il espère obtenir un produit de pur sang unissant la taille exigée par le goût moderne à la constitution forte, les os solides et le bon tempérament de l'Arabe indigène; M. Blunt n'a pas réussi jusqu'ici: du moins les résultats obtenus à Grappet Park n'ont ni l'approbation, ni les éloges des éleveurs et sportsmen anglais. A sa vente de 1886 le prix moyen fut de 1,490 francs. Un correspondant du *Field*, présent à cette vente, pense que les onze chevaux étaient trop légers pour le service de la voiture, sans être non plus aptes à la selle.

A mon avis, l'élevage de l'Anglo-Arabe n'a pas de raison d'être dans l'Europe centrale ni dans l'Europe septentrionale, car d'un côté il n'est pas prouvé que le cheval de pur sang anglais et le cheval de demi-sang anglais ne soient plus capables de produire ces formes intermédiaires exigées par l'acheteur; d'un autre côté l'Anglo-Arabe n'a, d'après moi, jamais prouvé une supériorité sur le pur-sang anglais. De plus la formation d'une race anglo-arabe exigerait tant de temps et de sacrifices matériels qu'un particulier ne pourrait jamais mener cette tâche à bonne fin. L'État seulement le pourrait dans un cas de nécessité prouvée.

Mais je suis loin de m'insurger contre les expériences, si elles ont pour but de répondre à des problèmes dont la solution est utile ; de plus, si elles sont faites avec compétence, elles peuvent en elles-mêmes rendre de grands services à l'élevage.

Je m'intéresse vivement à la question des résultats qu'obtiendrait un haras composé d'excellentes juments pur sang anglais et d'un étalon arabe de la meilleure sorte, établi dans le désert. Avec un haras semblable on n'aurait pas besoin de prendre, un jour, une direction opposée et de renoncer à des avantages certains pour une espérance incertaine.

Le comte Wrangel ne se rend pas compte de deux choses : entre autres, c'est que le climat et le sol de l'Angleterre qui, avec la sélection utile de l'Arabe, a fait le pur-sang anglais, n'est pas apte à faire et surtout à maintenir l'Anglo-Arabe. Il n'en est pas de même dans la France méridionale. La même remarque s'applique à l'élevage de l'Anglo-Arabe dans le désert, mais en sens opposé. Les produits du désert au bout de quelques générations reviendraient au type arabe. De plus le comte Wrangel n'a certainement visité ni le Midi de la France, ni même Pompadour. Il se fût rendu compte des services que les haras attendent de l'Anglo-Arabe, surtout dans la fabrication du demi-sang du Midi. Il faut aussi remarquer que les Anglais n'ont pas besoin du cheval que nous appelons chez nous de cavalerie légère.

Le livre du comte de Wrangel fut publié il y a une dizaine d'années. Or, je retrouve en 1899 des documents intéressants sur l'élevage de M. et Mme Blunt, à Crabbet Park, desquels il résulte que cet élevage de l'Anglo-Arabe n'a pas eu d'imitateurs en Angleterre bien que Blunt soit parvenu à vendre ses derniers chevaux un peu plus cher. La moyenne des vingt et un animaux mis en vente est montée à 1,265 francs. Un Russe, le colonel Stadnovitch, a acheté les meilleurs, parmi lesquels un beau deux ans pour 6,250 francs. M. Blunt continue à acheter ses chevaux dans le désert. Il les élève, chose curieuse, de la part d'un Anglais, sans leur donner une once de grain.

M. Blunt Wilfrid exposa à Paris, en 1900 quelques spécimens qui prouvèrent que ou ses procédés d'élevage ou l'habitat étaient défectueux, car tous ses sujets étaient plutôt médiocres, bien que gracieux.

L'Anglo-Arabe en Algérie. — Dans notre *Algérie française* l'élevage de l'Anglo-Arabe réussit à *condition d'être soigné dans ses premières années.*

L'insuffisance des étalons barbes a incité les officiers de cavalerie à demander, pour la Tunisie, un étalon de pur sang anglais, afin de produire des métis anglo-barbes. Le général Faverot, directeur des Remontes, a acquis, au compte de la régence, un cheval du baron Finot, nommé, je crois, *Peu-de-Chose.* Espérons qu'il se comportera mieux que son nom ne le promet.

L'Anglo-Arabe en Russie. — Il y a cent ans la race trotteuse Orlof eut pour origine l'arabe *Smetanka,* 1m.53, gris d'argent, trois juments anglaises et une danoise; cette dernière produisit le célèbre *Bars I.*

Plus tard, écrit Simonoff, le croisement dans la ligne de Bars I se répéta bien des fois, non seulement dans la ligne maternelle, mais encore dans la ligne mâle. On avait aussi recours au sang oriental et danois.

Le cheval de selle de race Orloff — car le comte Orloff, fut le créateur de deux races bien distinctes — était un Anglo-Arabe, quoique contenant une petite dose de sang danois.

La race Rostopchine, également de selle, était aussi anglo-arabe. Elle a conservé un cachet très oriental. Les Orloffs selle et les Rostopchines ne forment aujourd'hui qu'une seule race les Orloffs-rostopchines

L'Anglo-Arabe en Prusse. — Les haras impériaux élèvent le cheval est-prussien lui-même, qui est fait avec 50 pour 100 de sang anglais, 25 pour 100 d'arabe et 25 pour 100 de sang indigène, et peut être considéré comme un demi-sang anglo-arabe. Il est très apprécié de la cavalerie, pour son fond, sa tranquillité et sa douceur. Mais l'Anglo-Arabe pur n'y existe point, à proprement parler, bien que les poulinières aient conservé un grand cachet oriental. En somme l'abandon du sang arabe est manifeste en Allemage.

M. Grabensée, dans son rapport de 1903 sur l'élevage français, trouve que les Trakehnen comparés à nos Anglo-Arabes, n'ont pas assez de sang. Il fait un grand éloge de nos pur-sang anglo-arabes comme reproducteurs de chevaux de selle.

Il existe à Hanovre une race dite la *famille blanche* et qui est anglo-arabe. Elle montre bien ce que deviennent les races de chevaux sous l'influence de la nourriture du climat et de la gymnastique. Ces chevaux de la *famille blanche*, sont blancs, à peau rose, grand, gros, très nobles d'apparence, avec une poitrine petite et le dos mou. On ne les attelle qu'aux voitures de gala, sous harnais rouges (Foache, *le Cheval allemand*). Les géniteurs en sont sélectionnés d'après leur poids, leur couleur et leurs actions.

Ils peuvent servir d'exemple si on veut se figurer ce que deviendraient nos races françaises, surtout celles du Nord, si les étalons n'étaient point sélectionnés par les courses au trot et au galop, mais seulement par le modèle.

Aux haras de *Deux-Ponts* des poulinières de demi-sang ayant beaucoup d'arabe sont encore données à l'étalon anglais ou arabe, surtout à l'Anglais. L'Arabe employé directement raccourcit beaucoup en Allemagne, comme en France.

L'Anglo-Arabe en Autriche-Hongrie. — Sur 4,606 étalons, cinq seulement sont anglo-arabes purs.

En effet, on n'y fait ni officiellement ni autrement de l'anglo-arabe; cependant des croisements se produisent tout de même quand on veut corriger certains défauts de la jument anglaise ou arabe par un étalon de l'autre sang, s'il est bien fait daus les parties à corriger.

Peu nous importe alors, m'écrit le comte S..., du ministère de l'agriculture royal hongrois, qu'il soit ou non de la même race, partant de cette conviction que jamais une goutte de sang arabe n'a gâté un bon élevage de demi-sang.

C'est à peu près de cette façon que la race Gidran (956 étalons), provenant de la race arabe, fut croisée avec des étalons de pur sang anglais de robe alezane, propre aux gidrans, pour améliorer le dos, les reins, les paturons, ce qui a très bien réussi.

Bien entendu le type oriental et la mollesse de ces Arabes devenus trop lourds et empâtés ont disparu complètement, de sorte que le cheval nommé Gidran aujourd'hui est de type de demi-sang anglais et n'a gardé du passé que le nom.

Personne ne se doute en Autriche-Hongrie de ce que c'est qu'un Anglo-Arabe à 50 pour 100, à 25 pour 100. On ne peut dire cependant que les croisements du demi-sang anglais soient rares avec le sang arabe; mais le but en est de corriger tel ou tel défaut de conformation et non d'obtenir un anglo-arabe.

. . . .

Historique de l'Anglo-Arabe pur en France. — Au moment du rétablissement des haras en 1806, M. de Bonneval, alors directeur du haras du Pin, créa au moyen de l'étalon syrien *Messoud* une race d'Anglo-Arabes d'où sortit *Eylau*, un des chevaux les plus complets que la France ait jamais eus, au dire du vicomte d'Aure, le célèbre écuyer. Mais l'inscription au stud-book ayant été injustement refusée à Eylau, il s'ensuivit que le sang anglo-arabe ne put marquer sa trace, au moins officiellement, pendant quelques générations.

A cette époque disparurent aussi les Anglo-Arabes des Deux-Ponts, qui avaient été, en 1814, amenés à Rozière. La race s'éteignit sous l'influence prédominante du pur-sang anglais.

M. de Bonneval avait emporté dans le Midi sa science hippique et l'intuition des services que pouvait rendre l'Anglo-Arabe. Il avait réalisé de grands progrès lorsque l'anglomanie et une hostilité évidente contre les haras retardèrent tous les bienfaits qu'apportait déjà l'emploi de cette race pure intermédiaire.

On pourra lire, dans le paragraphe consacré à Pompadour, qui était devenu, sous la direction de M. Gayot, le centre de la production de cette race, toutes les vicissitudes par lesquelles elle passa.

Mais, pour fixer une date, ce ne fut qu'en 1830 que parurent les premiers pur-sang anglo-arabes élevés en Normandie, et entraînés comme des chevaux de pur sang, qu'ils battirent quelquefois, témoin le fameux *Auricula* (cité par Houël), gris, à 50 pour 100, élevé au haras de Meudon et qui se signala par ses victoires.

Gayot, qui peut donc être considéré comme le fondateur de la race anglo-arabe pure, qu'il se plaisait à appeler le « pur-sang français », avait été amené à tenter sa création parce qu'il s'était aperçu de l'insuffisance de la forme arabe. Il avait voulu créer un géniteur qui, avec le fond de la race méridionale, donnât des animaux plus solides, moins échappés dans leurs formes; qui prissent de la taille, « sans se disjoindre », tous défauts provoqués par l'infusion continue du sang anglais.

Il ne s'illusionnait pas quant aux difficultés de l'enprise : « C'est une tâche longue et difficile que de créer une race ou une sous-race. » Mais l'anglomanie eut un tel succès, que Gayot put écrire avec désespoir : « L'Anglo-Arabe a disparu ! Son anéantissement date de l'époque où le Jockey-Club, devenu tout-puissant, a mis la main sur l'administration des haras... un ordre de vente a dispersé, au hasard des enchères, des richesses péniblement amassées. » Gayot se montrait trop pessimiste. L'Anglo-Arabe devait renaître de ses cendres et rendre d'immenses services. Le Jockey-Club, revenu à un sentiment plus juste de la chose hippique, ne s'occupa de l'Anglo-Arabe que pour l'encourager, à la vérité, d'une façon encore insuffisante, étant données ses immenses ressources.

Les premiers Anglo-Arabes qui aient été « officiellement » fondateurs de race datent du rétablissement des deux jumenteries du Pin et de Pompadour (1833). Au Pin se trouvaient quelques juments, presque toutes de pur sang arabe. Les plus célèbres furent : *Nichab*, *Moina* et *Delphnie*. Données à des pur-sang anglais elles produisirent de bons étalons dont deux furent employés en Normandie et y marquèrent avantageusement leur passage. Ce sont : *Don Quichotte*, né en 1835, par *Sylvio*, pur-sang anglais, et *Moina*, pur-sang arabe, et *Eylau*, né aussi en 1835, par *Napoléon*, pur-sang anglais, et *Delphnie*, pur-sang arabe.

Nichab, elle, produisit à cette époque au moins six étalons avec les pur-sang anglais *Tigris*, D. I. O. et *Catham*. Ces chevaux ne firent pas la monte en Normandie. Ce sont : *Pau*, *Holy*, *Frivole*, *Calife*, *Bienvenu*, *Arrogant*.

Dès 1851, l'*État civil de la race bigourdane améliorée* nous montre l'emploi raisonné de l'Anglo-Arabe. Sur les 611 animaux inscrits, 130 étalons ont été les pères dans la proportion de 6,15 pour 100 pour les Anglo-Arabes purs; 23,31 pour 100 pour les pur-sanga nglais; 18 pour 100 pour les demi-sang arabes; 13 pour 100 pour les Anglais de demi-sang, et 33,8 pour 100 pour les Arabes purs. On peut se rendre ainsi compte que dans la circonscription de Tarbes les étalons arabes étaient prédominants et que 84 pour 100 des produits, par suite des mélanges de sang, étaient anglo-arabes purs ou de demi-sang. Ce rôle, prédominant jadis, de l'Arabe, l'Anglo-Arabe pur l'assume aujourd'hui, avec le pur-sang anglais.

Pompadour, defauts de cet élevage. — La jumenterie de Pompadour (1), rétablie en 1833, comprenait soixante juments environ. On y produisait des pur-sang arabes et anglo-arabes, qui restèrent en Limousin comme étalons ou furent envoyés dans les dépôts du Centre et du Midi.

En 1860, le général Fleury supprima la jumenterie

(1) Voir chapitre *Limousin*.

de Pompadour. Quoique très homme de cheval, il était peu au courant de l'élevage, surtout de celui du Midi. L'élevage particulier n'y avait pas un sou d'allocations pour l'aider. La production de Pompadour supprimée, il tombait à plat. On lui donna pour vivre une subvention annuelle de 10,000 francs, ce qui n'était vraiment pas beaucoup pour vingt-trois départements ! Les législateurs de 1874 trouvèrent donc le Midi complètement anémié au moment où ils s'occupèrent de la réorganisation des haras.

On reconstitua donc Pompadour. Les produits des anciennes poulinières furent rachetés aux fanatiques éleveurs qui les avaient recueillies ; on y fabriqua quelques Arabes et Anglo-Arabes, plus ou moins bons : élevés, sans travail sérieux, sous un climat froid et humide à l'excès, sur un sol dénué de calcaire, ils prirent néanmoins une certaine silhouette, mais sans ossature, avec plus de viande que de muscles (1). Quant à leur « qualité », c'était toujours l'inconnu puisqu'on les exerce à peine ; « que de mémoire d'homme, jamais il n'y en a eu un de claqué ».

En même temps on donnait à l'industrie privée une centaine de mille francs (50,000 francs en courses, 50,000 francs de primes aux poulinières) pour faire de son côté le même élevage.

Avec ces faibles ressources, les éleveurs ont marché courageusement ; peu à peu le crédit a grossi : tout

(1) M. Grabensée, dans son rapport à l'Empereur d'Allemagne (1903), écrit : « En choisissant Pompadour, on commit la même faute qu'ailleurs, en se laissant séduire par les bâtiments existants, au lieu de baser son choix sur l'état du sol (calcaire) et de l'eau. » La production de Pompadour ne vaudrait son budget que si les poulains au sevrage étaient élevés dans un pays meilleur comme nature géologique, où, en prenant de l'os, ils éviteraient aussi la fluxion périodique.

compris, il atteint aujourd'hui 300,000 francs environ. Avec cela, les éleveurs font naître (1899) plus de huit cents pur-sang arabes et anglo-arabes (il y en avait deux cents en 1860). — Il est utile de noter que les éleveurs de pur-sang anglais font, avec seize millions de subvention, naître de dix-sept à dix-huit cents produits de pur sang.

En 1833, le Pin avait été constitué en jumenterie, pour suppléer à l'insuffisance de la production de pur-sang anglais. Mais la fondation du Jockey-Club avait fait marcher la race anglaise à pas de géant. Aussi, en 1852, le concours de l'Etat étant devenu superflu, le Pin fut supprimé en tant que jumenterie; c'était logique.

N'en est-il pas de même aujourd'hui pour celle de Pompadour?

Quant au prix de revient des étalons de pur sang anglo-arabe de Pompadour, il est, comme celui de sa production arabe pure, quelque peu mystérieux. Comme les chiffres que je vais être obligé de citer paraîtront fantastiques à quelques-uns, j'entrerai dans d'assez grands détails pour les appuyer.

Tous ceux qui de loin ou de près ont eu à s'occuper de l'élevage et des haras du Sud-Ouest ont tenté en vain d'être fixés à cet égard. Au reste, ils sont presque tous d'accord sur ce point, que Pompadour, indispensable en 1874, — la race anglo-arabe avait disparu; il n'existait pas trente juments de cette race et l'Etat trouvait difficilement un ou deux étalons à acheter par an — n'avait plus sa raison d'être vingt ans après, l'industrie privée étant alors parvenue à faire naître annuellement plus de huit cents produits de cette race pure, et à en faire entraîner au moins deux cents.

L'œuvre de l'Etat n'était donc plus qu'une concurrence inutile et presque déloyale à celle des éleveurs. Ces derniers comptèrent beaucoup sur la bonne volonté d'un homme politique méridional. Lorsque cette personnalité devint rapporteur du budget, son beau zèle diminua et disparut tout à fait quand il devint ministre de l'agriculture. Il est évident que la question Pompadour a des dessous politiques.

Le prix de revient actuel des dix ou douze étalons que cet établissement repartit chaque année dans les dépôts du Sud-Ouest n'a jamais pu être clairement établi. Mais il existe un document officiel auquel on ne peut rien opposer : c'est la discussion de la loi de 1874. A la séance de l'assemblée du 28 mai 1874, M. de Carayon-Latour, combattant la création de Pompadour, avait dit :

Chaque étalon arabe ou anglo-arabe élevé à Pompadour reviendrait, d'après l'estimation même de votre commission, à plus de quinze mille francs par tête. Mais pour fixer cette évaluation, l'administration suppose que la moitié des produits mâles sera apte à faire des reproducteurs. Or, tous ceux qui ont l'expérience de la production chevaline reconnaîtront que c'est là une proportion beaucoup trop élevée, et qu'il serait plus sage, plus vrai de compter un étalon sur quatre ou cinq produits mâles. — Vous voyez ainsi le chiffre de quinze mille francs s'élever à trente et quarante mille francs par tête.

A la séance du lendemain, le marquis de Dampierre soutint au contraire Pompadour, et pour réfuter les chiffres de M. de Carayon il s'exprima ainsi :

On nous menace de chiffres chimériques; il y a une manière bien simple de répondre, celui de mettre sous les yeux de l'Assemblée un état officiel, incontestable, de l'administration des haras, état qui comprend les dépenses de la jumenterie de Pompadour de 1835 à 1861 ; en voici la conclusion : le prix de revient de chaque étalon ressort de la manière suivante : en argent 9,051 francs et en nature 6,341 francs; total : 15,395 francs.

Ainsi donc les défenseurs absolus de Pompadour aboutissent, même en 1874, au chiffre de 15,000 francs; à dix chevaux par an c'est 150,000 francs enlevés à l'industrie privée, qui pour cette somme fournirait vingt à vingt-cinq chevaux.

Notons qu'à l'heure qu'il est ce taux de 15,000 francs doit s'augmenter des frais d'entraînement, superficiel, il est vrai, qu'on a introduit à Pompadour.

Comme épreuves publiques il n'y a rien. On a fait cependant, paraît-il, quelques essais dont les résultats n'ont pas été assez concluants pour qu'on en fît état.

D'aucuns pensent qu'il est temps de supprimer Pompadour, comme inutile et faisant une injuste concurrence à l'industrie privée. La question a été posée au conseil supérieur des Haras (1900), mais reportée à la session prochaine. Il est probable qu'elle ne sera pas discutée à fond; ceux qui la soulèvent, avec raison, doivent avoir des étalons anglo-arabes à présenter aux achats des Haras; et les Haras, à leur tour, ont les sénateurs et les députés du Limousin, notamment ceux de la Corrèze, qui leur tiennent le couteau sur la gorge et les menacent de toutes les foudres parlementaires si on touche à leur Haras de Pompadour.

Ceux qui ont visité l'exposition hippique de 1900 ont pu constater ceci : les Haras n'ont envoyé que deux Anglo-Arabes sortant de l'élevage privé contre cinq ou six animaux sortant de Pompadour... bien que la production privée soit plus nombreuse et contrôlée par des épreuves publiques.

Il ne fait bon nulle part être le concurrent de l'État (1).

(1) En 1900, Pompadour comptait 15 juments pur sang anglais,

L'élevage privé de l'Anglo-Arabe en France. — Dans notre pays, une certaine quantité des éleveurs du Midi se livrent à l'élevage de l'Anglo-Arabe pur sang.

On ne peut pas exactement définir comme modèle ce qu'est un Anglo-Arabe. Un cheval de pur sang anglais, un pur-sang arabe, ont un type propre qu'ils transmettent à leurs descendants; l'Anglo-Arabe, au contraire, pourra reconnaître dans ses produits successifs tantôt un cheval du type anglais, tantôt un cheval du type arabe.

Même quand on marie deux races pures comme l'Anglais et l'Arabe, au lieu du mélange on obtient parfois, après plusieurs alliances, « un retour complet au type arabe ou au type anglais, presque toujours au premier, parce que c'est le plus fixé, le plus ancien, le père de l'autre ».

Manque de fixité. — La race, en un mot, malgré plus d'un siècle d'efforts, il faut le dire assez souvent interrompus, n'est pas fixée.

« On a fort bien constaté, écrit M. Le Hello, que les reproducteurs anglo-arabes ne donnent pas dans le Midi une production aussi régulière que les demi-sang pris dans la race locale.

D'où provient ce grave défaut : est-ce au procédé *défectueux de la sélection* des étalons et des juments, ou du mode d'élevage lui-même? Je pense que, dans aucun sens, les expériences n'ont été faites avec un esprit de suite suffisant, et que les éleveurs et les Haras changent continuellement de système, espérant rencontrer celui qui rapporte le plus d'argent.

On ne pense pas assez en accouplant deux reproducteurs, l'un anglais, l'autre arabe, par exemple, que

23 pur sang arabe, 21 Anglo-Arabes (toutes juments), et 79 produits dont 33 poulains et 21 pouliches anglo-arabes.

s'ils ont entre eux une similitude suffisante de forme, ils n'ont pas la similitude de puissance héréditaire, surtout s'il s'agit d'un croisement immédiat et non de véritable sélection.

Les étalons à 25 pour 100 dits sélectionnés doivent théoriquement être beaucoup plus fidèles comme reproducteurs. Depuis quelques années cette dernière méthode donne de bien meilleurs résultats.

Qualités et défauts. — L'Anglo-Arabe ne compte pas que des admirateurs; il paraît, en effet, difficile à certains de voir faire cet élevage avec un véritable esprit sportif.

M. Nicard écrit dans son remarquable ouvrage, *Le pur-sang anglais et le trotteur français devant le transformisme :*

J'admets parfaitement, en me plaçant en face de la production du cheval de selle, qu'on ait l'idée d'acclimater l'Arabe, de l'allier avec le cheval de pur sang, pour en hâter l'acclimatement; mais ce que je combats, c'est qu'on ait l'idée de faire de cette alliance la souche d'une variété de courses; c'est à ce point de vue qu'il y a régression, et que la tentative est condamnable, comme nous l'avons montré. La sélection, pour les courses, d'une pareille variété est une entreprise complètement impossible, attendu qu'elle aboutirait à la constitution d'un principe sportif inférieur.

Jamais un éleveur de sens commun n'admettra qu'on lui fasse faire de propos délibéré des chevaux de course inférieurs en vitesse, tandis qu'il pourrait obtenir avec les mêmes soins et dans le même temps des chevaux de course supérieurs en vitesse, étant donné qu'aucune autre aptitude n'est exigée dans la nouvelle variété... Dans le premier croisement du pur-sang avec l'Arabe ou l'Anglo-Arabe, on obtient généralement un cheval de selle, en donnant un modèle plus léger; mais ce n'est pas de l'élevage, et dans un second croisement de ces chevaux de selle les déboires commencent par des retours inévitables des anciens types. Tous les concours, récompenses, primes, médailles, n'y peuvent rien faire.

Mais, d'autre part, un sportsman, fort connu du Midi sous le pseudonyme de Maubourguet, nous met au courant des résultats pratiquement obtenus dans le Midi par l'emploi de l'Anglo-Arabe.

Il envisage d'abord le pur-sang anglais :

Il faut bien reconnaître que cette production quintessenciée ne peut être que celle de l'exception. Il faut reconnaître aussi que pour être utilisé comme améliorateur des races les plus communes, on est obligé d'user d'intermédiaires de demi-sang moins difficiles, moins délicats, moins distants du type qu'on veut amender. Il sera souvent plus judicieux de s'adresser à l'Anglo-Arabe.

L'Anglo-Arabe ne saurait prétendre être autre chose qu'un succédané du pur-sang Anglais. Il est d'un élevage plus fruste que l'Anglais. Il supporte mieux la faim, le froid, les intempéries; il est plus endurant et moins fragile que l'Anglais.

Ces bénéfices lui reviennent du retour fait plus ou moins récemment à l'Arabe, le cheval sobre et dur entre tous, le prototype de l'espèce.

Qu'il provienne de la Syrie ou des tribus du grand désert d'Arabie, le cheval arabe est le produit de la sélection la plus brutale qui soit au monde: Né dans les tribus nomades, dès qu'il voit le jour, il faut qu'il marche ou qu'il crève. S'il est faible, il périt. S'il résiste, grâce à de puissants organes, il restera robuste et transmettra à sa descendance ses précieuses qualités natives. C'est ainsi que s'est constituée la race dans les privations et au milieu d'exigences incompréhensibles. Aussi l'espèce n'a pas déchu et elle procède, sous un ciel ardent et bleu, depuis Abraham et Salomon, à cette constante sélection qui a conservé le type à un niveau suprême.

Malheureusement, ni la taille ni la conformation du cheval arabe ne répondent à nos besoins modernes. Tel quel, il est peu utilisable au point de vue des services ordinaires, selle ou attelage. Mais on lui emprunte avec succès son essence, sa virtualité, ses qualités natives, en le croisant avec le plus grand nombre des espèces connues.

Le plus judicieux de ces croisements est celui qui a consisté à descendre de l'apogée qu'il occupe le cheval de pur sang anglais, dont l'emploi comme étalon ne saurait être généralisé.

Le cheval de pur sang anglais provient bien de l'Arabe, mais les conditions extra-naturelles de son éducation et de son élevage l'ont transformé d'une façon méconnaissable.

Comme étalon, c'est un grand seigneur, exigeant, délicat, somptueux, généreux et noble à l'excès, n'admettant guère de mésalliances.

Mais quand il va rajeunir son sang à la source arabe, il ne manque guère de reproduire un sujet d'élite, aussi blasonné que lui, plus souple, plus sobre, moins difficile, moins grand, moins étendu, moins vite que le pur-sang anglais, mais plus approprié à tous les services que les père et mère dont il dérive.

C'est là le cheval anglo-arabe, que l'on ne saurait imposer comme la panacée universelle en matière d'amélioration hippique. Loin de nous pareille prétention.

Il est en effet des centres de production tels que le Perche et le Boulonnais, où l'introduction d'un sang améliorateur étranger quelconque lui serait néfaste.

L'Anglo-Arabe servira utilement dans les régions où le pur sang anglais est d'un emploi difficile ou dangereux, lorsqu'il s'agit d'infuser du sang à des espèces molles et sans énergie

Il sera d'une utilité incontestable pour remonter nos régiments de cavalerie légère, lorsqu'il ne possédera pas toutes les qualités requises pour répondre à la haute destination de reproducteur.

C'est à ces titres divers qu'il a tous les droits aux encouragements de l'État.

L'Anglo-Arabe en courses. — Les pur-sang anglo-arabes, écrit de son côté M. Le Hello, juste observateur, sont moins vites que les pur-sang anglais et ils ne tiennent même pas autant que ces derniers dans les courses de grandes distances que l'on établit sur le turf.

A ce point de vue sportif, voici ce qu'écrit encore, fort judicieusement, Maubourguet :

Nous verrons avec regret que les optimistes veuillent prétendre lutter avec quelque avantage contre le pur-sang anglais, avec leurs Anglo-Arabes de seconde génération. C'est là une utopie propre uniquement à desservir la cause du cheval anglo-arabe. Aussi la création d'épreuves mixtes, où les Anglo-Arabes seraient appelés avec des conditions favorables à se mesurer avec les pur-sang anglais, est une innovation fâcheuse. Avec des surcharges, on arrête le meilleur cheval; avec des décharges on pourrait faire gagner le grand prix de Paris par un bourricot. Le prix Ordizan crée également à Maisons-Laffitte, en accordant 10 kilogrammes de bonification de poids aux Anglo-Arabes et en établissant des exclusions propres à éloigner les pur-sang anglais de quelque valeur, ne porte avec lui aucun enseignement. Il pourra prouver que le meilleur cheval anglo-arabe peut battre le plus mauvais cheval anglais ; mais cette épreuve, d'un caractère négatif, en raison des surcharges infligées aux pur-sang anglais, ne servira qu'à discréditer l'Anglo-Arabe, et on ira ainsi à l'encontre du but poursuivi.

Qu'on laisse les chevaux de pur sang anglais lutter entre eux afin qu'ils se sélectionnent au moyen de courses, selon la formule patiente et savante qui n'a pas varié en Angleterre depuis cent cinquante ans et qui ne doit pas varier en France.

D'autre part qu'on permette aux chevaux anglo-arabes de démontrer leurs excellentes aptitudes entre eux par des moyens similaires et tout sera pour le mieux ; *Eylau, Rigodon, Pomponnet, Ordizan* ont triomphé, il est vrai, de pur-sang anglais d'un ordre moyen, mais ces exceptions ne sauraient comporter une grande signification.

Si on considère l'aptitude de l'Anglo-Arabe à varier dans le trot, on peut constater qu'il s'est jadis affirmé comme bon reproducteur, même en Normandie. *Don Quichotte* et *Eylau* étaient deux Anglo-Arabes, et on peut lire dans le stud-book du commandant, Cousté que ces deux étalons comptent plus de trois cents représentants mâles.

En général les officiers de cavalerie préfèrent, quand ils ont le choix, se remonter avec un pur-sang anglais plutôt qu'avec un pur-sang anglo-arabe. Du reste presque toujours les Anglo-Arabes achetés par les remontes se rapprochent du type anglais. On en reçoit trop peu dans les régiments et il est difficile de les apprécier comme ils devaient l'être. L'Anglo-Arabe de pur sang est un cheval inconnu de la majorité des sportsmen qui ne sont pas du Midi.

Cependant beaucoup de pur-sang anglo-arabes font de très bons hunters et sauteurs : tels le célèbre *Miclou*, lauréat de concours hippiques, appartenant au comte d'Avrincourt, et *Bellah*, pur-sang anglo-arabe à 50 pour 100, au lieutenant Moigno, qui remporta sur un champ très nombreux, sélectionné dans tous les régiments, le Grand Prix de Paris, en 1901, au concours hippique.

On a vu plus haut le cas fait par le marquis de Mauléon des chevaux de pur sang anglo-arabe en tant que chevaux de selle.

Au point de vue du service de troupe à l'armée, si on envisage les divers degrés de sang du Midi, je crois que les préférences sont, avec raison, pour le demi-sang anglo-arabe.

Au point de vue service attelé l'Anglo-Arabe de pur sang est un excellent serviteur, vite, distingué et brillant qu'on ne saurait trop recommander.

Lieux d'élevage de l'Anglo-Arabe. — Beaucoup des chevaux de pur sang anglo-arabes naissent dans les plaines de Tarbes et de Pau. Les meilleurs sont destinés à faire des étalons et sont vendus aux éleveurs qui s'adonnent à cette spécialité et les vendent aux haras, lesquels payent généralement une moyenne de 7,000 francs, du moins ceux à performances.

Au nombre des éleveurs d'Anglo-Arabes il faut placer en tête M. de Juge, qui a élevé jadis *Ben-Maksoude*, payé par l'État 14,000 francs; *Furet*, payé 20,000 par le Japon, et *Nelson*, premier prix à l'Exposition universelle de 1900; M. Dubois-Godin, de Puech-del-Sol (Aveyron), M. Fourcade-Peyraube (de Tarbes), M. Ayral (de Bagnères-de-Bigorre), M. Viguerie (de Toulouse), M. de Bazignan; MM. Descat, Pugens, comte de la Roque-Ordan, Bastiot, Touzet; M. de Vernet, M. Dutrouilh, marquis de Scoraille, M. de Fournas, marquis de Campaigno (Haute-Garonne), MM. J. Féral (Haute-Garonne), Lascourrège (Gers), Mathié (Hautes-Pyrénées), Sempé (Hautes-Pyrénées), Daléas (Hautes-Pyrénées), Ville de Teynier (Haute-Garonne); M. Ducos, jeune et excellent éleveur, dont *Belle-de-Jour*, pur-sang anglo-arabe fille de pur-sang anglais, eut le premier prix à l'Exposition universelle de 1900; M. de Sainte-Jayme, à Saint-Palais (Basses-Pyrénées), M. Pédebidou, et deux Limousins, MM. de Nexon et de Neuville, de Beauregard (Haute-Garonne).

J'ai parlé plus haut du manque de fixité de la race anglo-arabe; mais il est juste d'insister sur ce qu'elle donne de bons chevaux de remonte, de manège et de carrière quand leur élevage a été bien soigné.

Le gouvernement du Japon, après avoir visité les élevages européens, a acheté ces dernières années des Anglo-Arabes dans la plaine de Tarbes, qu'il a payés de 2,500 à 15,000 francs; en 1899, jusqu'à 20,000 francs, et en 1903, plusieurs à un prix moyen de 10,000 francs. Après la campagne du Tonkin, le mikado avait déjà fait acheter comme étalons les quelques chevaux de spahis qui avaient survécu. Les bons services rendus par ces pourtant médiocres étalons barbes a encouragé le gouvernement japonais, décidé à l'amélioration par le sang oriental, à s'adresser en France, depuis quelques années.

Les encouragements donnés en courses à l'Anglo-Arabe de pur sang sont médiocres.

Un excellent entraîneur me certifiait, ce dont on peut s'assurer facilement, que le meilleur Anglo-Arabe ne peut guère ramasser dans son année plus de trente mille francs; encore faut-il qu'il gagne tout ou à peu près. La récolte moyenne d'un Anglo-Arabe galopant à peu près peut être de quatre à cinq mille francs.

La *Société d'encouragement* donne 20,000 francs pour Arabes purs et 50,000 pour Anglo-Arabes (en 21 prix, et ainsi répartis 25,000 francs pour chevaux comptant 25 pour 100 de sang arabe et 25,000 francs pour les 50 pour 100 et au-dessus.

En outre il faut ajouter les deux prix du ministère, de 12,150 francs chacun, et dont les vainqueurs ou les placés peuvent être achetés 20,000 francs par les Haras.

Il est intéressant de grouper les différentes allocations et leur répartition :

En 1902, sur 266 hippodromes régis par le Code des courses, 7,580,000 francs ont été distribués.

Provenance et valeur des allocations : Sociétés de courses, 6,554,000 francs ; Gouvernement, 251,000 ; villes et départements, 441,725; compagnies de chemins de fer, 84,780; particuliers et divers; 29,7000.

Répartition des sommes selon l'espèce :

Pur-sang anglais (nombre 1388), 7,229,000 francs, soit 95 1/2 pour 100.

Pur-sang arabes ou anglo-arabes (nombre 139), 239,950 francs, soit 3 pour 100.

Demi-sang (nombre 54), 41,990 francs, soit 2/3 pour 100.

Hacks, hunters et armes, 69,150 francs, soit 1 pour 100.

Les propriétaires et les entraîneurs de pur-sang anglo-arabes sont tous d'accord pour formuler le désideratum suivant : stabilité.

Les différents degrés du pur-sang anglo-arabe. — Qu'est-ce qu'au point de vue zootechnique, qu'un Anglo-Arabe de pur sang?

1° C'est assurément le produit d'un pur-sang anglais et d'un pur-sang arabe. Mais d'autres degrés de ces mêmes sang sont acceptés comme qualifiant un pur-sang anglo-arabe.

2° Si on fait saillir une jument issue de cet accouplement par un pur-sang arabe, le produit aura 75 pour 100 d'arabe et 25 pour 100 d'anglais.

3° Si inversement on fait saillir par un pur-sang anglais, le produit aura 75 pour 100 d'anglais et 25 pour 100 d'arabe.

4° Si, enfin, on fait saillir une jument ayant 75 pour 100 d'anglais et 25 pour 100 d'arabe par un Arabe, le produit reviendra à 50 pour 100 de chaque sang, et *vice versa*, etc.

Dans le langage courant, quand on dit que tel Anglo-Arabe est à 25 pour 100, à 50 pour 100, etc., on sous-entend « de sang arabe ».

Théoriquement, le vrai Anglo-Arabe devrait être le

produit d'un pur-sang anglais et d'une jument pure arabe, ou inversement, et c'est pourtant la façon de procéder la moins employée, parce qu'en résumé on cherche à créer des pur-sang anglo-arabes plus près du sang anglais que du sang oriental; c'est du moins ce qui ressort de la lecture des pedegrees des étalons depuis 1836.

De plus, l'étalon et la jument arabes purs sont rares, et une tendance bien naturelle des éleveurs est de sélectionner leurs « anglos » sur eux-mêmes. De plus, le croisement direct donne parfois des résultats incertains.

Ainsi en 1900, dans le but de produire des Anglo-Arabes purs, il y a 97 unions entre étalons anglais et juments arabes; 280 entre étalons arabes et juments anglaises pures; 371 entre étalons anglo-arabes et juments anglo-arabes; 58 entre étalons anglo-arabes et juments pur-sang; 293 entre pur-sang anglais et juments anglo-arabes; soit 377 unions du mode simple contre 822 du mode composé.

Le pourcentage 25 pour 100 et 50 pour 100. — Les partisans du 50 pour 100 prétendent qu'il est meilleur comme père de troupiers : le 25 pour 100, disent-ils, ressemble trop à l'Anglais; il ne répond pas à un besoin de l'élevage, car il vaut mieux, à tant faire, faire naître le pur-sang anglais; il y a d'ailleurs des 50 pour 100 qui galopent, témoin *Ben-Maksoude*. Et il y a des 50 pour 100 qui sont plutôt enlevés et longilignes que ronds, tel *Oranger*, et il y a des 50 pour 100 qui sont des géants, tel *Fontgrave*.

Ils ajoutent :

Le point de départ de la formation de la race anglo-arabe a été naturellement l'accouplement de la jument anglaise ou inversement. Le résultat est notre 50 pour 100. Il peut s'obtenir ensuite avec les produits mâles ou femelles croisés entre eux; il en est de même pour les 25 pour 100. Ne regardons, dans notre raisonnement qui servira à établir notre système de perfectionnement, que le mode de croisement, la sélection persistante, et nous arrivons, c'est là le point délicat, à constater que nous aboutissons à faire deux races similaires, des 50 pour 100 et des 25 pour 100, qui sous l'influence du climat et de l'éducation finissent, après quelques générations, par n'avoir plus qu'une goutte infinitésimale du sang primitif, du sang de *Sobriété* qui a été, somme toute, la raison d'être, la justification de notre œuvre. N'y a-t-il pas, dans ce fait, de l'irréflexion et de l'imprudence? Autrefois la règlementation de l'Anglo-Arabe exigeait un Arabe pur parmi les six ascendants directs, père, mère, grand-père, ou grand-mère. On l'a supprimée avec une certaine précipitation...

...Or la catégorie des 50 pour 100 est la base de la famille anglo-arabe, comme l'usine locale qui doit conserver pieusement le monopole de cette fabrication... Défions-nous des croisements toujours renouvelés jusqu'à complète absorption de l'un des éléments en présence. Je voudrais même qu'on qualifiât la catégorie des 50 pour 100 par cette formule : ayant au moins 50 pour 100 d'arabe et comptant au moins un Arabe pur parmi ses ascendants de première, de deuxième ou de troisième génération... (STARTER, *Bulletin hippique du Midi.)*

Les partisans du 25 pour 100 répondent que « le 50 pour 100, auquel on donne trop d'encouragement, ne doit pas être un étalon ; il n'est qu'une catégorie de transition et ne doit être que poulinière, pour recevoir l'étalon de pur sang anglais et produire ainsi le vrai, le bon cheval de cavalerie, trempé, étendu et galopant, ce que n'est pas le 50 pour 100 ». Quant à notre 25 pour 100, « il a acquis un cadre et une formule qui rendent son emploi utile et pratique partout, au Nord, à l'Ouest et au Sud, car il peut donner tout autant de trempe que le pur-sang anglais et offrir en plus des avantages considérables au point de vue de ses produits. Laissez-nous donc poursuivre ses croisements *in and in;* autrement dit, notre système de sélection absolue... » Si l'on veut savoir auquel de ces deux degrés de sang les Haras donnaient naguère la préférence, on peut consulter les renseignements suivants, concernant les étalons : aux achats de 1899, les Haras ont payé 17 pur-sang anglo-arabes, à 25 pour 100, une moyenne de 6,130 francs (parmi lesquels *Ménélick*, à M. de Juge, pour 7,500 francs; le Japon en a acquis quatre dont deux à 10,000 francs à MM. Lascourrège et Viguerie).

Quant aux 50 pour 100, 10 ont été achetés au prix moyen de 7,950 francs (dont *Samos*, à M. de Basignan, pour 20,000 francs; *Ibrahim II*, à M. Viguerie, 5,000 francs; *Furet*, à M. de Juge, 20,000 francs, dont la production est très satisfaisante au Japon, au dire de la dernière mission hippique japonaise venue en France en 1903.

En 1900, les Haras ont payé 15 étalons, à 25 pour 100, au prix moyen de 6,234 francs, dont *Néron*, à M. de Fournas, 10,000 francs et *Nelson* (médaille d'or, Exposition de 1900), 8,000 francs seulement.

D'autre part trois pur-sang à 50 pour 100 ont atteint la moyenne de 7167 (dont *Pruneau* 10,000 francs, à M. de Bazignan.) *Mulato*, à M. Fourcade-Peyraube, fut payé 20,000 francs après sa course dans le prix du Ministère.

En 1901, les prix se sont relevés : 8 pur-sang anglo-arabe, à 50 pour 100 ont été payés 77,000 francs (dont 20,000 pour *Oranger*) et 14 à 25 pour 100 ont été payés 108,000 francs (dont 20,000 pour *Bar-le-Duc* à M. de Fournas).

En 1902, 5 étalons à 50 pour 100 ont été achetés au prix moyen de 7,300 francs dont 12,000 francs pour

Sortziko (performer de 10,535 francs) à M. Jayme; et 7 à 25 pour 100 au prix moyen de 6.214 francs, dont 9,000 francs pour *Nadir* à M. Zafiropoulo, et 7,000 pour *Fénol* à M. Pignon.

Soit en résumé :

Années	50 0/0	Moyenne d'achat	25 0/0	Moyenne d'achat
1902	5	7.300	7	6.214
1901	8	9.625	14	8.229
1900	3	7.167	15	6.234
1899	10	7.950	17	6.130

On peut remarquer que si d'une façon constante les Haras achètent moins de 50 pour 100, ils les payent plus chers que les 25 pour 100 qu'ils achètent plus nombreux (on pourra faire la même remarque pour les demi-sang).

L'Anglo-Arabe sélectionné. — L'appellation d'un Anglo-Arabe *sélectionné* désigne un produit issu de père et de mère qualifiés Anglo-Arabes à 50 ou à 25 pour 100, etc. De l'avis de beaucoup d'hommes de cheval compétents, les meilleurs et les plus « normaux » étalons anglo-arabes sont le produit d'un père à 25 pour 100 et d'une mère également à 25 pour 100, tels les élèves de M. de Fournas par *Prisme*, pur-sang anglo-arabe à 25 pour 100, et de juments de même degré de sang; tel encore *Nelson*, déjà cité à M. de Juge. Ces produits sont dits, alors, pur-sang anglo-arabes « sélectionnés ».

On reproche aux sélectionnés de ne point avoir la même vitesse en courses que les produits directs du croisement anglais et arabe.

« Prisme » étalon à 25 pour 100. — On peut dire que

Prisme est le meilleur étalon anglo-arabe pur-sang qui ait fonctionné dans le Midi. Il est né en 1890, chez M. Pouey-Nouret, à Allier (Hautes-Pyrénées), fils de *Vignemale* et de *Prima* (cette dernière par le célèbre *Emir*). Il a couru avec succès sous les couleurs de M. le baron de Nexon et fut payé 11,000 francs seulement par les Haras.

Prisme a 1 m. 60, et sa mère *Prima* ne toisait que 1 m. 52. Dans le Midi, les meilleures poulinières ne sont pas les plus grandes et cet exemple devrait convaincre bien des éleveurs de cette vérité.

Prisme est un beau cheval à grandes lignes, avec de belles articulations qu'il transmet à ses descendants avec de l'énergie et de la résistance. Il a fourni d'excellents étalons aux Haras et des sujets de tête très appréciés dans la cavalerie.

Ses saillies sont réservées aux juments primées ou mères d'étalons. En 1903, 6 étalons, sur 40 achetés étaient fils de *Prisme*. Tous les *Prisme* galopent (*Cadi, Aurore, Fontgrave, Aboukir, Armagnac, Fadette IV*).

Quels sont les croisements pour obtenir un bon Anglo-Arabe de selle. Les 25 et 50 pour 100 en service. — On a souvent discuté sur la question de savoir quel est le meilleur pourcentage — non pour obtenir un étalon — mais un bon cheval de selle de pur sang anglo-arabe. Le sang arabe doit-il être fourni par la jument présentée à l'étalon anglais et vice versa ; ou bien encore doit-on préférer deux facteurs anglo-arabes, et, dans ce cas, quel est le degré préféré par les employeurs des produits? Le premier mode donne un 50 pour 100 et les produits sont généralement meilleurs quand le père est anglais (tel *Furet*, déjà cité par *Tantale*, pur-sang anglais, et *Kioumi*, jument pur-sang arabe.) (Voir dans le *Sport universel illustré* du 24 juin 1899 des portraits de plusieurs anglo-arabes à différents degrés de sang).

Le croisement direct, anglais et arabe, donne des chevaux galopant vite, et c'est assez national.

D'autre part, si l'on compare entre eux les 25 et les 50 pour 100, il est évident que ces derniers devraient être moins longilignes, moins chevaux de selle. Il n'en est rien dans la pratique. J'ai cité des 50 pour 100 très longilignes et très forts, et il y a parfois des 25 pour 100 qui, au point de vue cavalier, ne valent pas les 50 pour 100. La plus grande aptitude à la selle est encore une question d'individus plus que de catégories.

Cependant sportsmen et officiers préfèrent les pur-sang anglo-arabes dosant le plus de sang anglais. Il en est de même pour le demi-sang du Midi, où il me semble que l'ascendance arabe se fait plus proportionnellement sentir. Nous ne parlons ici que du cheval de service et non de l'étalon.

En résumé dans les deux catégories, il y a de très bons chevaux de selle.

Les deux gagnants des prix du Ministère (1903) sont chacun tout à fait dans le modèle utile, l'un *Jaconas II* (par *Zut*, pur-sang, et *Jaguarita*, Anglo-Arabe à 50 pour 100), né chez le marquis d'Ambelle, élevé chez le baron de Nexon, et l'autre, le 50 pour 100 *Valérien*, né chez M. Pédebidou, à Lourenties (Basses-Pyrénées) (par *Prisme* et *Viviane*), eussent fait de merveilleux chevaux d'armes et de chasse.

Jusqu'à présent le seul et unique but de l'élevage du pur-sang anglo-arabe paraît être d'en faire acheter le produit par les Haras.

Il existe une *Société d'Encouragement du cheval de guerre anglo-arabe*, MM. Dutrouilh, de Salles-Adour et M. F.

Peyraube, de Tarbes, vice-présidents fondateurs; M. de la Fargue-Tauzia, inspecteur général honoraire des Haras, président.

Le principe qui a présidé à la fondation de cette société est la *prime à la mère des chevaux de tête, ou susceptibles tête*, achetés dans la circonscription de Tarbes. Suivant ses ressources, cette société distribue aux sociétaires ayant droit le 4, 5 ou 4,50 pour 100 du prix de vente du cheval de tête.

Renseignements statistiques.

Effectif des Haras. — Au 1er janvier 1901, les Haras possédaient 258 étalons anglo-arabes pur sang.

En 1900, ces 258 étalons avaient sailli 10,757 juments, savoir :

Juments de pur sang anglais............	58
— — arabe.............	12
— — anglo-arabe.......	371
— demi-sang..................	9665
— trait.......................	651

1,022 juments de pur sang anglo-arabe ont été saillies par des étalons divers, savoir :

Par des pur-sang anglais................	293
— — arabes.................	180
— — anglo-arabes...........	371
— demi-sang......	178

En 1900, par 61 pur-sang anglo-arabes approuvés avaient été saillies 2,636 juments diverses, savoir :

Juments de pur sang anglais............	2
— — arabes............	1
— — anglo-arabes.......	12
— demi-sang..................	2005
— trait........................	616

Achats des Remontes par races. — Achats faits en 1902

par les Remontes (Tarbes, Agen, Mérignac, Aurillac, Guéret, Saint-Jean-d'Angely, Arles) sur des chevaux provenant d'étalons des Haras (Tarbes, Pau, Villeneuve-sur-Lot, Pompadour, Aurillac, Libourne, Perpignan, Rodez, Saintes) :

Produits d'étalons pur sang anglais, 934. — Produits d'étalons pur sang arabes, 425. — ***Produits d'étalons pur sang anglo-arabe,*** 1,082. — Produits d'étalons de demi-sang, 1,056.

CHAPITRE XIV

LE PUR-SANG ANGLAIS

Le comte de Lagrange. — Les éleveurs. — Pur-sang du Midi. — Pur-sang du Nord. — Qualités et défauts de cet élevage.

Le comte de Lagrange. — C'est sous Napoléon III que cet élevage prit de l'extension et se vulgarisa (1). Au comte de Lagrange en revient principalement le mérite, car, en dehors de son fameux haras de Dangu qu'il créa plus tard, il avait dans son pays d'origine, à Lectoure (Gers), une jumenterie où il faisait naître, pour en envoyer ensuite les produits se développer dans le Nord; le baron Lefebvre faisait de même, et de nos jours MM. E. Blanc, Fould, etc. envoient dans le Midi, de préférence dans la plaine de Tarbes, des étalons particuliers dont ils donnent la saillie à certaines juments de leur choix, en se réservant l'achat des produits, à des prix très rémunérateurs pour le naisseur. Les produits de *Grand-Master*, par exemple, se sont vendus couramment quatre et cinq mille francs au sevrage.

Le comte de Lagrange céda aux personnes désireuses d'élever du pur-sang ses belles poulinières.

Les éleveurs. — Les de Ruble, de Mauléon, de Lary

(1) On lira au chapitre « Tarbes » l'histoire et les causes du développement du pur-sang dans le Midi.

de Latour, de la Rocque-Ordan, Descat, de Lamothe, Desbons (ancien député), de Juge, de Cugnac marchèrent sur les traces du comte de Lagrange en se contentant de vendre leurs produits soit à des particuliers faisant courir, soit principalement aux Haras et à Saumur.

L'élevage moderne, quand il est fait sur une assez grande échelle, est entre les mains des fils de personnes dont j'ai cité les noms au hasard, le goût du cheval étant inné dans ces familles. De plus les Guestier, Clossman, Régis, Richier, marquis d'Ambelle, Aunac (d'Agen), de Bazignan (Gers), Pellefigue, Dufour, de Campaigno, Bédout, Lascourrège, Ducurron, du Houga (Gers), de Dampierre, de Castebajac (Caumont-Gers) qui a fait naître *Gil-Pérez*, par *Vignemale* et *Gipsy*, et que l'État a payé 60,000 francs et dont un autre élève, par *Gipsy* et *Courlis*, a été vendu 22,000 à Dauville; marquis de Valady et de Lacger, à Navès près de Castres; dans le Gers, M. de Monbel (étalon *Ermack*), M. Comet, à Bégorre, qui a 25 poulinières, etc., ont donné le plus grand élan à l'élevage du cheval de pur sang.

M. Daniel Guestier, notamment, s'est fait remarquer par ses nombreux succès. Mais il avait eu l'idée ingénieuse d'accaparer, en les louant, les bons sujets des principaux éleveurs.

A Ludon (Gironde), M. Clossman a une dizaine de juments de premier ordre, ayant par *Saint-Louis* du sang d'*Hermit*. Toutes ces juments sont saillies par *Floréal* (*Border-Minstrel* et fille de *Saxifrage*); M. Clossman vient de vendre huit poulains 68,000 francs à M. Olry.

M. D. Guestier, nommé plus haut, a un petit élevage à Bel Sito, près de Bordeaux. Les juments (5 ou 6) sont saillies par *Gil-Pérez*. Tous les chevaux qui courent sous son nom sont en location.

A Cazaubon (Gers), M. Bédout est propriétaire de *Sénateur*; puis on peut citer M. Bucarron et M. Lascourrège.

M. Duffour a également près de Cazaubon un bon élevage, dont il donne les produits en location à M. Guestier. Ce dernier associé à M. Aunac, banquier à Agen.

L'écurie Menier (qui est en liquidation) s'alimentait chez le marquis de Sainte-Jayme, à Saint-Palais (étalons *Chatillon* et *Boudoir*).

M. Fould, à Ibos, près Tarbes, ont un haras considérable et ont un *training* complet à Ibos, près Tarbes. Les étalons sont : *Grandmaster, Bandmaster* et *Monsieur Gabriel*, *Libaros* et *Regret*.

M. de Lastours, près Castres, a une grosse production de pur-sang avec *Courlis* pour père.

M. Descats, dont la production est excellente, alimentait en général l'écurie Menier.

Près d'Aubiet (Gers), le marquis de Scoraille.

M. Marcassus (Paul) possède à Bastillac un excellent élevage où produisent six poulinières, dont *Clotilde* et surtout *Clairvoyante*, dont tous les produits ont galopé (*Claret*, *Clairvoyant* (*Italie*), *Astronome*...)

On doit rattacher à la production du Midi celle du baron de Nexon (Limousin), dont la production, par *Champignol*, était en 1900 magnifique. M. de Nexon fait aussi avec succès des Anglo-Arabes (*Jaconas*, acheté 20,000 francs par les Haras).

Puis viennent une foule d'éleveurs à une ou deux poulinières saillies par les étalons de Pau et surtout de Tarbes.

Ces éleveurs vendent, à part quelques exceptions, leurs chevaux aux Haras et obtiennent qu'on leur envoie, dans leur région, tel ou tel sujet qu'ils désirent conserver comme père de leur future génération. Exemple : MM. Guestier et Closman, qui ont à Libourne *Floréal*, étalon de l'administration, etc.

Ils achètent rarement des étalons du Nord, mais en louent quelques fois. Le comte de Lary avait loué il y a quelques années les services d'*Arrosage* (30,000 francs, pour la saison, je crois) pour la saillie d'une douzaine de juments de pur sang arabe de première origine.

Les principales écuries de courses dans le Midi sont : l'écurie Guestier, de Nexon, comte Lahens, du Four, Ferdinand, Philippon, Bisseuil, de Fournas, comte Méjorada, etc.

Pur-sang du Midi. — Pur-sang du Nord. — On entend souvent comparer la production des pur-sang du Midi à celle du Nord et l'avantage statistique, actuellement, n'est pas pour les premiers. Mais beaucoup d'éleveurs du Nord viennent acheter ou faire naître dans le Midi, pour développer ensuite dans le Nord les produits qui promettent de bien tourner, car le Midi donne la trempe.

Toutefois on rencontre dans cette région des sujets sortant de l'ordinaire et n'ayant pas passé par le Nord : le *Sénateur*, par exemple, à M. Bedout, du haras de Favernay (Cazaubon, Gers) qui est allé battre les Anglais; mais son cheval était fils d'une jument importée du Nord, ce qui a peut-être servi à rétablir l'équilibre entre l'extrême nervosité du tempérament méridional et le sang plus froid des chevaux du Nord.

Tel quel, le Midi est en grand progrès quant à l'élevage du pur-sang, et je crois qu'il arrivera à lutter, à chances égales, avec ses concurrents.

En 1896, 2810 chevaux ont cherché, sur les hippodromes de plat ou d'obstacles, à faire montre de leur valeur; 1563 sont sortis vainqueurs de ces luttes diverses, où ils ont eu à se partager 9,498,715 francs. Le Nord, le Centre et l'Ouest ont fourni 1,322 vainqueurs qui ont obtenu une moyenne de 6,921 francs. Le Midi a fourni sur les hippodromes de Paris une série de vainqueurs qui a porté à

9009 francs la moyenne de chacun des 241 gagnants qu'il a produits, mais courant presque tous sous les couleurs des turfistes parisiens. On connaît, pour citer des noms, les succès d'*Hareng*, de *Cazabat*, de *Patriarche*, *Clairvoyant*, etc.

Il est important de noter que ces quatre grands vainqueurs sont issus de l'indigénat confirmé depuis plus de cinquante ans. (Maubourguet, *Causeries chevalines.*)

Il en est de même pour *Loutch*, *Maubourguet*, *Merlin*, *Héro*, *Valois*, *Monsieur Gabriel*, *Turco*, *Touriste*, *M. de Piperlin*, *Caporal*, *Caudeyran*, etc.

Inconvénients de l'élevage du pur-sang. — Mais toute médaille a son revers. Et c'est la figure de la surproduction (de sujets médiocres) qu'il faudrait graver sur celle-ci.

Tout bon paysan du Sud-Ouest a voulu avoir sa poulinière de haute origine, et on a vu en quelques années mille à douze cents poulinières de pur sang anglais descendre des grandes écuries parisiennes dans le domaine modeste de nos éleveurs du Sud-Ouest; on a vu dans le seul dépôt de Tarbes 925 juments de pur sang anglais livrées à l'étalon de rare pure.

Il y a certainement pléthore de produits pur sang dans le Midi, spécialement dans la plaine de Tarbes et cette production s'étend souvent à des sujets par trop inférieurs. Seuls, les gros éleveurs peuvent se livrer utilement à cet élevage; mais qu'il tombe entre les mains d'un petit naisseur ou d'un paysan, on peut compter que les produits seront le plus souvent de qualité médiocre.

D'autre part le pur-sang anglais est fabriqué sans aucun souci d'amélioration de l'élevage local proprement dit et détourne bien des éleveurs de l'élevage de l'Anglo-Arabe pur-sang, ou demi-sang, à mon sens, beaucoup plus utiles.

Mais la surproduction même et les conséquences

financières qui en découleront forceront une notable partie des pur-sang, ce ne sera pas la meilleure, à disparaître pour faire place à ses dérivés, et les poulinières de pur sang feront d'excellentes mères d'Anglo-Arabes.

Cette transformation sera certainement retardée durant quelques années, jusqu'à ce que la dure leçon des choses ait fait voir au petit éleveur son véritable intérêt, car la prime à l'éleveur donnée par la *Société d'encouragement* va accroître le gâchis. Les paysans, dans l'espoir du gros lot, vont se défaire de leurs belles poulinières de demi-sang, qui leur faisaient de bons sujets de remonte, pour acquérir les « tessons de pur sang », qui ne leur feront rien du tout.

M. Malet, professeur à l'école vétérinaire de Toulouse, jette aussi son cri d'alarme, dans le journal de la Société centrale d'Agriculture de la Haute-Garonne :

On compte plus de 600 poulinières de pur sang dans la plaine de Tarbes, et on peut évaluer à 500 en moyenne le nombre de leurs produits ; quelques bons esprits ne voient pas sans inquiétude le développement considérable de cette production, qu'ils considèrent comme une menace de déchéance pour le demi-sang anglo-arabe. Leurs craintes sont peut-être justifiées.

Que deviennent (je résume) ces 500 poulains ? Il y a sept à huit ans, les fils d'étalons célèbres, *Bay-Archer*, *Vignemale*, *Grandmaster*, trouvaient preneurs dans les écuries de courses au prix moyen de 6,000 francs l'un. Les meilleurs sujets, du reste, s'achetaient alors 2,500 à 3,000 francs. Le résidu, soit 400 environ, s'écoulait alors déjà difficilement.

Mais depuis trois ou quatre ans ces prix sont réduits de près de moitié. Les foals achetés et quittant la plaine de Tarbes se vendent aujourd'hui de 1,000 à

1,800 francs; le plus grand nombre reste aux mains des éleveurs qui les vendent, comme poulains de remonte, 300 et 500 francs. Ces chevaux sont élevés à l'herbe, au pacage, sans avoine; ils n'arrivent donc à trois ans et demi que plus ou moins bien, plutôt moins bien réussis. Les plus grands sont parfois refusés par la Remonte comme décousus et trop légers. Les plus petits, plus suivis et plus compacts, font plus tard de très bons chevaux d'armes.

On peut prédire que bientôt l'élevage intensif du pur-sang disparaîtra du Midi et spécialement de la plaine de Tarbes. C'est une entreprise industrielle destinée à ruiner ses entrepreneurs.

Les ventes au Tattersall de Tarbes l'ont prouvé. Plus récemment le Krach de Deauville aussi.

Ces 400 poulains, exclus de l'hippodrome, seront élevés en conséquence, c'est-à-dire mal. Si la peine et l'argent qu'on dépense pour eux étaient reportés sur le pur-sang anglo-arabe et le demi-sang, ce serait un grand pas de fait dans le sens de la production du cheval utile.

Cependant, au moment où nous écrivons ces lignes, depuis la nouvelle orientation des Haras qui achètent l'Anglo-Arabe plutôt bréviligne et charnu, les éleveurs, prévoyant des déboires dans l'élevage du demi-sang, préféreront, peut-être, vendre un médiocre pur-sang aux Remontes, et continueront à donner la jument à l'étalon de pur sang. Le pur-sang sera toujours apprécié par les Remontes; le sang rachète, en effet, bien des défauts.

CHAPITRE XV

LE DEMI-SANG DU MIDI. — ÉTALONS ET PRODUITS

Qualification officielle des demi-sang anglo-arabes. — Qualités réclamées du demi-sang. — La vitesse au galop du demi-sang anglo-arabe. — Les différents degrés de sang. — Les 25 et les 50 pour 100 aux achats d'étalons. — Les facteurs du demi-sang. — Rareté de l'étalon de demi-sang. — Les encouragements. — Modèle du demi-sang anglo-arabe. — Influence du pays d'élevage sur le modèle. — Défauts de conformation les plus répandus. — Leur fond. — Les courses au trot d'Anglo-Arabes dans le Midi. — Course au galop. — Epreuve de trot. — Statistiques.

Qualification officielle des demi-sang (*1899*). — Art. 1. Sont qualifiés demi-sang :

1° Les produits issus d'étalons nationaux, approuvés ou autorisés, dont les certificats d'origine délivrés par l'administration des Haras ou visés par elle, attribuent la qualité de demi-sang à l'un au moins de leurs ascendants;

2° Après examen du service des haras, les produits issus d'animaux de trait avec des animaux de pur sang.

En dehors de ces conditions, tout cheval pour être qualifié demi-sang du Midi doit avoir 25 pour 100 d'arabe au minimum (1).

(1) Voir pour l'historique du demi-sang du Midi au chapitre *Généralités*.

Qualités réclamées du demi-sang. — Il ne faut pas oublier que le cheval de cavalerie légère doit porter plus de 100 kilogrammes, faire de régulières et longues étapes et galoper aussi vite et aussi longtemps que les chevaux des autres armes, et ce malgré les prescriptions égalitaires des règlements. Les demi-sang du Midi réunissent de nos jours toutes ces conditions et au delà.

La vitesse au galop du demi-sang anglo-arabe. — Ces chevaux sont malheureusement peu connus du sportsman. On les voit trop rarement à l'œuvre dans les régions du Centre et du Nord. Excepté dans les villes de garnison.

Les demi-sang du Midi prennent souvent part à l'*épreuve au galop* de Caen (trois ans, 3,000 francs, 2,000 mètres). Cette course fut notamment gagnée en 1900 par *Aubiet* (25 pour 100, par *Elf* et une fille d'*Artois*), né chez le marquis de Scoraille. Il battait dix chevaux, dont cinq de pur sang anglais, trois fils de *Cherbourg*, *Michigan*, *Oléron*, trotteurs sur juments de pur sang, et un Anglo-Arabe.

En 1903, le vainqueur fut *Alep* (*Guise* et *Nulina*) né dans les Basses-Pyrénées et élevé dans les Charentes par M. Pignon. *Alep* n'avait pas pris de gros dans les Charentes, ou bien l'entraînement le lui avait fait perdre quand il fut présenté aux Haras.

En 1899 *Kaboul*, demi-sang anglo-arabe arrivait deuxième, avec 8 kilogrammes de surcharge.

Dans les steeples militaires ces mêmes demi-sang sont presque toujours supérieurs à leurs frères du Nord.

Ces quelques citations, du reste, suffisent pour dissiper les doutes que d'aucuns pourraient avoir sur les allures au galop de ces descendants d'Arabes.

Différents degrés de sang. — On sait que, par suite des essais plus ou moins malheureux d'amélioration de la race indigène, au moyen du seul pur-sang anglais, il s'est trouvé qu'au moment où on est revenu à l'Arabe la plupart des juments étaient filles d'Anglais. La race actuelle, jusque dans sa plèbe la moins tracée, est, pour la plus grande partie et par la force même des choses, de demi-sang anglo-arabe.

Le type, malgré un grand air de famille entre individus, est encore loin d'être uniforme; on peut faire un demi-sang anglo-arabe, de tant de manières! C'est tantôt le produit : 1°, 2°, 3°, 4°, d'une poulinière de pur sang anglais, arabe ou anglo-arabe, et d'un demi-sang anglo-arabe; 5°, 6°, d'une poulinière de demi-sang ou de trait, et d'un pur-sang anglo-arabe.

Le croisement alternatif de l'Arabe et de l'Anglais, en alliant d'abord la jument commune avec l'Arabe, et sa fille avec l'Anglais et *vice versa*, produit, cela va sans dire, aussi le demi-sang anglo-arabe.

Et si l'on considère encore les multiples façons de faire un pur-sang anglo-arabe qualifié, on verra combien, théoriquement, est étendue l'échelle des différents degrés de sang des chevaux du Midi. Dans la pratique, le compte-goutte n'est pas infaillible et ces différences s'atténuent d'une façon très sensible. Il advient naturellement que les produits ont un modèle qui se rapproche tantôt du type anglais, tantôt du type arabe; mais ces différenciations iront en diminuant de jour en jour.

Les 25 et les 50 pour 100. — Etant donnés ces procédés, on comprendra aisément que le dosage de sang varie dans de très grandes limites. On différencie les demi-sang anglo-arabes en 25 pour 100 et 50 pour 100 de sang arabe.

Les 50 pour 100 ont assurément dans l'ensemble de

la production des lignes moins étendues que les 25 pour 100.

Aux achats d'étalons faits par les haras en 1899, dix demi-sang anglo-arabes à 25 pour 100 ont atteint une moyenne de 6,850 francs, tandis que trois 50 pour 100 n'ont atteint en moyenne que 5,884.

En 1900, à la vérité, c'est le contraire qui a eu lieu : deux demi-sang à 50 pour 100 ont été payés, à Toulouse, une moyenne de 6,500 francs. Dix-huit étalons à 25 pour 100 ont donné une moyenne de 5,666 francs. En 1901, 13 étalons à 25 pour 100 furent payés plus cher en moyenne (5,297 francs) que quatre à 50 pour 100 (5,000 francs.)

Quant aux achats de 1902, j'entrerai dans de plus grands détails; ils permettront de se rendre compte du nombre d'étalons présentés, des régions d'élevage et des éleveurs les plus favorisés. On verra l'énorme concurrence faite au Midi par l'Ouest, concurrence couronnée de succès par suite du nouveau mode d'achat des Haras, dont le choix parait guidé par l'ampleur des sujets plutôt que par leur qualité et les performances. Mais sur cette question les étalons eux-mêmes répondront par la qualité ou la déchéance de leur fils comme reproducteurs.

Achats d'étalons de demi-sang anglo-arabes par les Haras en 1902. — Etalons demi-sang à 50 pour 100 : 22 présentés, 8 achetés, moyenne 6,312 fr. 50; trois (dont un pour 7,500 francs) à M. Pignon (Charente), cinq à MM. Renault frère à la Fontchardière, par Clavé (Deux-Sèvres).

Étalons demi-sang à 25 pour 100 : 39 présentés; 17 achetés, moyenne 6.294 francs; 1 à M. Dubois-Godin (Aveyron); 1 au marquis d'Escouloubre (Agen); 1 à M. Viguerie (Toulouse); 1 à M. Pasquier (Charente); 6 à M. Pignon (Charente); 1 à M. Renault

(Deux-Sèvres); 1 à M. de Sevin; 1 à M. Tatareau; 1 à M. de Virieu; 3 (dont 1 pour 8,000 francs) à M. de Watrigaut (Landes).

Il semblerait, d'après cette statistique, que les Haras auraient une légère préférence pour le 25 pour 100, à peine accusée, il faut le constater. Il y aurait, peut-être, imprudence à éloigner nos *étalons* du Midi du sang arabe auquel ils doivent des qualités très particulières. Cette question du pourcentage donne annuellement lieu à de nombreuses polémiques, basées trop souvent sur les intérêts immédiats d'éleveurs influents et non sur les intérêts généraux de l'élevage.

Les facteurs du demi-sang. — L'étalon anglais de pur sang, dans le Midi, rencontre très bien avec une jument souvent raccourcie par l'Arabe, et d'une façon générale il peut, de nos jours, convenir à beaucoup de poulinières. Car il ne faudrait pas répéter, sur la foi des anciens écrivains et de ceux qui les copient aujourd'hui, que le pur-sang anglais réussit *toujours* mal.

Lorsque la race indigène n'était point apte à le recevoir, l'infusion quand même du sang pur anglais avait créé de mauvais produits; mais de si notables progrès ont été réalisés dans l'amélioration de la race indigène qu'elle peut recevoir, dans certains cas, avec avantage le sang anglais au moins une fois sur deux.

Et ceci est tellement vrai que, dans les régiments de légère, qui sont presque complètement remontés en demi-sang anglo-arabe, les meilleurs chevaux *sont ceux qui ont la plus forte dose de sang anglais,* c'est-à-dire dans les limites de 25 pour 100 de sang arabe.

Et, généralement, les animaux auxquels la Remonte

donne les preuves les plus palpables de sa préférence ne sont pas les 50 pour 100.

Mais le pur-sang anglais ne peut ni ne doit être le seul père. Le retour à l'Arabe, l'expérience est là pour le prouver, est absolument nécessaire. Ces croisements alternés deviendront de plus en plus rares à mesure que la qualité des pur-sang anglo-arabes s'affermira et que le nombre des étalons de demi-sang anglo-arabe augmentera, en se perfectionnant.

L'*étalon arabe* est un reproducteur parfait pour établir des poulinières. Il donne des membres et de l'ampleur. Il a le défaut de faire parfois des épaules et des hanches courtes et des dos mous, mais il donne plus de membre que l'Anglais et surtout que le Normand introduit, par erreur, dans le Midi.

Déjà dans la première moitié de ce siècle Richard, du Cantal, citait les bienfaits passés et présents de l'Oriental en Auvergne et spécialement ceux de *Mascara*, étalon barbe, pourtant fort ordinaire.

Mais s'il était le seul améliorateur, toute la population chevaline du Midi retournerait au type arabe, inutilisable de nos jours, retour provoqué par l'ancienneté de sa race et la presque similitude de condition climatériques avec son pays d'origine. Nous avons d'autre part, envisagé le rôle, comme géniteur, du *pur-sang anglo-arabe*.

Rareté de l'étalon de demi-sang. — Le demi-sang anglo-arabe, dont l'industrie étalonnière est encore peu développée, devrait être le véritable père à rechercher.

Ses effets bienfaisants ont été complètement constatés dans différents pays d'élevage, Ils sont trop importants pour ne pas mériter de prendre une grande extension dans le Midi. Les résultats obtenus jusqu'à ce jour sont concluants. Les produits en sont renforcés tout en restant dans le type et le degré de sang exigé par l'habitat et la destination. Les membres sont beaux. Les sujets sont harmonieux, proportionnés, et tendent vers le modèle utile et si recherché dit « à deux fins ».

Pourquoi, demandera-t-on, ne pas se servir du *demi-sang anglo-normand*, par exemple, comme améliorateur? A chaque pays, sa race de chevaux; c'est une loi formelle de la nature. Il faut, nous avons déjà traité cette question plus haut, pour ne pas heurter ces lois, maintenir la race méridionale dans son courant anglo-arabe; l'essai du Normand a été souvent tenté et n'a donné que de mauvais résultats, sauf cependant quelques exceptions.

Cet étalon a bien failli être introduit par une voie un peu tortueuse. Je veux parler des règlements sur la qualification du demi-sang. Un conflit a éclaté qui a pris fin en sauvegardant les intérêts des éleveurs du Midi, mais l'alerte a été chaude. Le texte proposé forçait les éleveurs, pour obtenir la qualification de leurs produits, à recourir plus ou moins souvent au demi-sang normand.

Il a été aussi parlé d'autre part, du *Hackney*.

Le demi-sang du Midi est rare aux Haras; il n'aurait pas suffi seul à la besogne; on peut se rendre compte de son petit nombre en consultant le tableau des étalons nationaux du Sud-Ouest inscrit à la fin de ce chapitre. Les quatre cinquièmes sont des pur-sang anglais et anglo-arabes, et un cinquième seulement des demi-sang anglo-arabes. En 1901, 49 demi-sang seulement furent présentés aux achats de Toulouse; en 1902, 61.

En 1900, sur 1,794 chevaux issus des étalons de Tarbes et Pau et achetés par les Remontes du Midi, 466 seulement étaient fils de demi-sang du Midi, 585 fils de pur-sang anglais, 214 fils de pur-sang arabes 529 fils de pur-sang anglo-arabes.

Et en 1902, sur 3,449 chevaux achetés par les Remontes du Midi, un millier seulement sont fils de demi-sang; tous les autres ont pour père un pur-sang, un pur-sang anglais arabe ou anglo-arabe.

Pourquoi les Haras achètent-ils si peu de demi-sang du Midi et les Remontes relativement si peu de leurs produits directs? Parce que les étalonniers en font peu, ne recevant aucun encouragement à sa production. C'est là un cercle vicieux. La subvention de la *Société d'encouragement* est réservée aux pur-sang : c'est son règlement; d'autre part, il est vrai, les Haras, la *Société des steeple-chases*, la *Société sportive* ouvrent les leurs aux Anglo-Arabes de toute espèce, mais sans aucun avantage, ni suffisante décharge pour les demi-sang; autant vaudrait inviter ses derniers à venir se faire battre à coup sûr.

Le prix de revient d'un poulain né et élevé dans l'intention d'en faire un candidat étalon est d'environ trois mille francs. Peu d'éleveurs consentent à risquer cette somme, surtout dans le Midi; la vente du cheval refusé par les Haras n'est pas assez rémunératrice.

Le vente des poulains au sevrage donne aussi une indication claire : on a un très bon demi-sang pour 220, 400, 450 francs au plus, tandis qu'il faut payer 1,000, 1,500, 2,000 et parfois 3,000 francs pour des pur-sang.

Les encouragements. — On se demande pourquoi les grandes sociétés sportives donnent des subventions spéciales aux demi-sang qui trottent, et n'accordent rien aux demi-sang qui galopent.

L'État alloue 400,000 francs à la Société d'encouragement du cheval de demi-sang; pourquoi celle-ci donne-t-elle toutes ses faveurs aux trotteurs normands et aucune aux demi-sang du Midi (1)?

(1) « Le carrossier trotteur a près de 2,000,000 de francs de prix

Les Haras, qui anciennement offraient 12,000 francs aux demi-sang anglo-arabes, en épreuves au trot, ont attribué la moitié de la subvention (soit 6,000 francs) aux épreuves au galop. C'est donc sur 6,000 francs (en 1902) d'encouragement que vivent les éleveurs étalonniers de demi-sang du Midi! Et encore, sont-ils seuls à vendre aux Haras?

Non, car certains éleveurs de la Saintonge achètent au sevrage des poulains de demi-sang dans le Midi. Ces transfuges de Bidache et de Peyrehorade prennent dans les marais salants, marais anciens de la taille et de l'ampleur. Mais au point de vue de la transmission de ces qualités, quelle peut être l'influence de ces étalons, une fois de retour dans leur pays d'origine? Au point de vue selle, du reste, les vrais demi-sang du Midi sont, pour des mains légères, des hacks autrement agréables que ces trop prospères déracinés, dont l'ossature n'est pas toujours en rapport avec l'ampleur au corps.

Il faut être pourtant persuadé que dans le Midi l'avenir du cheval utile est au demi-sang du pays.

Le pur-sang, en effet, peut réussir partout, plus ou moins artificiellement élevé, produit par des géniteurs choisis, bien nourri par des éleveurs riches; mais sans toutes ces conditions il dégénère, c'est un raté. Cet élevage, s'il doit réussir, coûte cher. Celui du demi-sang dans le Midi sera plus rémunérateur si on trouve à l'employer, car il est plus facile à faire naître et élever. Non acheté par les Haras, même refusé par les Remontes, il deviendra un excellent cheval de commerce élégant, fort, rustique et vite. Il est plus près de terre, plus rablé, plus sobre, plus rustique que ses

de courses, alors que le demi-sang apte à galoper n'a que 33,000 francs pour toute la France » (Jacoulet.)

ancêtres de race pure. Si les progrès se maintiennent et s'étendent, il sera un parfait cheval à deux fins et comme tel très utilisable.

Il semble du reste que le cheval de demi-sang soit depuis quelque temps plus apprécié des Haras. En 1902, aux concours des chevaux de selle (Haras), où concourent les pur-sang anglais, arabes et anglo-arabes, nous avons vu, à Agen, sur vingt-quatre prix, les demi-sang en remporter treize, dont le premier; à Toulouse, sur vingt-cinq prix, le demi-sang en remporter treize, dont le premier, et à Mont-de-Marsan, sur vingt-neuf prix et neuf mentions, les demi-sang remporter vingt-deux prix, dont les cinq premiers, et sept mentions. Il y a là une indication très encourageante pour les éleveurs.

C'est au service des Remontes qu'incombe la tâche de soutenir les efforts des naisseurs et des éleveurs. Il faut pour cela qu'il paye bien. Il est d'usage, dans la presse sportive dévouée à des intérêts autres que ceux du Midi, de trouver plus que suffisants les encouragements budgétaires dont dispose ce dernier.

De quoi se plaint-il? écrit-elle. Le prix moyen d'un troupier du Midi est de 1,000 francs. Tant pis pour lui s'il ne vend pas tous ses produits; il n'a qu'à ne pas s'entêter à travailler pour l'armée, etc.

Or depuis 1900, la moyenne fixée par décision ministérielle est tombée dans l'oubli. La moyenne de prix d'achat d'un cheval du Midi ne dépasse pas 975 francs.

Quant aux primes de majoration, qui devaient disposer de 1,200,000 francs, elles ne sont plus alimentées que par 775,000 francs. Le reste est réservé pour les achats dits « commandes supplémentaires ». Il ne faudra pas s'étonner si les primes de majoration ne donnent pas les résultats auxquels on était en droit de s'attendre.

Si le lecteur veut se faire une idée du peu d'encouragement que reçoit l'élevage du cheval de selle dans le seul pays où on le fasse *avec entêtement*, il remarquera ces chiffres : au Merlerault, à Caen, Saint-Lô, Saint-Savinien, Charolles et Savenay, 317 chevaux avaient à se partager 66,000 francs, tandis que Mont-de-Marsan, Castel-Sarrazin, Tarbes, Le Dorat, Gramat et Quimper n'avaient pour 446 chevaux que 34000 francs, en 1900, aux primes de majoration. Quand on considère qu'un poulain élevé convenablement doit revenir à près de mille francs et qu'il n'est payé que 975 francs, on se rendra compte qu'un paysan est bien forcé d'élever le plus pauvrement possible pour ne pas subir de déficit. Il a donc besoin d'être résolument aidé par les Remontes.

Le fait de dire que sur 30,000 juments des quatorze départements dits du Midi au moins 27,000 ne font que du cheval léger n'est pas exact, si on considère les achats faits par la Remonte. En effet sur les quatre mille et quelques chevaux achetés annuellement dans la circonscription de Tarbes, par exemple, il n'y a que 2,750 chevaux de légère et 1,250 chevaux de ligne, etc. On voit donc que tout n'est pas « légère » dans le Midi. Mais il faut constater, pour être juste, qu'il y a aussi bon nombre de « sous-légères ».

Il n'est également pas vrai de dire non plus que toutes les juments soient exclusivement saillies dans le but de faire des chevaux pour l'armée; beaucoup de juments de petite taille servent à faire des poneys pour le commerce; d'autres sont accouplées à des Normands et Norfolk, dans le même but. De plus, presque toutes les juments de pur sang, et elles sont nombreuses, sont saillies en vue de faire des chevaux de course et des étalons : 2,000 pouliches environ sont conservées chaque année en remplacement des vieilles mères.

Le nombre des *poulinières* de la région pyrénéenne est d'environ 20,000 têtes de demi-sang, 700 de pur sang anglo-arabe et 1,200 de pur sang anglais. On voit par ces chiffres combien est encore faible la proportion des étalons de demi-sang dont les produits sont fort appréciés par les remontes; les fils directs des demi-sang sont, cela va sans dire, proportionnellement aussi rares et les comités ne peuvent exercer leur choix que sur un trop petit nombre de sujets.

Modèle du demi-sang anglo-arabe. — Le demi-sang du Midi qu'on rencontre le plus souvent et qui est payé par les Remontes de 850 à 1,000 francs et davantage selon la taille, et s'il est mieux que troupier, est comme type le suivant :

Ensemble assez compact, tête orientale, œil très beau, belle encolure, bonne direction d'épaule, très belle descente de poitrine, un peu serré du devant, garrot saillant et prolongé en arrière chez les bons sujets, encore trop en avant chez les autres, dos correct, croupe encore un peu courte et trop oblique, belles hanches, membres bien établis, avec des tendons larges et très nets, beau port de queue, un ensemble de sang très marqué, trot remarquable en longueur et galop parfait.

Les encolures renversées disparaissent, les dos se redressent, mais la bouche reste toujours délicate et l'influx nerveux très puissant. Mis en service, ce sont rarement, à six ans, des chevaux pour vieux messieurs. Ces chevaux gagneraient beaucoup à être embouchés plus légèrement dans la cavalerie où les hommes (ceux de la légère) devraient être démunis d'éperons — ou du moins d'éperons à molettes acérées. Les chevaux prendraient de la confiance et l'ensemble d'un régiment serait rapidement beaucoup plus calme dans ses allures. Qui dira les méfaits du mors et de l'éperon sur nos Anglo-Arabes pleins de sang ?

Beaucoup d'entre eux, toilettés convenablement, pourraient passer pour des Irlandais légers.

La taille s'est augmentée, en même temps que le squelette s'est fortifié, car, si les étalons sont mieux choisis, l'hygiène de l'élevage a fait de grands progrès surtout dans certains centres. Cette taille, à laquelle on peut donner la moyenne de 1 m. 54 à 56, atteint quelquefois 1 m. 60.

Je sais que beaucoup de sportsmen méprisent les petits chevaux, sous prétexte que ceux-ci ne sauraient les porter.

Les Cosaques sont montés en chevaux de 1 m. 45 et certains d'entre eux de 1 m. 33. C'est sur un de ces derniers qu'un lieutenant de Cosaques fit pour se rendre à Paris plusieurs milliers de kilomètres. Je pourrais multiplier les exemples de rusticité et d'endurance à porter le poids communs aux chevaux de petite taille.

En voici un tout à fait concluant : en 1903 un raid de 120 kilomètres fut couru par les officiers des armées étrangères à Tien-Tsin. Poids minimum 75 kilogrammes et obligation de parcourir 3 kilomètres en dix minutes le lendemain de l'épreuve.

Le vainqueur marcha au train de 16 kilomètres 688 à l'heure et n'avait qu'un mètre trente-cinq ! Les autres concurrents (38) suivirent de près. Un temps affreux, avec tourmentes de neige, n'avait cessé un instant pendant la course.

Mais tous les exemples ne servent de rien, et longtemps encore on jugera la bonté des chevaux à la taille et au poids.

Les chevaux du Midi de nos régiments de légère, où une très petite quantité du reste n'atteint que 1 m. 50, tous les autres ayant une taille supérieure, portent une moyenne de 110 kilogrammes, sans en être plus gênés que leurs gros frères du nord de la France. Remarquons en passant que les Allemands ne sont pas, comme nous, fascinés par la hauteur des chevaux; une preuve en est dans le minimum de taille exigé pour l'achat par les Remontes allemandes.

Cuirassiers, 1 m. 53; uhlans, dragons et hussards de la garde, 1 m. 49 (1 m. 48 est notre minima de légère); dragons et hussards de ligne, 1 m. 46; selle artillerie, 1 m. 48.

Influence du pays d'élevage sur le modèle. — Le cheval du Midi, quelle que soit la façon dont il a été fait, possède un type très spécial et sur lequel il est difficile de se tromper. C'est surtout dans sa tête que sont les caractéristiques de ses origines.

Mais tel cheval qui, là où il est mal élevé, reste souvent léger et enlevé, s'il eût été nourri et entraîné là où autre part fût devenu un cheval doublé, osseux et musclé, et *vice versa*. Dans un pays où en somme c'est la « nature » qui fait beaucoup et l'homme le moins possible, il n'est pas rare de voir en peu de temps un poulain se transformer radicalement en bien ou en mal, selon les mains entre lesquelles il est employé. Ainsi, beaucoup de poulains nés dans la plaine de Tarbes (qui est le coin du Midi où il y ait la meilleure jumenterie indigène) sont transplantés dans le Gers, le Tarn-et-Garonne, la Haute-Garonne; ils y prennent du volume et des membres qui leur auraient, sans cela, souvent fait défaut.

Dans le Midi surtout, le pays naisseur ne reste pas pays éleveur et la transformation du type est si complète qu'il est difficile à un acheteur, même expérimenté, de fixer dans quelle région exacte du Midi a été *fait* le cheval qu'on lui présente. On dit volontiers devant un cheval léger : il est élégant et noble, il vient de Tarbes. Devant un cheval empâté, commun dans ses ganaches et léger dans ses membres : il est peut-être fait à Aurillac. Devant un cheval décousu, laid, mais aux tendons nets et trempés : il est né en Ariège; et, par contre, il faut souvent savoir que tel cheval des Charentes est né anglo-arabe pour lui attribuer cette origine.

Par-dessus le marché, le sujet présenté peut avoir plus ou moins d'Anglais, d'Arabe pur ou d'Anglo-Arabe dans ses ascendants, et ces différents sangs apportent encore leur cachet d'une façon si irrégulière, même pour le vrai connaisseur, qu'il est très difficile de formuler un jugement sans être informé. Le pur-sang anglais seul donner cette longueur de lignes, se coupant sous certains angles et qui ne trompe pas.

C'est en somme par l'alternance du sang anglais et du sang arabe que se perpétue cette race de demi-sang du Midi, et c'est dans les produits obtenus de cette sorte qu'on sélectionne l'étalon de demi-sang.

« Chez lui, écrit le Dr S... conseiller général des Hautes-Pyrénées, chez lui la race est établie d'ores et déjà. Il importe donc de l'améliorer *in and in*, pour rester conforme à la pratique des Anglais, qui sont toujours nos maîtres en matière d'améliorations de toutes les espèces domestiques connues.

L'emploi du demi-sang comme étalon donnera un type uniforme à ses chevaux. Les qualités de l'Anglais et de l'Arabe leur sont acquises. Ces caractères semblent avoir acquis assez de fixité, écrit M. le vétérinaire Bériot, pour être transmis par des sujets améliorés... et la sélection peut se faire, dès à présent, avec avantage.

La plupart en ont un type, du reste, assez accusé, quel que soit leur lieu d'origine, pour être reconnus assez facilement par un vrai connaisseur.

Lorsque presque toutes les poulinières seront améliorées (elles le seront dans un délai assez bref, si l'élevage et les achats des remontes continuent dans le même sens), les défauts particuliers à cette race disparaîtront à mesure.

Défauts de conformation les plus répandus. — En effet, les défectuosités les plus graves du demi-sang, comme conformation, sont des aplombs antéro-inférieurs assez souvent irréguliers, « les coudes au corps », un dos un peu mou, qui se redresse souvent avec de la bonne nourriture et le travail, trop souvent encore des jarrets coudés et la croupe courte, mais bien dirigée.

Souvent éparvinés, les jarrets sont généralement bons à l'usage.

Allures. — Beaucoup de ces chevaux, dont on préjugerait mal des allures à la station, marchent un trot superbe, étendu et à extension soutenue du devant et large du derrière. Il n'est pas rare de voir des chevaux de paysans « le faire en 2″ ». Et bien des raidistes pourraient le « faire en 1′ 50″ ». Ces vitesses ne sont pas rares et sont très remarquables étant donnée la taille. Le geste des Anglo-Arabes a frappé, je l'ai déjà dit, le directeur des Haras allemands, M. Grabensée. Il souhaite que les Trakehnen en aient autant.

Les demi-sang du Midi galopent *coulant* comme des pur-sang et ont un fond énorme.

Leur fond. — On connaît entre autre record de ces demi-sang les courses de *Briska* et *Comédienne*, qui firent 500 kilomètres en soixante heures.

Régulièrement depuis plusieurs années dans la course de *la Petite Gironde* des demi-sang du Midi couvraient attelés 880 kilomètres en cent soixante heures, avec quatre-vingt-quatre heures d'arrêt.

Ces courses sur route à 100 kilomètres par jour, avec repos la nuit, pendant huit jours, deviennent très populaires et se multiplient. Les gagnants sont souvent des sujets de taille exiguë. Cela tient à l'excellence de ces poneys, chevaux de service démocratique, déjà entraînés par leur travail quotidien. Leur endurance n'a d'égale que l'exigence de leurs maîtres, souvent trop sévères. Ces courses, justement, leur apprendront le ménage et l'hygiène de la route, en développant le goût et l'amour du cheval.

Au reste, la course montée de Bruxelles-Ostende a montré que les sportsmen eux-mêmes ignoraient l'emploi du cheval sur les grandes distances. Rien d'étonnant à ce que cette science fasse un peu défaut aux petites gens. Ils s'y mettront les uns et les autres.

En septembre 1900, la jument *Favorine*, demi-sang anglo-arabe, fille d'*Oronte* (50 pour 100) et d'une jument donnée par la Remonte de Mérignac, fille de *Biberon*, née en 1888 chez M. Dubosc, à Subehargues (Landes), a couvert, attelée, 302 kilomètres en vingt-quatre heures. C'est là un record unique au monde et qui n'a nullement fatigué la jument. A noter qu'une partie du parcours a été faite en pays de montagne. Le record est authentique et dûment contrôlé. Son propriétaire actuel, M. Laporte, fruitier à Vic-en-Bigorre l'avait, il y a cinq ans, achetée 100 francs à son naisseur. Sur certains points du parcours, même à la fin de sa route, elle marchait au train de 22 kilomètres à l'heure.

Dans une marche de vitesse et de résistance effectuée par tous les officiers de la brigade de Dinan, en 1901, les Anglo-Bretons et les Anglo-Arabes arrivèrent en tête, battant les pur-sang anglais, arabes, anglo-arabes, les Irlandais et les Normands.

Plus récemment encore, dans le raid Paris-Deauville (135 kilomètres à 10 kilomètres à l'heure, le premier jour et le deuxième 85 kilomètres en course, distance couverte entre quatre heures quatorze et cinq heures quarante), les demi-sang du Midi se firent remarquer pour leur vitesse et leur endurance, tels *Latium* au lieutenant de Ligniville (par *Flavio* et une jument anglo-arabe à M. Bazet, de Mascaras (Hautes-Pyrénées), et *Icane,* au lieutenant de Royer, acheté à Saint-Gaudens par la Remonte de Tarbes pour 950 francs, tout petit cheval de 1 m. 53, fils d'*Icane*, pur-sang anglo-arabe (par *Abou-Farès*, remarquable étalon arabe sorti, comme *Emir,* des écuries d'Abd-el-Kader, et *Marmelade* par *King Arthur* et d'une jument de demi-sang, fille de *Tchibouch,* pur-sang arabe.

Il ne convient pas de classer ces chevaux anglo-arabes parmi les poneys, en effet. Le régiment de dragons de Montauban est très remarquablement remonté en chevaux du Midi, et dans un interview pris à une grande quantité de capitaines instructeurs de dragons, tous apprécient au-dessus de ceux des autres races les quelques Anglo-Arabes versés par les Remontes dans leurs régiments.

En 1903 (raid du *Trotting Toulousain*, 800 kilomètres en 8 jours) le vainqueur couvrit la distance en cinquante-six heures, soit 14 kilomètres à l'heure. Les cinq premiers, du reste, étaient fils de pur-sang, et nés dans le Gers.

Au raid militaire de Vichy (1903), auquel prirent part des chevaux de troupes de toutes armes, raid terminé par un concours hippique, les chevaux du Midi se classèrent très franchement en tête avec les pur-sang.

Aux courses annuelles de la *Petite Gironde,* les 800 kilomètres ont été couverts par les vainqueurs, d'abord en 12, puis 13 et 14 kilom. 500 à l'heure. En 1901, je crois, l'un des concurrents fit une étape d'environ 100 kilomètres au train de 17 kilomètres à l'heure.

Cette année, un cheval demi-sang anglo-arabe, 10 ans, 1"50, *Quilly* à M. P. Ferrières, de Montréjean, fit, succesivement, à des intervalles de quelques jours, les courses suivantes :

1° *Montréjean-Luchon et retour*, 76 kilomètres, en pays très accidenté, en trois heures;

2° *Montréjean-Saint-Gaudens et retour*, 29 kilomètres, en cinquante-trois minutes;

3° *Match particulier*, 10 kilom. 550, en dix-sept minutes, soit du 1 kilom. 15 à l'heure.

Ces exemples de vitesse et de fond sont innombrables et pas une race de chevaux en France n'en a de semblables à son actif, sauf celle des anciens Bretons près du sang et des pur-sang anglais.

Les courses au trot d'Anglo-Arabes dans le Midi. — Jusqu'à présent, les courses au trot d'Anglo-Arabes paraissent avoir été pratiquées par les simples amateurs de ce sport et n'ont eu aucune répercussion sur l'élevage.

Cependant il est probable, lorsque l'industrie étalonnière de demi-sang anglo-arabe aura pris un développement en proportion avec la production du demi-sang, que les courses au trot d'Anglo-Arabes pourront et devront devenir des courses sérieuses. Je crois même qu'il faudra se féliciter de leur voir tenir un rôle, non pas prépondérant, mais honorable. Bien réglementées et bien comprises, elles pourraient avoir une heureuse influence sur la modification en gros du modèle; elles forceraient les éleveurs à mieux soigner et mieux avoiner leurs produits; elles hausseraient les populations rurales jusqu'à une féconde conception sportive.

Les courses au trot débutèrent dans le Midi par des courses sur route, des paris entre amateurs, bouchers, boulangers, etc., voire contrebandiers; des amateurs fortunés, eux-mêmes, ne dédaignèrent point ces tentatives. On se rappelle le pari que fit le propriétaire de *Zethus* contre *Jacinthe*, pur-sang au baron Finot. Jacinthe battait, dans une course sur 30 kilomètres, son concurrent trotteur. Celui-ci resta irrémédiablement claqué. Jacinthe, quelques semaines après, gagnait des courses à Auteuil.

Puis M. Teysonneau, de Bordeaux, créa avec M. Marcillac, près de Bordeaux, une écurie de trotteurs, soit en élevant directement, soit en achetant des poulains trotteurs normands de bonne origine. L'écurie Marcillac est devenue une des plus sérieuses et une des plus considérées de la région.

Petit à petit les courses prenant de l'extension dans le Nord, le Midi se mit en tête, non de lutter, mais de suivre; on organisa maints sociétés et hippodromes régis par les règlements de la *Société du demi-sang;* l'Etat, les Haras donnèrent des subventions qui seront indiquées plus loin.

Le premier cheval trotteur célèbre fut acheté, si je ne me trompe, au fiacre, par MM. Teysonneau et Marcillac. Il se nommait *Faust* et est resté célèbre par sa victoire dans le prix de la ville de Rouen (1869). Elles datent de plus de trente ans. Le second crack de MM. Teysonneau et Marcillac fut *Marguerite*, de laquelle ils eurent deux ou trois beaux poulains par *Figaro*, trotteur célèbre né et élevé dans le Gers, à Fleurance, berceau de beaucoup de trotteurs du Midi. Un M. Thiérard, boucher, en fit plusieurs de très bons.

Ce *Figaro* qui, dans le Midi, rafla tous les prix, faisant suite à *Cœur-de-Lion* et à *Zéthus*, avait été mis en courses par le porcelainier M. Dérud et acheté par MM. Marcillac et Teysonneau qui, sous le nom d'écurie Duqueyron, installèrent, comme je l'ai dit, à Tresse, près Bordeaux, un centre d'élevage, en plein succès aujourd'hui; les poulains normands y sont amenés de leur pays d'origine.

On peut citer parmi les gentlemen restés célèbres

en trotting M. de Lescure (de Béziers), le vicomte de Chefdebien (Carcassonne), etc.

Vingt-cinq hippodromes environ se disputent d'assez minimes allocations. En plus des Anglo-Normands, on voit courir des Anglo-Arabes dont les vitesses jusqu'à présent ont été assez faibles. En 1899 un Anglo-Arabe a fait le kilomètre en une minute quarante-sept secondes. On sait que la moyenne des bons trotteurs normands le couvrent en une minute trente-deux secondes à une minute trente-sept secondes. En 1903, pourtant, deux Anglo-Arabes, *Valentin* et *Villeneuve*, ont fait le kilomètre en une minute quarante secondes. Cependant, dans ces sortes de courses (réservées aux seuls Anglo-Arabes) le gagnant est toujours un cheval venu de l'Ouest, mais ayant pourtant 25 pour 100 d'arabe. Le trotting du Midi n'a pas une bonne réputation. Les chevaux démarqués y seraient nombreux.

Il est à ce point de vue heureux que de sérieuses sociétés de trot se soient fondées, telle que le *Trotting club béarnais*. Il y a eu en Béarn, dès 1842, quelques tentatives de courses au trot. En 1840 une petite société qui naquit, les 5 et 6 septembre, donna sa première journée de courses. La troisième course du 6 septembre fut une assez originale course de fond, course montée sur 26 kilomètres à n'importe quelle allure. La course fut gagnée en cinquante-deux minutes par *Lili* à M. Gassiot, de Caubras. La deuxième, *Hardita*, à M. Larregain, fit le parcours en une heure juste.

En 1843, la même course vit arriver premier *Sancho* monté par le fils du général Larrieu, en cinquante minutes, et deuxième *Tranquille*, à M. Larregain, en cinquante-cinq minutes.

En 1849, la course ne fut plus que de 4 kilomètres, couverts par le vainqueur en dix minutes quarante-six secondes; les autres concurrents, loin derrière, ce qui indique une moyenne de vitesse fort médiocre. Ces courses, ne plaisant pas au public, furent complètement supprimées.

En 1883, la Société des courses redonna des courses au trot; mais en 1888 l'État, ayant supprimée une subvention de 8,500 francs, une Société de trotting se fonda, qui ne réussit à agir qu'en 1893. M. Loustalot, secrétaire général de la préfecture, en fut le promoteur probablement parce qu'il avait eu un trotteur remarquable, *Figaro IV*, qui existe encore et fait la monte au haras de Montégut, route de Bordeaux. Cette société organisa un hippodrome, et grâce à la générosité de quelques amateurs, MM. E. Deville, Knowles, etc., les subventions s'élevèrent de suite à 8,400 francs (dont 1,200 donnés par l'État).

Depuis 1898, M. Deville est président de cette société, dont les courses se donnent sur l'hippodrome de Pau, sur une excellente piste. Cette société en pleine prospérité donne 22,000 francs de prix dont 4,000 fournis par le Ministère de l'agriculture et 3,000 par la *Société d'encouragement du demi-sang*.

On a pu voir peu à peu les vitesses des Anglo-Arabes s'élever sur cet hippodrome; En 1895 le kilomètre était couvert en deux minutes environ : il l'est maintenant en une minute quarante-sept secondes et une minute quarante-huit.

Si l'on peut faire un reproche à cette *Société du Trotting béarnais*, c'est que si son but est d'améliorer l'Anglo-Arabe comme trotteur, son règlement n'est pas assez exclusif, et trop de prix sont, de par l'éclectisme même de son programme, à la merci de trotteurs étrangers aux races méridionales. Il ne faudrait pas, cependant, exagérer ce reproche : des considérations économiques et les difficultés du début en ont sûrement été la raison déterminante. Il est probable que peu à peu, à mesure que s'augmentera le budget, la part faite à l'Anglo-Arabe deviendra prépondérante.

La *Société du Trotting toulousain* s'est fondée trop récemment pour avoir déjà une histoire. Son règlement est à peu près le même que celui du *Trotting béarnais*, pas assez protectionniste de l'élevage régional. Il y a aussi à Bordeaux une *Société sportive* qui s'occupe de trotting.

Mais il serait tout à fait injuste que si, par snobisme ou incompréhension de leurs intérêts, les sportsmen méridionaux et les éleveurs influents marquassent la moindre hostilité ou même une dédaigneuse indifférence à ces tentatives. Elles devraient, au contraire, être encouragées. Le danger des courses au trot n'est pas le même pour le Sud-Ouest que pour le Nord et le Centre de la France (je parle ici des remontes militaires); et je doute que jamais les courses au trot d'Anglo-Arabes puissent être, dans le Midi, une cause d'abaissement de la qualité. Le point de départ du trotteur Anglo-Arabe aura été pris dans une race pleine de sang. En Normandie, il a été pris dans la race des Vieux-Normands, race lymphatique et sans qualité. Et plus le type vieux-normand s'élimine, plus aussi le trotteur anglo-normand prend de mérites. Le Midi n'aura rien à faire pour donner le sang et la qualité à ses futurs trotteurs. Reste à savoir si la sélection par les courses suffira pour fournir la vitesse. Mais c'est parler là de choses dont la réalisation paraît encore se perdre dans les brouillards de l'avenir.

Courses au galop. — Courses au galop officielles auxquelles peuvent prendre part les demi-sang anglo-arabes.

Il n'existe pas de réglement général s'appliquant aux courses au galop de demi-sang.

Les épreuves d'étalons de demi-sang sont organisées annuellement par l'administration des Haras à Caen, à la Roche-sur-Yon et à Tarbes.

Epreuves de Caen pour poulains entiers de trois ans, nés et élevés en France : 3,000 francs; distance, 2,000 mètres.

Epreuves de Tarbes pour poulains entiers, nés dans les quatrième et cinquième arrondissements d'inspection générale des Haras et circonscription de Pompadour et comptant au moins 25 pour 100 de sang arabe (les 50 pour 100 recevront 4 kilos, les chevaux de père et mère demi-sang recevront en outre 6 kilos.) : 2,000 francs, distance 2,000 mètres.

Courses de Tarbes pour poulains entiers de demi-sang nés et élevés en France : 3,000 francs (les 25 pour 100 de sang arabe recevront 3 kilos; les 50 pour 100 en plus 6 kilos) : 3,000 francs; distance, 2,000 mètres.

Courses de la Roche-sur-Yon pour poulains entiers, pouliches et hongres, nés et élevés dans la circonscription de la Roche et de Saintes (pas de décharge pour Anglo-Arabes) : 1,000 francs; distance, 1,800 mètres.

Epreuves de la Roche-sur-Yon pour poulains nés et élevés dans le troisième arrondissement d'inspection : 2,000 francs; distance, 2,000 mètres.

Courses de la Roche-sur-Yon pour poulains nés et élevés en Vendée : 100 francs.

Ces trois dernières courses, citées pour mémoire, ne sont point affectées aux demi-sang anglo-arabes; mais ils peuvent y prendre part s'ils sont nés dans les arrondissements exigés par le règlement.

Prix de la Société des Steeple-chases. — Des prix de première classe sont données à Avignon, Dax, Langon, Oloron, Pompadour, Saint-André-de-Cubzac (courses plates arabes et anglo-arabes de demi-sang : 2,000 francs pour poulains et pouliches de trois ans, nés et élevés en France comptant au moins 25 pour 100 de sang arabe. Les chevaux nés de père et mère de demi-sang recevront 6 kilos. Distance, 1,800 mètres.

La Société donne encore à Tarbes un prix hors classe de

la valeur de 4,000 francs, dont les conditions sont celles qui précèdent.

Prix de la Société des Steeple-chases. — Des prix de deuxième classe sont donnés à Luchon, Beaumont-de-Lomagne, Castres, La Brède, Mauléon (courses plates, arabes et anglo-arabes de demi-sang) : 2,000 francs pour poulains entiers et pouliches, trois ans, comptant au moins 50 pour 100 d'arabe. Les produits de père et mère demi-sang recevront 6 kilos; ceux comptant 75 pour 100 d'arabe recevront en outre 4 kilos. Distance, 1,800 mètres.

La Société donne encore à Tarbes un prix hors classe de la valeur de 4,000 francs, dont les conditions sont celles qui précèdent.

Epreuves au trot pour Anglo-Arabes demi-sang. — Six mille francs sont répartis entre différentes épreuves de courses au trot (Ministère de l'agriculture).

Renseignements statistiques.

Les Haras possédaient, au 1er janvier 1901, 167 demi-sang du Midi.

Comme jusqu'à présent le rapport annuel du directeur de l'administration des Haras englobe sous la même rubrique tous les demi-sang français de selle et de trot, il est difficile d'établir de quelle façon et sur quelles poulinières ces 167 demi-sang du Midi ont été employés, ni quelle a été la part officielle desdits demi-sang aux « encouragements de toute nature offerts chaque année à l'industrie chevaline ». Nous pouvons voir que 17,866,122 fr. 79 centimes ont été distribués en France. Il nous a été impossible de savoir quelle somme exacte avait pu être offerte aux demi-sang anglo-arabes.

Achats des Remontes en 1901.

Dépôts	Départements	Tête	Troupe
TARBES	Hautes-Pyrénées..	88	441
	Basses-Pyrénées..	17	270
	Gers	45	283
	Ariège	1	4
	Haute-Garonne. ..	10	61
AGEN	Lot-et-Garonne. ..	61	345
	Tarn-et-Garonne..	52	234
	Haute-Garonne...	29	96
	Tarn............	4	31
	Aude	5	30
	Pyrénées-Orient. .	3	22
MARIGNAN	Gironde..........	79	123
	Dordogne	16	52
	Landes...........	25	302
GUÉRET	Creuse..........	17	165
	Haute-Vienne	22	72
	Cher	7	24
	Indre	7	56
AURILLAC	Lot	16	87
	Cantal	14	165
	Loire	10	66
	Corrèze	7	43
	Puy-de-Dôme.....	3	11
	Aveyron	7	38
	Haute-Loire	»	»
	Lozère	»	»
S.-JEAN	Charente-Infér	122	494
	Charente.........	20	86
	Bouches-du-Rh...	10	69
	Hautes-Alpes.....	»	»
	Drôme...........	1	3
	Gard............	»	»
	Hérault..........	»	»
	Var.............	»	5
	Vaucluse.........	2	»
	Ardèche..........	»	»
	Basses-Alpes	»	5
	Alpes-Maritimes..	»	»

Statistique par département des juments saillies par les étalons nationaux en 1897.

Départements	Juments saillies	Produits
Ariège....................	1,132..........	679
Haute-Garonne............	2,900..........	1,740
Gers.....................	3,257..........	1,954
Hautes-Pyrénées	5,053..........	3,032
Landes	3,591..........	2,155
Basses-Pyrénées	5,638..........	3,383

Cette statistique fixera les idées sur le nombre respectif des *naissances* dans les différentes régions pyrénéennes.

CHAPITRE XVI

DIFFÉRENTES REGIONS D'ÉLEVAGE DU CHEVAL ANGLO-ARABE

Dordogne. — Médoc. — Bazadais. — Gironde. — Landes. — Agenais. — Hautes-Pyrénées. — Basses-Pyrénées. — Gers. — Ariège. — Aude. — Pyrénées-Orientales. — Le poney du Midi. — Comment acheter un cheval du Midi. — Statistique. — Tableau des foires aux chevaux anglaises et irlandaises. — La concurrence anglaise, américaine, hongroise, argentine. — Court aperçu de l'élevage en Amérique.

On peut diviser géographiquement et pratiquement le Midi en différentes régions d'élevage.

Si je compte la Dordogne dans cette énumération, c'est qu'elle est dans la sphère d'influence du dépôt de Mérignac et qu'elle ne paraît devoir améliorer son élevage que dans le sens cheval de légère, ce qui est du reste, pour l'instant son intérêt.

Il sera donc traité successivement :

De la Dordogne;

Du Médoc;

Du Bazadais;

De la Gironde;

Des Landes;

De l'Agenais;

Des Hautes et Basses-Pyrénées;

Du Gers;

De l'Ariège;

De l'Aude;

Des Pyrénées-Orientales,

Je dois ici insister sur ceci : dans le Midi le pays naisseur reste rarement le pays éleveur. Et il faut toujours avoir recours aux indications des papiers d'origine pour être certain de la région où a été fabriqué le cheval.

EN DORDOGNE

Il n'y a pas à proprement parler d'élevage. Le terrain n'est pourtant pas mauvais; sur les coteaux il est calcaire et argileux.

Sur les bords des rivières, et principalement de la Dordogne; il y a beaucoup de fourrage et de bonne qualité. Le paysan y met des bœufs maigres et les en sort gras. Il engraisse aussi des moutons et des cochons. S'il a une jument, elle travaille dur; il la conduit au baudet, s'il y en a un à côté. Si la jument n'est pas trop mauvaise et qu'elle soit conduite à l'étalon, le produit est mal soigné, mal élevé...

Dans l'arrondissement de Périgueux, l'élevage est à peu près nul. Les quelques juments présentées au concours de Saint-Astier sont toutes petites, communes, sans origines et de provenances diverses. On y trouve cependant quelques poulains passables par quelques juments améliorées et des étalons de pur sang ou près du sang (*Marboré*, pur-sang anglais; *Araillé*, pur-sang anglo-arabe.)

Depuis quelques années M. Magne, député de la Dordogne, fait de l'élevage à Trélissac; il possédait *Canotier*, pur-sang anglais qui donne parfois de bons produits.

Du côté de Bergerac où l'élevage est plus nombreux quelques poulinières ont du modèle et de l'origine.

Mais c'est le petit nombre; les autres sont des juments de culture.

Hernani, demi-sang anglo-arabe; *M. Philippe*; *le Pérou*, pur-sang anglais; *Lionnel*, pur-sang anglo-arabe, donnent les produits les moins défectueux.

Dans l'arrondissement de Nontron, bien que la production générale soit faible et mal soignée, on remarque quelques éleveurs : marquis de Lagarde, à Saint-Angel; M. de Saint-Sernin, à Nontron; M. de Vandière, à Saint-Félix; le marquis d'Ambelle, à Sainte-Croix de Mareuil, homme de cheval par excellence, mais qui ne produit que le pur-sang anglais en vue des courses. Ses élèves, au point de vue ampleur et puissance, sont très remarquables.

Les pères utiles sont dans cette région *Tarquin*, demi-sang du Midi et *Baretous*, pur-sang anglo-arabe.

A Ribérac, l'élevage se relève sensiblement; il y est mieux fait, bien que les poulinières et les poulains manquent d'état dans la Double, où ils vivent en forêt. Les paysans y aiment le cheval et tout le monde élève plus ou moins. *Iroquois*, pur-sang anglais; *Fusain*, pur-sang anglo-arabe; *Simonet*, demi-sang du Midi, y ont fait de bons produits.

Dans l'arrondissement de Sarlat, les propriétaires n'ont aucune notion du cheval. L'exemple donné par le comte d'Abzac, qui fait de l'élevage avec intelligence, n'a été suivi nulle part.

Somme toute, le modèle du cheval de la Dordogne, quand il atteint à un modèle quelconque, est le cheval de légère, quelquefois celui de ligne.

Le haras de Libourne possède de déplorables étalons.

On y voit beaucoup d'Anglo-Normands spécifiquement médiocres que les éleveurs sérieux voudraient voir remplacer par autant de demi-sang du Midi, car l'Arabe avec ses dérivés serait là l'améliorateur transitoire par excellence. Les juments y sont petites et l'étalon trotteur surtout, mal choisi, fait beaucoup de mal à la production. La tendance à faire gros en dehors et de la volonté du sol donne des produits communs et désharmoniques.

Il convient de citer aussi comme éleveurs en Dordogne M. de la Panouse et M. Allori, à Ribérac; M. d'Auzac, Margot, à Bergerac, etc.

LE MÉDOC

Dans le Médoc existe une production qui devrait donner de très bons chevaux. On devrait pouvoir y trouver le vrai hunter avec le sang et le poids, le sang pour courir un dur cross-country, le poids pour supporter un lourd cavalier.

La plupart des auteurs qui ont écrit sur les races de chevaux en France se copient les uns sur les autres. Pas un ne s'est offert un petit voyage circulaire qui leur eût prouvé que, ce qui était vrai il y a cinquante ans, l'est moins ou ne l'est plus maintenant. Ils reproduisent même, dans leurs ouvrages, les portraits de chevaux le plus souvent laids et mal dessinés et ne ressemblant plus du tout au type actuel perfectionné. Ainsi je lis dans un livre qui fait autorité, au sujet du cheval médocain : « Il a la tête forte empâtée, l'encolure droite, le rein long, la croupe courte, les côtes plates, le ventre volumineux, les membres faibles, les articulations étroites, les aplombs irréguliers ». L'auteur écrivait, il est vrai, en 1888.

Or, le cheval médocain n'a plus ce type exagéré de laideur. Il n'en a pas de très défini, du reste ; on verra pourquoi plus bas; mais, là comme ailleurs l'élément améliorateur anglo-arabe a passé, rectifiant bien des défauts.

Le Médoc commence à Pauilhac, suit la Gironde et finit à la mer. Ce pays se compose de vastes prairies, submergées pendant certains mois par l'eau du fleuve, qui, à cette hauteur, est fortement mélangée d'eau de mer. Ces prairies sont arides et sèches pendant l'été. Dans ces immenses plaines coupées de canaux vivent, pour ainsi dire à l'état sauvage, de nombreux chevaux. Ils y demeurent toute l'année, sans autre nourriture que de l'herbe.

Les poulinières sont prises un peu partout, ce qui est un des gros défauts de cet élevage : une jument irlandaise ou anglaise est-elle arrêtée dans sa carrière de chasse, vite un propriétaire l'achète, et après l'avoir fait saillir par un trotteur du haras de Libourne (1), l'envoie dans un de ces marais pour le restant de ses jours. C'est là une bonne poulinière; mais un accident de voiture arrive-t-il à une jument des tramways de Bordeaux (cette administration recrute sa cavalerie en Bretagne), le même propriétaire s'en empare et la fait saillir par le même trotteur. Un sort identique arrive à la jument anglo-arabe, etc. On ne cherche qu'à faire du gros, ce qui dans le Midi est une faute. Le gros doit être obtenu principalement par l'avoine, l'hygiène et l'exercice, surtout dans les régions méridionales.

Dans ces prés salés, les poulains, jamais rentrés, jamais pansés, jamais avoinés, dévorés vivants par les mouches d'été, finissent par faire de bons chevaux ou tout au moins très rustiques. Les débiles n'ont pas résisté à ce mode primitif d'élevage.

(1) Sur les 599 chevaux achetés, en 1900, par le dépôt de remonte de Mérignac 78 seulement avaient pour pères des étalons de Libourne.

Quand la poulinière est suffisante et acclimatée, le père convenable et le produit tant soit peu nourri, ce dernier est toujours un très bon cheval qui fait, comme le Gersois, deux chasses à Pau, alors que l'Irlandais n'en fournit qu'une. Pour qu'un tel élevage forme parfois d'aussi bons chevaux, que serait-ce s'il était fait rationnellement? Mais que dire à ces excellents Bordelais qui répondent à vos remontrances sur l'alimentation insuffisante de leurs poulains : « De l'avoine! Hé pourquoi? nos chevaux sont des buveurs d'air », en vous montrant la direction de la mer, d'un geste large.

Quand ces éleveurs voudront donner un peu d'avoine à leurs poulinières; quand leurs étalons seront, pour commencer, des demi-sang du Midi, cet élevage donnera d'excellents chevaux.

C'est surtout dans le Médoc que, pour qu'une poulinière soit bonne, il faut qu'elle soit acclimatée. Elle doit en effet supporter sans en être incommodée, surexcitée ou abattue, les intempéries des saisons, et les mouches, les terribles mouches. Souvent, sans cela, les mères, surtout celles de pur sang avortent, se déforment, ne peuvent, à part de rares exceptions, et avec beaucoup de coûteuses précautions, arriver à mener à bien leurs produits.

Le haras de Libourne n'a pas assez d'étalons propres à donner de la distinction aux chevaux du Médoc. Le meilleur — et il ne donne pourtant que des chevaux de concours — est *Bayard IV*. Puis viennent *Equateur* et *Tobie* (normands).

On a pu voir de très bons produits dont les pères étaient des chevaux de pur sang, spécialement *M. Phillippe* et *Jepp*, ou de pur-sang anglo-arabes (*Billière*, *Lionnel-Moab*).

L'élevage du Médoc est, cela n'est pas niable, en progrès, mais en progrès lent; à côté de trop d'animaux apocalyptiques, on y voit un certain nombre de chevaux osseux, avec une très bonne direction de jarrets, une poitrine bien descendue, une tête encore un peu osseuse, mais au bout d'une squelette bien développé, du type hunter et en ayant les qualités de saut et de force : M. Lalande avait un cheval, *Rayon d'Or*, absolument de ce modèle. Tout le monde a pu voir au concours l'excellent sauteur *Caramel*, à M. Albaret : c'était un Médocain. *Zamorra*, à M. Guidon, qui a emporté la coupe il y a quelques années; *Patatras*, au marquis d'Ayguesvives, un ex-vainqueur de l'Omnium, étaient aussi tous deux de ce pays. *Patatras* rappelait cependant peu le hunter. *Rigodon* par *M. Philippe*, pur-sang, et une fille d'*Équateur* était d'un modèle très plaisant. Il a été primé à Paris. Ces chevaux sont déjà des personnages d'histoire ancienne et depuis cette époque, 1898 environ, beaucoup d'autres se sont imposés par leurs actions et leur bon modèle d'utiles serviteurs.

Les principaux éleveurs en Médoc se nomment : MM. Lawton, Guidon, Constant, Calvet, M. de Lestrange, Allard, Pierre, Souet, etc.

Les centres où on peut se procurer le cheval médocain sont : Lesparre, où se trouve une bonne école de dressage, dont le directeur est un lauréat habituel des concours de Paris, de Vichy et de Bordeaux ; Queyrac, Saint-Vivien, Soulac. La remonte de Mérignac achète peu de ces chevaux. En effet les produits améliorés sont souvent trop importants comme poids pour son contingent et les autres ne sont pas vraiment assez améliorés. Il est plus que probable que d'ici quelques années il y sera fait pour l'armée de plus nombreuses acquisitions. Mais il faut pour cela que les éleveurs se donnent un peu de peine, ne se déclarent pas toujours satisfaits des produits « du hasard et de quelconque », produits absolument sauvages qu'ils livrent sans vergogne aux mouches et aux intempéries. Il appellent trop souvent un beau cheval le premier monstre venu, avec une grosse tête, un mauvais dessus, pas d'articulations, ni de tendons, mais à pieds plats et poils longs, dès qu'il a tondu l'herbe d'une de leurs pâtures.

Dans le Bazadais. — On y rencontre quelques poulinières ayant du sang. Si le dépôt de Libourne avait de bons demi-sang du Midi, cette production, un peu chétive encore, deviendrait bonne. Ainsi, M. de Sigalas a quelques juments qui produisent bien.

Dans la Gironde. — En dehors de ce qu'y amènent les marchands pour la Remonte et les entraîneurs, il n'y a pour ainsi dire rien.

M. Marcillac, tout près de Bordeaux, a une écurie de courses au trot, fort bien composée d'Anglo-Normands.

L'école de dressage de Bordeaux, dirigée par M. X. Barrailhé, et le manège de M. Bertini sont deux centres où on peut se procurer de bons chevaux et, en tout cas, des renseignements sur ceux qui sont à vendre dans les environs.

LES LANDES

Il ne faut pas confondre le cheval des Landes actuel avec l'ancien cheval landais. Le cheval actuel se fait principalement dans le bassin de l'Adour et non pas seulement dans la partie du département où il y a des landes. Les chevaux du département des Landes sont au nombre de 25,000. On y élève aussi des mulets et des mules; ces dernières sont très remarquables par leurs actions, leurs allures rapides et la finesse de leurs tissus.

Les chevaux landais ont autrefois été connus pour leur petite taille et leur résistance à la fatigue.

C'est, sans aucun doute, au sang oriental que cet animal doit une partie de ses qualités. Mais sous l'influence d'un sol pauvre, d'une mauvaise nourriture, d'un manque complet d'hygiène, il avait dégénéré et ne s'était pas maintenu à la hauteur de ses voisins. Sa taille variait entre un mètre et 1 m. 30, et on l'achetait jadis au prix de 100 à 120 francs aux foires de Durance, de Saint-Justin, d'Erm, etc.

Anciennement, ceux de ces chevaux auxquels on donnait un peu d'avoine — même à la mode du pays, sans l'égrener — prospéraient et étaient achetés sous le nom de doubles bidets.

De nos jours, les Landes fournissent d'excellents chevaux de demi-sang de la même taille que la plupart des autres chevaux du Midi; il importe d'insister sur ce point pour effacer un préjugé très enraciné, même chez les hommes de cheval.

On peut lire, dans l'*Extrait des rapports annuels* de 1892, une étude de M. le vétérinaire militaire Dénion, du dépôt de Mérignac, que les chevaux landais ont beaucoup d'homogénéité; que non seulemeut ils ont grandi. mais qu'ils ont pris, en proportion, de l'ampleur, de l'élégance et des allures. Tout ceci est rigoureusement exact. J'ai pu le constater moi-même, alors que j'étais acheteur au dépôt de remonte de Mérignac.

Il ne faudrait donc pas que la dénomination de cheval landais évoquât la vision d'un cheval avorton; d'un poney émacié, petit, plaqué, décousu et laid. Bien au contraire, les chevaux de demi-sang anglo-arabes qu'on y élève sont actuellement des chevaux dont la moyenne varie entre 1 m. 49 et 1 m. 56. Ces animaux ont de grandes tendances à devenir compacts, étoffés, osseux. Ils ont presque tous des membres excellents, aux tendons larges, nets et trempés. Leur action au trot est étendue et belle et leur galop parfait. Leur plus grand défaut est encore un dos un peu mou, quoique court. Les croupes courtes, avec une queue plantée trop haut, s'allongent déjà chez les animaux ayant deux ou trois générations d'amélioration. Plusieurs ont la tête un peu forte à laquelle sont opposés, en compensation, beaucoup d'os dans le squelette.

Les chevaux qu'y achète la Remonte ont un dos court avec une croupe longue et forte. Quelles que soient les poulinières employées, on retrouve toujours très marqués les défauts, ou les qualités du père, et de fortes différenciations d'étendues de lignes selon que celui-ci est anglais ou arabe.

Les régions landaises ne sont pas toutes égales comme qualité et comme type de production.

La Chalosse, dont la capitale est Saint-Sever, est le meilleur centre. On y trouve quelques grands chevaux aptes à porter du poids; en les voyant, on se rend bien compte de l'inutilité de mettre du Norfolk dans la race anglo-arabe. Il n'y a qu'à bien élever et nourrir les sujets pour avoir, toutes choses égales d'ailleurs, le « charger » et même le « roadster ». De bons éleveurs, parmi lesquels MM. de Castera et de Watrigant (Mont-de-Marsan), sont entrés dans cette voie. Ces deux éleveurs remportent les succès les plus mérités. Ils vendent à la Remonte de Mérignac 25 ou 30 chevaux par an, et des meilleurs. M. de Watrigant présente à Toulouse des candidats étalons : aussi nourrit-il bien ses poulains. Ceux qui ne sont pas pris par les Haras feront d'excellents chevaux militaires.

Presque tous les chevaux, dans la Chalosse, sont fils

de demi-sang, tels *Guido, Loucrup, Islon et Jurançon*, dont les produits, malheureusement au dessus un peu mou, ont, cependant, beaucoup d'élégance. Quelques Arabes produisent également bien. Puis des pur-sang anglais, parmi lesquels *Courtois*, *In-folio*, *Guise*.

La région de Peyrehorade produit très bien; mais tous les bons poulains sont enlevés au sevrage, notamment par les Charentais (tels MM. Pignon et Pasquier). Il ne reste pour la Remonte que les mauvais, qui ont fait donner à cet élevage le nom de « tribu des dos cassés ».

A *Aire* la moyenne de la production donne de très bons troupiers, dont le type est un peu déparé par une tête forte et une encolure très chargée. Malgré cela ils ont beaucoup de sang et de belles allures. Ils se rapprochent souvent du type arabe.

M. de Rochetaillée, à Cazères, possède d'excellentes poulinières descendant de *Paros*, pur-sang.

A *Mont-de-Marsan* on rencontre des chevaux doublés; beaucoup sont alezans, et ont l'air de petits « coqs rouges ». Ceux-là sont, aussi, près de l'Arabe. La descendance anglaise a naturellement les lignes plus étendues. Beaucoup trop de dos ne sont pas assez rigides, mais cependant courts avec de bonnes hanches. Tous les animaux sont remarquablement membrés et l'ensemble de chaque sujet est très élégant.

Il y a dans cette région des poulinières très belles avec trois ou quatre bonnes origines sur le pedigree maternel. C'est une espèce confirmée. Les concours de poulinières y sont admirables.

Bien entendu, il reste encore bien des animaux décousus, enlevés et malingres. Mais le Landais est un éleveur convaincu et il n'est pas de petit paysan qui ne désire vendre à la Remonte. Celle-ci, depuis quelques années, sait choisir le bon modèle, le payer un bon prix et n'hésite pas à refuser les mauvais. De plus, le nombre des *naisseurs* s'y augmente d'année en année. Le cheval produit ne pourra qu'y gagner si l'on en juge d'après les résultats déjà acquis.

Dans peu de temps l'élevage des Landes sera forcément remarqué et, plus connu, trouvera des débouchés rémunérateurs. Il est pour le moment un fait avéré : c'est que les Landes, avec Tarbes et Pau, produisent un plus grand nombre de chevaux de selle que les autres régions du Midi.

Mais il faudrait là, comme partout, de l'hygiène et de l'avoine. Que deviendraient, nourris, ces excellents chevaux quand on saura que dans certaines régions ils ne mangent que de l'ajonc pilé, de la luzerne, de la paille hachée et mélangée; ensuite ce qu'ils trouvent dans la lande, s'ils en sont à proximité.

A Mont-de-Marsan, M. Cutler, entraîneur, dirige une écurie de plus de 100 chevaux en location à l'association Guestier-Annal-Sabbathier. A Dax, Olivier Tirlot a des chevaux de pur sang de MM. de Lastour, de Monbel, etc.

L'AGENAIS

En 1849, les documents que j'ai sous les yeux représentent l'élevage de cette région comme très hétérogène. Une partie des chevaux de ce pays était destiné aux postes et à l'armée. L'autre était de petite taille et rentrait dans la catégorie des anciens petits Landais, surtout ceux nés et élevés dans la région avoisinant les Landes. Enfin, on comptait une notable quantité de chevaux étrangers, bretons (il y en a encore) poitevins, ariégeois et même allemands. L'industrie du mulet y était florissante.

De nos jours, l'*Agenais* proprement dit fait peu d'élevage. Quelques métayers font bien saillir des juments bretonnes ou issues de Bretonnes par des étalons du Midi. Comme résultat on a des bidets de voiture, et rarement un bon cheval de selle et de remonte. Quelques éleveurs — même des plus riches — qui recherchent plutôt la quantité que la qualité, élèvent médiocrement, ne nourrissant pas, et livrent leurs juments à des pur-sang. Le résultat est naturellement mauvais.

Mais quand on parle du cheval agenais il faut entendre le *cheval de* Castelsarrasin, fait dans les prairies des bords de la Garonne et de la Gimonne, en remontant jusqu'à Beaumont-de-Lomagne. Là, on fait peu naître, mais on élève beaucoup et bien. Les éleveurs achètent de bons poulains, spécialement dans les Hautes et Basses-Pyrénées; ainsi, dans deux séances d'achat, les Remontes d'Agen achetèrent, en janvier 1901, 80 chevaux à Castelsarrasin; sur ces chevaux 50 étaient nés des Hautes et Basses-Pyrénées, et élevés dans l'Agenais; sous l'influence du sol, ils se développent beaucoup et atteignent souvent 1 m. 60 et plus, *en conservant le type de leur race*, soit pur-sang, soit demi-sang anglo-arabe. Ils ont de la physionomie, de l'encolure, du corsage et de bons membres. Parfois cependant ils grandissent trop vite et sont un peu enlevés.

On y trouve de nombreux chevaux dits de tête. Beaucoup sont fils d'Anglais, dont le sang rencontre bien avec les juments améliorées. Les soins donnés à l'élevage dans cette région permettent aux produits de se développer normalement.

Castelsarrasin mériterait de voir installé chez lui les services du dépôt de remonte qui, à Agen, ne sont certes pas dans un suffisant centre hippique.

Les foires chevalines assez importantes, Agen, Tonneins, Villeneuve-sur-Lot, donnent lieu à d'assez bonnes transactions.

DANS LES BASSES-PYRÉNÉES

Historique. — Bien que très estimé dans les temps féodaux, le cheval de la Navarre (Béarn, Bigorre et Roussillon) n'était pas dans l'ensemble de sa production très remarquable. La plèbe misérable était en majorité. Voici son portrait d'après des documents sérieux : taille, 1 m. 49 à 52; encolure renversée en coup de hache; croupe très oblique et courte; queue mal attachée.

Mais dès que l'éleveur voulait s'en donner la peine, il produisait le cheval de guerre si prisé par Henri IV que ce monarque avait soin d'en faire acheter un pour lui tous les ans. En 1574 il en paya un 1,160 livres tournois. Sully donna ordre de faire des remontes dans le Béarn, le Bigorre et le Foix, « car, écrivait-il, ces chevaux ont de la qualité et surtout une grande résistance aux fatigues ». Colbert, en 1665, décréta l'importation dans le Midi d'étalons hollandais et danois. Puis, en 1745, Pompadour fut créé et son influence releva de suite le niveau des races méridionales.

Dans le courant du dix-huitième siècle, il y avait quelques différences entre les chevaux de la montagne, de la plaine de Nay, du Pont-Long, etc. Les juments de la plaine de Nay avaient beaucoup de ressemblance avec celles de Tarbes; elles possédaient cependant moins que ces dernières le caractère oriental. Elles étaient plus grandes que celles de la montagne, mais moins membrées. Celles de la vallée d'Ossau étaient les plus grandes de la région; mais avec une croupe pointue et avalée, la tête un peu busquée, elles possédaient une sorte de cachet espagnol. Les juments basques étaient petites, mais très bonnes; celles du Pont-Long aussi petites, mais très communes.

Les étalons, toujours à cette époque, s'achetaient en France et en Espagne. Faute de fonds, ils étaient médiocrement nourris et ne touchaient toujours pas leur ration réglementaire, qui était de 15 livres de foin, 17 livres de paille et 8 livres d'avoine; encore celle-ci était-elle à la charge des communes pendant la station de l'étalon.

Le règlement de 1780 recommandait aux commissaires inspecteurs de faire la revue aux juments de chaque canton et de leur assigner à chacune un étalon, afin d'empêcher les paysans de livrer leurs poulinières au baudet. Cette sorte de saillie était presque toujours gratuite. Ce système coercitif n'a pas peu contribué à la conservation de la race.

Vers cette époque aussi, on envoya le Normand comme étalon; « mais leurs produits, écrit M. de Bonneval (1806), étaient communs et avaient moins de légèreté et de nerf que les chevaux du pays ».

De tout temps, on avait essayé de hausser la taille. Un édit de 1650 ordonnait de châtrer les mâles qui n'avaient pas trois pieds six pouces; les étalons de quatre pieds six pouces seulement étaient mis en interdit.

A partir de 1789, le gouvernement s'efforça, quelquefois avec succès, d'envoyer de bons étalons dans les Hautes et Basses-Pyrénées. A cette époque, il y avait à Pau un haras de 12 étalons, normands, anglo-normands et espagnols. On envoya alors un Syrien acheté par La Guerche en 1779. Il réussit admirablement et les croisements avec le Normand furent délaissés.

Mais, en 1790, la suppression de la contrainte des Haras, les troubles politiques, les guerres de la Révolution et de l'Empire furent pour toute la population chevaline des Pyrénées une cause de dégénérescence. Dès cette époque on fit surtout du mulet; industrie encore prospère dans des centres où le cheval réussirait parfaitement, cet élevage de mulet est très rémunérateur et n'est pas près de disparaître.

A la reconstitution des Haras en 1806, on institua un haras-jumenterie à Pau et à Tarbes. Les produits devaient remonter trois régiments de hussards.

Les deux premières poulinières achetées à Pau étaient filles de *Mahomet*, excellent étalon syrien. Elles avaient de la taille. Puis vinrent 13 juments espagnoles du comte d'Altamira, suivies de 36 poulains espagnols. Les produits de ces poulinières espagnoles qui s'acclimatèrent difficilement, furent déplorables. Il fallut réformer tout le lot espagnol.

Les deux filles de *Mahomet* furent saillies par un Égyptien, *Sédiman*, fortement éparviné; tous ses produits eurent de mauvais jarrets. Les essais n'étaient donc pas très heureux lorsqu'en 1825 les jumenteries de Pau et de Tarbes furent supprimées.

En 1830, M. de Bonneval, inspecteur général des Haras, dans son étude sur l'élevage pyrénéen affirme que, malgré les errements, les chevaux de la Navarre étaient les meilleurs de la région, spécialement ceux élevés dans le pays basque, dans les vallées d'Ossau, de Barétous, d'Aspe, dans les plaines de Nay et de Dutacq.

Cependant l'ensemble de la race possédait déjà un fort courant de sang oriental; puis, comme pour toutes les races méridionales, l'Anglais fut en faveur, et le *Bigourdan* parut, trop souvent raté.

L'étalon pur-sang arabe fut plus rarement choisi; mais dans une période plus moderne, il revint souvent à la deuxième ou troisième génération s'allier à une poulinière ayant déjà un ou plusieurs degrés de sang anglais. Ces derniers croisements donnèrent naissance à *la race tarbaise*, car ce fut à Tarbes que ces essais s'affirmèrent le plus énergiquement.

Une salutaire réaction se produisit, les primes aux poulinières anglaises furent réduites, et de nouveau la race indigène fut suffisamment arrosée de sang arabe pour que le sang anglais ne prédominât plus.

Les Haras s'employèrent à cette bonne œuvre et après 1860 cet élevage fit heureusement tache d'huile. De nos jours, en effet, tous les départements limitrophes, dont les chevaux étaient à cette époque trop souvent de médiocres Bigourdans plus ou moins émincés, produisent le cheval dit tarbais ; ce nom disparaît pour faire place à celui plus juste et plus général de demi-sang anglo-arabe et presque partout on l'a tellement perfectionné que les hippologues d'antan ne reconnaîtraient plus dans les chevaux de la Navarre, de la plaine de Tarbes non plus que dans ceux de la vallée d'Aure, du Comminges, des Landes et du Gers, etc., les animaux dont, au commencement du siècle, ils nous faisaient une si triste description.

Il y a aujourd'hui trois centres principaux d'élevage : Bidache, où on fait des chevaux avec de la taille et de l'os, et dont les meilleurs poulains sont achetés par de riches éleveurs de l'Ouest, qui les revendent comme étalons aux haras à Toulouse; puis Oloron, et la plaine de Nay.

Etant données la quantité et la qualité des chevaux des Basses-Pyrénées, il serait à souhaiter que Pau fût doté d'un dépôt de remonte spécial.

Les chiffres suivants donneront une idée assez exacte des tendances successives de l'élevage à Tarbes et, on peut le dire, dans tout le Midi, de 1807 à 1903 :

Arabes purs. — De 1807 à 1831, leur nombre progressa de 2 à 12 étalons.

Il redescendit jusqu'à 9 jusqu'en 1850 ; puis remonta à 18, 19 jusqu'en 1856.

En 1870, il y en avait 23; en 1878, 44. Il redescendit jusqu'à 17 en 1893, pour remonter à 21 en 1903.

Les trois ou quatre Arabes non racés disparurent en 1820; de même pour les deux ou trois *Turcs*, les deux *Hongrois*. Les *Barbes* furent supprimés dès 1816. Les Turcs réapparurent au nombre de 2 ou 3, de 1844 à 1885.

Pur-sang anglais. — Le premier parut au haras en 1824; il n'y en eut que 2 jusqu'en 1839; à partir de cette année, le nombre augmenta rapidement : 28 en 1848. Puis, en 1863, il n'y en eut plus qu'une quinzaine; 9 seulement, de 1872 à 1881. Puis il y eut progression jusqu'en 1903, où il y en a 20.

Pur-sang anglo-arabe.—Le premier fonctionna en 1839 Leur nombre en augmenta lentement jusqu'à 12, en 1851. Il suivit la progression de celui du pur-sang anglais, toutefois en restant inférieur d'un peu plus de moitié à celui-ci, en moyenne. A partir de 1882 il augmenta constamment pour arriver, en 1903, à 60, supérieur de 40 unités à celui du pur-sang anglais.

La race *anglo-arabe des Deux-Ponts* eut un représentant de 1821 à 1837.

Les *hunters anglais* figurèrent au nombre de 1 à 2, de 1811 à 1835.

Les *cobs* ou *poneys anglais* eurent un représentant de 1826 à 1832; de 1862 à 1884, ils en comptèrent jusqu'à 4.

Les *Espagnols de selle* disparurent en 1823; en 1810, il y en eut jusqu'à 11.

Les *Espagnols carrossiers*, au nombre de 8 à l'origine, furent supprimés en 1816.

Les *Espagnols navarrais* eurent le même sort vers 1830.

Les *demi-sang limousins*, au nombre de 3 ou 4 dès l'origine, furent une dizaine de 1838 à 1849. On ne s'en servit plus à partir de 1862.

Le *Mecklembourgeois*, en unique exemplaire, fut supprimé en 1820.

Le *demi-sang normand* ne compta que de 1 à 4 exemplaires régulièrement en moyenne, sauf en 1817, 1818 et 1819 où on en compte une dizaine; 1864, 11; 1871, 9; 1880, 10; enfin, 2 seulement depuis 1898.

Le *demi-sang anglo-arabe*, 4 en 1808, 14 en 1815, monta jusqu'à 38 en 1835. De 1835 à 1845 leur nombre fut très supérieur à celui des pur-sang anglais. Il lui devint inférieur de moitié à peu près jusqu'en 1871. Il s'égalisa avec lui jusque vers 1877 (7 contre 6) pour progressivement lui devenir supérieur jusqu'en 1903 (46 contre 20.)

On remarquera que, même au moment le plus aigu de l'anglomanie, le nombre des étalons de sang arabe et dérivés de l'arabe, réunis, fut toujours de beaucoup supérieur de celui des pères de pur-sang anglais.

DANS LES HAUTES-PYRÉNÉES. — TARBES

Historique. — Jusqu'en 1717 les chevaux de Tarbes, moins renommés que les Navarrais, subirent le même sort que leurs voisins. Les chevaux depuis longtemps n'étaient plus de vente facile; l'élevage périclitait.

En 1717, les règlements coercitifs du Béarn furent observés avec rigueur dans la région. Mais les éleveurs, moins sportifs ou plus indépendants que les Navarrais, produisirent résolument des bestiaux. On fit alors venir 14 étalons (qui devaient fonctionner avec un crédit annuel de 3,500 francs); on recensa les poulinières; on prohiba leur exportation, et les communes durent entretenir des stations d'étalons. Les paysans, alors, vendirent, malgré la défense, presque toutes les poulinières; il en passa un grand nombre en Espagne. En 1775, il n'y avait plus d'élevage.

Alors, à partir de 1779, le régime s'adoucit et l'élevage reprit très péniblement jusqu'en 1789; cependant la production mulassière prédominait à un tel point qu'en 1789 il n'y avait plus qu'un seul étalon provincial et 5 approuvés.

Vers 1780 les États de Bigorre avaient acheté le Syrien *le Mahomet* et plus de 50 juments anglaises, anglo-normandes et espagnoles. Elles furent placées chez des propriétaires de la vallée de Campan, puis dans la plaine de Tarbes. Elles y furent saillies par des Anglais, et surtout par des Syriens. Dès qu'elles furent bien acclimatées, c'est-à-dire au bout de deux ou trois ans, elles eurent une bonne production. En somme, elles sont les racines de la souche moderne, car au moment de la Révolution, comme les poulinières appartenaient là aux paysans et non aux nobles, les réquisitions furent moins sévères. Quelques-unes purent rester dans le pays. Après la Terreur, ces poulinières furent saillies par des fils de *Mahomet*, qui produisirent convenablement.

Au rétablissement des Haras, en 1806, Tarbes reçut 16 étalons andalous. Ils ne réussirent absolument pas, ayant eux-mêmes les défauts de la race à améliorer. Vinrent ensuite, 1807, deux Égyptiens qui firent mauvais; les juments créées par eux étaient, à la vérité, élégantes, mais minuscules : « Ce n'était pas de l'amélioration », conclut piteusement, mais franchement, M. de Bonneval qui présidait à ces essais.

Dès 1807, des courses furent organisées à Tarbes. En 1808, 4,000 mètres étaient couverts en 6'43"; en 1825, cette vitesse était descendue à 5'43" et les Tarbais battaient régulièrement les autres galopeurs français. Ce furent ces courses qui automatiquement vers 1830 amenèrent la supériorité et l'engouement pour l'étalon de pur sang anglais.

En 1813, le Haras de Tarbes, qui avait eu l'honneur de fournir 7 chevaux à Napoléon Ier, comptait dans ses écuries, 5 pur-sang arabes, 1 Persan, 4 Tarbais, 3 Turcs, 12 Espagnols, 10 chevaux des Hautes-Pyrénées, 1 Hongrois, 1 Limousin, 1 Normand; un né en France, fils d'Anglais, en tout 89.

Le gouvernement envoya ensuite d'Angleterre de magnifiques étalons qui furent peu goûtés des éleveurs, tant était grand l'engouement pour l'Oriental bon ou mauvais. Encore de nos jours, le paysan a un faible très marqué pour l'étalon à allures brillantes et à poil soyeux; qu'il soit anglais ou anglo-arabe, ils le choisissent assez volontiers à la « finesse » apparente des tissus et de la robe.

Les bonnes poulinières reçurent donc les mauvais étalons orientaux et égyptiens. A cette époque, l'élevage de Pau était plus sérieux et plus prospère. On cherchait trop à Tarbes à faire grand; aussi faisait-on décousu.

Cette rage du grandissement de la taille fut tel qu'on n'envoya plus les poulains dans la montagne où cependant ils prenaient de la trempe, par crainte de ne pas les voir s'élever assez. On les faisait pâturer dans les bois de Lourdes en été, et en hiver dans les herbages de la plaine de Tarbes où les prairies, dans ce temps, étaient irriguées par une canalisation mal réglée. A la même époque, du côté de Pau, on commençait à donner de l'avoine.

Vers 1830, les meilleures poulinières des Hautes-Pyrénées se trouvaient dans les vallées d'Aure, d'Aventignan, Barousse, et dans la plaine de Tarbes. Dans la Haute-Garonne, les bons centres étaient Saint-Gaudens et la vallée de Saint-Béat (de Bonneval, *loc. cit.*).

Les juments étaient de trois sortes : celles du bord de l'Adour, plus grandes que celles des vallées d'Argelès; d'Aure; celles de Castelnau-Magnoac, plus étoffées que celles de Tarbes.

Vers 1826 beaucoup de chevaux gagnant en courses n'étaient encore pas loin du sang arabe. Seuls *Hamlet*, petit-fils d'*Eclipse*, était l'étalon anglais dont les produits étaient très remarquables sur le turf. Mais vers 1830, des personnalités sportives habitant Tarbes ou les environs favorisèrent puissamment la diffusion du sang anglais. Leur influence intéressa le gouvernement à leur entreprise. Le sang anglais coula avec excès dans les veines d'une population chevaline insuffisamment préparée à le recevoir. Et si en 1838 une seule poulinière pur-sang anglais fut officiellement saillie à Tarbes, en 1854 il y en eut jusqu'à 105. Ce ne fut qu'à cette époque que le gouvernement ferma les vannes de ses faveurs aux étalons anglais, et installa dans le pays de bons étalons syriens dont le plus célèbre fut *Emir;* nous en avons déjà parlé au chapitre spécial du cheval arabe.

M. Grabensee, directeur du Haras de Celle (Allemagne) a pu fort justement écrire : « C'est avec de tels éléments de premier ordre que la race de chevaux de Tarbes a été fondée; il n'est pas surprenant, après cela, que les étalons anglo-arabes de ce pays soient excellents pour améliorer l'élevage d'autres régions dont la population chevaline est moins avancée en sang. »

De nos jours la région de Tarbes fait naître un bon cheval de cavalerie légère. Il est trop connu pour que j'en fasse ici une description. La population chevaline est spécialement très dense dans les Hautes et Basses-Pyrénées.

Le demi-sang anglo-arabe est représenté par une

importante famille de remarquables poulinières qui se montre tous les ans, avec tout son éclat, à chaque concours régional hippique de Tarbes.

C'est également dans cette région que l'on va chercher les plus beaux poulains. Mais on peut dire que le poulain tarbais devient surtout beau quand il quitte sa plaine. Le calcaire, en effet, y fait trop défaut. Il emporte sa noblesse et son sang et va chercher de l'os et du gros dans des pays plus favorisés en chaux. N'importe, le meilleur de lui-même, l'influx nerveux, il le doit à la région tarbaise. De là l'habitude de désigner le demi-sang anglo-arabe, ou demi-sang du Midi, sous le nom de cheval tarbais.

C'est l'équivalent de la race bigourdane améliorée de Gayot. On ne compte pas moins de deux mille juments qualifiées dans la circonscription du dépôt d'étalons de Tarbes. Sur ce nombre quatre ou cinq cents habitent la plaine. Leurs poulains, quoique se vendant moins cher que ceux de pur sang, atteignent encore un bon prix, quand il s'agit de sujets remarquables.

En plus des demi-sang anglo-arabe, bien nombreux, on y rencontre beaucoup de pur-sang anglo-arabe, trop de pur-sang anglais. Et M. Grabensee, envoyé par l'empereur d'Allemagne, ne cache pas que la majorité des poulinières anglo-arabes lui paraissent supérieures aux poulinières anglaises, du moins en ce qui concerne l'élevage démocratique. Dès 1860 existaient un assez grand nombre de poulinières anglaises. Il y en a plus d'un millier aux environs de Tarbes aujourd'hui.

Les chevaux tarbais se distinguent par une grande rusticité et beaucoup d'influx nerveux, comme du reste tous les chevaux du Midi. Cette région est, dit, je crois, Houël, l'Arabie Pétrée de la France.

La plaine de Tarbes est admirablement irriguée et

chaque paysan y est un éleveur passionné et convaincu. De toute part, on voit de petites troupes de trois ou quatre poulinières suitées ou non, conduites par une vieille femme, un enfant, un vieillard, à l'heure de la rentrée à l'écurie. Cette affluence de chevaux de sang a frappé le directeur des haras allemands, M. Grabensee. Il écrit dans son rapport (1903) : « De quelque côté qu'on regarde, on ne voit partout que de nobles juments de pur sang et demi-sang au pâturage... L'Orient excepté, il ne doit pas exister un pays au monde où se trouve réunie une telle quantité de noblesse chevaline. »

Les Hautes-Pyrénées, comme les Basses, sont donc des pays de très bonne production, servis par deux dépôts d'étalons hors ligne, qui font surtout naître et élèvent peu. Elles ne gardent que les poulains qu'elles n'ont pas pu vendre. De là provient la difficulté d'y trouver des chevaux bons de quatre à cinq ans.

On rencontre dans la plaine de Tarbes des poulains de pur sang anglais qui se payaient très cher; mais leur nombre augmentant sans cesse, les prix et aussi la qualité diminuent, car il y a pléthore. Leurs prix varient actuellement entre 600 et 3.000 francs.

Puis viennent les poulains propres à faire des étalons, recherchés par les éleveurs spéciaux, de 1.100 à 2,000 francs.

Ensuite les poulains de tête, destinés aux remontes : 500 francs environ.

Et en dernier lieu les troupiers, qui se vendent 250 francs environ.

Comparaison entre le Tarbais et le Navarrais. — Dans les Basses-Pyrénées, plus calcaires que la plaine de Tarbes, on fait un cheval plus fort, plus étoffé, plus près de l'Arabe. Les chevaux y sont moins nerveux, moins impressionnables.

On y compte le même nombre et le même genre de catégories de poulains qu'à Tarbes.

« Le cheval navarrin n'a jamais été aussi élégant, ni aussi près du sang dans les Basses-Pyrénées que dans les Hautes-Pyrénées. L'éleveur y est moins artiste que dans la plaine de Tarbes. » Il y recherche moins le pur-sang anglais. Aussi le cheval béarnais est-il plus paysan et partant plus en rapport avec les ressources alimentaires. Sa constitution est plus ramassée et plus forte, ses membres plus larges et mieux suivis. C'est un serviteur puissant et bon à tout, plus compact dans la vallée, moins dans les contrées montagneuses et peu fertiles, là où les aliments sont moins riches et moins abondamment produits. La jument, exclusivement employée comme poulinière et choisie avec beaucoup de soin, s'allie bien avec l'Anglo-Arabe.

Plusieurs variétés différant les unes des autres par l'élégance et par la taille existaient donc déjà autrefois dans la race navarrine. On y trouvait depuis le beau cheval de la vallée jusqu'au petit cheval de montagne, que l'on rencontre de nos jours dans la Navarre, en passant par des intermédiaires, dont quelques-uns existent encore, notamment dans les landes du Béarn et de la Gascogne, dans les Pyrénées de l'Ariège et de l'Aude. » (Malet.)

« Jusqu'à ce jour, écrit très justement Maubourguet, le cheval de Tarbes, plein de sang et de noblesse, primait par sa beauté plastique les sous-variétés ariégeoises, landaises, béarnaises, et il serait à craindre que cette primauté ne passât, dans un avenir prochain, aux Basses-Pyrénées. »

Il s'est fondé à Pau une société pour diriger la production du cheval de demi-sang.

Ces sortes de sociétés pourraient rendre les plus grands services. Elles se heurtent malheureusement à l'indifférence, à l'esprit individualiste et anti-syndicataire des populations rurales.

A Tarbes comme à Pau, les Haras ont parfaitement compris leur tâche, et on ne peut que les féliciter des immenses progrès obtenus, progrès dont les remontes militaires ont aussi l'honneur, et dont elles bénéficient tous les jours davantage.

DANS LE GERS

Dans le Gers, où le squelette de la brebis a conservé le type oriental, où la vache, bête de travail, se maintient robuste et nerveuse, le cheval a suivi les mêmes lois... De tous temps les chevaux y étaient réputés bons; la généralité d'Auch en remontait plusieurs régiments au prix moyen par cheval de cent écus de trois francs. La race y est plus forte qu'autre part; certains éleveurs ont tenté d'acclimater des chevaux du Nord, mais sans succès; au moins à la deuxième génération, ils perdent le poids acquis.

Si le cheval de Tarbes est très distingué et montre beaucoup de sang, le Gersois, par contre, moins bien doté au point de vue de la finesse, a plus de confortable dans son ensemble. Il est d'un tempérament moins nerveux, d'un caractère moins « insolent », et son dressage est plus facile et plus rapide.

Il n'y a pas beaucoup de départements où l'on ait autant la passion du cheval que dans le Gers. Mais ce qu'on y aime surtout c'est le cheval de service, le trotteur attelé. Une course d'amateur sur route ou une réunion de course officielle donne la fièvre à tout le pays; les courses au trot surtout intéressent la population (Auch, Condom, Fleurance, Beaumont-de-Lomagne, Saint-Clar, Mirande, Samatan, Jégun, Nogaro, etc.)

La nature exceptionnelle des pâturages, en terrains accidentés et durs pour la plupart, donne aux produits du Gers des pieds excellents et une constitution remarquable en muscles, en tendons et en os, tout en leur conservant de la physionomie. Cette force du squelette se retrouve même dans la merveilleuse race de poneys du Gers. C'est un des rares milieux du Midi où le petit Normand et le hackney produisent parfois des chevaux du genre de ceux à la mode et primés dans les concours hippiques, d'excellent et brillant service à la voiture, mais en général aucunement cheval de selle. Actuellement, au point de vue de la vente, ces chevaux passent presque toujours entre les mains de M. Bourgade, marchand de chevaux, et de M. Louis Comminges, dresseur à Auch.

Beaucoup d'éleveurs, séduits par les ventes rémunératrices de certains produits de *King-Arthur* (hackney) à Mirande, de ceux de *Garton-Demmark* (hackney), anciennement à Auch, maintenant dans l'Ariège, et même de ceux de *Libertin* (Anglo-Normand) à Vic-Fezensac, font une campagne active en faveur de l'envoi par les Haras d'un nombre suffisant de Norfolks ou de Petits-Normands, puisque les demi-sang du Midi, disent-ils, sont insuffisants pour donner l'ampleur. Ils regrettent qu'on ne leur fournisse plus d'étalons comme ce *Chaplin-Arabian*, demi-sang arabe, né en Autriche et sans papiers. Il avait 1 m. 54, le dos cassé, était gris, et cependant fournissait des sujets remarquables par l'ampleur et l'aptitude trotteuse.

Il y a, depuis trois ans seulement, à la station d'Auch, un étalon trotteur de demi-sang anglo-arabe. Né dans les Basses-Pyrénées, élevé dans les Charentes, très fort, alezan, 1 m. 55; record 1'52", par *Il y va*, pur-sang anglais, et une fille de *Belair*, demi-sang anglo-arabe. Le Gers attend avec impatience ses produits. Que seront-ils? Sans doute ils manqueront un peu d'aptitude trotteuse, et les Méridionaux, qui n'aiment pas attendre, réclameront encore plus énergiquement des Normands trotteurs et des hackneys *marchant bien*. Que ne font-ils comme les éleveurs normands, qui ont su attendre patiemment, et qui ont fini par produire le roi des étalons français *Fuchsia?* Mais pour parvenir à *Fuchsia*, que de temps, que de patience, que de peine, que d'argent en entraînement et en « profits et pertes » divers n'ont-ils pas dépensés...

Quoi qu'il en soit, il est incontestable que la généralité des Anglo-Arabes a plus de trempe et de résistance que les produits hackneys ou anglo-normands, même nés et élevés dans le Midi et de mères du Midi.

Mais il est aussi incontestable que ces étalons ont produit quelquefois d'excellents sujets, bien supérieurs aux autres — en l'état actuel — comme vente à l'attelage.

Mais, même dans le Gers, les juments issues de hackneys ne sont pas à garder comme poulinières, et ceci est l'avis d'un éleveur connu d'Anglo-Arabes-hackneys.

Le Gersois-hackney a commencé à être connu en 1892. Quelques bons poneys montèrent vers le Nord et le Centre, entre autres un petit cheval de 1 m. 47 par *Charley Meryleys*, et une fille de *King of Trump*. Il était gros et lourd, avec quelques défauts de conformation, marchant attelé en environ 1'50, avec cette action qui fait qu'une paire de chevaux semblables se vend facilement 10,000 francs. Il avait été, du reste, attelé avec un fils de *Noé* (par *Caoutchouc*, anglo-normand). A eux deux, ils faisaient facilement et très vite plus de 80 kilomètres. Ce petit poney, qui appela l'attention sur les chevaux gersois, eut une fin malheureuse. Il se tua, en liberté, sur un piquet.

A cette époque, les marchands de chevaux du Nord parlaient volontiers des chevaux du Gers. Dans le pays, on se rappelait le *Quèsaco?* de M. de Lescure, *Marche gaie* (un nom du Midi aussi, s'il en fut), *Indécis, Somno*, etc., tous fils de *Little Gun; Réséda, Mireille* (*King of Trump*), *Sans nom*, *Noé* (*Caoutchouc*), *Derby*, (*Indiscret*), sans oublier le plus fameux de tous : *Cœur de Lion* (fils de *Taillebourg*, Anglo-Normand), qui, en 1878 ou 1879, gagna le prix « Pourquoi pas » à Mortagne (6,000 mètres). C'était un petit cheval alezan, hongre, de 1 m. 53, né à Fleurance, chez M. Duprat. Monté par Roques, un grand diable d'homme qui le faisait gémir sous son poids, il alla se mesurer avec les meilleurs Normands d'alors. Au départ, il fut presque laissé au poteau. Les concurrents marchaient en 1'40". Loin de se décourager, *Cœur de Lion* continua et à mesure que la distance s'augmentait, le petit cheval, avec sa queue en l'air, regagnait du terrain. Il finit par arriver facilement premier, marchant en 1'48". On voit d'ici la tête des bons Normands, eux qui se moquaient de lui au début. Du coup, ils en offrirent des prix fabuleux, mais Roques ne sut pas le lâcher.

Ces dernières années, le Gers a eu *Piston*, poney bai de 1 m. 43 (par *Vivat*, Anglo-Normand, et *Léonie*, demi-sang anglo-arabe). Sur la piste d'Auch, il faisait une course de 3,000 mètres, attelé, en moins de 1'50", dans des allures splendides. Il appartenait à M. Garrigou-Larriale, greffier à Auch, éleveur à Blajan (Haute-Garonne), où l'on peut voir *Bentana*, pur-sang anglo-arabe à 50 pour 100, par *Chêne royal* et *Bérouyette*, qui remporta cette année les premiers prix à tous les concours, et qui venait de l'élevage de M. Horment à Féas (B.-P.) Bien d'autres excellents trotteurs anglo-arabes, fils de hackneys ou d'Anglo-Normands pourraient être cités.

Si l'on y joint les quelques sujets de concours vendus un très gros prix par des éleveurs spéciaux à des amateurs, on comprendra que les moyens et petits éleveurs du Gers n'aient qu'une idée : produire pour bien les vendre des fils de hackneys et de Normands.

Les avisés cherchent surtout à faire le petit cheval râblé et l'un d'eux est en marché, paraît-il, pour acheter le petit trotteur normand *Quintal*. Celui-ci, à cause de sa taille, réussira mieux sûrement que ce grand et mou *Qui lou sab ?* (par *Fuchsia*).

Et non seulement, il faut, pour réussir le cheval de harnais dans le Midi, un étalon ayant quelques points de ressemblance, ne fût-ce que la taille, avec la race à améliorer, mais encore tout un concours de circonstances, de soins, d'exercice, etc., difficiles à trouver réunis.

M. H. Magne aura toujours raison : « Lorsque les modifications qu'on imprime à une race améliorée ne sont pas en rapport avec les forces hygiéniques qui entourent les animaux, cette race tend toujours à reprendre les caractères de la race indigène »... Et même, si on ne méconnaît aucune des lois de l'hygiène, de l'hérédité, du milieu, il est plus difficile qu'on ne croit d'arriver à un bon résultat.

Je ne veux citer que l'exemple de ce parfait éleveur que fut M. Descat. Lorsqu'il y a douze ou treize ans il eut l'idée de faire, dans le Gers, du cheval de harnais; il trouva à Gimont, comme étalon de l'administration, un grand carrossier, *Guignol* (*Phaéton* et *Élue*). On lui conduisait des juments d'un peu partout. Tous, naïvement, en attendaient merveille. Mais *Guignol* ne fit rien de bien. Cependant, M. Descat s'en alla trouver un propriétaire des environs d'Auch qui avait une excellente trotteuse de 1 m. 50, fille d'*Aarami*, pur-sang arabe. Il lui demanda de mener cette jument à *Guignol*, promettant de lui payer les deux premiers poulains 600 francs chacun. Les chevaux furent livrés et M. Descat les éleva. Il vit bientôt qu'il s'était trompé et les vendit pour un prix minime. En présence de cet insuccès, M. Descat se rabattit sur le Norfolk. Il acheta un fils de *Mercury*, alezan, 1 m. 54, *Richelieu*, qui remporta à Toulouse, au concours hippique, vers 1894, le premier prix. Il en fit ensuite son cheval de service. C'était un très bon cheval, très brillant, trottant de l'épaule. Puis il acheta la demi-sœur de *Richelieu*, qui donna de bons produits.

Les prix que furent vendus ces produits hackneys, comparés à la moyenne de 1,000 francs payée par les remontes, poussent naturellement le petit éleveur et le gros à vouloir faire de ces chevaux, malgré les remontes et les haras.

Il est à craindre que cette fièvre, si elle se généralisait, et si les haras fournissaient un nombre suffisant de hackneys, n'ait sur l'élevage démocratique une très mauvaise répercussion, semblable à ces dégâts qu'a causés, dans la plaine de Tarbes, une surproduction de très médiocres pur-sang anglais.

Et, sans parler du contingent fourni à la Remonte, le fond de cette race est si bonne, même et surtout le petit cheval démocratique !

En 1903, le raid attelé au Trotting toulousain, 800 kilomètres en huit jours, attelé à une voiture d'un minimum de 240 kilogrammes plus deux personnes, soit environ un poids de 360 kilogrammes, fut gagné par des chevaux du Gers : *Crick*, 1 m. 47, par *Ali*, pur-sang arabe et une fille de *Janissaire*, pur-sang anglais, en 56 heures. *Coquette*, 1 m. 47, par *Domingo*, pur-sang anglo-arabe, *Frivole,* 1 m. 48, par *Sirius,* pur-sang arabe, élevé chez M. F. Peyraube à Tarbes et une fille de *Chasseur,* pur-sang anglo-arabe, *Ma Pensée,* 1 m. 49, fille de *Ganymède* par *Saxifrage*. *Junior,* 1 m. 39, fils d'*Ekky,* pur-sang arabe né chez M. F. Peyraube, élevé chez M. de Juge, classés dans les premiers et dans cet ordre, sont tous élevés et travaillés dans le Gers.

Fait à remarquer : les chevaux de taille supérieure, 1 m. 50 à 1 m. 60, ne se classèrent qu'ensuite, et aucun des chevaux de 1 m. 60 et au-dessus n'arriva.

Quand un pays possède de tels chevaux, on peut excuser les éleveurs de chercher à en faire d'autres se vendant plus cher, mais on ne pourra que regretter de voir leur bonne volonté s'employer à moderniser et à industrialiser la race indigène autrement que sur elle-même, ce qui, avec « un bon papa, une bonne maman, le coffre à avoine », et une gymnastique appropriée, est toujours possible. Et je crois que dans ce sens, de sérieuses courses au trot d'Anglo-Arabes devraient rendre grand service à la production. Tout vaudra mieux que l'introduction « industrielle » du sang étranger. Et on ne peut que féliciter les Haras de s'en tenir à leur loi organique, qui est la protection des races aptes aux services militaires. L'initiative personnelle seule peut dériver de ce but, qui s'inspire seulement de l'intérêt national en l'état actuel. Seulement, on peut aussi reprocher à l'administration d'avoir deux poids et deux mesures lorsqu'elle défend au Midi ce qu'elle encourage au Nord. Et de cela, les partisans du hackney gersois ne sont pas contents : ils n'ont pas tort.

L'état des poulinières, malgré de très bons exemples donnés par un certain nombre de bons éleveurs, laisse encore à désirer, quoique bonnes mères. Mais leur amélioration s'affirme chaque jour.

On y élève trop rustiquement, comme dans le reste du Midi. Jusqu'à trois ans, les chevaux (sauf les pur-sang) mangent peu ou pas d'avoine, bien qu'ils soient mis en travail assez jeunes.

Le Gers élève beaucoup de poulains nés dans les Hautes et les Basses-Pyrénées.

L'élevage se fait principalement aux environs de Plaisance, Lectoure, Eauze, L'Isle-Jourdain et Mauvezin.

Auch produit peu de pur-sang anglais (sauf chez feu M. Descat, éleveur modèle, qui fit aussi quelques hackneys, et dont l'élevage est passé aux mains de MM. Lary de Latour et Sylvain Saux; MM. de La Roque-Ordan, également amateur de Norfolks, de Montbel), mais bien de bons Anglo-Arabes et des demi-sang. *Héros*, pur-sang, quoique très commun, a été un excellent père. On peut citer aussi comme reproducteurs marquants *Pilgrim*, *Vignemale*, etc.

Lectoure et Condom font des Anglo-Arabes et des demi-sang. Avec des croisements de Norfolk, ces régions font aussi quelques chevaux de voiture.

Eauze et ses environs produisent beaucoup de sujets anglais, avec des mères de très grande origine, élevés par MM. de Sabatier au château de Doat, Lascourrèges à Cazaubon, Bédout à la Plaine, Duffour au Touja, Pellefigue à Larie, et beaucoup d'autres dont l'énumération serait trop longue. N'oublions pas pourtant M. de Brux, le propriétaire de *Baronne*, mère de *Belle de Jour*, l'Anglo-Arabe qui fut si remarquée à l'Exposition universelle.

A Plaisance, on élève surtout d'excellents chevaux de remonte.

Aux environs de l'Isle-Jourdain existe aujourd'hui un centre d'élevage similaire de celui de Castelsarrasin, pas aussi sérieux, car les poulains qui y sont importés sont inférieurs à ceux qui vont à Castelsarrasin, mais aussi sont-ils payés une moyenne de 100 à 150 francs de moins par tête.

On peut, si on ne cherche pas de chevaux d'âge, trouver dans le Gers d'excellents hunters jusqu'à 1 m. 60, osseux et assez importants, susceptibles d'être attelés. Ils sont vites au trot, avec de la facilité dans les mouvements de l'épaule, qu'ils ont généralement belle et bien placée, avec un remarquable tour de poitrine. Les chevaux de taille inférieure à 1 m. 56 sont souvent merveilleux, comme fond, vitesse et endurance, ils peuvent porter du poids et sont bons pour tout service. Ce sont eux qui prennent part à toutes ces courses de fond qui durent huit jours, avec un minimum de cent kilomètres par jour; ce sont les chevaux du Gers, presque tous fils de pur-sang anglais, qui se classent le plus souvent dans les premiers.

DANS L'ARIÈGE

Ce ne fut qu'en 1718 que le gouvernement s'occupa de l'élevage du Foix, du Conserans et du Roussillon. Les juments y étaient déjà plus que communes. On en fit le recensement et elles furent désignées chacune pour un des étalons achetés en France et en Espagne.

En 1764, M. de Polignac envoya 12 Anglo-Normands et Normands. Mais en 1790, les étalons furent dispersés, et la reproduction se fit au hasard des accouplements en liberté.

Après 1806, le comte de Bonneval, directeur du dépôt de Tarbes ne trouva dans les environs de Tarascon-sur-Ariège que des juments auvergnates et poitevines. Les poulinières de Saint-Girons, des vallées de Biros et de Ballongues étaient meilleures.

Aujourd'hui, le poulain qu'on y trouve se répand dans toute la région du Midi, Haute-Garonne, Gers, Tarn-et-Garonne, Tarn.

C'est le poulain bon marché. Il fait un troupier lorsque la nourriture le développe suffisamment.

Il est surtout commun, mais très énergique et résistant, étant élevé sur des hauts plateaux ou dans des hautes vallées de transhumance où il passe toute la bonne saison.

L'élevage à Saint-Girons est en grand progrès; on commence à y garder les poulains pour les élever en vue de la Remonte, qui y fait parfois de bons achats.

Les poulains qui s'y vendaient il y a peu d'années de cent vingt à deux cents francs en valent maintenant deux cents à trois cents.

DANS L'AUDE

Anciennement, du côté de Narbonne, Carcassonne, Limoux, Castelnaudary, le pays était peuplé, surtout aux pieds de la montagne Noire, de *manades* de petits chevaux de 1 m. 40 environ servant à la selle et au battage du blé, système aujourd'hui abandonné.

Avec les chemins de fer, ces chevaux disparurent ou se transformèrent... sauf dans les cantons montagneux de Belcaire et d'Axat.

Ils ont été remplacés par le cheval de labour breton ou poitevin et par le mulet. Les juments servent telles quelles de poulinières; quelques-uns de leurs produits sont parfois vendus aux remontes.

Dans les cantons de Castelnaudary, Salles-sur-l'Hers, Belpech et Fanjeaux, plusieurs éleveurs qui achètent leurs poulains du côté de Pau ou de Tarbes réussissent bien, malgré de nombreuses difficultés;

parmi eux M. de Fournas et M. de Virieu, dont l'élevage de demi-sang au château de Ferrals jouit d'une réputation méritée. Cet élevage a fourni pendant quarante années consécutives presque tous les chevaux de demi-sang anglo-arabes qu'achetaient les Haras, achats qui étaient du reste très restreints comme nombre; ils augmentent cependant petit à petit.

DANS LES PYRÉNÉES-ORIENTALES

Dans le Capsir (Formiguières, sources de l'Aude) et en Cerdagne française se trouvent d'excellents pâturages où on fait de bons petits chevaux de cavalerie légère achetés par le dépôt de remonte d'Agen.

Si ce pays-là était encouragé par des achats en octobre de poulains de trois ans et demi, il élèverait davantage.

En Cerdagne, à Rô par Saillagouse, il y a, en outre, un élevage de pur sang anglais appartenant au général espagnol de Rivera, autrefois gouverneur de Püycerda et également propriétaire dans la Cerdagne espagnole.

LES PONEYS DU MIDI

Anciennement les Landes étaient spécialement renommées pour leurs poneys. On en trouvait aussi beaucoup dans les autres régions. Ils y formaient une race, créée surtout pour le manque d'hygiène et la pauvreté des poulinières. L'amélioration de ces dernières a peu à peu diminué le nombre des petits chevaux. Aujourd'hui les Landais de 1 m. 15 à 1 m. 30 sont plus rares que les animaux de 1 m. 52. Et ce qu'on trouve encore le plus facilement, ce sont les animaux élevés pour les remontes et refusés par elles, comme trop petits, c'est-à-dire ayant une taille de 1 m. 48 et au-dessous. Ces poneys sont vendus très bon marché de deux ans à trois ans et demi; l'acquéreur bénéficie des quelques grains d'avoine et des soins hygiéniques donnés en vue de la vente à l'armée. Ce sont ces poneys qui deviennent les chevaux de service des cultivateurs, bouchers, boulangers, commerçants, etc., et qui fournissent les dures courses de *la Petite Gironde*, du Trotting toulousain, etc.

Leur caractère entreprenant, leur bouche délicate, leur nervosité quand ils n'ont pas assez de travail, éloignent trop souvent l'amateur prudent et dur de main de leur achat. Transportés dans le Nord, trop nourris, trop peu exercés et mal conduits, ces poneys sont accusés de bien des défauts imputables seulement aux hommes qui s'en servent mal. Leur situation dans les brancards est la même que celle des pur-sang sous la selle. Ils n'ont comme ennemis que ceux qui les ignorent, ou ceux qui ne savent ou n'osent s'en servir.

Le grand tort qu'on a trop souvent est de vouloir les traiter comme les froids chevaux du Nord et de leur mesurer le travail, en leur donnant trop d'avoine avant de les avoir tout à fait conformés à la main de leur nouveau propriétaire.

Les bons poneys (on en trouve de toutes les tailles) sont achetables dans le Gers, la Haute-Garonne, et les Landes. Leur prix dans le pays est de 500 à 800 francs.

Le Gers donne des poneys assez doublés qui prennent de l'os dans les prairies excellentes. La plupart des poneys qui se distinguent dans les courses de fond sont fils de pur-sang anglais, et qu'on espérait vendre aux remontes, si leur taille eût été suffisante. Mais le manque de nourriture et de soins les ont empêchés d'atteindre la hauteur réglementaire.

Dans les montagnes, le cheval indigène, souvent peu amélioré, est petit, 1 m. 47 environ, mais osseux, avec un bon dessus, bâti en ragot, peu distingué, mais régulier et de service exceptionnel. Il y est souvent employé comme animal de bât. Son fond, son endurance sont à toute épreuve.

Comment peut-on acheter un cheval du Midi? — La Remonte achetant les demi-sang à trois ans et demi, il est difficile de se remonter en chevaux faits, à moins de trouver chez des particuliers ou dans les centres où on monte un peu à cheval un animal dont le propriétaire veuille bien se défaire.

A Pau, on peut trouver quelques chevaux à la fin des chasses. Mais ils sont vendus très cher, surtout les bons, qui sont connus et retenus longtemps à l'avance.

A Bordeaux, on monte à cheval et quelques équipages de luxe sont bien remontés en chevaux de toute provenance; un ou deux équipages de chasse à courre, une société de drags amènent de bons chevaux dans les environs.

Quelquefois un marchand Anglais, au moment des chasses de Pau, fait étape à Bordeaux; on pourra, en payant plus cher qu'à Paris, lui enlever un bon cheval anglais ayant des aptitudes de service à travers pays, mais ce n'est vraiment pas la peine de prendre le Sud-Express pour acquérir un anglais.

A l'école de dressage de Bordeaux, dirigée depuis longtemps par M. X Barailhé, avec une rare compétence, on peut rencontrer souvent des chevaux indigènes à vendre pour différents motifs. En tout cas, le directeur peut donner de très utiles indications sur tous les centres hippiques du Midi où se trouvent quelques chevaux d'âge à vendre.

Au moment du Concours hippique, l'amateur trouvera à Bordeaux des échantillons de toutes les races méridionales, ayant eu un peu de travail et subi un certain dressage.

Dans le Gers M. Bourgade, marchand de chevaux, et M. Louis Comminges, dresseur à Auch, ont la spécialité de présenter aux concours des chevaux très brillants.

Dans le Médoc, l'école de dressage de Lesparre est à recommander.

Chez les loueurs de villes d'eaux, après la saison, si on n'est pas trop difficile sur le chapitre netteté, on pourra acheter un cheval de fer, capable de tous les services.

Les marchands éleveurs, dont plusieurs sont spécialement connus à Tarbes, à Agen, à Ribérac, etc., connaissent tous les chevaux du Midi et peuvent être de très utiles intermédiaires. A Biarritz quelques bonnes occasions sont à saisir après la saison.

A Toulouse, l'école de dressage de la rue Raymond IV, très bien dirigée par M. Michaud, réunit quelques bons modèles.

L'école de dressage de Tarbes, autrefois dirigée par M. Burguès, auquel revenait, aux concours tant de succès, a cessé d'exister. Le *Bulletin hippique du Midi* est un intermédiaire éclairé et consciencieux entre le vendeur (généralement l'éleveur) et l'acheteur. A Auch, M. Bourgade et M. Louis Comminges, dresseurs, ont une spécialité de bons et brillants chevaux. On rencontre aussi çà et là des chevaux d'importation américaine et des chevaux de réforme retapés à Tarbes.

Les foires sont aujourd'hui dépourvues de jolis chevaux. On n'y mène que les animaux refusés par les remontes et par conséquent de la dernière catégorie.

Cependant les foires de Rabastens et de Maubourguet (Hautes-Pyrénées), sont très suivies des amateurs, car elles sont le rendez-vous de tous les « guides » des stations thermales.

Si on habite le pays, si on ne recherche qu'une taille moyenne, on trouve facilement son affaire. Quand j'étais jeune homme et que j'allais dans la Haute-Garonne passer mes vacances ou mes congés, je trouvais parfaitement dans les 500 francs un ravissant et excellent cheval qui à Paris ou dans toute autre région eût certainement valu le double ou le triple (1).

Les entraîneurs de Toulouse, de Pau, Tarbes, Dax, Mont-de-Marsan, Bordeaux, etc.., ont souvent des chevaux à vendre et, en tout cas, connaissent le « dessus du panier » du pays.

Les palefreniers des stations de monte sont (dans le Midi, comme dans les autres contrées d'élevage) les personnes les mieux renseignées. Ils connaissent les propriétaires qui ont des chevaux à vendre et sont au courant de tous les petits potins hippiques de leur arrondissement.

A Tarbes, une société a organisé, au moment des courses, primes de majoration, concours de poulinières, etc., une *Grande semaine hippique* où l'on pourra trouver à se remonter, pour peu que l'indifférence des éleveurs ne vienne pas contrecarrer la bonne volonté des organisateurs de cette réunion sportive.

On peut aussi se rendre soi-même dans les centres de production les jours des concours, qui ont toujours lieu en août et septembre.

Il est aussi utile de suivre le comité de remonte, lequel opère à partir du mois d'octobre, et surtout en janvier, février et mars.

Dans les concours d'Auch, Mirande, Condom, Lectoure, Toulouse, etc., de bons poulains sont à vendre.

On ne trouvera qu'exceptionnellement le cheval d'âge, car le cheval d'âge — il faut en être persuadé — est

(1) Aujourd'hui, ces prix ont augmenté, mais pas autant qu'on pourrait le croire, si on ne recherche pas une taille élevée et si on achète sans intermédiaire.

si rare qu'il serait difficile, sinon impossible, à un marchand de réunir à jour fixe une demi-douzaine de chevaux faits.

Le prix moyen des chevaux est subordonné à leur race et leurs aptitudes — il suit d'assez près la moyenne offerte par la Remonte : en dehors des pur-sang anglais et anglo-arabes, jusqu'à 1 m. 51 les chevaux à trois ans et demi sont payés par la Remonte une moyenne de 1,000 francs ; au-dessus, et proportionnellement à leur taille, jusqu'à 1,600, 1,700 et même 1,800, selon leur classement.

On rencontre aussi çà et là des chevaux normands et saintongeois qui servent de carrossiers de luxe. La Bretagne et le Perche envoient des chevaux qui sont utilisés dans les contrées viticoles.

Pour finir ce chapitre, je me permets de donner un bon conseil aux acheteurs : si en Normandie, il faut se méfier du cornage, il faut rester persuadé que la fluxion périodique est malheureusement un vice commun dans le Midi ; il tend toutefois à diminuer actuellement.

Et dans le Midi comme en Normandie, il faut se méfier des maquignons; ils y sont nombreux et d'une impudence rare.

RÉPARTITION

DES ÉTALONS DE L'ÉTAT DANS LES DÉPOTS DU SUD-OUEST EN 1900

Aurillac, 75 étalons.

Pur-sang anglais	6
— arabes	3
— anglo-arabes	16
Demi-sang du Midi	11
— normands	37
— trotteurs	2

Libourne, 77 étalons.

Pur-sang anglais	11
— arabes	6
— anglo-arabes	16
Demi-sang du Midi	13
— norm. ou vend.	26
— trotteurs	5

Pau, 136 étalons.

Pur-sang anglais	19
— arabes	19
— anglo-arabes	58
Demi-sang du Midi	38
— normands ou vendéens	2

Pompadour, 95 étalons.

Pur-sang anglais	12
— arabes	17
— anglo-arabes	25
Demi-sang du Midi	18
— norm. ou vend.	14
— trotteurs	8
— norfolk breton	1

Perpignan, 83 étalons.

Pur-sang anglais	8
— arabes	11
— anglo-arabes	23
Demi-sang du Midi	19
— norm. ou vend.	21
— trotteur norm.	1

Tarbes, 164 étalons.

Pur-sang anglais	36
— arabes	29
— anglo-arabes	52
Demi-sang du Midi	36
— norm. ou vend.	7
— norfolks	4

Villeneuve-sur-Lot, 76 étalons

Pur-sang anglais	10
— arabes	13
— anglo-arabes	31
Demi-sang du Midi	13
— norm. ou vend.	7
— ang.-norm. trot.	2

Rodez, 66 étalons.

Pur-sang anglais	3
— arabes	3
— anglo-arabes	13
Demi-sang du Midi	15
— norm. ou vend.	26
— ang.-normands trotteurs	3

POPULATION CHEVALINE DU SUD-OUEST

Gironde	55,000	têtes.	Gers	25,000	têtes.
Landes	25,000	—	Haute-Garonne .	35,000	—
Lot-et-Garonne.	28,000	—	Ariège	15,000	—
Dordogne	15,000	—	Pyrénées-Orient.	25,000	—
Basses-Pyrénées	45,000	—	Tarn	20,000	—
Hautes-Pyrénées	30,000	—	Aude	35,000	—
Lot	15,000	—	Aveyron	24,000	—
Tarn-et-Garonne	20,000	—			

PRINCIPALES FOIRES AUX CHEVAUX

DE FRANCE, ANGLETERRE ET IRLANDE

FRANCE

PAR ORDRE ALPHABÉTIQUE DE DÉPARTEMENTS

CALVADOS

BAYEUX : *Foire Saint-Luc*, 11 octobre.

Poulinières de demi-sang ; chevaux et juments de luxe (Calvados et Manche), — Durée : 2 jours.

Foire de la Toussaint, 1er novembre.

Chevaux d'armes et de commerce. Réunion de premier ordre.

Médecin-vétérinaire : M. Rattier, rue Saint-Floxel, Bayeux.

CAEN, 4 mars.

Cette foire succède au *Concours de dressage* (mercredi et jeudi des Cendres), où paraît l'élite de la production normande. — Durée : 4 jours.

Foire de Caen, 28 avril.

Beaucoup de chevaux de trait.

Dans les foires de Normandie, les acquisitions les plus importantes se font la veille dans les écuries, ou le matin du premier jour, à la première heure.

Médecin-vétérinaire : M. Gallier, rue Sainte-Anne, Caen.

CONDÉ-SUR-NOIREAU, 1er septembre.

Foire importante, chevaux de trait léger. — Durée : un jour.

FALAISE (Guibray), 8 août (7 jours).

La plus grande foire de Normandie. Chevaux de luxe et de toutes catégories.

Médecin-vétérinaire : M. Leclerc, à Falaise.

FORMIGNY, 1er et 2 juillet.

Chevaux et juments de luxe et de remonte. — Durée : 2 jours.

Médecin-vétérinaire : M. Barbey, à Mandeville.

SAINT-OMER : *La Sainte-Claire*, 18 juillet.

Chevaux normands de toutes catégories. Choix nombreux la veille, à Pont-d'Ouilly.

Médecin-vétérinaire : M. Leclerc, à Falaise.

VIRE : *La Saint-Michel*, 23 au 27 septembre.

Chevaux d'âge et poulains de culture.

Médecin-vétérinaire : M. Blondeau, à Vire.

CHARENTE-INFÉRIEURE

ROCHEFORT, le 4 mars et le 11 juillet.

Foires importantes pour les chevaux demi-sang et de luxe. (Les affaires importantes se traitent souvent en dehors.) — Durée : 8 jours.

Médecin-vétérinaire : M. Bignoneau, rue Lafayette, à Rochefort.

COTES-DU-NORD

DINAN : *Foire du Liège*, 7 et 21 mars.

Les plus grandes foires de Bretagne. Chevaux entiers et poulains de gros trait et de trait léger.

Médecin-vétérinaire : M. Deschamps, à Dinan.

Lannion : *Foire de la Saint-Michel*, 29 septembre.

Chevaux et juments de trait, races de Tréguier, de Rostrenen et de Corlay. — Durée : 3 jours.

Médecin-vétérinaire : M. Tanguy, à Tréguier.

DORDOGNE

Bergerac : 20 avril, et *la Saint-Martin*, 16 novembre.

Chevaux de toutes catégories, du Limousin, du Midi, bretons, normands.

Médecin-vétérinaire : M. Faure, à Bergerac.

La Laitière (à 5 k. de Saint-Aulaye), 30 avril.

Foire principale. Poulinières, chevaux du Midi, poulains saintongeois et de Dordogne.

Médecin-vétérinaire : M. Audemard, à Ribérac.

Montpazier, 8 juillet.

Toutes catégories de chevaux du Limousin, de l'Auvergne et du Midi ; poitevins demi-luxe. — Durée : 4 jours.

Médecin-vétérinaire : M. Faure, à Bergerac.

Périgueux : *La Sainte-Mémoire*, 26 mai.

Importante réunion. Grand choix de chevaux du Limousin. Quand le 26 tombe un dimanche, la foire est remise au 27. — Durée : 2 jours.

Médecin-vétérinaire : M. Peynaud, à Périgueux.

EURE

Bernay : *La Foire fleurie*, 29, 30 et 31 mars.

Chevaux de toutes catégories pour l'artillerie. Les affaires importantes se traitent les jours précédents dans les écuries. — Durée : 3 jours.

Médecin-vétérinaire : M. Souchet, à Bernay.

EURE-ET-LOIR

CHARTRES : *Foire des Barricades*, 11 mai.

Les affaires se traitent dès le 9 pour les gros chevaux percherons; le 10, chevaux de quatre et cinq ans, entiers ou hongres, et trait léger. — Durée : 3 jours.

La Saint-André, 28, 29, 30 novembre.

Plus importante. Le 28, étalons et chevaux de limon ; le 29, chevaux de poste; le 30, poulains : huit jours avant dans les écuries. — Durée : 3 jours.
Médecin-vétérinaire : M. Vinsot, rue du Grand-Cerf, à Chartres.

COURTALAIN : *La Sainte-Catherine*, 25 novembre.

Chevaux de service et poulains. — Durée : 1 jour.
Médecin-vétérinaire : M. Vinsot, rue du Grand-Cerf, à Chartres.

CHASSANT, 14 mars.

Chevaux et juments percherons. — Durée : 1 jour.
Médecin-vétérinaire : M. Vinsot, rue du Grand-Cerf, à Chartres.

SENONCHES : *La Saint-Cyr*, 15 septembre.

Bon choix de chevaux de trait. — Durée : 1 jour.
Médecin-vétérinaire : M. Saint-Denis, à Dreux.

FINISTÈRE

LA MARTYRE, 16 juin et 9 juillet.

Importantes réunions de tous chevaux bretons et normands chevaux de la *Montagne*, selle et demi-luxe ; juments de Léon, poste et demi-luxe; chevaux et juments de poste de Saint-Renan ; poulains poneys de Brest, de Châteaulin, de Brice, de Carchais, etc.
Médecin-vétérinaire : M. Le Clec'h, à Lesneven.

LE FOLGOET, 5 mars, 29 août et 9 septembre.

Grand choix de chevaux de poste et de trait; chevaux et juments de Saint-Renan et de Saint-Pol-de-Léon.
Médecin-vétérinaire : M. Le Clec'h à Lesneven.

GARD

SOMMIÈRES, 6 avril.

La plus importante de la région. Chevaux de toutes provenances ; mules du Poitou.
Médecin-vétérinaire : M. Massot, chemin de Montpellier, à Nîmes.

HAUTE-GARONNE

TOULOUSE : *La Saint-André*, 30 novembre,

Chevaux de toutes catégories et de toutes races, surtout du Limousin et du Midi; chevaux de luxe. — Durée : 8 jours.
Médecin-vétérinaire : M. Lignon, à Toulouse.

GIRONDE

BAZAS, 25 juin, 30 août, 11 novembre.

Chevaux légers de race anglo-arabe; chevaux de remonte. — Les trois foires durent chacune 2 jours.
Médecin-vétérinaire : M. Caussé, 5 et 7, rue Fondaudège.

SAINTE-HÉLÈNE, 16 septembre.

Bon choix de poneys des Landes.
Médecin-vétérinaire : M. Caussé, 5 et 7, rue Fondaudège, à Bordeaux.

INDRE

PONT-SAINT-MARCEL, 5 novembre.

Très importante. Chevaux de toutes provenances, du Limousin et de la Creuse; bons trotteurs légers. — Durée : 2 jours.
Médecin-vétérinaire : M. Chaput, à Issoudun.

LANDES

SAINT-JUSTIN, 25 juillet, 20 août.

Poneys landais, chevaux de selle et d'attelage; mules. — Durée : 3 jours.

Médecin-vétérinaire : M. Bureau, à Mont-de-Marsan.

LOIR-ET-CHER

DROUÉ, le 6 décembre.

Chevaux percherons, grand choix de poulains. Foire importante. Chevaux hongres, juments percheronnes : grand choix de postières.

Médecin-vétérinaire : M. Pottier, à Mondoubleau.

MONDOUBLEAU : 4 mars et *la Saint-Denis*, 9 octobre.

Plus considérable. Si le 9 octobre tombe un dimanche, la foire est remise au 10.

Médecin-vétérinaire : M. Pottier, à Mondoubleau,

LOIRE-INFÉRIEURE

NANTES, 1er février, 15 mars, 25 avril.

Chevaux de toutes races; bons postiers; quelques chevaux de sang. Affaires importantes 3 jours avant, dans les écuries.

Médecin-vétérinaire : M. Doussain, 11, rue Scribe, à Nantes.

PONT-ROUSSEAU (3 kil. de Nantes), 26 juillet.

Comme à Nantes.

LOT

GRAMAT, 25 avril et 20 août.

Bons petits chevaux du Quercy, très résistants, excellents pour la cavalerie légère.

Médecin-vétérinaire : M. Cocula, à Saint-Germain (Lot).

MAINE-ET-LOIRE

ANGERS, 1er mai, 6 août, 12 novembre.

Bon choix de chevaux d'Anjou, carrossiers et postiers. — Marchés à Angers tous les deuxièmes mardis du mois.

Médecin-vétérinaire : M. Guittet, à Angers.

MANCHE

FOLLIGNY, 12 juin.

Chevaux anglo-normands et juments de trait léger, de luxe et de service; chevaux de fiacre pour Paris.

Médecin-vétérinaire : M. Toupé, à Avranches.

LA PERNELLE, 30 mai.

Chevaux de remise; belles juments de poste du Val-de-Serre, les plus renommées de Normandie; poneys de la Hague. — Durée : 2 jours.

Médecin-vétérinaire : M. Lemarquant, à Valognes.

SAINT-FLOXEL, 17 septembre.

Le premier jour, concours de poulinières, le plus beau de France. — Durée : 2 jours.

Médecin-vétérinaire : M. Lemarquant, à Valognes.

SAINT-LO : *La Madeleine*, 22 juillet.

Juments de trait léger et à deux fins. Les ventes importantes se font la veille.

Médecin-vétérinaire : M. Manoury, à Saint-Lô.

MAYENNE

MAYENNE : 29 mars, et *la Madeleine*, 22 juillet.

Chevaux de toutes races, de trait; poneys renommés de Prez-en-Pail, de Carrouges et de Domfront. — Durée : un jour.

Médecin-vétérinaire : M. Mahérault, à Mayenne.

NIÈVRE

MONTIGNY-SUR-CANNES, 15 octobre.

Principale foire du Nivernais ; chevaux de toutes catégories ; bons chevaux de chasse du Morvan.
Médecin-vétérinaire : M. Cheurlin, à Châtillon-Bazois.

OISE

BRETEUIL : *La Sainte-Catherine*, 25 novembre.

Race boulonnaise de trait ; poulains.
Médecin-vétérinaire : M. Chantareau, à Clermont.

ORNE

ALENÇON : *La Chandeleur*, 1er février.

Une des plus considérables de Normandie ; chevaux de la plaine de Caen et du Merlerault ; commence le 1er février. — Durée : 2 jours.

Foire du Grand Lundi, 11 mars.

Presque aussi importante que la précédente. Commence le dimanche et dure deux jours.
Médecin-vétérinaire : M. Letard, à Alençon.

MORTAGNE : *La Saint-André*, 30 novembre.

Très importante ; poulains, chevaux entiers, juments de poste, poulinières. — Durée : 3 jours.
Médecin-vétérinaire : M. Fromont, à Mortagne.

LE PIN : *La Saint-Denis*, 9 octobre.

Exhibition des étalons de demi-sang de trois et quatre ans présentés à l'administration des haras.

BASSES-PYRÉNÉES

NAY, le 19 mars et le 27 août.

Chevaux du Midi, poulains, poulinières, race de Nay, la plus réputée de la région ; mules et mulets. — Durée : 3 jours.

Médecin-vétérinaire : M. Aubugeault, à Nay.

PAU, 4 mars, 3 juin, 12 novembre.

Poulains et poulinières ; chevaux de selle, de cavalerie légère, chevaux d'attelage ; mules et mulets.

Médecin-vétérinaire : M. Larrouy, à Pau.

HAUTES-PYRÉNÉES

TARBES, 8 et 9 mai, 10 et 11 nov. Juin 3e dimanche.

Chevaux du Midi, grand tarbais, foals et yearlings de pur sang anglais, chevaux de charrette anglaise et de tonneau, chevaux de selle de tête, etc.

Médecin-vétérinaire : M. François Peyraube, à Tarbes.

MAUBOURGUET, mai, 1er mardi ; septembre 30 (dure 8 jours).

Poulains, mules, chevaux de service et de fiacre.

Médecin-vétérinaire : M. Lassabe, à Maubourguet.

SEINE-INFÉRIEURE

ROUEN, 17 mai, 13 juin, 17 octobre.

Grand choix de chevaux de gros trait et de trait léger. Les affaires importantes se traitent à l'avance dans les écuries.

Médecin-vétérinaire : M. Philippe, à Rouen.

DEUX-SÈVRES

NIORT, 7 mai (commence le 4 mai).

Chevaux de toutes provenances ; chevaux de service, chevaux de fiacre pour Paris, mules et mulets. — Durée : 4 jours.

Médecin-vétérinaire : M. Dumont, à Niort.

TARN-ET-GARONNE

MONTAUBAN, 19 mars, 26 juillet, 13 octobre.

Chevaux légers du Midi, poneys des Landes ; mules et mulets.

Médecin-vétérinaire : M. Villeneuve, à Montauban.

VENDÉE

FONTENAY-LE-COMTE : *La Saint-Jean*, 24 juin.

La plus importante de l'Ouest ; poulains de gros trait de deux et trois ans ; chevaux de chasse et trait léger. — Durée : 3 jours.

Médecin-vétérinaire : M. Mercier, à Fontenay.

LA GARNOCHE, 12 novembre.

Chevaux de demi-sang ; beau choix de poulains et pouliches.

Médecin-vétérinaire : M. Doussain, à Challans.

VIENNE

POITIERS, 21 mars, 18 octobre.

Beaux choix de chevaux du Poitou et de Vendée, de luxe et d'attelage, de selle et de gros trait ; mules et mulets. — Durée : 2 jours.

Médecin-vétérinaire : M. Cirotteau, à Poitiers.

HAUTE-VIENNE

LIMOGES : 22 mai, et *la Saint-Loup*, 16 juin.

Chevaux de toutes provenances. — Durée : 2 jours ; quand le 22 mai tombe un dimanche, la foire est remise au 23.

Médecin-vétérinaire : M. Serre, aven. du Midi, Limoges.

ANGLETERRE ET IRLANDE

Transport du voyageur (de Paris à Londres et au champ de foire ; aller et retour, 1re cl.,) : de Paris à Londres, 118 fr. 75 ; de Londres à Lincoln, 47 fr. 15 ; — à Horncastle, 46 fr. ; — à Howden, 62 fr. 35 ; — à Newcastle-on-Tyne, 95 fr. 70 ; — à York, 67 fr. 50 ; — à Dublin, 119 fr. 40 ; — à Northwall, 106 fr. 25 ; — à Limerick, 125 fr. 60 ; — à Ballinasloe, 137 fr. 50 : — à Cahirmee, 125 fr. (Cahirmee est à 5 kil. de la gare de Mallow.

Transport du cheval, gr. vitesse du lieu d'origine à Londres et à Paris : Angleterre : — Pour Londres, de Lincoln, 61 fr. ; — de Horncastle, 42 fr. 60 ; — de Howden, 54 fr. 20 ; — de Newcastle-on-Tyne, 87 fr. 70. — Irlande : — Pour Londres, de Limerick, 119 fr. 50 ; — de Cahirmee, 144 fr. 50 ; — de Dublin, 90 fr. ; — de Ballinasloe, 125 fr. 40 ; — De Londres à Calais ; 70 fr. — De Calais à Paris, 43 fr. 70.

Lincoln (*Lincolnshire*), dernière semaine d'avril.

Réunion de première ordre, excellents chevaux de chasse de selle et de trait. Les chevaux arrivent huit jours d'avance.

Médecin-vétérinaire : H. Howse, Park Street, à Lincoln.

Horncastle (*Lincolnshire*), 12 août.

La plus importante d'Angleterre : chevaux d'attelage des meilleures classes, bidets anglais. A la fin d'octobre, autre foire de chevaux de charrette. — Durée : une semaine.

Médecin-vétérinaire : R. W. Clarke, à Horncastle.

Howden (*Yorkshire*), 2 octobre.

Renommée pour ses chevaux de chasse.

Médecin-vétérinaire : J. Brigham, à Howden.

Newcastle-on-Tyne (*Northumberland*), 28, 29, 30 octobre.

Beaux spécimens de chevaux d'attelage et de chasse, bidets et jeunes chevaux de service. — Durée : 3 jours,

Médecin-vétérinaire : J. Aikin, Newcastle-on-Tyne.

YORK (*Yorkshire*), du 15 au 21 décembre.

Très beaux chevaux de chasse et d'attelage. Cobs et poneys. Chevaux de remonte pour l'Europe.
Médecins-vétérinaires : Pickering et Stewart, à York.

IRLANDE

CAHIRMEE (*comté de Cork*), 12, 13 juillet.

La plus belle réunion d'Irlande. Majorité de chevaux de chasse et d'attelage. — Durée : 2 jours.
Médecin-vétérinaire : James Preston, à Cahirmee.

LIMERICK, 25, 26 avril, 31 octobre (10 jours).

Chevaux faits et dressés.
Médecin-vétérinaire : James Preston, à Cahirmee.

DUBLIN, 4-9 octobre.

Chevaux de premier ordre au moment de l'Exposition.
Médecin-vétérinaire : Lewis Montray, à Dublin,

BALLINASLOE (*comté de Galways*), 4-9 octobre.

Importante réunion, l'une des plus grandes d'Irlande; chevaux de chasse et d'attelage, de trait : chevaux dressés ou non dressés. — Durée : 5 jours.

CHAPITRE XVII

LA CONCURRENCE ÉTRANGÈRE

Le cheval anglais, américain, hongrois, argentin. — Statistiques; importations et exportations. — L'élevage aux États-Unis.

Quant au *péril anglais*, il est très exagéré. Les statistiques officielles accusent une importation annuelle de 2000 à 2500 chevaux. J'ai voulu savoir exactement de quoi se composaient comme races, ces envois d'Angleterre et j'ai pu me renseigner aux meilleures sources. Ce sont presque tous des chevaux de selle, si on en excepte quelques hackneys, dont ceux achetés de temps à autre par les Haras. Les marchands en ramènent environ 1700. Le reste est aussi cheval de selle, avec quelques chevaux de harnais, des poulinières et des étalons.

Beaucoup de ces chevaux sont achetés par des particuliers qui désirent monter de forts chevaux galopant. Les autres sont achetés par le dépôt de remonte de Montrouge.

Les officiers peu fortunés, et les officiers généraux y trouvent du jour au lendemain une monture dressée, avoinée, prête à marcher et sachant galoper. Si l'éleveur normand se donnait la peine de dresser ses élèves, nul doute que certains officiers s'empresseraient de les prendre comme chevaux d'armes.

Les marchands qui vendent le cheval anglais reprochent, en effet, au normand de n'être pas prêt, pas assez avoiné, pas assez dressé. Un marchand ne peut perdre son temps au dressage, ni souvent le client. L'un d'eux me disait dernièrement : « Et que voulez-vous que je fasse d'un Anglo-Normand ? Il n'a jamais rien vu, s'étonne de tout et galope haut ! »

Et cependant les frais d'importation sont pour eux très élevés. Un cheval, voyageant à tarif spécial, coûte 100 francs de Londres à Paris. S'il vient des provinces du nord de l'Angleterre et d'Irlande, il faut à cette somme ajouter 80 à 100 francs. Plus, naturellement, les droits d'entrée.

Il faut y joindre les frais de l'acheteur, pour voyage, conduite des chevaux, embarquement en chemin de fer, en bateau, débarquement, etc.

Nos chevaux anglo-normands qui vont en Angleterre sont achetés par les loueurs de voitures, lesquels ont une cavalerie de 1,000 à 2,000 chevaux. Ils les gardent jusqu'à la réforme. Ils sont considérés comme d'excellents chevaux de voiture, et personne ne les monte, pour cette raison.

Quant à la Belgique, si elle fournit annuellement 40 chevaux de selle anglais, c'est à peu près tout.

Donc 2,000 chevaux de selle viennent d'Angleterre tous les ans. Nous avons plus haut indiqué la cause principale de la mévente du cheval de selle (de luxe) français. Le client d'un marchand de chevaux n'achète que des chevaux sages et dressés. Le remède est donc à la portée du moindre client : s'il consentait à garder son cheval un an de plus et à le dresser, presque sûrement il ferait ensuite une bonne affaire; mais pour dresser un cheval il faut, au moins, savoir monter dessus. Et ce sera toujours le point faible de l'éleveur français comparé à l'éleveur anglais et irlandais. Nos écoles de dressage, trop chères, non soutenues par le gouvernement, sont insuffisantes pour pallier ce grave défaut.

Le cheval américain (d'après de récents renseignements extraits du *Special report on the market for american horses in foreign countries*). — Il est évident que l'exportation américaine en Europe date de l'Exposition de Chicago en 1893. Depuis cette époque, les exportations pour l'étranger dépassent annuellement 50,000 sujets. L'Angleterre, par exemple, reçoit d'Amérique (1901) 10,168 chevaux de service. La Belgique en reçoit aussi une grande quantité. La Belgique est, du reste, l'entrepôt européen des chevaux américains et européens.

On est donc exposé à acheter, en lieu et place, d'un demi-sang normand, irlandais ou d'un hackney, d'un médocain, un cheval d'origine américaine.

La concurrence américaine a pu, il y a quelques années inquiéter nos éleveurs, mais depuis que la France a imposé du droit maximum de 200 francs le cheval des États-Unis, ces derniers nous le font parvenir pour n'être grevé que du tarif minimum par la Belgique et l'Angleterre. Cette dernière nous réexpédie surtout les chevaux de luxe et de selle. Les chevaux de trait et de fiacre sont débarqués en Hollande et en Belgique. Mais ce sont surtout les compagnies de transport qui en sont les acquéreurs.

Il paraît que le cheval léger d'exportation ne rapportait qu'un bénéfice minime à l'éleveur américain. Aussi ce dernier a-t-il fait tous ses efforts pour produire un type plus important.

Il me paraît très exagéré de craindre de voir les Remontes compléter jamais les contingents à cette source. Presque tous nos chevaux de remonte ont leurs papiers de demi-sang, et si quelque Américain peut frauder, il semble difficile que cette pratique puisse s'étendre, même au cas de suppression de l'impôt, à un nombre assez important de chevaux pour avoir une répercussion sur les produits de l'élevage achetables par l'armée.

Je ne crois pas non plus que l'élevage du sud-ouest en particulier ait, quoi qu'il arrive, à souffrir de cette exportation. Le type américain nord, bien que très divers, est bien éloigné du modèle de nos demi-sang anglo-arabes, dont se rapprocherait plutôt le demi-sang hongrois. Ce qui fait rechercher le Hongrois pour les fiacres, et l'Américain par l'amateur au détriment du Midi, c'est que ce dernier est insuffisamment dressé. Comme service, cependant, il dure davantage ; les statistiques en font foi.

Au contraire, le cheval français, type centre et nord-ouest, est plus facilement imitable par l'Américain.

De plus, le fort cheval commun américain revient, rendu, meilleur marché que le cheval français similaire.

Tout le monde a été à même de voir, il y a une dizaine d'années, chez certains marchands de Paris, des convois entiers d'Américains de luxe et de chasse. Ceux-ci étaient de fort beaux animaux bien établis, nets et puissants. J'ai pu suivre la carrière de plusieurs d'entre eux ; ils ont tous bien tourné, après une période plus ou moins longue d'acclimatement. Il y avait dans le lot des pur-sang tracés ; les autres animaux étaient soit des hunters, soit des cobs, soit des carrossiers.

L'élevage est très en progrès en Amérique. Un acheteur intelligent peut ramener de bons modèles. *Montjoie* au prince Murat qui gagna à Vichy en 1898 le championnat de la rivière était un cheval américain.

Le comte Boni de Castellane chassait à Rochecotte avec un superbe américain de 1 m. 80; il faut ajouter que ce cheval avait été payé, paraît-il, 25,000 francs.

Le cheval commun d'exportation américaine est moins bien et de reconnaissance facile pour ceux qui en ont vu une fois : « Trop long, dos mou, queue plantée trop bas, hanches coulées, cuisses grêles et membres légers. »

Mais les Américains sont industrieux et pratiques ; tenez pour certain qu'ils feront mieux. Il y a un gros bénéfice à réaliser : un cheval coûte comme port de New-York à Anvers 100 francs, plus 50 francs de faux frais. Son logement et sa nourriture valent deux francs par jour, et il est toujours vendu quatre jours après son débarquement. Un bénéfice moyen de 200 à 250 francs est à la fin et sûrement prélevé sur chaque cheval. (Commandant Stiegelman.)

Bien entendu, le cheval de luxe coûte plus cher, et est revendu un prix d'autant plus élevé.

L'imposition des droits a annihilé la vente des chevaux américains en France. Cependant, si le prix de nos chevaux de luxe augmentait encore, nous reverrions chez nous le cheval américain, qu'il y aurait, malgré les droits, bénéfice, à acheter.

En résumé, nous avons, en 1901, reçu de l'étranger 17,207 chevaux, dont 1,992 de Belgique, 2,485 d'Angleterre, et 64 seulement des Etats-Unis.

L'Algérie nous en a cédé plus de 7,000 et l'Autriche 2,746 (près de 6,000 avant l'établissement des droits). C'est donc notre élevage de chevaux légers qui est le plus atteint par la concurrence étrangère européenne. Notons, en passant que l'Allemagne achète 90,000 chevaux étrangers par an, dont beaucoup de Hongrois et de Russes.

Le cheval hongrois. — Les chevaux de la *puszta hongroise* sont achetés en grande partie par les compagnies de fiacres parisiennes. L'*Urbaine* compte 7,000 chevaux et la *Compagnie générale* 10,000. L'*Urbaine*, sur 1,400 chevaux achetés en 1900, en a fait venir 900 de Hongrie et le reste du Midi et de Bretagne.

Un Hongrois vendu à Paris revient à 700 francs, un Midi de 750 à 800 et un Breton, bien roulé et doublé, entre 800 et 1,000.

Le Hongrois est le plus tôt prêt de tous ces chevaux, et bien que la moyenne de sa mise en service soit cinq ans, nos chevaux français, surtout ceux du Midi, nécessitent un dressage plus prolongé. Une fois en service, nos chevaux français sont meilleurs. Si nos éleveurs méridionaux voulaient dresser un peu plus leurs élèves ils pourraient doubler leurs débouchés.

Les chevaux de l'Amérique du Sud sont inemployés à cause de leur vieille réputation de mauvais caractère et ceux de l'Amérique du Nord reviennent trop cher aux compagnies.

L'Argentin. — On a jadis beaucoup parlé de l'envahissement des chevaux *argentins*, vulgairement appelés *platas*. Je ne crois pas que notre élevage ait été jamais très menacé, même au temps des essais faits dans les régiments. Les documents sur cet élevage sont rares, et bien qu'ils ne rentrent pas tout à fait dans le but de cet ouvrage, je crois intéressant de résumer une conversation avec un « estanciero » argentin.

Il n'y a plus guère là-bas d'élevage de l'ancien cheval pampéen. On produit — sans beaucoup de soins d'ailleurs — des animaux de sang européen obtenus par le croisement avec l'indigène déjà amélioré surtout par des sujets de gros trait français, anglais, frison, hackney-norfolk, etc.

Les produits sont vendus à trois ans, âge auquel ils sont considérés comme faits.

La marque au feu est obligatoire. C'est le signe légal de la propriété. On la pose sur l'encolure, le flanc ou l'épaule. Les conditions d'élevage font que les bêtes non marquées sont à la disposition des voleurs.

Quelques spécialistes font le cheval de luxe et en particulier le trakhenen (allemand), qui est une sorte d'anglo-arabe. Mais alors qu'un cheval commun de 1 m. 43 vaut 25 francs, un cheval amélioré de 1 m. 55, 100 francs, un cheval de 1 m. 62, 250 francs, les chevaux de luxe ont un débouché dans le pays même à des prix égaux à ceux de France.

Il est à noter que les mâles, seuls, sont à vendre là bas; les pouliches ne trouvent pas preneur. On les envoie au bout de deux ou trois ans à la chaudière, où elles se transforment en toute sorte de denrées.

Un cheval, susceptible de fiacre, de trois ans, doit revenir à 500 francs à Bordeaux, par exemple; il faut compter une période de repos, d'acclimatement et de dressage, sinon une période de continuation d'élevage. Au bout de ce temps il sera peut-être acheté 800 francs, (plus les droits d'entrée, depuis quelques années.)

Dans ces conditions je ne crois pas que l'Argentin, selon l'avis de l'estanciero précité, ne redevienne d'une exportation à développement menaçant notre élevage français.

De plus, le marquage qui paraît nécessaire n'est pas prêt d'être aboli et sera toujours cause d'une dépréciation, tant est vivace le mauvais souvenir des chevaux de la Plata mis en essai dans nos régiments il y a une vingtaine d'années.

Au reste, les importations étrangères depuis longtemps sont insignifiantes. En 1897 elles furent de 24 têtes; en 1898, de 373 et en 1900 de 208. Si cette moyenne se maintient, ce n'est vraiment pas la peine d'en parler.

Court résumé de l'élevage en Amérique. — *Le trotteur américain* (1) dont les origines remontent au fameux *Messenger* importé en 1788, a un modèle spécial et universellement connu. Sa vitesse qui, en 1885, était de 2'22 1/2, le mille, s'est élevée à 2'19 1/4 en 1892. Des haras très importants le produisent. La saillie de certains étalons est payée jusqu'à mille francs et on a pu voir le célèbre étalon *Arion* se vendre 656,250 francs. L'Autriche, l'Allemagne et l'Angleterre sont les acheteurs fidèles du trotteur américain, considéré comme cheval de turf.

Le pur-sang américain est fort en honneur. Si l'Angleterre produit annuellement 3400 poulains de pur sang, l'Amérique en fait naître 3800, bien que le gouvernement n'y encourage pas l'élevage et dans certains états défende le pari aux courses.

Ce fut en 1780, que le premier pur-sang anglais, *Igomed*, un vainqueur du Derby, débarqua en Amérique. En 1881, l'Américain *Iroquois*, à M. Lorriland, battit les chevaux anglais au Derby et au Grand Saint-Léger dans leur propre pays. Les Américains *Demokrat* et *Sensation*, vers 1899, ne comptaient plus leurs victoires en Angleterre.

Le cheval de selle, qui a en Amérique un stud-book spécial, a comme origine le croisement du pur-sang anglais avec la jument indigène d'origine espagnole.

La race issue de l'étalon pur-sang *Denmarck* est la plus prisée et a conservé ce nom. Ces chevaux, quelles que soient leurs origines, sont d'un bon modèle, marchent l'amble et ont les réactions douces. Ils doivent avoir ces qualités pour être inscrits au stud-book, en plus

(1) Résumé de *l'Élevage et les races de chevaux en Angleterre et en Amérique*, par le docteur Goldbock, vétérinaire militaire. Allemagne (ouvrage non traduit).

des origines sévèrement contrôlées de « national sadle's horses ».

Il y a environ mille juments consacrées à cet élevage, surtout dans le Kentucky.

Les hackneys, dont l'élevage ne remonte qu'à une quinzaine d'années, possèdent un stud-book ; ils eurent de suite une vogue extraordinaire : une paire ordinaire se paye une dizaine de mille francs. L'étalon célèbre *Laugton Performer Ier*, coûta 105,000 francs. Un assez grand nombre de ces hackneys sont importés à Paris.

Le cleveland bay (carrossier anglais du Yorkshire) est très en usage en Amérique par les petits agriculteurs, qui l'emploient avec de lourdes juments de charrette.

Les hunters ne sont patronnés par aucune société d'élevage organisée. Cependant on élève un assez grand nombre de chevaux de chasse dans certains états.

Les polo-poneys se fabriquent avec succès dans le Texas et le Colorado avec le pur-sang et de petits poneys indiens nommés *bronchos*. On élève aussi dans l'Illinois, le Visconsin et dans l'Ohio de tout petits shetlandais dont le prix atteint parfois 700 francs. Ils sont parfaitement réussis.

Le shire-horse ou cheval d'agriculture, vaut 600 à 800 francs, à trois ans. On en fait assez peu ; il a un concurrent sérieux, le *percheron*, dont le premier, *Louis-Napoléon*, fut importé il y a quelque cinquante ans. On les achetait fort cher en France et au poids.

Le stud-book du « American percheron horse breeders Association », a inscrit 14,000 étalons, dont 10,000 importés de France jusqu'à présent. L'élevage est assez prospère pour que l'Amérique exporte en grande quantité de ces produits plus ou moins bons.

Les clydesdales servent à traîner de lourdes voitures dans les villes. Un bon clydesdale vaut jusqu'à quinze cents francs à trois ans.

L'Anglo-Normand patronné par la « French coach horse Society » (on le voit, cheval de voiture et non de selle), n'est importé que depuis peu d'années. On le produit soit sur lui-même, soit en le croisant avec des trotteurs américains.

Le carrossier allemand oldembourgeois est aussi employé dans les mêmes conditions que l'anglo-normand.

IMPORTATION ET EXPORTATION

ANNÉE 1900

	Importations	Exportations
Belgique	1,992	7,524
Allemagne........	257	6,510
Autriche	2,746	—
Angleterre,.......	2,485	864
Suisse............	67	2,699
Italie...	323	740
Espagne..........	317	1,601
Algérie...........	7,215	242
Pays-Bas.........	115	25
Russie	771	26
Tunisie	353	21
Danemark	97	2
Zones franches...	174	32
Amérique du Sud.	208	5
États-Unis	64	5
Autres..........	23	112
	17,207	20,487

TABLE DES MATIÈRES

CHAPITRE PREMIER

LE CHEVAL DE SELLE

CHAPITRE II

LE HUNTER ET LE CHEVAL D'ARMES

CHAPITRE III

LE PUR-SANG CHEVAL DE SELLE — LE CHEVAL PRÈS DU SANG — LE CHEVAL DE PUR-SANG ÉTALON DE CROISEMENT

CHAPITRE IV

OU ACHÈTE-T-ON UN HUNTER?

CHAPITRE V

AUX PAYS D'ÉLEVAGE

CHAPITRE VI

AUX PAYS D'ÉLEVAGE

CHAPITRE VII

AUX PAYS D'ÉLEVAGE — 1° LE NIVERNAIS — 2° LE CHAROLLAIS — 3° LE CHER — 4° L'ALLIER

CHAPITRE VIII

AUX PAYS D'ÉLEVAGE — EN VENDÉE — EN CHARENTE — DEUX-SÈVRES — VIENNE

CHAPITRE IX

AUX PAYS D'ÉLEVAGE. — EN LIMOUSIN

CHAPITRE X

AUX PAYS D'ÉLEVAGE. — EN BRETAGNE

CHAPITRE XI

LE CHEVAL DU MIDI

GÉNÉRALITÉS

CHAPITRE XII

LE PUR-SANG ARABE

CHAPITRE XIII

LE PUR-SANG ANGLO-ARABE

CHAPITRE XIV

LE PUR-SANG ANGLAIS

CHAPITRE XV

LE DEMI-SANG DU MIDI. — ÉTALONS ET PRODUITS

CHAPITRE XVI

DIFFÉRENTES RÉGIONS D'ÉLEVAGE DU CHEVAL ANGLO-ARABE

CHAPITRE XVII

LA CONCURRENCE ÉTRANGÈRE

PARIS. — TYP. PLON-NOURRIT ET Cie, 8, RUE GARANCIÈRE. — 4612.

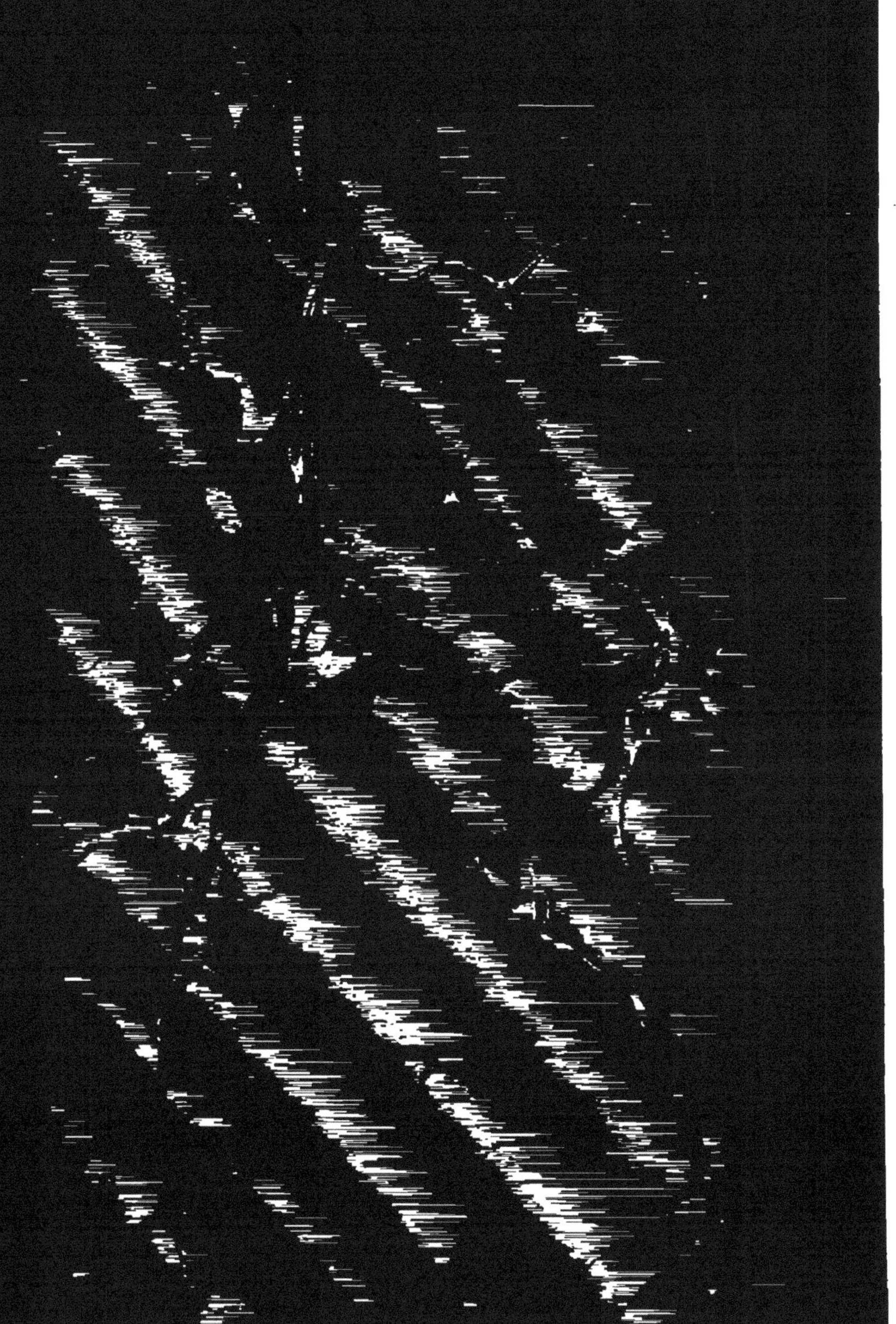

www.ingramcontent.com/pod-product-compliance
Ingram Content Group UK Ltd.
Pitfield, Milton Keynes, MK11 3LW, UK
UKHW012144240726
13966UKWH00001B/132

9 782012 870604